高职高专土建专业"互联网+"创新规划教材

装配式建筑工程量清单计价

编　著　杨建林　王慧萍
　　　　陈　良　季　爽
主　审　陈　倩

内 容 简 介

本书由建筑工程造价基础知识、建筑面积的计算、房屋建筑分部分项工程计量与计价、措施项目工程计量与计价四大部分组成，共计 16 个教学任务。任务均由任务背景、规范依据、典型实例、典型训练等内容组成。教材选取了建筑工程中常见的工程项目内容和一个典型的装配式建筑工程进行计量与计价的介绍和操作训练，可以满足装配式建筑发展背景下建筑与装饰工程量清单编制和计量与计价的学习及岗位实操的需要。教材的特色是"教、学、做"一体，方便学生在"做"中学，教师在"做"中教。

本书可作为高等职业院校工程造价、建筑工程技术、建设工程管理和工程监理等专业的工作手册式教材，也可供造价从业人员及工程技术管理人员工作参考。

图书在版编目(CIP)数据

装配式建筑工程量清单计价 / 杨建林等编著. —北京：北京大学出版社，2022.9
高职高专土建专业"互联网+"创新规划教材
ISBN 978-7-301-33287-0

Ⅰ.①装… Ⅱ.①杨…②王… Ⅲ.①装配式混凝土结构—建筑工程—工程造价—高等职业教育—教材 Ⅳ.①TU723.3

中国版本图书馆 CIP 数据核字(2022)第 153290 号

书　　　名	装配式建筑工程量清单计价
	ZHUANGPEISHI JIANZHU GONGCHENGLIANG QINGDAN JIJIA
著作责任者	杨建林　王慧萍　陈良　季爽　编著
策划编辑	杨星璐
责任编辑	于成成
数字编辑	蒙俞材
标准书号	ISBN 978-7-301-33287-0
出版发行	北京大学出版社
地　　　址	北京市海淀区成府路 205 号　100871
网　　　址	http://www.pup.cn　　新浪微博：@北京大学出版社
电子信箱	pup_6@163.com
电　　　话	邮购部 010-62752015　发行部 010-62750672　编辑部 010-62750667
印　刷　者	河北文福旺印刷有限公司
经　销　者	新华书店
	787 毫米×1092 毫米　16 开本　25.25 印张　603 千字
	2022 年 9 月第 1 版　2022 年 9 月第 1 次印刷
定　　　价	59.50 元

未经许可，不得以任何方式复制或抄袭本书之部分或全部内容。
版权所有，侵权必究
举报电话：010-62752024　电子信箱：fd@pup.pku.edu.cn
图书如有印装质量问题，请与出版部联系，电话：010-62756370

前言

"装配式建筑工程量清单计价"是高职高专工程造价、建筑工程技术、建设工程管理和工程监理等专业的专业核心课程。该课程与"装配式建筑概论""装配式建筑构造与识图""识读结构施工图""装配式建筑构件生产""装配式建筑施工""装配式建筑工程量清单编制""工程造价软件应用""工程造价控制""招投标与合同管理"等专业课程关联密切。准确地编制装配式建筑的计量与计价文件离不开对建筑施工图、结构施工图的综合应用,也离不开对建造过程中各分部分项工程施工方案、各工种施工工序的全面理解,更离不开对计价工具书等的灵活应用。

本书采用的规范、标准主要有《建设工程工程量清单计价规范》(GB 50500—2013)、《房屋建筑与装饰工程工程量计算规范》(GB 50854—2013)、《建筑工程建筑面积计算规范》(GB/T 50353—2013)、《江苏省建设工程费用定额(2014 年)》(含营改增后调整内容)、《江苏省建筑与装饰工程计价定额(2014 版)》、《江苏省装配式混凝土建筑工程定额(试行)》、《建筑安装工程工期定额》(TY01—89—2016)等。

在融入新规范内容的同时,本书编写组研究了《造价工程师职业资格制度规定》《造价工程师职业资格考试实施办法》,在各项目的编写中渗透了二级造价工程师岗位的相关知识、技能和素质要求。本书选取了《2013 建设工程计价计量规范辅导》中的优秀案例,更融入了装配式工程的实际案例,充分体现了"教学过程与工作过程对接"的职业教育的课程改革要求。每一个教学项目的编写,都着力体现"教、学、做"为一体的职业教育改革思想,结合课程特点,通过"规范依据"的"教","典型实例"的"学"和"典型训练"的"做",让读者在实例的剖析中自主学习、有效学习。

本书通过典型实例、典型训练的学习,结合课程知识点培养学生诚实守信、客观严谨、实事求是、勇于担当、锐意进取的职业素养,追求质量精益求精的工匠精神和低碳节能、绿色发展、奉献社会的家国情怀。在传统计量与计价教材的基础上,本书融入了装配式工程的多个教学模块,努力适应面向建筑产业培养高端复合型、创新型人才的要求。高职高专工程造价等相关专业学生可以在毕业后参加二级造价工程师等执业资格考试,本书编写组在教材的编写过程中吸收了近年来国家造价工程师考试的知识、技能要点,有利于读者通过本书的使用来理解和把握职业岗位的相关要求。

本书为江苏城乡建设职业学院工程造价省级高水平专业群立项教材建设项目（项目编码：ZJQT21002315），由校企教师团队共同编写。本书由江苏城乡建设职业学院杨建林、王慧萍、陈良、季爽编著，具体编写分工为：任务 1～任务 7 由杨建林编写，任务 8、任务 9 由陈良编写，任务 10～任务 12、任务 15、任务 16 由王慧萍编写，任务 13、任务 14 由季爽编写。全书由杨建林负责统稿，江苏城建校工程咨询有限公司研究员级高级工程师陈倩对全书进行审定。

本书编写过程中，得到了企业专家皇甫晓松、刘佳伟、胡建川、詹秀芳、吉学闻、唐春华、葛蕾燕、王芳、石云、高国民、肖志伟、周李杰等人的大力帮助，在此一并表示诚挚的谢意！

限于编者的水平与经验，书中难免有不妥之处，敬请读者批评指正。

编　者

2022 年 8 月

资源索引

目录

任务 1　工程造价基础知识 …… 1
　模块 1.1　房屋建筑工程量清单编制概述 …… 2
　模块 1.2　工程造价文件编制基础 …… 13
　任务小结 …… 28

任务 2　建筑面积的计算 …… 30
　模块 2.1　建筑面积计算的相关术语 …… 31
　模块 2.2　建筑面积计算的规定 …… 33
　任务小结 …… 44

任务 3　土石方工程计量与计价 …… 45
　模块 3.1　土石方工程量清单编制 …… 46
　模块 3.2　土石方工程计价 …… 58
　任务小结 …… 72

任务 4　地基处理和边坡支护工程计量与计价 …… 73
　模块 4.1　地基处理和边坡支护工程量清单编制 …… 74
　模块 4.2　地基处理和边坡支护工程计价 …… 88
　任务小结 …… 93

任务 5　桩基工程计量与计价 …… 94
　模块 5.1　桩基工程量清单编制 …… 95
　模块 5.2　桩基工程计价 …… 105
　任务小结 …… 120

任务 6　砌筑工程计量与计价 …… 121
　模块 6.1　砌筑工程量清单编制 …… 122
　模块 6.2　砌筑工程计价 …… 136
　任务小结 …… 146

任务 7　混凝土及钢筋混凝土工程计量与计价 …… 147
　模块 7.1　混凝土及钢筋混凝土工程量清单编制 …… 148
　模块 7.2　混凝土及钢筋混凝土工程计价 …… 171
　任务小结 …… 192

任务 8　金属结构、木结构工程计量与计价 …… 193
　模块 8.1　金属结构、木结构工程量清单编制 …… 194
　模块 8.2　金属结构、木结构工程计价 …… 208
　任务小结 …… 217

任务 9　门窗工程计量与计价 …… 218
　模块 9.1　门窗工程量清单编制 …… 219
　模块 9.2　门窗工程计价 …… 232
　任务小结 …… 237

任务 10　屋面及防水工程计量与计价 …… 238
　模块 10.1　屋面及防水工程量清单编制 …… 239
　模块 10.2　屋面及防水工程计价 …… 247
　任务小结 …… 255

任务 11　保温、隔热、防腐工程计量与计价 …… 256
　模块 11.1　保温、隔热、防腐工程量清单编制 …… 257
　模块 11.2　保温、隔热、防腐工程计价 …… 266
　任务小结 …… 270

任务 12　楼地面装饰工程计量与计价 …… 271
　模块 12.1　楼地面装饰工程量清单编制 …… 272
　模块 12.2　楼地面装饰工程计价 …… 282
　任务小结 …… 289

任务 13　墙、柱面装饰工程与隔断工程计量与计价 …… 290
　模块 13.1　墙、柱面装饰与隔断工程量清单编制 …… 291

模块 13.2　墙、柱面装饰与隔断工程
　　　　　计价 …………………… 303
　　任务小结 ………………………… 311

任务 14　天棚装饰、油漆、涂料、裱糊及其他装饰工程计量与计价 … 312
　　模块 14.1　天棚装饰、油漆、涂料、裱糊
　　　　　及其他装饰工程量清单编制 … 313
　　模块 14.2　天棚工程计价 …………… 333
　　任务小结 ………………………… 339

任务 15　装配式混凝土工程计量与计价 ………………………… 340

　　模块 15.1　装配式混凝土工程量清单
　　　　　编制 …………………… 341
　　模块 15.2　装配式混凝土工程量清单
　　　　　计价 …………………… 355
　　任务小结 ………………………… 365

任务 16　措施项目计量与计价 ………… 366
　　模块 16.1　措施项目清单编制 ………… 367
　　模块 16.2　措施项目计价 …………… 381
　　任务小结 ………………………… 394

附录 ……………………………………… 395

参考文献 ………………………………… 396

任务1 工程造价基础知识

教学目标

　　了解招标工程量清单编制的依据，理解工程量清单的组成要素，熟悉工程量计算规范、计价定额、费用定额在计量与计价中的作用；掌握工程类别的划分、定额子目的选择与换算及清单综合单价的形成，能够应用规范定额计算一般计税方法下项目的工程造价。

思维导图

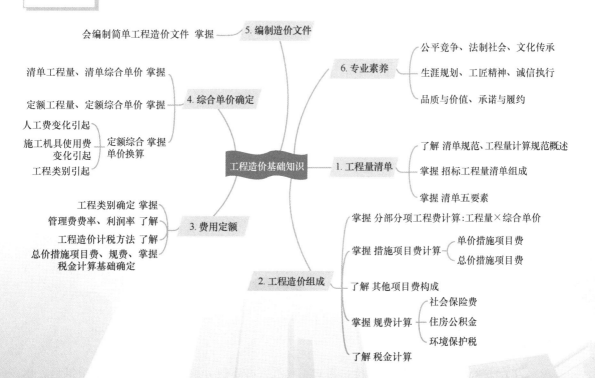

任务背景

建筑工程项目从项目的全寿命周期看，通常包括决策、实施和使用三大阶段。工程量清单的编制和使用是工程项目实施阶段的一项重要内容，它是业主方（投资方或开发方）进行投资控制和施工方进行成本管理的基础。

项目实施阶段具体又可细分为设计、发承包（招投标）、合同签订及合同实施（施工及交付）等阶段，工程量清单是工程发包时招标文件的主要内容，也是工程投标时投标报价的主要依据。

建筑工程发承包及施工阶段的计价活动包括工程量清单编制、招标控制价编制、投标报价编制、工程合同价款的约定、工程施工过程中工程计量与合同价款的支付、索赔与现场签证、合同价款的调整、竣工结算的办理和合同价款争议的解决及工程造价鉴定等活动，计量与计价活动涵盖了建筑工程发承包及施工阶段的整个过程，在这一过程中，招标工程量清单是项目管理的基础。

任务1模块1.1介绍房屋建筑工程量清单的编制内容及编制依据；模块1.2介绍工程造价的组成及其相关知识。

模块1.1 房屋建筑工程量清单编制概述

规范依据

本书任务（除任务2外）"规范依据"部分中的"规范"指国家标准《建设工程工程量清单计价规范》（GB 50500—2013）和《房屋建筑与装饰工程工程量计算规范》（GB 50854—2013）两本规范，后者是本书使用频率较高的一本规范。

1.1.1 工程量定义及作用

1. 工程量的定义

工程量是指以物理计量单位或自然计量单位所表示的分部分项工程项目和措施项目的实物数量。其中物理计量单位是指以公制度量表示的长度、面积、体积和质量等单位；自然计量单位是指以建筑成品表现在自然状态下的简单点数所表示的根、樘、个和块等单位。

2. 工程量的作用

工程量是确定建筑安装工程造价的重要依据，是承包人生产经营管理的重要依据，是招标人管理工程建设的重要依据。

1.1.2 分部分项工程

为了便于工程量的计算和计价，需对工程进行必要的分解。建设项目、单项工程、单位工程、分部工程和分项工程是常见的由粗到细的分解方式。

1. 分部工程

分部工程是单位工程的组成部分,是按结构部位、路段长度及施工特点或施工任务将单位工程划分为若干分部的工程。土建单位工程中一般分解为基础工程、主体工程、屋面及防水工程、装饰装修工程四大分部工程。

2. 分项工程

分项工程是分部工程的组成部分,是按不同施工方法、材料、工序及路段长度等将分部工程划分为若干个分项或项目的工程。如钢筋混凝土框架结构按材料分成钢筋、混凝土和模板等分项工程。

1.1.3 工程量清单

1. 工程量清单的定义

工程量清单是载明建设工程分部分项工程项目、措施项目、其他项目的名称和相应数量及规费、税金项目等内容的明细清单。在建筑工程发承包及施工过程的不同阶段,又可分别称为"招标工程量清单""已标价工程量清单"等。

招标工程量清单是招标人依据国家标准、招标文件、设计文件及施工现场实际情况编制而成,投标人根据招标文件编制投标报价的工程量清单,包括其说明和表格。

已标价工程量清单是指构成合同文件组成部分的投标文件中已标明价格,经算术性错误修正(如有)且承包人已确认的工程量清单,包括其说明和表格。

2. 招标工程量清单的作用

招标工程量清单是工程量清单计价的基础,是编制招标控制价、投标报价、计算或调整工程量、索赔等的重要依据。

3. 招标工程量清单的编制

招标人是进行工程建设的主要责任主体,其责任包括编制工程量清单。若招标人不具备编制工程量清单的能力,可委托工程造价咨询人编制。

4. 招标工程量清单准确性、完整性的责任主体

招标工程量清单必须作为招标文件的组成部分,其准确性和完整性应由招标人负责。

采用工程量清单方式招标发包,工程量清单必须作为招标文件的组成部分。招标人应将工程量清单连同招标文件的其他内容一并发(或出售)给投标人。招标人对编制的工程量清单的准确性和完整性负责。投标人依据工程量清单进行投标报价,对工程量清单不负有核实的义务,更不具有修改和调整的权力。工程量清单作为投标人报价的共同平台,其准确性(工程量不算错)、完整性(清单不缺项漏项),均应由招标人负责。如招标人委托工程造价咨询人编制工程量清单,其责任仍应由招标人承担。中标人与招标人签订工程施工合同后,在履约过程中发现工程量清单漏项或错算,引起合同价款调整的,应由招标人承担责任,而非工程造价咨询人承担。至于招标人因为工程造价咨询人的错误应承担什么责任,则应由招标人与工程造价咨询人通过合同约定处理或协商解决。

5. 名词链接

（1）招标人。招标人是指具有工程发包主体资格和支付工程价款能力的当事人及取得该当事人资格的合法继承人，又称发包人。

（2）中标人。中标人是指被招标人接受的具有工程施工承包主体资格的当事人及取得该当事人资格的合法继承人，又称承包人。

（3）工程造价咨询人。工程造价咨询人即工程造价咨询企业，是指接受建设单位委托，对建设项目工程造价的确定与控制提供专业服务，出具工程造价成果文件的第三方服务机构。根据《住房和城乡建设部办公厅关于取消工程造价咨询企业资质审批加强事中事后监管的通知》（建办标〔2021〕26号），自2021年7月1日起，住房和城乡建设主管部门停止工程造价咨询企业资质审批，工程造价咨询企业按照其营业执照经营范围开展业务，行政机关、企事业单位、行业组织不得要求企业提供工程造价咨询企业资质证明。

（4）造价工程师。造价工程师是指通过执业资格考试取得中华人民共和国造价工程师执业资格证书，并经注册后从事建设工程造价工作的专业技术人员。

6. 延伸阅读

造价工程师分为一级造价工程师和二级造价工程师。造价工程师在执业工作中，必须遵纪守法，恪守职业道德和从业规范，诚信执业，主动接受有关主管部门的监督检查，加强行业自律。

一级造价工程师的执业范围包括建设项目全过程的工程造价管理与咨询等，具体工作内容包括：项目建议书、可行性研究投资估算与审核，项目评价造价分析；建设工程设计概算、施工预算编制和审核；建设工程招投标文件工程量和造价的编制与审核；建设工程合同价款、结算价款、竣工决算价款的编制与管理；建设工程审计、仲裁、诉讼、保险中的造价鉴定，工程造价纠纷调解；建设工程计价依据、造价指标的编制与管理；与工程造价管理有关的其他事项。

二级造价工程师主要协助一级造价工程师开展相关工作，可独立开展以下具体工作：建设工程工料分析、计划、组织与成本管理，施工图预算、设计概算编制；工程量清单、最高投标限价、投标报价编制；建设工程合同价款、结算价款和竣工决算价款的编制。

7. 工程量清单构成

（1）项目编码。工程量清单中的"项目编码"栏应按相关工程国家计量规范项目编码栏内规定的9位数字另加3位顺序码共12位数字填写。各位数字的含义：一、二位为专业工程代码（其中01——房屋建筑与装饰工程，02——仿古建筑工程，03——通用安装工程，04——市政工程，05——园林绿化工程）；三、四位为附录分类顺序码；五、六位为分部工程顺序码；七、八、九位为分项工程项目名称顺序码；十至十二位为清单项目名称顺序码。

当同一标段（或合同段）的一份工程量清单中含有多个单位工程且工程量清单是以单位工程为编制对象时，在编制工程量清单时应特别注意对项目编码十至十二位的设置不得有重码。例如，一个标段（或合同段）的工程量清单中含有3个单位工程，每一个单位工程中都有项目特征相同的实心砖墙砌体，在工程量清单中又需反映3个不同单位工程的实心砖墙砌体的工程量时，则第一个单位工程的实心砖墙的项目编码应为010401003001，第二个单位工程的实心砖墙的项目编码应为010401003002，第三个单位工程的实心砖墙的项目编码应为010401003003，并分别列出各单位工程实心砖墙的工程量。

编制工程量清单出现规范中未包括的项目时，编制人应做补充，并报省级或行业工程造价管理机构备案。补充项目编码由规范的代码（01——房屋建筑与装饰工程）与B和3位阿拉伯数字组成，并应从××B001起顺序编列，如01B001成品GRC隔墙。

（2）项目名称。分部分项工程项目名称的设置或划分一般以形成工程实体为原则，所谓实体是指形成生产或工艺作用的主要实体部分，如基础、柱、梁、墙、板、屋面防水和墙地面装饰装修等。

清单编制时，项目名称的填写存在两种情况，一是完全按照规范的项目名称不变；二是根据工程实际在计价规范项目名称下另定详细名称。例如，规范中有的项目名称包含的范围很小，此时可直接使用，如010101003挖沟槽土方；有的名称包含范围较大，这时采用具体名称指向更为明确，如011407001墙面喷刷涂料，可采用011407001001外墙乳胶漆、011407001002内墙乳胶漆，更为直观。

（3）项目特征。项目特征是表征构成分部分项工程项目、措施项目自身价值的本质特征，是对体现分部分项工程量清单、措施项目清单价值的特有属性和本质特征的描述。从本质上讲，项目特征体现的是对分部分项工程的质量要求，是确定一个清单项目综合单价不可缺少的重要依据，在编制工程量清单时，必须对项目特征进行准确和全面的描述。

① 项目特征的意义。项目特征是区分具体清单项目的依据，是确定综合单价的前提，同时也是履行合同义务的基础，如实际项目实施中施工图纸特征与分部分项工程项目特征不一致或发生变化，即可按合同约定调整该分部分项工程的综合单价。

② 项目特征的描述原则。项目特征描述的内容应按《房屋建筑与装饰工程工程量计算规范》中的规定，结合拟建工程的实际，并能满足确定综合单价的需要。若采用标准图集或施工图纸能够全部或部分满足项目特征描述的要求，项目特征描述可直接采用"详见××图集或××图号"的方式。对不能满足项目特征描述要求的部分，仍应用文字描述。

③ 项目特征描述的注意事项。

a. 项目特征必须描述的内容：涉及正确计量的内容必须描述，如门窗洞口尺寸或门框外围尺寸。涉及结构要求的内容必须描述，如构件的混凝土强度等级，等级不同，价值不同，必须描述。涉及材质要求的内容必须描述，如油漆的品种，是调和漆还是硝基清漆等；管材的材质，是碳钢管还是塑料管等，还需对管材的规格、型号进行描述。涉及安装方式的内容必须描述，如管道工程中的钢管的连接方式是螺纹连接还是焊接，塑料管是黏结连接还是热熔连接等。

b. 项目特征可不描述的内容：对计量与计价没有实质影响的内容可不描述；应由投标人根据施工方案确定的可不描述；应由投标人根据当地材料和施工要求确定的可不描述；应由施工措施解决的可不描述；对注明由投标人根据施工现场实际自行考虑决定报价的，项目特征可不描述。

④ 项目特征描述的方式。项目特征描述的方式可划分为"问答式"与"简化式"两种，见表1-1。

表1-1 清单项目特征描述对比表

序号	项目编码	项目名称	项目特征描述	
			问答式	简化式
1	010101004001	挖基坑土方	1. 土壤类别：三类土 2. 挖土深度：3.0m 3. 弃土运距：5km	三类土，挖土深度3.0m，弃土运距5km

a. "问答式"主要是工程量清单编写者直接采用计算规范上的列项，采用答题的方式进行描述。这种方式的优点是全面、详细，缺点是较为烦琐，打印时用纸较多。

b. "简化式"与"问答式"相反，对需要描述的项目特征内容根据当地的用语习惯，采用口语化的方式直接描述，省略了规范上的描述要求，简洁明了。

（4）计量单位。

① 分部分项工程量清单的计量单位应按《房屋建筑与装饰工程工程量计算规范》附录中规定的计量单位确定。规范中的计量单位均为基本单位，与定额中采用基本单位扩大一定的倍数不同。

②《房屋建筑与装饰工程工程量计算规范》附录中有两个或两个以上计量单位的，应结合拟建工程项目的实际情况，选择其中一个使用，在同一个建设项目（标段或合同段）中有多个单位工程的，相同项目计量单位必须保持一致。

③ 不同的计量单位汇总后的有效位数也不相同，根据《房屋建筑与装饰工程工程量计算规范》规定，工程计量时每一项目汇总的有效位数应遵守下列规定。

a. 以"t"为单位，应保留小数点后三位数字，第四位小数四舍五入。

b. 以"m、m^2、m^3、kg"为单位，应保留小数点后两位数字，第三位小数四舍五入。

c. 以"个、件、根、组、系统"为单位，应取整数。

（5）工程量计算规则。

① 工程量计算原则是按施工图图示尺寸（数量）计算工程实体工程数量的净值。

② 工程量计算与国际通行做法相一致，不同于计价定额的工程量计算，计价定额的工程量计算需要考虑一定的施工方法、施工工艺和施工现场的实际情况再进行确定。

1.1.4 工程造价的组成

建筑工程发承包及施工阶段的工程造价按费用构成要素划分为分部分项工程费、措施项目费、其他项目费、规费和税金，如图1.1所示。

1.1.5 招标工程量清单组成

招标工程量清单应以单位（项）工程为对象编制，由分部分项工程项目清单、措施项目清单、其他项目清单、规费项目清单和税金项目清单组成。

1. 分部分项工程项目清单

分部分项工程项目清单必须载明项目编码、项目名称、项目特征、计量单位和工程量

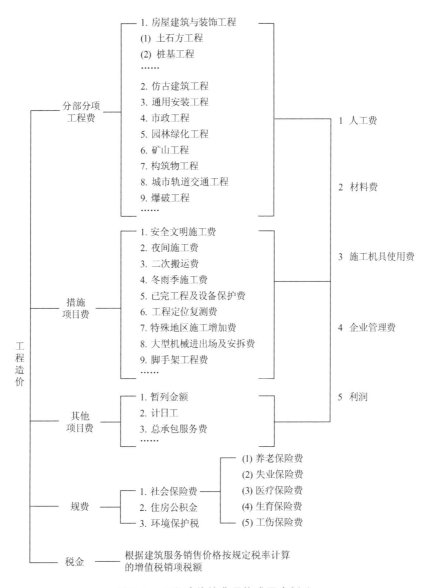

图 1.1　工程造价按费用构成要素划分

5项内容，缺一不可。分部分项工程项目清单必须根据相关工程现行国家计量规范规定的项目编码、项目名称、项目特征、计量单位和工程量计算规则进行编制。

2. 措施项目清单

措施项目是指为完成工程项目施工，发生于该工程施工准备和施工过程中的技术、生活、安全、环境保护等方面的非工程实体项目。

《房屋建筑与装饰工程工程量计算规范》将措施项目分为单价措施项目和总价措施项目。单价措施项目能根据计算规则计算出具体的工程量大小，清单编制时按照分部分项工程项目清单的方式进行编制，规范中列出了单价措施项目的项目编码、项目名称、项目特征、计量单位和工程量计算规则；总价措施项目是指现行的工程量清单计算规范中无工程量计算规则,以总价(或计算基础×费率)计算的措施项目。

鉴于工程建设施工特点和承包人组织施工生产的施工装备水平、施工方案及其管理水平的差异,同一工程、不同承包人组织施工采用的施工措施有时并不完全一致,因此,措施项目清单编制应根据拟建工程的实际情况列出措施项目。

3. 其他项目清单

其他项目清单应按照下列内容列项:暂列金额;暂估价,包括材料暂估价、工程设备暂估单价、专业工程暂估价;计日工;总承包服务费。

暂列金额是招标人暂定并包括在合同中的一笔款项。工程建设过程中存在其他诸多不确定性因素,消化这些因素必然会影响合同价格的调整,暂列金额正是因为这类不可避免的价格调整而设立的,以便合理确定工程造价的控制目标(项目审批部门批复的设计概算)。只有按照合同约定程序实际发生相应事项后,暂列金额才能成为承包人的应得金额,纳入合同结算价款中。扣除实际发生金额后的暂列金额余额仍属于招标人所有。

暂估价是指招标阶段直至签订合同协议时,招标人在招标文件中提供的用于支付必然要发生但暂时不能确定价格的材料及需另行发包的专业工程金额。

计日工是为了解决现场发生的零星工作的计价而设立的。计日工适用的零星工作一般是指合同约定之外的或因变更产生的、工程量清单中没有相应项目的额外工作,尤其是那些时间不允许事先商定价格的额外工作。

总承包服务费是为了解决招标人在法律、法规允许的条件下进行专业工程发包及自行采购供应材料、设备时,要求总承包人对发包的专业工程提供协调和配合服务(如分包人使用总承包人的脚手架、水电安装等),对供应的材料、设备提供收发和保管服务及对施工现场进行统一管理等工作而发生的费用。

4. 规费项目清单

规费是指根据国家法律、法规规定,由省级政府或省级有关部门规定施工企业必须缴纳的,应计入建筑安装工程造价的费用。政府和有关部门可根据形势发展的需要,对规费项目进行调整。

规费项目清单应按照下列内容列项:社会保险费、住房公积金、环境保护税。其中社会保险费包括养老保险费、失业保险费、医疗保险费、生育保险费、工伤保险费等内容。

5. 税金项目清单

税金是国家按照税法预先规定的标准,强制地、无偿地取得财政收入的一种形式,是国家参与国民收入分配和再分配的工具。现行一般计税方法中的税金是指根据建筑服务销售价格,按规定税率计算的增值税销项税额。

1.1.6 编制招标工程量清单的依据

编制招标工程量清单的依据如下。
(1)《建设工程工程量清单计价规范》和相关工程的国家计量规范。
(2)国家或省级、行业建设主管部门颁发的计价定额和办法。
(3)建设工程设计文件(如施工图纸、设计变更文件等)及相关资料。
(4)与建设工程有关的标准、规范、技术资料。

(5) 拟定的招标文件。
(6) 施工现场情况、地勘水文资料、工程特点及常规施工方案。
(7) 其他相关资料。

1.1.7 工程量清单计价的工程投资类型

使用国有资金投资的建设工程发承包，必须采用工程量清单计价；非国有资金投资的建设工程，宜采用工程量清单计价。

国有资金投资的工程建设项目通常包括使用国有资金投资和国家融资投资的工程建设项目。使用国有资金投资项目的范围包括使用各级财政预算资金的项目；使用纳入财政管理的各种政府性专项建设基金的项目；使用国有企业事业单位自有资金，并且国有资产投资者实际拥有控制权的项目。

国家融资投资项目的范围包括使用国家发行债券所筹资金的项目、使用国家对外借款或者担保所筹资金的项目、使用国家政策性贷款的项目、国家授权投资主体融资的项目、国家特许的融资项目。

✓ 典型实例

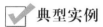

招标工程量清单的组成

【背景资料】
某工程的招标工程量清单(部分)见表 1-2、表 1-3 和表 1-4。

【问题】
根据以上背景资料及现行国家标准《建设工程工程量清单计价规范》《房屋建筑与装饰工程工程量计算规范》，说明招标工程量清单的组成。

解：由表 1-2、表 1-3 和表 1-4 可知，招标工程量清单以单位(项)工程为对象编制，包括分部分项工程项目清单、措施项目清单、其他项目清单、规费项目清单和税金项目清单 5 个部分。

表 1-2 分部分项工程和措施项目清单与计价表

序号	项目编码	项目名称	项目特征描述	计量单位	工程量	金额/元	
						综合单价	合价
			0101 土石方工程				
1	010101003001	挖沟槽土方	三类土，垫层底宽 2m，挖土深度<4m，弃土运距<10km	m³	1432.00		
			……				
			分部小计				
			0103 桩基工程				

续表

序号	项目编码	项目名称	项目特征描述	计量单位	工程量	金额/元 综合单价	合价
2	010302001001	泥浆护壁混凝土成孔灌注桩	桩长10m，护壁段长9m，共42根、桩直径1000mm，扩大头直径1100mm，桩混凝土为C25，护壁混凝土C20	m	420.00		
			……				
			分部小计				
			0104 砌筑工程				
			……				
			0105 混凝土及钢筋混凝土工程				
			……				
			0108 门窗工程				
			……				
			0109 屋面及防水工程				
			……				
			0114 油漆、涂料、裱糊工程				
			……				
			0117 措施项目				
16	011701001001	综合脚手架	砖混、檐高22m	m²	10940.00		
			……				
			分部小计				

其中分部分项工程一般由土石方工程、桩基工程、砌筑工程、混凝土及钢筋混凝土工程、门窗工程、屋面及防水工程、楼地面装饰工程、墙柱面装饰工程和天棚工程等组成。

表1-3 其他项目清单与计价表

序号	项目名称	金额/元	结算金额/元	备注
1	暂列金额	350000		
2	暂估价	200000		
2.1	材料暂估价			
2.2	专业工程暂估价	200000		
3	计日工			
4	总承包服务费			
	合计	550000		

任务1 工程造价基础知识

表1-4 规费项目、税金项目清单与计价表

序号	项目名称	计算基础	计算基数	计算费率/%	金额/元
1	规费	分部分项工程费+措施项目费+其他项目费-除税工程设备费			
1.1	社会保险费	同上			
(1)	养老保险费	同上			
(2)	失业保险费	同上			
(3)	医疗保险费	同上			
(4)	工伤保险费	同上			
(5)	生育保险费	同上			
1.2	住房公积金	同上			
1.3	环境保护税	同上			
2	税金	分部分项工程费+措施项目费+其他项目费+规费-(除税甲供材料费+除税甲供设备费)/1.01			
		合计			

✅ 典型训练

【工作任务1】分部分项工程量清单的5个要素及编制要求。

【任务背景】

某工程直形楼梯分项工程的分部分项工程量清单与计价表见表1-5。

【问题】

根据以上背景资料及现行国家标准《建设工程工程量清单计价规范》《房屋建筑与装饰工程工程量计算规范》,指出分部分项工程量清单的5个要素并说明各要素的编制要求。

表1-5 分部分项工程量清单与计价表

序号	项目编码	项目名称	项目特征描述	计量单位	工程量	金额/元	
						综合单价	合价
	010506001001	直形楼梯	1. 混凝土种类:泵送商品混凝土 2. 混凝土强度等级:C30	m²	10.50		

【分析与解答】

(1) 5个要素是:

(2) 各要素的编制要求是：

【工作任务2】分析某工程措施项目的组成。
【任务背景】
查阅本书附录一常州市××小学食堂、风雨操场建筑及结构施工图纸。该工程地点位于江苏省常州市，项目为三层框架结构。室外地面至主屋面总高度为20.2m，一层基底面积约1704.2m²，本工程地上总建筑面积4606.2 m²。其招标工程量清单中的措施项目清单（部分）见表1-6。

表1-6 措施项目清单与计价表

序号	项目编码	项目名称	项目特征描述	计量单位	工程量	金额/元 综合单价	合价
			0117 措施项目				
1	011706002001	施工排水	1. QD×1.5－4－0.08 塑料潜水泵 2. 排水管规格：102mm	昼夜	56		
2	011704001001	垂直运输	框架结构，檐口高度20.2m，3层	天	269		

【问题】
根据以上背景资料，对照现行国家标准《建设工程工程量清单计价规范》《房屋建筑与装饰工程工程量计算规范》和工程常规的施工组织设计，以该工程地上部分为分析对象，说明该工程中除表1-6的措施项目外，通常还有哪些常见的单价措施项目（列出不少于2项）？有哪些总价措施项目（列出不少于3项）？

【训练提示】
建筑工程中常见的单价措施项目有脚手架工程（综合脚手架、单项脚手架等），混凝土模板及支撑（用于各类混凝土构件），垂直运输（井架、塔式起重机、施工电梯等），大型机械设备（推土机、履带式挖掘机、静力压桩机械）进出场及安拆，施工排水和降水等。

总价措施项目通常包括安全文明施工、夜间施工、二次搬运、冬雨季施工、临时设施、按质论价、住宅分户验收、建筑工人实名制费用等。

【分析与解答】
(1) 通常还有以下单价措施项目：

(2) 有以下总价措施项目：

模块1.2 工程造价文件编制基础

标准依据

1.2.1 《江苏省费用定额》概述

1. 编制《江苏省费用定额》的目的

为了规范建设工程计价行为，合理确定和有效控制工程造价，根据《建设工程工程量清单计价规范》及其9本计算规范和《住房城乡建设部 财政部关于印发〈建筑安装工程费用项目组成〉的通知》（建标〔2013〕44号）等有关规定，结合江苏省实际情况，江苏省住房和城乡建设厅组织编制了《江苏省建设工程费用定额（2014年）》（以下简称《江苏省费用定额》）。

2.《江苏省费用定额》的作用

《江苏省费用定额》是建设工程编制设计概算、施工图预（结）算、最高投标限价（招标控制价）、标底及调解处理工程造价纠纷的依据，是确定投标价、工程结算审核的指导，也可作为企业内部核算和制订企业定额的参考。

3.《江苏省费用定额》适用范围

《江苏省费用定额》适用于在江苏省行政区域内新建、扩建和改建的建筑与装饰、安装、市政、仿古建筑及园林绿化、房屋修缮、城市轨道交通工程等，与江苏省现行的建筑与装饰、安装、市政、仿古建筑及园林绿化、房屋修缮、城市轨道交通工程计价表（定额）配套使用。

4.《江苏省费用定额》费用内容

根据《住房城乡建设部办公厅关于做好建筑业营改增建设工程计价依据调整准备工作的通知》（建办标〔2016〕4号）规定的计价依据调整要求，营业税改成增值税（以下简称营改增）后，工程造价的计价程序区分一般计税方法和简易计税方法两种。如无特别说明，本书后续内容均按一般计税方法阐述并执行《江苏省费用定额》营改增后的相应内容。

《江苏省费用定额》费用内容是由分部分项工程费、措施项目费、其他项目费、规费和税金组成的。其中，安全文明施工费、规费和税金为不可竞争费，应按规定标准计取。

营改增后，采用一般计税方法的建设工程费用组成中的分部分项工程费、措施项目费、其他项目费、规费，均不包含增值税可抵扣进项税额。

5.《江苏省费用定额》中包工包料、包工不包料的说明

（1）包工包料是施工企业承包工程用工、材料、机械的方式，通常采用一般计税方法计算工程造价。

（2）包工不包料是指只承包工程用工的方式。施工企业自带施工机械和周转材料的工程按包工包料标准执行，可以采用简易计税方法计算工程造价。

1.2.2 建设工程费用的组成

建设工程费用由分部分项工程费、措施项目费、其他项目费、规费和税金组成。

1. 分部分项工程费

分部分项工程费是指各专业工程的分部分项工程应予列支的各项费用。分部分项工程费＝分部分项工程量×除税综合单价。由于清单计算规范和计价定额的分部分项工程的划分标准不尽相同，分部分项工程的综合单价根据其划分的粗细程度不同又分为清单综合单价和定额综合单价。综合单价均由人工费、材料费、施工机具使用费、企业管理费和利润构成。

（1）人工费。人工费是指按工资总额构成规定，支付给从事建筑安装工程施工的生产工人和附属生产单位工人的各项费用。内容包括计时工资或计件工资、奖金、津贴补贴、加班加点工资和特殊情况下支付的工资等。

（2）材料费。材料费是指施工过程中耗费的原材料、辅助材料、构配件、零件、半成品或成品、工程设备的费用。内容包括材料原价、运杂费、运输损耗费和采购及保管费等。

其中工程设备是指房屋建筑及其配套的构成或计划构成永久工程一部分的机电设备、金属结构设备、仪器装置等建筑设备，包括附属工程中电气、采暖、通风空调、给排水、通信及建筑智能等为房屋功能服务的设备，不包括工艺设备。明确由建设单位提供的建筑设备，其设备费用不作为计取税金的基数。

（3）施工机具使用费。施工机具使用费是指施工作业所发生的施工机械、仪器仪表使用费或其租赁费。它包含以下内容。

① 施工机械使用费：以施工机械台班耗用量乘施工机械台班单价表示，施工机械台班单价应由折旧费、大修理费、经常修理费、安拆费及场外运费、人工费、燃料动力费和税费等费用组成。

② 仪器仪表使用费：工程施工所需使用的仪器仪表的摊销及维修费用。

（4）企业管理费。企业管理费是指施工企业组织施工生产和经营管理所需的费用，内容包括管理人员工资、办公费、差旅交通费、固定资产使用费、工具用具使用费、劳动保险和职工福利费、劳动保护费、工会经费、职工教育经费和附加税等。其中附加税是指国家税法规定的应计入建筑安装工程造价内的城市建设维护税、教育费附加税及地方教育附加税。

（5）利润。利润是指施工企业完成所承包工程获得的盈利。

2. 措施项目费

措施项目费是指为完成建设工程施工，发生于该工程施工前和施工过程中的技术、生活、安全、环境保护等方面的费用。根据现行工程量清单计算规范，措施项目费分为单价措施项目费与总价措施项目费两类。

（1）单价措施项目费。单价措施项目费是指在现行工程量清单计算规范中有对应工程量计算规则，按人工费、材料费、施工机具使用费、企业管理费和利润形式组成综合单价的措施项目费。单价措施项目根据专业不同而不同,建筑与装饰工程中的单价措施项目有脚手架工程、混凝土模板及支架(撑)、垂直运输、超高施工增加、大型机械设备进出场及安拆、施工排水和降水等。

(2) 总价措施项目费。总价措施项目费是指在现行工程量清单计算规范中无工程量计算规则,以总价(或计算基础×费率)计算的措施项目费。其中各专业可能发生的总价措施项目费如下。

① 安全文明施工费:为满足施工安全、文明、绿色施工及环境保护、职工健康生活所需要的各项费用。

a. 环境保护费包含的范围有现场施工机械设备降低噪声、防扰民措施费用;水泥和其他易飞扬细颗粒建筑材料密闭存放或采取覆盖措施等费用;工程防扬尘洒水费用;土石方、建筑渣土外运车辆冲洗、防洒漏等费用;现场污染源的控制、生活垃圾清理外运、场地排水排污措施的费用;其他环境保护措施费用。

b. 文明施工费包含的范围有"五牌一图"的费用;现场围挡的墙面美化(包括内外粉刷、刷白、标语等)、压顶装饰费用;现场厕所便槽刷白、贴面砖,水泥砂浆地面或地砖费用,建筑物内临时便溺设施费用;其他施工现场临时设施的装饰装修、美化措施费用;现场生活卫生设施费用;符合卫生要求的饮水设备、淋浴、消毒等设施费用;生活用洁净燃料费用;防煤气中毒、防蚊虫叮咬等措施费用;施工现场操作场地硬化费用;现场绿化费用、治安综合治理费用、现场电子监控设备费用;现场配备医药保健器材、物品费用和急救人员培训费用;用于现场工人的防暑降温费、电风扇、空调等设备及用电费用等。

c. 安全施工费包含的范围有安全资料、特殊作业专项方案的编制费用,安全施工标志的购置及安全宣传的费用;"三宝"(安全帽、安全带、安全网)、"四口"(楼梯口、电梯井口、通道口、预留洞口)、"五临边"(阳台围边、楼板围边、屋面围边、槽坑围边、卸料平台两侧),水平防护架、垂直防护架、外架封闭等防护的费用;施工安全用电的费用,包括配电箱三级配电、两级保护装置要求、外电防护措施费;起重机、塔式起重机等起重设备(含井架、门架)及外用电梯的安全防护措施(含警示标志)费用及卸料平台的临边防护、层间安全门、防护棚等设施费用;建筑工地起重机械的检验检测费用;施工机具防护棚及其围栏的安全保护设施费用;施工安全防护通道的费用;工人的安全防护用品、用具购置费用;消防设施与消防器材的配置费用;电气保护、安全照明设施费等。

d. 绿色施工费包含的范围有建筑垃圾分类收集及回收利用费用;夜间焊接作业及大型照明灯具的挡光措施费用;施工现场办公区、生活区使用节水器具及节能灯具增加费用;厨房隔油池设置及清理费用;从事有毒、有害、有刺激性气味和强光、噪声施工人员的防护器具费用;现场危险设备、地段、有毒物品存放地安全标识和防护措施费用;厕所、卫生设施、排水沟、阴暗潮湿地带定期消毒费用等。

② 夜间施工费:规范、规程要求正常作业而发生的夜班补助、夜间施工降效、夜间照明设施的安拆、摊销、照明用电及夜间施工现场交通标志、安全标牌、警示灯安拆等费用。

③ 二次搬运费:由于施工场地限制而发生的材料、成品、半成品等一次运输不能到达堆放地点,必须进行的二次或多次搬运费用。

④ 冬雨季施工费：在冬雨季施工期间所增加的费用，包括冬季作业、临时取暖、建筑物门窗洞口封闭及防雨措施、排水、工效降低、防冻等费用，不包括设计要求混凝土内添加防冻剂的费用。

⑤ 地上、地下设施和建筑物的临时保护设施费：在工程施工过程中，对已建成的地上、地下设施和建筑物进行的遮盖、封闭、隔离等必要保护措施所需费用。在园林绿化工程中，还包括对已有植物的保护费。

⑥ 已完工程及设备保护费：对已完工程及设备采取的覆盖、包裹、封闭、隔离等必要保护措施所发生的费用。

⑦ 临时设施费：施工企业为进行工程施工所必需的生活和生产用的临时建筑物、构筑物和其他临时设施的搭设、使用、拆除等费用。

a. 临时设施包括临时宿舍、文化福利及公用事业房屋与构筑物、仓库、办公室、加工场等。

b. 建筑、装饰、安装、修缮、古建园林工程规定范围内（建筑物沿边起50m以内，多幢建筑两幢间隔50m以内）的围墙、临时道路、水电、管线和轨道垫层等。

⑧ 赶工措施费：施工合同工期比定额工期提前，施工企业为缩短工期所发生的费用。如在施工过程中，招标人要求实际工期比合同工期提前，赶工措施费由发承包双方另行约定。

⑨ 工程按质论价费用：建设工程达到合同约定的质量创建目标，施工企业按照达到的质量等次计取按质论价费用。

⑩ 特殊条件下施工增加费：地下不明障碍物、铁路、航空、航运等交通干扰而发生的施工降效费用。

总价措施项目费中，除上述措施项目费外，建筑与装饰工程常有以下措施项目费。

① 非夜间施工照明费：为保证工程施工正常进行，在地下室等特殊施工部位施工时所采用的照明设备的安拆、维护、摊销及照明用电等费用。

② 住宅工程分户验收费：按江苏省《住宅工程质量分户验收规程》（DGJ 32/J 103—2010）的要求对住宅工程进行专门验收（包括蓄水、门窗淋水等）发生的费用。

3. 其他项目费

（1）暂列金额。暂列金额是建设单位在工程量清单中暂定并包括在工程合同价款中的一笔款项。用于施工合同签订时尚未确定的或者不可预见的材料、工程设备、服务的采购，施工中可能发生的工程变更、合同约定调整因素出现时的工程价款调整及发生的索赔、现场签证确认等费用。

（2）暂估价。暂估价是建设单位在工程量清单中提供的用于支付必然发生但暂时不能确定价格的材料单价及专业工程的金额，包括材料暂估价和专业工程暂估价。

（3）计日工。计日工是在施工过程中，施工企业完成建设单位提出的施工图纸以外的零星项目或工作所需的费用。

（4）总承包服务费。总承包服务费是总承包单位为配合、协调建设单位进行的专业工程发包，对建设单位自行采购的材料、工程设备等进行保管及施工现场管理、竣工资料汇总整理等服务所需的费用。

4. 规费

规费是指有权部门规定必须缴纳的费用，包括社会保险费、住房公积金和环境保护税。

5. 税金

工程造价文件编制采用的计税方法有一般计税方法和简易计税方法两种。根据营改增后《江苏省费用定额》调整的相关规定，除清包工工程、甲供工程等可采用简易计税方法计税外，其他一般纳税人提供建筑服务的建设工程，采用一般计税方法计税。本书中所采用的计税方法，如无特别说明均为一般计税方法。

1.2.3 建筑工程造价的计算程序

一般计税方法中工程造价的计算程序（包工包料）见表1-7。

表1-7 工程造价的计算程序（包工包料）

序号	费用名称		计算公式	备注
一	分部分项工程费		清单工程量×除税综合单价	按《江苏省建筑与装饰工程计价定额(2014版)》（下文中均简称《江苏省计价定额》）
	其中	1. 人工费	人工消耗量×人工单价	
		2. 材料费	材料消耗量×除税材料单价	
		3. 施工机具使用费	机械消耗量×除税机械单价	
		4. 企业管理费	(1+3)×费率 或(1)×费率	
		5. 利润	(1+3)×费率 或(1)×费率	
二	措施项目费			按《江苏省计价定额》或费用计算规则
	其中	单价措施项目费	清单工程量×除税综合单价	
		总价措施项目费	(分部分项工程费+单价措施项目费－除税工程设备费)×费率或以项计费	
三	其他项目费			双方合同约定
四	规费			
	其中	1. 社会保险费	(一+二+三－除税工程设备费)×费率	按规定计取
		2. 住房公积金		按规定计取
		3. 环境保护税		按规定计取
五	税金		[一+二+三+四－(除税甲供材料费+除税甲供设备费)/1.01]×费率	按政府职能部门规定计取
六	工程造价		一+二+三+四－(除税甲供材料费+除税甲供设备费)/1.01+五	

1.2.4 分部分项工程费和单价措施项目费的计算

分部分项工程费和单价措施项目费的计算均可采用"工程量×综合单价"的形式。其中的"工程量"可按对应的分部分项工程或单价措施项目工程的工程量计算规则计算；综合单价则由人工费、材料费、施工机具使用费、企业管理费和利润构成。《江苏省计价定额》给出了各分部分项工程的定额综合单价。

1.2.5 工程类别划分

工程造价确定时，需特别注意分部分项工程费、单价措施项目费计算所用的综合单价与房屋的工程类别密切相关。

1. 建筑工程类别划分

建筑工程类别划分见表 1-8。

表 1-8 建筑工程类别划分

工程类型			单位	工程类别划分标准		
				一类	二类	三类
工业建筑	单层	檐口高度	m	≥20	≥16	<16
		跨度	m	≥24	≥18	<18
	多层	檐口高度	m	≥30	≥18	<18
民用建筑	住宅	檐口高度	m	≥62	≥34	<34
		层数	层	≥22	≥12	<12
	公共建筑	檐口高度	m	≥56	≥30	<30
		层数	层	≥18	≥10	<10
桩基工程		预制混凝土（钢板）桩长	m	≥30	≥20	<20
		灌注混凝土桩长	m	≥50	≥30	<30

2. 建筑工程类别划分说明

（1）工程类别划分是根据不同的单位工程按施工难易程度，结合建筑工程项目管理水平确定的。

（2）不同层数组成的单位工程，当高层部分的面积（竖向切分）占总面积 30% 以上时，按高层的指标确定工程类别，不足 30% 的按低层指标确定工程类别。

（3）建筑物、构筑物高度是指设计室外地坪标高至檐口顶标高（不包括女儿墙和高出屋面电梯间、水箱间的高度），跨度是指轴线之间的宽度。

（4）工业建筑工程是指从事物质生产和直接为生产服务的建筑工程，主要包括生产（加工）车间、实验车间、仓库、独立实验室、化验室、民用锅炉房、变电所和其他生产用建筑工程。

(5) 民用建筑工程是指直接用于满足人们的物质和文化生活需要的非生产性建筑工程,主要包括商住楼、综合楼、办公楼、教学楼、宾馆、宿舍、商场、医院及其他民用建筑工程。

(6) 桩基工程是指天然地基上的浅基础不能满足建筑物、构筑物稳定要求而采用的一种深基础的工程,主要包括各种灌注桩和预制桩。

(7) 预制构件制作工程类别划分按相应的建筑工程类别划分标准执行。

(8) 确定类别时,地下室、半地下室和层高小于2.2m的楼层均不计算层数。空间可利用的坡屋顶或顶楼的跃层,当净高超过2.1m部分的水平面积与标准层建筑面积相比达到50%以上时应计算层数。底层车库(不包括地下或半地下车库)在设计室外地面以上部分不小于2.2m时,应计算层数。

(9) 凡工程类别标准中,有两个指标控制的,只要满足其中一个指标即可按该指标确定工程类别。

(10) 单独地下室工程按二类标准取费,如地下室建筑面积$\geqslant 10000m^2$则按一类标准取费。

(11) 有地下室的建筑物,工程类别不低于二类。

(12) 多栋建筑物下有连通的地下室时,地上建筑物的工程类别同有地下室的建筑物;其地下室部分的工程类别同单独地下室工程。

(13) 桩基工程类别有不同桩长时,按照超过30%根数的设计最大桩长为准。同一单位工程内有不同类型的桩时,应分别计算。

(14) 在确定工程类别时,对于工程施工难度很大的(如建筑造型、结构复杂,采用新的施工工艺的工程等),以及工程类别标准中未包括的特殊工程,如展览中心、影剧院、体育馆、游泳馆等,由当地工程造价管理机构根据具体情况确定,报上级造价管理机构备案。

1.2.6 企业管理费、利润取费标准及规定

(1) 企业管理费、利润计算基础按《江苏省费用定额》规定执行。

(2) 包工不包料、点工的管理费和利润包含在工资单价中。

建筑工程企业管理费和利润取费标准见表1-9。

表1-9 建筑工程企业管理费和利润取费标准

序号	项目名称	计算基础	企业管理费费率/%			利润率/%
			一类工程	二类工程	三类工程	
1	建筑工程	人工费+除税施工机具使用费	32	29	26	12
2	单独预制构件制作		15	13	11	6
3	打预制桩、单独构件吊装		11	9	7	5
4	制作兼打桩		17	15	12	7
5	大型土石方工程		7			4

1.2.7 总价措施项目费取费标准

1. 安全文明施工费

安全文明施工费包括基本费、标化工地增加费、扬尘污染防治增加费三部分费用,其计费基础为:分部分项工程费+单价措施项目费-除税工程设备费。安全文明施工费取费标准见表1-10。

表1-10 安全文明施工费取费标准

序号	工程名称		计费基础	基本费费率/%	省级标化增加费费率/%			扬尘污染防治增加费费率/%
					一星级	二星级	三星级	
1	建筑工程	建筑工程	分部分项工程费+单价措施项目费-除税工程设备费	3.1	0.7	0.77	0.84	0.31
		单独构件吊装		1.6	—	—	—	0.1
		打预制桩/制作兼打桩		1.5/1.8	0.3/0.4	0.33/0.44	0.36/0.48	0.11/0.2
2	单独装饰工程			1.7	0.4	0.44	0.48	0.22
3	安装工程			1.5	0.3	0.33	0.36	0.21

注:对于开展市级建筑安全文明施工标准化示范工地创建活动的地区,市级标化工地增加费按对应省级费率乘以0.7系数执行。市级不区分星级时,按一星级省级标化增加费费率乘以0.7系数执行。

2. 工程按质论价费用

(1) 工程按质论价费用计取依据。工程按质论价费用按国优工程、国优专业工程、省优工程、市优工程、市级优质结构工程5个等次计列。国优工程包括中国建设工程鲁班奖、中国土木工程詹天佑奖、国家优质工程奖;国优专业工程包括中国建筑工程装饰奖、中国建筑工程钢结构金奖、中国安装工程优质奖(中国安装之星)等;省优工程如江苏省优质工程奖"扬子杯";市优工程包括由各设区市建设行政主管部门评定的市级优质工程,如"金陵杯"优质工程奖;市级优质结构工程包括由各设区市建设行政主管部门评定的市级优质结构工程。

(2) 工程按质论价费用计取方法。工程按质论价费用作为不可竞争费用,用于创建优质工程。依法必须招标的建设工程,招标控制价(即最高投标限价)按招标文件提出的创建目标足额计列工程按质论价费用;投标报价按照招标文件要求的工程质量创建目标足额计取工程按质论价费用。依法不招标项目根据施工合同中明确的工程质量创建目标计列工程按质论价费用。工程按质论价费用计费基础为:分部分项工程费+单价措施项目费-除税工程设备费。工程按质论价费用取费标准(一般计税)见表1-11。

表 1-11 工程按质论价费用取费标准（一般计税）

序号	工程类别	计费基础	费率/%				
			国优工程	国优专业工程	省优工程	市优工程	市级优质结构工程
1	建筑工程	分部分项工程费＋单价措施项目费－除税工程设备费	1.6	1.4	1.3	0.9	0.7
2	安装、单独装饰、仿古及园林绿化、修缮工程		1.3	1.2	1.1	0.8	—
3	市政工程		1.3	—	1.1	0.8	0.6
4	城市轨道交通工程		1.0	0.8	0.7	0.5	0.4

3. 其他总价措施项目费

夜间施工、非夜间施工照明、冬雨季施工、临时设施等总价措施项目费的计算基础为：分部分项工程费＋单价措施项目费－除税工程设备费。总价措施项目费取费标准见表 1-12。

表 1-12 总价措施项目费取费标准

项目	计算基础	各专业工程费率/%							
		建筑工程	单独装饰	安装工程	市政工程	修缮土建(修缮安装)	仿古(园林)	城市轨道交通	
								土建轨道	安装
夜间施工	分部分项工程费＋单价措施项目费－除税工程设备费	0～0.1	0～0.1	0～0.1	0.05～0.15	0～0.1	0～0.1	0～0.15	
非夜间施工照明		0.2	0.2	0.3	—	0.2(0.3)	0.3	—	
冬雨季施工		0.05～0.2	0.05～0.1	0.05～0.1	0.1～0.3	0.05～0.2	0.05～0.2	0～0.1	
已完工程及设备保护		0～0.05	0～0.1	0～0.05	0～0.02	0～0.05	0～0.1	0～0.02	0～0.05
临时设施		1～2.3	0.3～1.3	0.6～1.6	1.1～2.2	1.1～2.1(0.6～1.6)	1.6～2.7(0.3～0.8)	0.5～1.6	
赶工措施		0.5～2.1	0.5～2.2	0.5～2.1	0.5～2.2	0.5～2.1	0.5～2.1	0.4～1.3	
按质论价		1～3.1	1.1～3.2	1.1～3.2	0.9～2.7	1.1～2.1	1.1～2.7	0.5～1.3	
住宅分户验收		0.4	0.1	0.1	—	—	—	—	

注：1. 在计取非夜间施工照明费时，建筑工程、仿古工程、修缮土建部分仅地下室(地宫)部分可计取；单独装饰、安装工程、园林绿化工程、修缮安装部分仅特殊施工部位内施工项目可计取。
2. 在计取住宅分户验收时，大型土石方工程、桩基工程和地下室部分不计入计费基础。

1.2.8 规费取费标准

工程造价中,规费通常包括社会保险费、住房公积金和环境保护税。社会保险费及住房公积金的取费标准见表1-13。根据《国家税务总局江苏省税务局 江苏省生态环境厅关于部分行业环境保护税应纳税额计算方法的公告》(2018年第21号),"环境保护税"由各类建设工程的建设方(含代建方)按照相关规定向税务机关缴纳,在承发包工程造价中不再计列。

表1-13 社会保险费及住房公积金的取费标准

序号	工程类别		计算基础	社会保险费费率/%	住房公积金费率/%
1	建筑工程	建筑工程	分部分项工程费+措施项目费+其他项目费-除税工程设备费	3.2	0.53
		单独预制构件制作、单独构件吊装、打预制桩、制作兼打桩		1.3	0.24
		人工挖孔桩		3	0.53
2	单独装饰工程			2.4	0.42
3	安装工程			2.4	0.42
4	市政工程	通用项目、道路、排水工程		2.0	0.34
		桥涵、隧道、水工构筑物		2.7	0.47
		给水、燃气与集中供热、路灯及交通设施工程		2.1	0.37
5	仿古建筑与园林绿化工程			3.3	0.55
6	修缮工程			3.8	0.67
7	单独加固工程			3.4	0.61
8	城市轨道交通工程	土建工程		2.7	0.47
		隧道工程(盾构法)		2.0	0.33
		轨道工程		2.4	0.38
		安装工程		2.4	0.42
9	大型土石方工程			1.3	0.24

1.2.9 《江苏省计价定额》的相关说明

《江苏省计价定额》共分上、下两册,适用于江苏省行政区域范围内一般工业与民用建筑的新建、扩建、改建工程及其单独装饰工程。国有资金投资的建筑与装饰工程应执行计价定额,非国有资金投资的建筑与装饰工程可参照使用计价定额,当工程施工合同约定按计价定额规定计价时,应遵守计价定额的相关规定。

任务1 工程造价基础知识

1．《江苏省计价定额》的编制依据

(1)《江苏省建筑与装饰工程计价表》。

(2)《全国统一建筑工程基础定额 土建》(GJD—101—95)。

(3)《全国统一建筑装饰装修工程消耗量定额》(GYD—901—2002)。

(4)《建设工程劳动定额 建筑工程》(LD/T 72.1～11—2008)。

(5)《建设工程劳动定额 装饰工程》(LD/T 73.1～4—2008)。

(6)《全国统一建筑安装工程工期定额》。

(7)《全国统一施工机械台班费用编制规则（2001）》。

(8) 南京市 2013 年下半年建筑工程材料指导价格。

2．《江苏省计价定额》的作用

计价定额是编制工程招标控制价(最高投标限价)的依据，是编制工程标底、结算审核的指导，是工程投标报价、企业内部核算、制定企业定额的参考，是编制建筑工程概算定额的依据，是建设行政主管部门调解工程价款争议、合理确定工程造价的依据。

3．《江苏省计价定额》的组成

《江苏省计价定额》由 24 章及 9 个附录组成，包括一般工业与民用建筑的工程实体项目和部分措施项目；不能列出定额项目的措施费用，应按照《江苏省费用定额》及营改增后调整内容进行计算。

4．定额综合单价

定额中的综合单价由人工费、材料费、施工机具使用费、管理费和利润 5 项费用组成。一般建筑工程、打桩工程的管理费与利润，已按照三类工程标准计入综合单价内。一、二类工程和单独发包的专业工程应根据《江苏省费用定额》及营改增后调整内容，对管理费和利润进行调整后计入综合单价内。定额项目中带括号的材料价格供选用，不包含在综合单价内。

5．定额综合单价对应的施工标准

《江苏省计价定额》是在正常的施工条件下，结合江苏省颁发的地方标准《江苏省建筑安装工程施工技术操作规程》(DGJ 32/J27～52—2006)、现行的施工及验收规范和江苏省颁发的部分建筑构、配件通用图做法进行编制的。

6．檐口高度

定额中的檐口高度是指设计室外地面至檐口的高度。檐口高度按以下情况确定。

(1) 坡(瓦)屋面按檐墙中心线处屋面板面或椽子上表面的高度计算。

(2) 平屋面以檐墙中心线处平屋面的板面高度计算。

7．定额人工工资标准

定额中人工工资分别按一类工 85.00 元/工日、二类工 82.00 元/工日、三类工 77.00 元/工日计算。每工日按八小时工作制计算。工日中包括基本用工、材料场内运输用工、部分项目的材料加工及人工幅度差。

8．定额材料消耗量及有关规定

(1) 定额中材料预算价格的组成。

材料预算价格＝［采购原价(包括供销部门手续费和包装费)＋场外运输费］×1.02

（采购保管费）。

（2）本定额项目中的主要材料、成品、半成品均按合格的品种、规格加附录中的操作损耗以数量列入定额，次要材料以"其他材料费"按"元"列入。

（3）周转性材料已按《建设工程工程量清单计价规范》《房屋建筑与装饰工程工程量计算规范》及《江苏省建筑安装工程施工技术操作规程》的要求以摊销量列入相应项目。

9. 超高增加费界限

定额中，除脚手架、垂直运输费用定额已经注明其适用高度外，其余项目均按檐口高度在 20m 以内编制。超过 20m 时，建筑工程另按建筑物超高增加费用定额计算超高增加费，单独装饰工程则另外计取超高人工降效费。

10. 混凝土构件的模板、钢筋含量表

为方便发承包双方的工程量计量，《江苏省计价定额》附录中列出了混凝土构件的模板、钢筋含量表，供参考使用。按设计图纸计算模板接触面积或使用混凝土含模量折算模板面积，同一工程两种方法仅能使用其中一种，两种计算方法不得混用。竣工结算时，使用含模量者，模板面积不得调整；使用含钢量者，钢筋应按设计图纸计算的重量进行调整。

11. 二次搬运费的计算规定

现场堆放材料有困难，材料不能直接运到单位工程周边需再次中转，建设单位不能按正常合理的施工组织设计提供材料、构件堆放场地和临时设施用地的工程而发生的二次搬运费，按计价定额第二十四章子目执行。

12. 系数等的使用规定

同时使用两个或两个以上系数时，采用连乘方法计算。计价定额中凡注有"×××以内"者均包括"×××"本身，"×××以上"均不包括"×××"本身。

✓ 典型实例

1. 综合单价的换算。

（1）人工工资调整引起的综合单价换算。2021 年 9 月 1 日起江苏省建筑工程人工工资指导价南京地区为一类工 118 元/工日，二类工 114 元/工日，三类工 105 元/工日，试计算计价定额：①子目 1-59 的定额综合单价；②子目 6-190 的定额综合单价。管理费、利润的费率均按《江苏省费用定额》及营改增后调整内容执行。

（2）工程类别引起的综合单价换算。某框架结构住宅工程，10 层，檐口高度 35m：①按《江苏省费用定额》确定其工程类别；②试确定计价定额子目 6-192 的综合单价。工程类别、管理费、利润的费率均按《江苏省费用定额》及营改增后调整内容执行。

解：（1）人工工资调整引起的综合单价换算。

定额子目默认三类工程，管理费费率为 25%；由表 1-9 可知，营改增后，二类工程的管理费费率为 29%。

① 子目 1-59 换（三类工）：$53.8+(105-77)\times 0.51\times(1+29\%+12\%)\approx 73.93$（元/m³）。

② 子目 6-190 换（二类工）：$488.12+(114-82)\times 0.76\times(1+29\%+12\%)\approx 522.41$（元/m³）。

（2）工程类别引起的综合单价换算。

此例为民用建筑，住宅工程，查表 1-8，因为檐口高度>34m，故为二类工程（两个指标控制的只要有一个指标满足要求即可按该指标确定工程类别)。定额子目默认三类工程，管理费费率为25%；由表1-9可知，营改增后，二类工程的管理费费率为29%。因此，子目6-192的综合单价为

$$503.10+(72.98+21.52)\times(29\%-25\%)=506.88(元/m^3)$$

2. 分部分项工程费的计算。

某工程现浇钢筋混凝土构造柱分项，混凝土强度等级为C20，采用预拌非泵送混凝土，按计价定额计算规则确定的混凝土工程量为14.5m³，试按照《江苏省计价定额》确定混凝土构造柱分项工程的费用。

解：预拌非泵送混凝土浇筑构造柱，查《江苏省计价定额》，选择子目6-316，综合单价570.42元/m³(子目默认混凝土强度等级为C20，与题意吻合)。因此

$$分项工程的费用=工程量\times综合单价=14.5\times570.42=8271.09(元)$$

3. 工程造价的确定。

某单位投标30根框架柱施工工程，KZ为圆形截面，$D=500$mm，柱计算高度为3.6m，混凝土强度等级为C30，按施工组织设计规定，采用非泵送商品混凝土，复合木模板，无工程设备费用。请依据《江苏省费用定额》和《江苏省计价定额》计算招标控制价。

提示：(1)分部分项工程费计算混凝土和钢筋分项的费用；(2)措施项目费中的单价措施项目费考虑模板费用；(3)钢筋、模板工程量按《江苏省计价定额》中钢筋、模板的含量表计算；(4)总价措施项目费计算安全文明施工费、临时设施费两项，其中安全文明施工费只考虑基本费、扬尘污染防治增加费，临时设施费的费率为1%；(5)其他项目费为0；(6)规费中环境保护税费率为0，社会保险费和住房公积金的费率按《江苏省费用定额》计取；(7)税金的费率为9%；(8)假定《江苏省计价定额》子目中的材料费、施工机具使用费均为除税价格。

解：(1)分部分项工程费。

① 混凝土分项工程费。

混凝土工程量：$0.25^2\times3.14\times3.6\times30=21.195(m^3)$

混凝土分项工程费：选择子目6-314，综合单价508.20元/m³，故

$$合价=21.195\times508.20\approx10771.30(元)$$

② 钢筋分项工程费。

钢筋工程量：查《江苏省计价定额》附录一混凝土及钢筋混凝土构件钢筋含量表，圆柱周长在2.5m以内，Φ12以内钢筋含量为0.042t/m³，Φ12以外钢筋含量为0.098 t/m³。

Φ12以内钢筋：21.195m³×0.042 t/m³≈0.890t

Φ12以外钢筋：21.195m³×0.098 t/m³≈2.077t

钢筋分项工程费：选择定额子目5-1和5-2，Φ12以内钢筋、Φ25以内钢筋综合单价分别为5470.72元/t和4998.87元/t(现浇构件的纵向受力钢筋常用规格为Φ14～Φ25，构件内Φ12以内的钢筋多为构件中的箍筋、构造钢筋等)。

Φ12以内钢筋费用：0.890t×5470.72元/t≈4868.94元

Φ12以外钢筋费用：2.077t×4998.87元/t≈10382.65元

③ 分部分项工程费合计。

分部分项工程费合计：10771.30+4868.94+10382.65=26022.89(元)

(2) 措施项目费。

① 单价措施项目费。

查《江苏省计价定额》附录一，圆柱周长在2.5m以内，模板含量为6.67m²/m³。

模板工程量：21.195m³×6.67m²/m³≈141.371m²

模板分项工程费：圆柱采用复合木模板，选择定额子目21-30，综合单价992.40元/10m²，故

$$合价=141.371/10×992.40≈14029.66(元)$$

② 总价措施项目费=(分部分项工程费+单价措施项目费-工程设备费)×费率。

根据题意，查表1-10，安全文明施工费按基本费费率取3.1%，扬尘污染防治增加费费率取0.31%；查表1-12，临时设施费费率取1%。

安全文明施工费：(26022.89+14029.66)×(3.1%+0.31%)≈1365.79(元)

临时设施费：(26022.89+14029.66)×1%≈400.53(元)

③ 措施项目费合计。

措施项目费合计：14029.66+1365.79+400.53=15795.98(元)

(3) 其他项目费。

按题意，其他项目费为0。

(4) 规费。

按表1-7，规费=(分部分项工程费+措施项目费+其他项目费-除税工程设备费)×费率；按表1-13，社会保险费、住房公积金的费率分别为3.2%、0.53%。

社会保险费：(26022.89+15795.98)×3.2%≈1338.20(元)

住房公积金：(26022.89+15795.98)×0.53%≈221.64(元)

环境保护税：费率为0，此值按0计。

规费合计：1338.20+221.64+0=1559.84(元)

(5) 税金。

按《江苏省费用定额》，税金=[分部分项工程费+措施项目费+其他项目费+规费-(除税甲供材料费+除税甲供设备费)/1.01]×费率，按题意，税金的费率为9%，故

税金=(26022.89+15795.98+1559.84)×9%≈3904.08(元)

(6) 工程造价。

按表1-7，工程造价=分部分项工程费+措施项目费+其他项目费+规费-(除税甲供材料费+除税甲供设备费)/1.01+税金，故

工程造价=26022.89+15795.98+1559.84+3904.08=47282.79（元）

✓ 典型训练

【工作任务1】确定定额子目及综合单价。

【任务背景】

某框架结构现浇钢筋混凝土圆形柱，混凝土强度等级为C30，施工组织设计规定采用预拌非泵送混凝土。

【问题】

试确定以下内容。

(1)《江苏省计价定额》的套用子目及综合单价。

(2) 人工工资按苏州市2021年9月1日后的人工工资指导价（一类工120元/工日，二类工116元/工日，三类工106元/工日）调整后的该定额子目综合单价。

【训练提示】

(1)《江苏省计价定额》第六章将混凝土分为三种类型：自拌混凝土构件、预拌混凝土泵送构件、预拌混凝土非泵送构件。

(2) 操作思路为，目录页码索引→柱→圆形柱→确定定额子目及综合单价→分析人工类别和子目人工单价→综合单价换算。

(3) 定额默认子目的工程类别为三类工程，管理费和利润的费率分别为25%和12%。

(4) 综合单价＝人工费＋材料费＋施工机具使用费＋企业管理费＋利润。

其中，人工费＝人工消耗量×人工工资单价

材料费＝材料消耗量×除税材料单价

施工机具使用费＝机械台班消耗量×除税机械台班单价

企业管理费＝（人工费＋施工机具使用费）×管理费费率

利润＝（人工费＋施工机具使用费）×利润率

【分析与解答】

【工作任务2】计算安全文明施工费。

【任务背景】

某建筑工程，无工程设备。已知招标文件中要求创建省级建筑安全文明施工标准化一星级工地，在投标时，该工程投标价中分部分项工程费4200万元，单价措施项目费300万元。

【问题】

请问投标价中安全文明施工费（考虑基本费、标化工地增加费和扬尘污染防治增加费）应为多少万元？

【训练提示】

(1) 安全文明施工费属于总价措施项目费。

(2) 安全文明施工费的计费基础为，分部分项工程费＋单价措施项目费－除税工程设备费。

(3) 根据表1-10，安全文明施工费应考虑基本费、省级标化增加费和扬尘污染防治增加费等内容。

【分析与解答】

【工作任务3】确定工程的工程类别。

【任务背景】

查阅附录一常州市××小学食堂、风雨操场建筑与结构施工图纸。

【问题】

根据《江苏省费用定额》及营改增后调整内容,确定该工程的工程类别。

【训练提示】

根据表1-8,该工程属于民用建筑中的公共建筑,工程类别判别需要依据建筑的层数和檐口高度。查阅建筑施工图纸的建筑设计说明和建筑剖面图即可找到工程类别的判别信息。

【分析与解答】

【工作任务4】说明招标控制价文件的组成内容及编制方法。

【任务背景】

查阅附录三常州市××小学食堂、风雨操场项目招标控制价。

【问题】

说明招标控制价文件的组成内容及编制方法。

【训练提示】

(1) 招标控制价文件一般包括5个组成部分。

(2) 分部分项工程费重点是分部分项工程项目清单综合单价的确定。需要针对每一个清单的项目特征,分析清单项目所包含的工作内容,研究其价格组成,并依据定额进行定额子目的套用与换算。

(3) 措施项目费包括单价措施项目费和总价措施项目费,依据《江苏省费用定额》说明其确定方法。

(4) 分析其他项目费、规费、税金的确定。

【分析与解答】

任务小结

(1) 招标工程量清单以单位(项)工程为对象编制,由分部分项工程项目清单、措施项目清单、其他项目清单、规费项目清单和税金项目清单组成。

(2) 分部分项工程项目清单必须载明项目编码、项目名称、项目特征、计量单位和工程量5项内容,缺一不可。分部分项工程项目清单必须根据相关工程现行国家计量规范规定的项目编码、项目名称、项目特征、计量单位和工程量计算规则进行编制。

(3) 措施项目分为单价措施项目和总价措施项目。单价措施项目能根据计算规则计算出具体的工程量大小,清单编制时按照分部分项工程项目清单的方式进行编制;总价措施项目是指现行的规范中无工程量计算规则,以总价(或计算基础×费率)计算的措施项目。

(4) 建设工程费用由分部分项工程费、措施项目费、其他项目费、规费和税金组成。

（5）分部分项工程费是指各专业工程的分部分项工程应予列支的各项费用。分部分项工程费＝分部分项工程量×除税综合单价。

（6）定额综合单价由人工费、材料费、施工机具使用费、管理费、利润5项费用组成。一般建筑工程、打桩工程的管理费与利润，已按照三类工程标准计入综合单价内；一、二类工程和单独发包的专业工程应根据《江苏省费用定额》及营改增后调整内容，对管理费和利润进行调整后计入综合单价内。

任务 2　建筑面积的计算

教学目标

了解与建筑面积计算相关的工程名词，掌握建筑面积的计算规则，熟悉工程项目中不计算建筑面积的范围，能够应用建筑面积计算规范计算工程项目的建筑面积。

思维导图

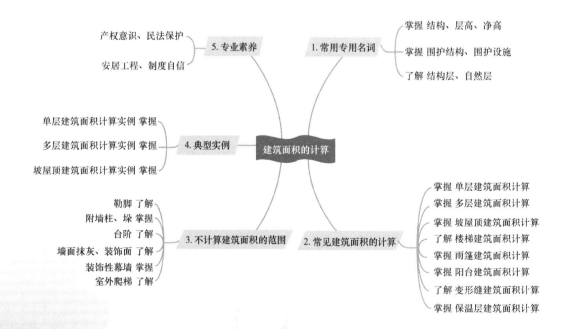

任务背景

建筑面积是指建筑物外墙勒脚以上各层水平投影面积的总和，包括使用面积、辅助面积和结构面积。其中，使用面积是指建筑物各层平面布置中，可直接为生产或生活所使用的净面积之和，如居住生活间、工作间和生产间等的净面积；辅助面积是指建筑物各层平面布置中为辅助生产或生活所使用的净面积的总和，如楼梯间、走道间和电梯间等；使用面积与辅助面积的总和为"有效面积"。结构面积是指建筑物各层平面布置中的墙体、柱等结构构件所占面积的总和。

建筑面积可以作为：①确定建设规模的重要指标；②确定各项技术经济指标的基础，如每平方米造价、用工量、材料用量，机械台班用量等都以建筑面积为依据；③检查、控制施工进度和完成竣工任务的重要指标。如已完工面积、竣工面积、在建面积等都以建筑面积指标来衡量；④计算有关分项工程量的依据，如计算平整场地、脚手架、垂直运输机械等的工程量常以建筑面积为依据；⑤房屋竣工以后进行出售、租赁及折旧等房产交易活动的依据。

任务2主要介绍建筑面积的计算规则及其应用实例。

模块2.1 建筑面积计算的相关术语

规范依据

任务2主要依据的规范及本书中涉及建筑面积所指规范一般均为《建筑工程建筑面积计算规范》（GB/T 50353—2013）。

1. 建筑面积

建筑物（包括墙体）所形成的楼地面面积。

2. 自然层

按楼地面结构分层的楼层。

3. 结构层高

楼面或地面结构层上表面至上部结构层上表面之间的垂直距离。

4. 围护结构

围合建筑空间的墙体、门、窗。

5. 建筑空间

以建筑界面限定的，供人们生活和活动的场所。

6. 结构净高

楼面或地面结构层上表面至上部结构层下表面之间的垂直距离。

7. 围护设施

为保障安全而设置的栏杆、栏板等围挡。

8. 地下室

室内地平面低于室外地平面的高度超过室内净高的 1/2 的房间。

9. 半地下室

室内地平面低于室外地平面的高度超过室内净高的 1/3，且不超过 1/2 的房间。

10. 架空层

仅有结构支撑而无外围护结构的开敞空间层。

11. 走廊

建筑物中的水平交通空间。

12. 架空走廊

专门设置在建筑物的二层或二层以上，作为不同建筑物之间水平交通的空间。

13. 结构层

整体结构体系中承重的楼板层。

14. 落地橱窗

凸出外墙面且根基落地的橱窗。

15. 凸窗(飘窗)

凸出建筑物外墙面的窗户。

16. 檐廊

建筑物挑檐下的水平交通空间。

17. 挑廊

挑出建筑物外墙的水平交通空间。

18. 门斗

建筑物入口处两道门之间的空间。

19. 雨篷

建筑出入口上方为遮挡雨水而设置的部件。

20. 门廊

建筑物入口前有顶棚的半围合空间。

21. 阳台

附设于建筑物外墙，设有栏杆或栏板，可供人活动的室外空间。

22. 变形缝

防止建筑物在某些因素作用下引起开裂甚至破坏而预留的构造缝。

23. 骑楼

建筑底层沿街面后退且留出公共人行空间的建筑物。

24. 过街楼

跨越道路上空并与两边建筑相连接的建筑物。

25. 露台

设置在屋面、首层地面或雨篷上的供人室外活动的有围护设施的平台。

模块2.2 建筑面积计算的规定

规范依据

1. 一般建筑物

建筑物的建筑面积应按自然层外墙结构外围水平面积之和计算。结构层高在2.20m及以上的,应计算全面积;结构层高在2.20m以下的,应计算1/2面积。

2. 建筑物内设局部楼层

建筑物内设有局部楼层时,对于局部楼层的二层及以上楼层,有围护结构的应按其围护结构外围水平面积计算,无围护结构的应按其结构底板水平面积计算。结构层高在2.20m及以上的,应计算全面积;结构层高在2.20m以下的,应计算1/2面积。

3. 坡屋顶

形成建筑空间的坡屋顶,结构净高在2.10m及以上的部位应计算全面积;结构净高在1.20m及以上至2.10m以下的部位应计算1/2面积;结构净高在1.20m以下的部位不应计算建筑面积。

4. 场馆看台等建筑空间

场馆看台下的建筑空间,结构净高在2.10m及以上的部位应计算全面积;结构净高在1.20m及以上至2.10m以下的部位应计算1/2面积;结构净高在1.20m以下的部位不应计算建筑面积。室内单独设置的有围护设施的悬挑看台,应按看台结构底板水平投影面积计算建筑面积。有顶盖无围护结构的场馆看台应按其顶盖水平投影面积的1/2计算建筑面积。

5. 地下室

地下室、半地下室应按其结构外围水平面积计算。结构层高在2.20m及以上的,应计算全面积;结构层高在2.20m以下的,应计算1/2面积。

6. 出入口外墙外侧坡道

出入口外墙外侧坡道有顶盖的部位,应按其外墙结构外围水平面积的1/2计算建筑面积。

7. 架空层

建筑物架空层及坡地建筑物吊脚架空层,应按其顶板水平投影计算建筑面积。结构层高在2.20m及以上的,应计算全面积;结构层高在2.20m以下的,应计算1/2面积。

8. 门厅、大厅

建筑物的门厅、大厅应按一层计算建筑面积,门厅、大厅内设置的走廊应按走廊结构底板水平投影面积计算建筑面积。结构层高在2.20m及以上的,应计算全面积;结构层高在2.20m以下的,应计算1/2面积。

9. 架空走廊

建筑物间的架空走廊,有顶盖和围护结构的,应按其围护结构外围水平面积计算全面积;无围护结构、有围护设施的,应按其结构底板水平投影面积计算1/2面积。

10. 书库、仓库、车库

立体书库、立体仓库、立体车库，有围护结构的，应按其围护结构外围水平面积计算建筑面积；无围护结构、有围护设施的，应按其结构底板水平投影面积计算建筑面积。无结构层的应按一层计算，有结构层的应按其结构层面积分别计算。结构层高在2.20m及以上的，应计算全面积；结构层高在2.20m以下的，应计算1/2面积。

11. 舞台灯光控制室

有围护结构的舞台灯光控制室，应按其围护结构外围水平面积计算。结构层高在2.20m及以上的，应计算全面积；结构层高在2.20m以下的，应计算1/2面积。

12. 落地橱窗

附属在建筑物外墙的落地橱窗，应按其围护结构外围水平面积计算。结构层高在2.20m及以上的，应计算全面积；结构层高在2.20m以下的，应计算1/2面积。

13. 凸(飘)窗

窗台与室内楼地面高差在0.45m以下且结构净高在2.10m及以上的凸(飘)窗，应按其围护结构外围水平面积计算1/2面积。

14. 室外走廊(挑廊)

有围护设施的室外走廊(挑廊)，应按其结构底板水平投影面积计算1/2面积；有围护设施(或柱)的檐廊，应按其围护设施(或柱)外围水平面积计算1/2面积。

15. 门斗

门斗应按其围护结构外围水平面积计算建筑面积。结构层高在2.20m及以上的，应计算全面积；结构层高在2.20m以下的，应计算1/2面积。

16. 门廊、雨篷

门廊应按其顶板水平投影面积的1/2计算建筑面积；有柱雨篷应按其结构板水平投影面积的1/2计算建筑面积；无柱雨篷的结构外边线至外墙结构外边线的宽度在2.10m及以上的，应按雨篷结构板的水平投影面积的1/2计算建筑面积。

17. 屋顶楼梯间、电梯间、水箱间、电梯机房

设在建筑物顶部的、有围护结构的楼梯间、水箱间、电梯机房等，结构层高在2.20m及以上的应计算全面积；结构层高在2.20m以下的，应计算1/2面积。

18. 围护结构不垂直于水平面的楼层

围护结构不垂直于水平面的楼层，应按其底板面的外墙外围水平面积计算。结构净高在2.10m及以上的部位，应计算全面积；结构净高在1.20m及以上至2.10m以下的部位，应计算1/2面积；结构净高在1.20m以下的部位，不应计算建筑面积。

19. 室内楼梯、电梯井、管道井等

建筑物的室内楼梯、电梯井、提物井、管道井、通风排气竖井、烟道，应并入建筑物的自然层计算建筑面积。有顶盖的采光井应按一层计算面积，结构净高在2.10m及以上的，应计算全面积；结构净高在2.10m以下的，应计算1/2面积。

20. 室外楼梯

室外楼梯应并入所依附建筑物自然层，并应按其水平投影面积的1/2计算建筑面积。

21. 阳台

在主体结构内的阳台，应按其结构外围水平面积计算全面积；在主体结构外的阳台，应按其结构底板水平投影面积计算1/2面积。

22. 车棚、货棚、站台等

有顶盖无围护结构的车棚、货棚、站台、加油站、收费站等，应按其顶盖水平投影面积的1/2计算建筑面积。

23. 幕墙结构

以幕墙作为围护结构的建筑物，应按幕墙外边线计算建筑面积。

24. 外墙外保温建筑

建筑物的外墙外保温层，应按其保温材料的水平截面积计算，并计入自然层建筑面积。

25. 变形缝

与室内相通的变形缝，应按其自然层合并在建筑物建筑面积内计算。对于高低联跨的建筑物，当高低跨内部连通时，其变形缝应计算在低跨面积内。

26. 设备层、管道层、避难层

对于建筑物内的设备层、管道层、避难层等有结构层的楼层，结构层高在2.20m及以上的，应计算全面积；结构层高在2.20m以下的，应计算1/2面积。

27. 不应计算的建筑面积

（1）与建筑物内不相连通的建筑部件。
（2）骑楼、过街楼底层的开放公共空间和建筑物通道。
（3）舞台及后台悬挂幕布和布景的天桥、挑台等。
（4）露台、露天游泳池、花架、屋顶的水箱及装饰性结构构件。
（5）建筑物内的操作平台、上料平台、安装箱和罐体的平台。
（6）勒脚、附墙柱、垛、台阶、墙面抹灰、装饰面、镶贴块料面层、装饰性幕墙，主体结构外的空调室外机搁板（箱）、构件、配件、挑出宽度在2.10m以下的无柱雨篷和顶盖高度达到或超过两个楼层的无柱雨篷。
（7）窗台与室内地面高差在0.45m以下且结构净高在2.10m以下的凸（飘）窗，窗台与室内地面高差在0.45m及以上的凸（飘）窗。
（8）室外爬梯、室外专用消防钢楼梯。
（9）无围护结构的观光电梯。
（10）建筑物以外的地下人防通道，独立的烟囱、烟道、地沟、油（水）罐、气柜、水塔、贮油（水）池、贮仓、栈桥等构筑物。

✅ 典型实例

1. 某单层建筑物如图2.1所示，轴线居于墙中，墙厚240mm，求建筑物的建筑面积。

解：结构层高为3.95m，在2.20m以上，应计算全面积，因此

$$S=(15+0.24)\times(5+0.24)\approx 79.86(m^2)$$

2. 某两坡坡屋顶阁楼层如图2.2所示，已知该坡屋顶内的空间设计可利用，平行于屋脊方向的外墙的结构外边线长度为40m，且外墙无保温层，计算该坡屋顶内空间的建筑面积。

解：坡屋顶结构，结构净高在2.10m及以上的部位应计算全面积；结构净高在

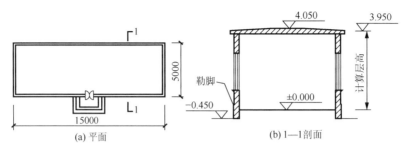

图 2.1 某单层建筑物示意

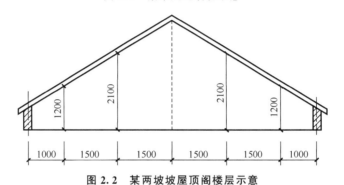

图 2.2 某两坡坡屋顶阁楼层示意

1.20m 及以上至 2.10m 以下的部位应计算 1/2 面积，因此

$$S=(1.5+1.5)\times40+(1.5+1.5)\times40\times0.5=180(m^2)$$

3. 如图 2.3 所示的场馆看台，看台下建筑空间设计加以利用，求该建筑物的建筑面积。

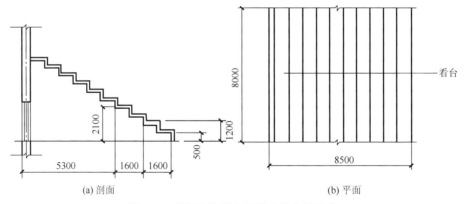

图 2.3 利用场馆看台下的建筑空间示意

解：依据规范，场馆看台下的建筑空间，结构净高在 2.10m 及以上的部位应计算全面积；结构净高在 1.20m 及以上至 2.10m 以下的部位应计算 1/2 面积；结构净高在 1.20m 以下的部位不应计算建筑面积。因此

$$S=8\times(5.3+1.6\times0.5)=48.8(m^2)$$

4. 如图 2.4 所示的某地下室，求该建筑物的建筑面积。

解：依据规范，地下室、半地下室应按其结构外围水平面积计算。结构层高在 2.20m 及以上的，应计算全面积。因此

$$S = 7.98 \times 5.68 \approx 45.33 (\text{m}^2)$$

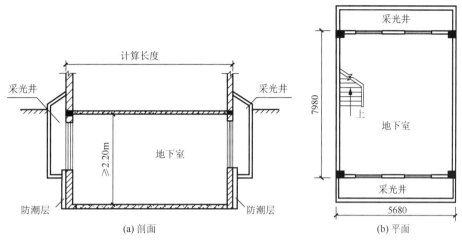

图 2.4 某地下室示意

5. 如图 2.5 所示架空走廊建筑的层高为 3.3m，轴线居于墙中，墙厚 240mm，求架空走廊的建筑面积。

解：依据规范，建筑物间的架空走廊，有顶盖和围护结构的，应按其围护结构外围水平面积计算全面积。立面图可见，该架空走廊有围护结构和顶盖，因此

$$S = (6 - 0.24) \times (3 + 0.24) \approx 18.66 (\text{m}^2)$$

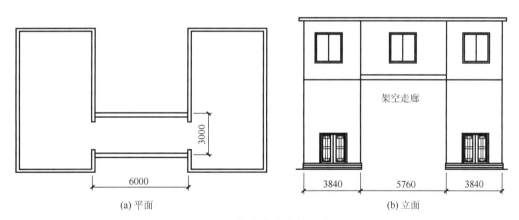

图 2.5 架空走廊建筑示意

6. 求图 2.6 所示的门斗、屋顶水箱间的建筑面积。

解：(1) 依据规范，门斗应按其围护结构外围水平面积计算建筑面积。结构层高在 2.20m 及以上的，应计算全面积，由侧立面图可见，门斗间层高为 2.8m，因此应计算全面积。

门斗面积：

$$S = 3.5 \times 2.5 = 8.75 (\text{m}^2)$$

(2) 依据规范，设在建筑物顶部的、有围护结构的楼梯间、水箱间、电梯机房等，结构层高在 2.20m 及以上的，应计算全面积；结构层高在 2.20m 以下的，应计算 1/2 面积。

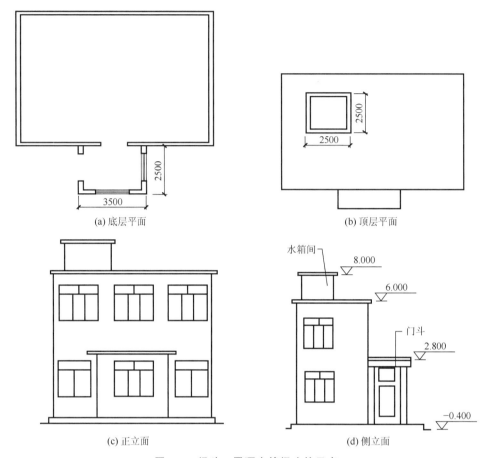

(a) 底层平面　　　　　　　　　　　　(b) 顶层平面

(c) 正立面　　　　　　　　　　　　(d) 侧立面

图 2.6　门斗、屋顶水箱间建筑示意

图中可见，水箱间净高为 8.0 m－6.0 m＝2.0 m，因此应计算 1/2 面积。

水箱间面积：

$$S=2.5\times2.5\times0.5\approx3.13(\mathrm{m}^2)$$

7. 如图 2.7 所示的雨篷，求雨篷的建筑面积。

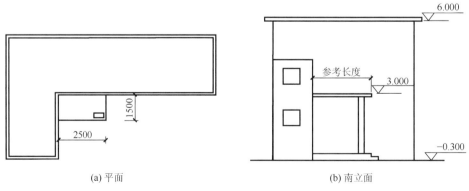

(a) 平面　　　　　　　　　　　　(b) 南立面

图 2.7　雨篷示意

解：依据规范，有柱雨篷应按其结构板水平投影面积的 1/2 计算建筑面积，由南立面

图可见，该雨篷为有柱雨篷，因此
$$S=2.5\times1.5\times0.5\approx1.88(\text{m}^2)$$

8. 图2.8为某层建筑物阳台平面，墙厚240mm，求阳台的建筑面积。

解：依据规范，在主体结构内的阳台，应按其结构外围水平面积计算全面积；在主体结构外的阳台，应按其结构底板水平投影面积计算1/2面积。如图2.8所示，阳台均在主体结构外，因此

$$S=(3.5+0.24)\times(2-0.12)\times0.5\times2+3.5\times(1.8-0.12)\times0.5\times2+$$
$$(5+0.24)\times(2-0.12)\times0.5\approx17.84(\text{m}^2)$$

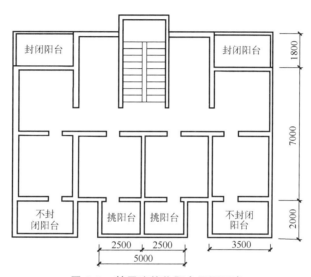

图2.8 某层建筑物阳台平面示意

9. 如图2.9所示的建筑平面，墙厚240mm，轴线居中，外墙设有80mm厚保温隔热层，求该建筑物的建筑面积。

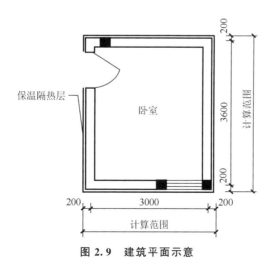

图2.9 建筑平面示意

解：依据规范，建筑物的外墙外保温层，应按其保温材料的水平截面积计算，并计入自然层建筑面积。因此

$$S=3.4\times4=13.6(m^2)$$

10. 某电梯井平面外包尺寸为4.5m×4.5m,该建筑共12层,其中2～12层层高均为3m,1层为技术层,层高2.6m。屋顶电梯机房外包尺寸为6.00m×8.00m,层高4.5m。根据以上背景资料及现行国家标准《建筑工程建筑面积计算规范》,计算该电梯井与电梯机房的总建筑面积。

解：依据规范,建筑物的室内楼梯、电梯井、提物井、管道井、通风排气竖井、烟道,应并入建筑物的自然层计算建筑面积。设在建筑物顶部的、有围护结构的楼梯间、水箱间、电梯机房等,结构层高在2.20m及以上的,应计算全面积；结构层高在2.20m以下的,应计算1/2面积。因此

电梯井建筑面积：$S_1=4.5\times4.5\times12=243(m^2)$

电梯机房建筑面积：$S_2=6.00\times8.00=48.0(m^2)$

总建筑面积：$S=S_1+S_2=291(m^2)$

11. 如图2.10所示的带伸缩缝建筑物平面,从左至右3个区段房屋的层数分别为第五层、第八层、第五层,每一层的层高均为3m。根据以上背景资料及现行国家标准《建筑工程建筑面积计算规范》,计算该建筑物的建筑面积。

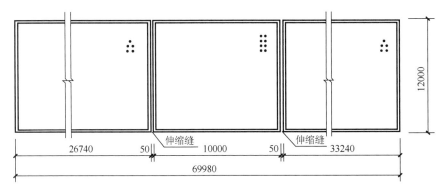

图2.10 带伸缩缝建筑物平面示意

解：依据规范,与室内相通的变形缝,应按其自然层合并在建筑物建筑面积内计算。对于高低联跨的建筑物,当高低跨内部连通时,其变形缝应计算在低跨面积内。因此

$$S=69.98\times12\times5+10\times12\times3=4558.8(m^2)$$

案例-建筑面积的计算

12. 如图2.11所示,某多层住宅伸缩缝宽度为0.20m,阳台水平投影尺寸为1.80m×3.60m(共18个),雨篷水平投影尺寸为2.60m×4.00m,坡屋面阁楼室内净高最高点为3.65m,坡屋面坡度为1∶2；平屋面女儿墙顶面标高为11.600m。根据以上背景资料及现行国家标准《建筑工程建筑面积计算规范》,计算该建筑物的建筑面积。

解：(1) 依题意分析。

① Ⓐ～Ⓑ轴间的房屋共有3层,其中第三层的层高为2m,按照计算规则,第三层只能计算1/2的面积。高低跨之间的伸缩缝宽度计入低跨计算建筑面积。

② Ⓒ～Ⓓ轴间的房屋共有4层,每层的层高均为3m。按建筑物外围的水平投影面积计算建筑面积。

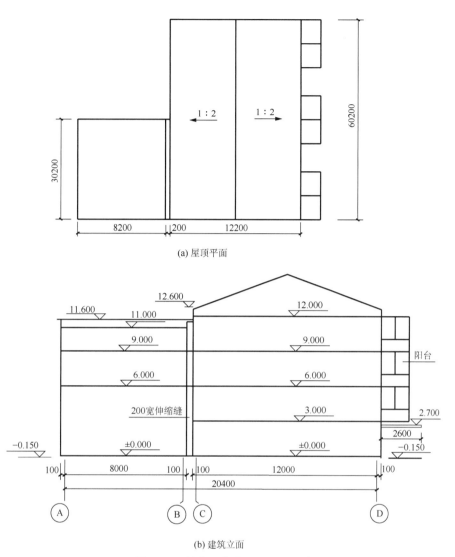

(a) 屋顶平面

(b) 建筑立面

图 2.11 某多层住宅平、立面示意

③ 坡屋面阁楼室内净高最高点为 3.65m，坡屋面坡度为 1∶2。室内净高超过 2.1m 的部分应计算全面积。净高超过 2.1m 的坡屋面的宽度为 $2\times(3.65-2.1)\times2=6.2(m)$。坡屋顶中净高介于 1.2m 和 2.1m 之间的部分按规定计算 1/2 的建筑面积。净高介于 1.2m 和 2.1m 之间的部分的宽度为 $2\times(2.1-1.2)\times2=3.6(m)$。

④ 由题意，雨篷水平投影尺寸为 2.60m×4.00m，根据计算规则，无柱雨篷，雨篷结构的外边线至外墙结构外边线的宽度超过 2.10m 者，应按雨篷结构板的水平投影面积的 1/2 计算建筑面积。如图 2.11 所示，雨篷结构的外边线至外墙结构外边线的宽度为 2.6m，因此，应按水平投影面积的 1/2 计算建筑面积。

⑤ 根据规则，主体结构外侧的阳台，应按其水平投影面积的 1/2 计算建筑面积。

（2）计算过程。

Ⓐ～Ⓑ轴建筑面积：$S_1=30.20\times(8.40\times2+8.40\times1/2)=634.20(m^2)$

ⓒ～Ⓓ轴建筑面积：$S_2=60.20\times12.20\times4=2937.76(m^2)$

阁楼层建筑面积：$S_3=60.20\times(6.20+3.6\times1/2)=481.60(m^2)$ [阁楼层中间净高超过2.1m的宽度为$(3.65-2.1)\times2\times2=6.2(m)$，净高在≥1.2m且小于2.1m的宽度为$(2.1-1.2)\times2\times2=3.6(m)$]

雨篷建筑面积：$S_4=2.60\times4.00\times1/2=5.20(m^2)$

阳台建筑面积：$S_5=18\times1.80\times3.60\times1/2=58.32(m^2)$

总建筑面积：$S=S_1+S_2+S_3+S_4+S_5=4117.08(m^2)$

✓ 典型训练

【工作任务1】带砖垛建筑物的建筑面积计算。

【任务背景】

如图2.12所示的某单层建筑物平面，层高3m，外墙厚均为240mm，轴线与墙中心线重合，砖垛凸出墙外边线的尺寸均为120mm。

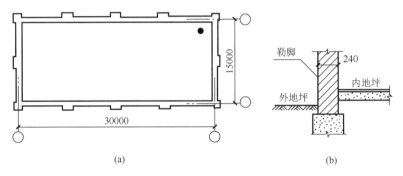

图2.12 某单层建筑物平面示意

【问题】

根据以上背景资料及现行国家标准《建筑工程建筑面积计算规范》，计算该建筑物的建筑面积。

【训练提示】

(1) 根据计算规则，凸出外墙的构件、配件、附墙柱、垛、勒脚、墙面抹灰、镶贴块料、装饰面不计算建筑面积。

(2) 理解建筑面积的计算规则。

【分析与解答】

【工作任务2】带保温层、飘窗建筑的建筑面积计算。

【任务背景】

如图2.13所示的某单层建筑物的局部平面，墙厚240mm，层高3m，外墙保温层厚度为50mm，保温层与墙体之间设20mm厚的砂浆黏结层。门洞口尺寸为2000mm×900mm，附墙柱的截面尺寸为400mm×500mm，飘窗的平面尺寸如图，剖面净高为1.5m，窗台离地高度0.4m。

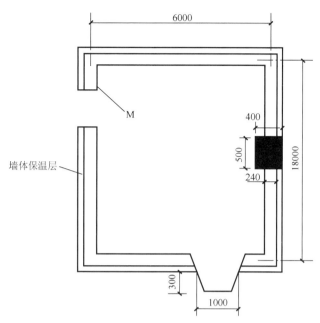

图 2.13 某单层建筑物的局部平面示意

【问题】

根据以上背景资料及现行国家标准《建筑工程建筑面积计算规范》，计算该建筑物的建筑面积。

【训练提示】

建筑物的外墙外保温层，应按其保温材料的水平截面积计算，并计入自然层建筑面积。

【分析与解答】

【工作任务3】附录一常州市××小学食堂、风雨操场建筑面积的计算。

【任务背景】

查阅附录一常州市××小学食堂、风雨操场建筑施工图。

【问题】

根据现行国家标准《建筑工程建筑面积计算规范》确定第二层①～③轴区域范围的建筑面积（③轴计算到墙体外侧）。

【训练提示】

(1) 第二层层高是否大于2.2m，确定是否需要计算全面积。
(2) 是否需要考虑外墙保温层对建筑面积的影响。
(3) 多边形建筑平面建筑面积计算的分区处理。
(4) 凸出墙面的柱、垛对建筑面积计算的影响。

【分析与解答】

任务小结

(1) 常用建筑面积的计算规则。

① 一般建筑物的建筑面积应按自然层外墙结构外围水平面积之和计算。结构层高在 2.20m 及以上的，应计算全面积；结构层高在 2.20m 以下的，应计算 1/2 面积。

② 形成建筑空间的坡屋顶，结构净高在 2.10m 及以上的部位应计算全面积；结构净高在 1.20m 及以上至 2.10m 以下的部位应计算 1/2 面积；结构净高在 1.20m 以下的部位不应计算建筑面积。

③ 地下室、半地下室应按其结构外围水平面积计算。结构层高在 2.20m 及以上的，应计算全面积；结构层高在 2.20m 以下的，应计算 1/2 面积。

④ 有围护设施的室外走廊（挑廊），应按其结构底板水平投影面积计算 1/2 面积；有围护设施（或柱）的檐廊，应按其围护设施（或柱）外围水平面积计算 1/2 面积。

⑤ 在主体结构内的阳台，应按其结构外围水平面积计算全面积；在主体结构外的阳台，应按其结构底板水平投影面积计算 1/2 面积。

(2) 下列项目不应计算建筑面积：与建筑物内不相连通的建筑部件；勒脚、附墙柱、垛、台阶、墙面抹灰、装饰面、镶贴块料面层、装饰性幕墙，主体结构外的空调室外机搁板（箱）、构件、配件，挑出宽度在 2.10m 以下的无柱雨篷和顶盖高度达到或超过两个楼层的无柱雨篷；室外爬梯、室外专用消防钢楼梯等。

任务3 土石方工程计量与计价

教学目标

会依据图纸、规范对项目的土方工程进行正确清单列项；掌握平整场地、挖基坑土方、挖沟槽土方、挖一般土方的清单工程量和定额工程量的计算规则；能够应用计算规则进行工程项目土方工程的清单及定额量的计算；能够依据项目特征对土方工程量清单进行定额子目的正确套用；能够进行土方工程量清单综合单价的分析计算；能够进行项目土方工程费用计算。

思维导图

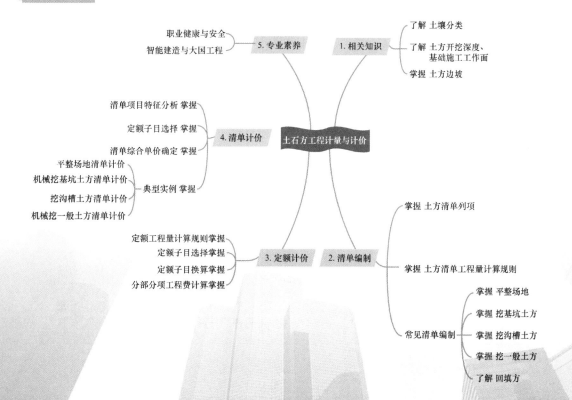

任务背景

房屋建造过程中,首先面临的施工任务就是平整场地、基坑开挖等土石方工程。一般来说,土方与石方相比,坚硬程度不同,因而开挖方式不同。土方主要使用锹、锄、镐等工具开挖,而石方主要使用爆破等方法开挖。

任务3模块3.1主要阐述土石方工程量清单编制,对应的分项工程有平整场地、挖基础土方、回填方、余方弃置等;模块3.2主要介绍土石方工程计价。

模块 3.1 土石方工程量清单编制

规范依据

3.1.1 土方工程

1. 清单项目设置

土方工程工程量清单项目设置、项目特征描述的内容、计量单位及工程量计算规则,应按表 3-1 的规定执行。

表 3-1 土方工程(编号:010101)

项目编码	项目名称	项目特征	计量单位	工程量计算规则	工作内容
010101001	平整场地	1. 土壤类别 2. 弃土运距 3. 取土运距	m²	按设计图示尺寸以建筑物首层建筑面积计算	1. 土方挖填 2. 场地找平 3. 运输
010101002	挖一般土方	1. 土壤类别 2. 挖土深度 3. 弃土运距	m³	按设计图示尺寸以体积计算	1. 排地表水 2. 土方开挖 3. 围护(挡土板)及拆除 4. 基底钎探 5. 运输
010101003	挖沟槽土方			按设计图示尺寸以基础垫层底面积乘以挖土深度计算	
010101004	挖基坑土方				
010101005	冻土开挖	1. 冻土厚度 2. 弃土运距		按设计图示尺寸开挖面积乘厚度以体积计算	1. 爆破 2. 开挖 3. 清理 4. 运输
010101006	挖淤泥、流砂	1. 挖掘深度 2. 弃淤泥、流砂距离		按设计图示位置、界限以体积计算	1. 开挖 2. 运输

续表

项目编码	项目名称	项目特征	计量单位	工程量计算规则	工作内容
010101007	管沟土方	1. 土壤类别 2. 管外径 3. 挖沟深度 4. 回填要求	1. m 2. m³	1. 以 m 计量，按设计图示以管道中心线长度计算 2. 以 m³ 计量，按设计图示管底垫层面积乘以挖土深度计算；无管底垫层按管外径的水平投影面积乘以挖土深度计算	1. 排地表水 2. 土方开挖 3. 围护(挡土板)、支撑 4. 运输 5. 回填

2. 土壤类别

土的名称及含义按国家标准《岩土工程勘察规范(2009 年版)》(GB 50021—2001)定义，土壤类别见表 3-2。

表 3-2 土壤类别表

土壤类别	土壤名称	开挖方法
一类土 二类土	粉土、砂土(粉砂、细砂、中砂、粗砂、砾砂)、粉质黏土、弱中盐渍土、软土(淤泥质土、泥炭、泥炭质土)、软塑红黏土、冲填土	用锹，少许用镐、条锄开挖。机械能全部直接铲挖满载者
三类土	黏土、碎石土(圆砾、角砾)混合土、可塑红黏土、硬塑红黏土、强盐渍土、素填土、压实填土	主要用镐、条锄，少许用锹开挖。机械需部分刨松方能铲挖满载者或可直接铲挖但不能满载者
四类土	碎石土(卵石、碎石、漂石、块石)、坚硬红黏土、超盐渍土、杂填土	全部用镐、条锄挖掘，少许用撬棍挖掘。机械需普遍刨松方能铲挖满载者

3. 边坡放坡系数和基础施工工作面

土方施工时，常因放坡和留设基础施工工作面而导致土方工程量发生变化。挖沟槽、基坑、一般土方因工作面和放坡增加的工程量(管沟工作面增加的工程量)，是否并入各土方工程量中，按各省、自治区、直辖市或行业建设主管部门的规定实施。

(1) 边坡放坡系数。土方开挖深度超过表 3-3 各类土的放坡起点时，为防止边坡塌方，需按规定放坡，放坡系数见表 3-3。

表 3-3 放坡系数表

土壤类别	放坡起点/m	人工挖土	机械挖土		
			在坑内作业	在坑上作业	顺沟槽在坑上作业
一类土 二类土	1.20	1:0.5	1:0.33	1:0.75	1:0.5
三类土	1.50	1:0.33	1:0.25	1:0.67	1:0.33
四类土	2.00	1:0.25	1:0.10	1:0.33	1:0.25

如图 3.1 所示，放坡宽度 b 与深度 H 和放坡角度 α 之间的关系是正切函数关系，即 $\tan\alpha = \dfrac{b}{H}$。不同的土壤类别取不同的 α 角度，所以放坡系数 K 是根据 $\tan\alpha$ 来确定的。如三类土，人工挖土的 $K = \dfrac{b}{H} = 0.33$，故放坡宽度 $b = KH$。

沟槽、基坑中土壤类别不同时，分别按其放坡起点、放坡系数，依不同土壤类别厚度加权平均计算。计算放坡时，在交接处的重复工程量不予扣除，如图 3.2 所示。原槽、坑做基础垫层时，放坡自垫层上表面开始计算，如图 3.3 所示。

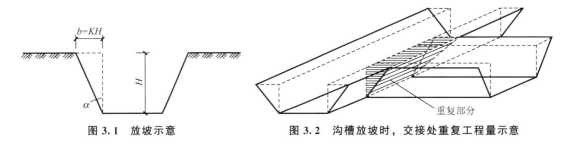

图 3.1 放坡示意　　　　图 3.2 沟槽放坡时，交接处重复工程量示意

（2）基础施工工作面。基础和管沟施工时，为方便工人操作和基础模板支设，常需在基础外侧留有一定的施工工作面，如图 3.3、图 3.4 中的 c 值。基础施工所需工作面宽度见表 3-4，管沟施工每侧所需工作面宽度见表 3-5。

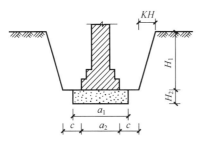 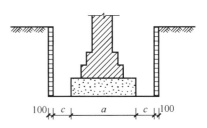

图 3.3 从垫层上表面起始放坡示意　　　图 3.4 支挡土板留设工作面示意

表 3-4 基础施工所需工作面宽度

基础材料	每边各增加工作面宽度/mm
砖基础	200
浆砌毛石、条石基础	150
混凝土基础垫层支模板	300
混凝土基础支模板	300
基础垂直面做防水层	1000（防水层面）

注：本表按《全国统一建筑工程预算工程量计算规则（土建工程）》（GJD$_{GZ}$—101—95）整理。

表 3-5　管沟施工每侧所需工作面宽度　　　　　　　　　　单位：mm

管沟材料	管道结构宽			
	≤500	≤1000	≤2500	>2500
混凝土及钢筋混凝土管道	400	500	600	700
其他材质管道	300	400	500	600

注：1. 本表按《全国统一建筑工程预算工程量计算规则（土建工程）》(GJD$_{GZ}$—101—95)整理。
　　2. 管道结构宽：有管座的按基础外缘，无管座的按管道外径。

4. 清单项目信息解读

（1）挖土深度确定。

① 平整场地时涉及的挖土深度，应按自然地面测量标高至设计地坪标高的平均厚度确定。

② 竖向土方开挖、山坡切土深度，应按基础垫层底表面标高至交付施工场地标高确定，无交付施工场地标高时，应按自然地坪标高确定。

（2）平整场地项目列项。建筑物场地厚度≤±300mm 的挖、填、运、找平，应按表 3-1 中"平整场地"项目编码列项。厚度＞±300mm 的竖向布置挖土或山坡切土应按表 3-1 中"挖一般土方"项目编码列项。

（3）沟槽、基坑、一般土方的划分。沟槽、基坑、一般土方的划分：底宽≤7m，底长＞3 倍底宽为沟槽；底长≤3 倍底宽、底面积≤150m^2 为基坑；超出上述范围则为一般土方。

（4）项目特征中的弃、取土运距。弃、取土运距可以不描述，但应注明由投标人根据施工现场实际情况自行考虑，决定报价。

（5）项目特征中的土壤类别。土壤类别应按表 3-2 确定，当土壤类别不能准确划分时，招标人可注明为综合，由投标人根据地质勘探报告决定报价。

（6）工程量计算中的土方体积。土方体积应按挖掘前的天然密实体积计算。

（7）挖方出现流砂、淤泥时的工程量计量。挖方出现流砂、淤泥时，应根据实际情况由招标人与承包人双方现场签证确认工程量。

（8）管沟土方项目的适用情况。管沟土方项目适用于管道(给排水、工业、电力、通信)、光(电)缆沟 [包括人（手）孔、接口坑）及连接井(检查井)等。

3.1.2　回填

1. 清单项目设置

回填工程量清单项目设置、项目特征描述的内容、计量单位及工程量计算规则，应按表 3-6 的规定执行。

2. 清单项目信息解读

表 3-6 中的项目特征栏的相关信息描述，可按以下情况处理：①填方密实度要求，在无特殊要求情况下，项目特征可描述为满足设计和规范的要求，在结构施工图的设计说明中，对回填土一般都有明确的压实系数 λ_c 要求；②填方材料品种可以不描述，但应注

明由投标人根据设计要求验方后方可填入,并符合相关工程的质量规范要求;③填方粒径要求,在无特殊要求情况下,项目特征可以不描述;④如需买土回填应在项目特征填方来源中描述,并注明买土方数量。

表 3-6 回填(编号:010103)

项目编码	项目名称	项目特征	计量单位	工程量计算规则	工作内容
010103001	回填方	1. 密实度要求 2. 填方材料品种 3. 填方粒径要求 4. 填方来源、运距	m³	按设计图示尺寸以体积计算 1. 场地回填:回填面积乘以平均回填厚度 2. 室内回填:主墙间面积乘以回填厚度,不扣除间隔墙 3. 基础回填:挖方体积减去自然地坪以下埋设的基础体积(包括基础垫层及其他构筑物)	1. 运输 2. 回填 3. 压实
010103002	余方弃置	1. 废弃料品种 2. 运距	m³	按挖方清单项目工程量减利用回填方体积(正数)计算	余方点装料运输至弃置点

3.1.3 石方工程

石方工程的清单项目设置及清单项目信息解读具体见《房屋建筑与装饰工程工程量计算规范》。

☑ 典型实例

土方工程量清单编制

【背景资料】

某工程±0.000以下基础工程施工图详见图 3.5~图 3.8,室内外高差为 450mm。基础垫层为非原槽浇筑,垫层支模,混凝土强度等级为 C10,地圈梁混凝土强度等级为 C20。砖基础,使用普通页岩标准砖,M5 水泥砂浆砌筑。柱下独立基础及柱为 C20 混凝土。工程的建设单位已完成"三通一平"。混凝土及砂浆材料为中砂、砾石、细砂,均为现场搅拌。拟定的施工方案:基础工程土方为人工开挖,非桩基工程,不考虑开挖时排地表水及基底钎探,不考虑支挡土板施工,工作面为 300mm,若放坡,放坡系数为 1:0.33;开挖基础土方,其中一部分土壤考虑按挖方量的 60%进行现场运输、堆放,采用人力车运输,距离为 40m,另一部分土壤在基坑边 5m 内堆放。平整场地弃、取土运距均为 5m。弃土外运 5km,回填土为夯填;土壤类别为三类干土,均为天然密实土,现场内土壤堆放时间为 3 个月。编制清单时,工作面和放坡增加的工程量,按江苏省对工程量计算规范的宣贯规定,并入各土方工程量中。

任务3 土石方工程计量与计价

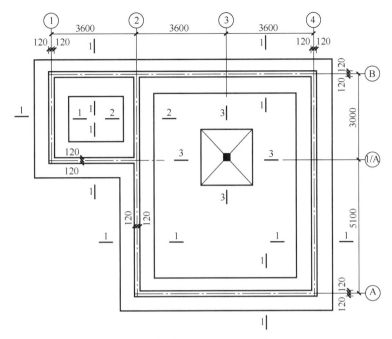

图3.5 某工程基础平面图

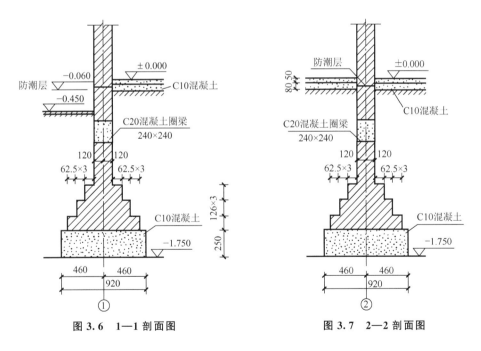

图3.6 1—1剖面图　　　　图3.7 2—2剖面图

【问题】

根据以上背景资料及现行国家标准《建设工程工程量清单计价规范》《房屋建筑与装饰工程工程量计算规范》，试编制该±0.000以下基础工程的平整场地、挖沟槽土方、挖基坑土方、土方回填、余方弃置等项目的分部分项工程量清单。

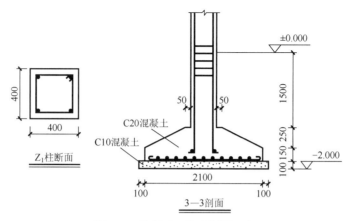

图 3.8　柱断面、基础剖面示意

解：（1）清单工程量计算表见表 3-7。

① 平整场地的工程量计算分析。工程量计算规则按设计图示尺寸以建筑物首层建筑面积计算。建筑物首层建筑面积应按其外墙勒脚以上结构外围水平面积计算。如图 3.5 所示，①～④轴轴线距离为 $3.6×3=10.8(m)$；长度方向结构外围的尺寸为 $10.8+0.24=11.04(m)$；计算建筑面积的其余尺寸类推。

② 挖沟槽土方的工程量计算分析。

a. 清单列项。图 3.5 中，矩形柱下基础为独立基础，墙下基础形式为带形基础。外墙下带形基础断面如图 3.6 所示，内墙下带形基础断面如图 3.7 所示。对应土方工程中的清单项目设置，带形基础下的土方开挖应按挖沟槽土方列项，独立基础下的土方开挖应按挖基坑土方列项。

b. 沟槽长度确定。表 3-7 中挖沟槽土方工程量按沟槽的断面积乘以沟槽长度计算。图 3.5 中，外墙下挖沟槽土方的长度按外墙中心线长度计算，内墙下挖沟槽土方的长度按沟槽净长度计算。由于考虑了基础工作面，因此，内墙下沟槽净长度 $L_内=3-0.92-0.3×2=1.48(m)$。

c. 土方开挖深度。竖向土方开挖深度，应按基础垫层底表面标高至自然地坪标高确定。如图 3.6 所示，垫层底标高为 $-1.750m$，室外地坪标高为 $-0.450m$，因此，挖土深度 $=1.750-0.450=1.3(m)$。

d. 沟槽断面积。本工程土壤为三类干土，由表 3-3 可见，放坡起点高度为 1.5m，因此，沟槽开挖深度 1.3m 无须放坡。工程量计算时，沟槽断面为矩形，考虑工作面后沟槽底宽为 $0.92+2×0.3=1.52(m)$。

③ 挖基坑土方的工程量计算分析。

a. 基坑土方形体。如图 3.5 所示，独立基础下的土方按挖基坑土方列项。考虑基础施工工作面和边坡放坡后，基坑土方形体为正四棱台。

b. 基坑底部尺寸。垫层底部的长、宽均为 2.3m，考虑施工工作面后，基坑底部长、宽尺寸均为 $2.3+2×0.3=2.9(m)$。

c. 土方开挖深度。如图 3.8 所示，垫层底标高为 $-2.000m$，该工程室外地坪标高为 $-0.450m$，因此挖土深度 $=2.000-0.450=1.55(m)$。

d. 基坑上口尺寸。本工程土壤为三类干土,由表 3-3 可见,放坡起点高度为 1.5m,放坡系数 1∶0.33。该工程基坑土方的开挖深度为 1.55m,因此,基坑需要四边放坡。放坡后的基坑上口长、宽均为 2.9+2×1.55×0.33≈3.92(m)。

e. 基坑土方体积计算式。放坡后的基坑土方形体为正四棱台,可按式(3-1)计算基坑土方体积。

$$V=\frac{h}{6}[a \times b+A \times B+(A+a) \times (B+b)] \quad (3-1)$$

式中　h——基坑土方开挖深度;

　　　a,b——坑底的长度和宽度;

　　　A,B——放坡后坑上口的长度和宽度,四边放坡的基坑,当放坡系数为 K 时,$A=a+2Kh$,$B=b+2Kh$。

④ 土方回填的工程量计算分析。土方回填工程量包括两部分:一是基础回填工程量,它是挖方体积减去自然地坪以下埋设的基础体积之差;二是室内回填工程量,计算规则是主墙间面积乘以回填厚度。回填厚度为室内外高差值减去建筑施工图中确定的地面构造层厚度值。

a. 基础回填工程量计算分析。挖方总量为 77.77+18.16=95.93(m³);垫层体积包括带形基础下的 250mm 厚的垫层体积和独立基础下的 100mm 厚的垫层体积,工程量的和为 9.70m³;室外地坪-0.450m 以下的砖基础(含圈梁)的体积为 14.05m³(表中砖基础大放脚的工程量计算方法将在任务 5 中详细介绍);室外地坪以下的混凝土基础及柱的工程量为 1.31m³,其中基础部分的正四棱台沿用式(3-1)计算,柱的计算高度为 1.5-0.45=1.05(m)。综合以上分析,基础回填工程量为 70.87m³,见表 3-7。

b. 室内回填工程量计算分析。按图 3.5 可求得主墙间净面积;如图 3.7 所示,室内地面构造层的厚度为 130mm,因此,回填厚度为 0.45-0.13=0.32(m)。

⑤ 余方弃置的工程量计算分析。计算规则是挖方清单项目工程量减利用回填方体积计算。

(2) 编制项目的分部分项工程量清单。

分部分项工程量清单与计价表见表 3-8。清单编制在表 3-7 已有正确列项的情况下,需按表 3-1、表 3-6 的提示,根据工程背景准确描述其项目特征。

表 3-7　清单工程量计算表

序号	项目编码	项目名称	计算式	计量单位	工程量合计
1	010101001001	平整场地	$S=11.04 \times 8.34-5.1 \times 3.6 \approx 73.71$	m²	73.71
2	010101003001	挖沟槽土方	$L_{外}=(10.8+8.1) \times 2=37.8$ $L_{内}=3-0.92-0.3 \times 2=1.48$ $S_{1-1(2-2)}=(0.92+2 \times 0.3) \times 1.3 \approx 1.98$ $V=(37.8+1.48) \times 1.98 \approx 77.77$	m³	77.77

续表

序号	项目编码	项目名称	计算式	计量单位	工程量合计
3	010101004001	挖基坑土方	$a=b=2.9\text{m}$ $A=B=2.9+2\times1.55\times0.33\approx3.92\text{m}$ $V=\dfrac{1.55}{6}\times[2.9^2+3.92^2+(2.9+3.92)^2]\approx18.16$	m^3	18.16
4	010103001001	土方回填	(1) 垫层：$V=(37.8+2.08)\times0.92\times0.25+2.3\times2.3\times0.1\approx9.70$ (2) 埋在室外地坪(-0.450)下的砖基础(含圈梁)： $V=(37.8+2.76)\times0.24\times(1.05+0.0625\times3\times0.126\times4/0.24)\approx14.05$ (3) 埋在室外地坪以下的混凝土基础及柱： $V=\dfrac{1}{6}\times0.25\times(0.5^2+2.1^2+2.6^2)+2.1\times2.1\times0.15+1.05\times0.4\times0.4\approx1.31$ (4) 基础回填：$V=77.77+18.16-9.7-14.05-1.31=70.87$ (5) 室内回填：$V=(3.36\times2.76+7.86\times6.96-0.4\times0.4)\times(0.45-0.13)\approx20.42$	m^3	91.29
5	010103002001	余方弃置	$V=95.93-91.29=4.64$	m^3	4.64

表 3-8 分部分项工程量清单与计价表

序号	项目编码	项目名称	项目特征描述	计量单位	工程量	金额/元	
						综合单价	合价
1	010101001001	平整场地	1. 土壤类别：三类干土 2. 弃土运距：5m 3. 取土运距：5m	m^2	73.71		
2	010101003001	挖沟槽土方	1. 土壤类别：三类干土 2. 挖土深度：1.3m 3. 弃土运距：40m	m^3	77.77		
3	010101004001	挖基坑土方	1. 土壤类别：三类干土 2. 挖土深度：1.55m 3. 弃土运距：40m	m^3	18.16		
4	010103001001	土方回填	1. 土方要求：满足规范及设计 2. 密实度要求：满足规范及设计 3. 粒径要求：满足规范及设计 4. 夯填(碾压)：夯填 5. 运输距离：40m	m^3	91.29		
5	010103002001	余方弃置	弃土运距：5km	m^3	4.64		

任务3 土石方工程计量与计价

✓ 典型训练

【工作任务1】 编制挖沟槽土方、土方回填等分部分项工程量清单。

【任务背景】

图3.9为某单位传达室基础平面和剖面示意。根据地质勘探报告,土壤类别为三类干土,无地下水。该工程设计室外地坪标高为-0.300m,室内地坪标高为±0.000,施工图纸中确定的室内地面的构造层厚度为150mm,室外地坪以下基础、垫层等构件的体积之和为31.7m³,工作面宽度为300mm,土方放坡系数为1:0.33。

【问题】

试编制以下分部分项工程的工程量清单:(1)平整场地;(2)挖沟槽土方;(3)基础回填;(4)室内回填;(5)余方弃置。请将清单编制成果填于表3-9中。

【训练提示】

(1)施工组织设计规定采用人工平整场地;(2)沟槽土方开挖后就地槽边堆放;(3)余方弃置于600m外土方堆场,采用双轮车运土;(4)挖沟槽土方工程量计算涉及沟槽长度与沟槽断面积两个参数。沟槽长度需重点理解内墙下沟槽净长度计算;沟槽断面积计算需结合沟槽开挖深度、基础尺寸、工作面宽度、放坡系数等综合确定沟槽断面形状及断面尺寸参数。

【分析与解答】

表3-9 分部分项工程量清单与计价表

序号	项目编码	项目名称	项目特征描述	计量单位	工程量	金额/元	
						综合单价	合价

【工作任务2】 编制挖基坑土方的工程量清单。

【任务背景】

某房屋基坑土方开挖,三类工程,人工开挖基坑土方,三类干土,独立基础详图如图3.10所示,同规格基础10个,双轮车弃土距离100m。室内外高差按300mm考虑。

【问题】

试编制挖基坑土方的工程量清单,并将清单编制成果填于表3-10中。

【训练提示】

(1)基坑施工放坡的土方工程量计入土方的清单工程量;(2)根据基础空间尺寸、土方开挖深度、工作面宽度、放坡系数等综合确定单个基坑土方形体(棱柱体或四棱台)及其尺寸参数;(3)同类型基坑数量。

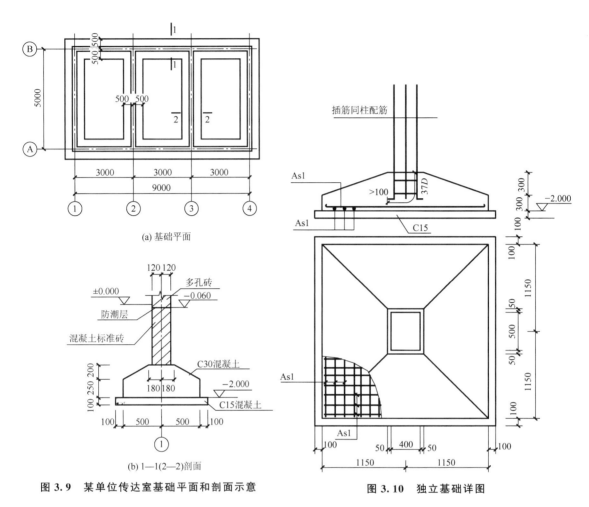

图 3.9 某单位传达室基础平面和剖面示意

图 3.10 独立基础详图

【分析与解答】

表 3-10 分部分项工程量清单与计价表

序号	项目编码	项目名称	项目特征描述	计量单位	工程量	金额/元	
						综合单价	合价

【工作任务3】编制挖一般土方的工程量清单。

【任务背景】

某建筑物地下室平面和剖面示意如图3.11所示,地下室墙外壁做涂料防水层,施工组织设计确定采用反铲挖掘机挖土,斗容量为1m³。土壤为三类干土,机械挖土,自卸汽车将土方外运2km,二类工程。

【问题】

试编制挖一般土方的工程量清单,并将清单编制成果填于表3-11中。

【训练提示】

(1) 土方工程量执行江苏省对《房屋建筑与装饰工程工程量计算规范》的宣贯规定,将施工工作面及放坡增加的土方工程量计入土方的清单工程量;(2) 确定放坡系数时,需判断施工机械是坑边作业还是坑内作业,综合坑底尺寸(长度>30m、宽度>20m),挖掘机挖土时,应采用坑内作业。

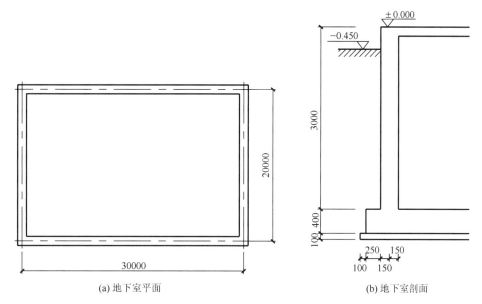

图3.11 某建筑物地下室平面和剖面示意

【分析与解答】

表3-11 分部分项工程量清单与计价表

序号	项目编码	项目名称	项目特征描述	计量单位	工程量	金额/元	
						综合单价	合价

【工作任务4】编制桩承台下基坑土方开挖清单。

【任务背景】

项目施工图纸如附录一,土壤为三类干土,采用斗容量为1m³的反铲挖掘机开挖基坑土方,自卸汽车运土,运土距离按3km考虑。

【问题】

试编制⑦轴与Ⓚ轴相交处CT-4挖基坑土方的工程量清单,并将清单编制成果填于

表 3-12 中。

【训练提示】

（1）施工工作面及放坡增加的土方工程量执行江苏省对《房屋建筑与装饰工程工程量计算规范》的宣贯规定，计入土方的清单工程量；(2) 注意分析土方开挖深度，基坑土壁是直立壁还是放坡开挖。

【分析与解答】

表 3-12 分部分项工程量清单与计价表

序号	项目编码	项目名称	项目特征描述	计量单位	工程量	金额/元	
						综合单价	合价

模块 3.2 土石方工程计价

标准依据

3.2.1 土石方工程计价定额概况

土石方工程分为人工土石方和机械土石方两部分，共设置 359 个子目。

1. 人工土石方主要内容

人工土石方主要内容包括人工挖一般土方，$3m <$ 底宽 $\leqslant 7m$ 的沟槽挖土方或 $20m^2 <$ 底面积 $\leqslant 150m^2$ 的基坑人工挖土，底宽 $\leqslant 3m$ 且底长 > 3 倍底宽的沟槽人工挖土，底面积 $\leqslant 20m^2$ 的基坑人工挖土，挖淤泥、流砂、支挡土板，人工、人力车运土石方(碴)，平整场地、打底夯、回填，人工挖石方，人工打眼爆破石方，人工清理槽、坑、地面石方等项目。

2. 机械土石方主要内容

机械土石方主要内容包括推土机推土，铲运机铲土，挖掘机挖土，挖掘机挖底宽 $\leqslant 3m$ 且底长 > 3 倍底宽的沟槽，挖掘机挖底面积 $\leqslant 20m^2$ 的基坑，支撑下挖土，装载机铲松散土、自装自运土，自卸汽车运土，平整场地、碾压，机械打眼爆破石方，推土机推碴，挖掘机挖碴，自卸汽车运碴等项目。

土石方工程定额的特点是人工、机械消耗多，材料消耗少。

3.2.2 定额使用注意事项

1. 人工土石方土壤及岩石的划分

人工土石方土壤的划分见表 3-2。岩石的划分见《房屋建筑与装饰工程工程量计算规范》。

2. 干土与湿土的划分

干土与湿土的划分应以地质勘探资料为准；若无资料，以地下常水位为准，常水位以上为干土，常水位以下为湿土。采用人工降低地下水位时，干土与湿土的划分仍以常水位为准。

3. 计算土石方工程量前应确定的各项资料

（1）土壤及岩石类别的确定。土壤及岩石类别的划分，应依据工程地质勘探资料、表3-2及相关规范的标准确定。

（2）地下水位标高。

（3）土方、沟槽、基坑挖（填）起止标高、施工方法及运距。

（4）岩石开凿、爆破方法、石碴清运方法及运距。

4. 沟槽、基坑、一般土方的划分及平整场地与土方的区别

（1）沟槽、基坑、一般土方划分。底宽≤7m且底长＞3倍底宽的为沟槽。套用定额计价时，应根据底宽的不同，分别按底宽在3～7m间、3m以内套用对应的定额子目。底长≤3倍底宽且底面积≤150m^{2}的为基坑。套用定额计价时，应根据底面积的不同，分别按底面积在20～150m^{2}间、20m^{2}内套用对应的定额子目。凡沟槽底宽7m以上，基坑底面积150m^{2}以上者，按挖一般土方或挖一般石方计算。

（2）回填土。回填土指将符合要求的土料填充到需要的部位，根据不同部位对回填土的密实度要求不同，可分为松填和夯填。松填是指将回填土自然堆积或摊平，夯填是指松土分层铺摊，每层厚度20～30cm，初步平整后用人工或电动打夯机密实，有密实度要求。一般槽（坑）和室内回填土采用夯填。

回填土的工作内容有：夯填，包括5m内取土、碎土、平土、找平、洒水和打夯；松填，包括5m内取土、碎土、找平。

（3）原土打夯。原土是指自然状态下的地表面或开挖出的槽（坑）底部原状土，对原土进行打夯可提高密实度。一般用于基底浇筑垫层前或室内回填之前，对原土地基进行加固。

原土打夯的工作内容为一夯压半夯（两遍为准）。

（4）平整场地。平整场地是对自然地坪与设计室外标高高差±30cm内的建筑场地人工就地挖、填及找平，便于进行施工放线。围墙、挡土墙、窨井、化粪池等不计算平整场地。建筑场地厚度在±30cm以外的竖向布置挖土或山坡切土，均按挖一般土方计算。

平整场地工作内容包括厚度在±300mm以内的挖、填及找平，如图3.12所示。

（5）余土、取土。当挖出的土方大于回填土方时，用于回填后剩下的土称余土；当挖出的土方小于回填所需的土方时，需要从外边取土回填称取土。

5. 边坡稳定及放坡

土方开挖时，为了防止塌方，保证施工顺利进行，其边壁应采取稳定措施，常用方法是放坡和支撑，放坡规定见表3-3。

6. 挖土深度的确定

挖土深度以设计室外标高为起点，若实际自然地坪标高与设计地坪标高不同，工程量

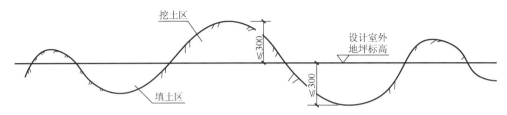

图 3.12 平整场地工作内容示意

在竣工结算时调整。

7. 机械土石方

（1）机械土方定额是按三类土计算，若实际土壤类别不同，定额中机械台班量乘以表 3-13 所列系数。

表 3-13 机械挖土机械台班调整系数

项目	三类土	一类土、二类土	四类土
推土机推土方	1.00	0.84	1.18
铲运机铲运土方	1.00	0.84	1.26
自行式铲运机铲运土方	1.00	0.85	1.09
挖掘机挖土方	1.00	0.84	1.14

（2）土石方体积均按天然实体积（自然方）计算；推土机和铲运机推、铲未经压实的堆积土时，按三类土定额项目乘以系数 0.73。

3.2.3　土石方工程定额工程量计算及定额换算

一般土石方体积计算的工程量计算规则：除定额中另有规定外，均以挖凿前的天然密实体积（m³）为准，土方体积若以虚方计算，按表 3-14 进行折算。

表 3-14　土方体积折算　　　　　　　　　　　　单位：m³

虚方体积	天然密实体积	夯实后体积	松填体积
1.00	0.77	0.67	0.83
1.20	0.92	0.80	1.00
1.30	1.00	0.87	1.08
1.50	1.15	1.00	1.25

虚方指未经碾压且堆积时间不长于 1 年的土壤。工程量计算时按不同土壤类别、挖土深度、干土与湿土分别计算。同一槽、坑或沟内有干土与湿土时，应分别计算，但使用定额时，按槽、坑或沟的全深计算。桩间挖土不扣除桩的体积。

1. 平整场地

平整场地定额工程量计算规则：按建筑物外墙外边各加 2m 范围内的面积计算，如图 3.13 所示。设建筑物底面积 $A \times B$，则平整场地定额工程量 S 为

$$S = (A+4) \times (B+4)$$

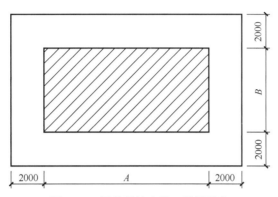

图 3.13 平整场地定额工程量示意

2. 挖沟槽

沟槽工程量按沟槽长度乘以沟槽截面积计算。沟槽长度：外墙按图 3.14 所示中心线长度计算，内墙按图 3.14 所示基础底宽加工作面宽之间净长度计算。沟槽宽按设计宽度加基础施工所需工作面宽计算。

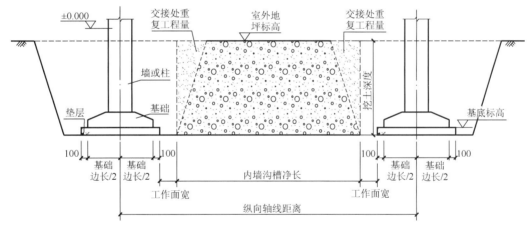

图 3.14 沟槽长度计算示意

3. 回填土

（1）基槽、基坑回填土工程量＝挖土体积－设计室外地坪以下埋设的体积（包括基础垫层、基础及墙、柱等）。

（2）室内回填土工程量按主墙间净面积乘以填土厚度计算，不扣除附墙垛及附墙烟囱等体积。

4. 机械挖土方工程量的定额套用与换算

机械挖土方工程量，按机械实际完成工程量计算。机械确实挖不到的地方，采用人工修边坡、整平，套用人工挖一般土方定额，其中人工乘以系数 2。人工修坡整平的工程量

不得超过挖土方总量的10%。

机械挖土石方单位工程量小于2000m³或在桩间挖土石方,因工程量较小,存在机械施工降效,故定额套用时应对定额综合单价进行调整换算,按相应定额乘以系数1.1。

✓ 典型实例

人工平整场地计量与计价

1. 人工平整场地计量与计价。

某公寓首层平面图如图3.15所示,轴线居于墙中,墙厚240mm,场地土壤为三类干土,采用人工平整场地。试按照《江苏省计价定额》确定该建筑物人工平整场地的清单综合单价。

解:(1)编制平整场地的工程量清单。

根据清单工程量计算规则,平整场地的清单工程量等于首层的建筑面积,即 $S_{清单}=20.24×6.24≈126.30(m^2)$。根据题意,编制平整场地的工程量清单见表3-15。

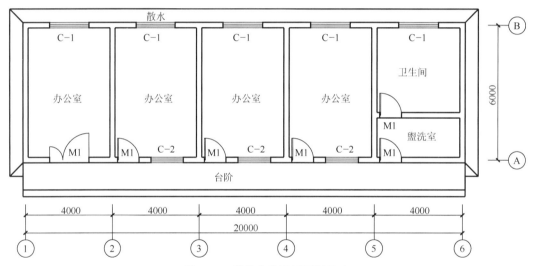

图3.15 某公寓首层平面图示意

表3-15 分部分项工程量清单与计价表

序号	项目编码	项目名称	项目特征描述	计量单位	工程量	综合单价/(元/m²)	合价/元
	010101001001	平整场地	1. 土壤类别:三类干土	m²	126.30		

(2)计算定额工程量。

$$S_{定额}=(20.24+4)×(6.24+4)≈248.22(m^2)$$

(3)选择定额子目。

人工平整场地,选择子目1-98,综合单价为60.13元/10m²。

(4)计算分部分项工程费。

分部分项工程费(合价)=定额工程量×定额综合单价=248.22/10×60.13≈1492.54(元)

(5) 确定清单综合单价，完善投标报价表。

清单综合单价＝合价/清单工程量＝1492.54/126.30≈11.82(元/m²)

完善表 3-16 所示的分部分项工程量清单与计价表。

表 3-16 分部分项工程量清单与计价表

序号	项目编码	项目名称	项目特征描述	计量单位	工程量	综合单价/(元/m²)	合价/元
	010101001001	平整场地	1. 土壤类别：三类干土	m²	126.30	11.82	1492.54

2. 人工挖基坑土方清单计价。

某混凝土独立基础施工图如图 3.16 所示，基础长度 A、宽度 B 均为 3.1m，共有同类型基础 10 个。设计室外地坪标高为 −0.200m，基础底部标高为 −2.700m。基坑土质为三类干土。采用人工挖土，双轮车弃土，运距为 200m。

人工挖基坑土方清单计价

锥形基础高度方向的尺寸 H_1、H_2 均为 300mm，KZ 截面尺寸 $d=500$mm，请按《江苏省计价定额》求挖基坑土方的清单综合单价。

解：（1）编制挖基坑土方的工程量清单。

挖土深度＝2.8m−0.2m＝2.6m＞1.5m，需要放坡开挖，放坡系数为 1∶0.33。土方形体为四棱台。垫层支模，坑底长宽尺寸均为 3.3+0.3×2＝3.9(m)。坑上口长宽尺寸＝3.9+2×2.6×0.33≈5.62(m)。坑底面积＝(3.9m)²＝15.21m²＜150m²，挖土方的清单项目名称为挖基坑土方。

土方的清单工程量：$V_{清单}=10×2.6/6×[3.9^2+5.62^2+(3.9+5.62)^2]≈595.51(m^3)$

结合题意，挖基坑土方的清单编制结果见表 3-17。

表 3-17 分部分项工程量清单与计价表

序号	项目编码	项目名称	项目特征描述	计量单位	工程量	综合单价/(元/m³)	合价/元
	010101004001	挖基坑土方	1. 土壤类别：三类干土 2. 挖土深度：2.6m 3. 弃土运距：200m	m³	595.51		

（2）工作内容分析。

由上述项目特征可知，该清单项目包括挖土与运土两项定额工作内容。

（3）确定定额工程量。

挖土与运土的工程量：$V_{定额}=V_{清单}=595.51m^3$

（4）选择定额子目。

挖土：人工挖土→底面积＜20m² 的基坑人工挖土→三类干土，挖土深度 2.6m，选择子目 1-60，综合单价 62.24 元/m³。

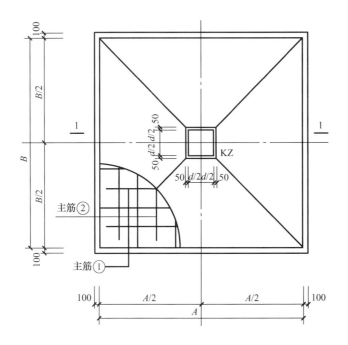

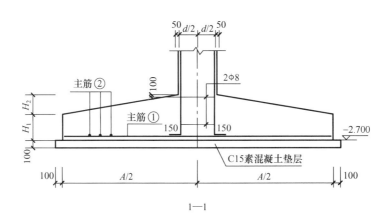

图 3.16 某混凝土独立基础施工图

运土:双轮车运土 200m,选择子目 1-92+3×1-95,综合单价=20.05+3×4.22=32.71(元/m³)。

(5) 计算分部分项工程费(合价)。

$$\text{分部分项工程费} = \sum \text{定额工程量} \times \text{定额综合单价}$$
$$= 595.51 \times (62.24 + 32.71) \approx 56543.67(\text{元})$$

(6) 计算清单综合单价,完善投标报价表。

清单综合单价=合价/清单工程量=56543.67/595.51≈94.95(元/m³)

完善表 3-18 所示的分部分项工程量清单与计价表。

表 3-18　分部分项工程量清单与计价表

序号	项目编码	项目名称	项目特征描述	计量单位	工程量	综合单价/(元/m³)	合价/元
	010101004001	挖基坑土方	1. 土壤类别：三类干土 2. 挖土深度：2.6m 3. 弃土运距：200m	m³	595.51	94.95	56543.67

3. 人工挖沟槽土方清单计价。

某单位传达室基础施工图如图 3.17 所示，土壤为三类干土，场内运土，运距 200m，请按《江苏省计价定额》计算人工挖沟槽土方的清单综合单价。考虑垫层支模。

解：（1）计算土方清单及定额工程量。

挖土方清单项目名称为挖沟槽土方。沟槽断面如图 3.18 所示，内墙下沟槽净长计算如图 3.19 所示。

挖土深度：$1.900-0.300=1.60(\mathrm{m})$

槽底宽度（加工作面）：$1.20+0.30\times2=1.80(\mathrm{m})$

槽上口宽度（加放坡宽度 b）：放坡宽度 $b=1.60\times0.33\approx0.53(\mathrm{m})$；槽上口宽度 $=1.80+0.53\times2=2.86(\mathrm{m})$

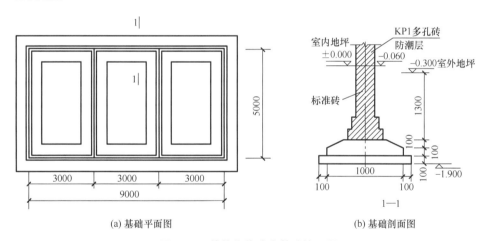

(a) 基础平面图　　(b) 基础剖面图

图 3.17　某单位传达室基础施工图

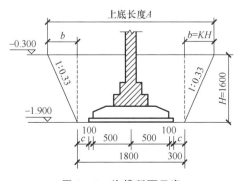

图 3.18　沟槽断面示意

人工挖沟槽土方计量与计价

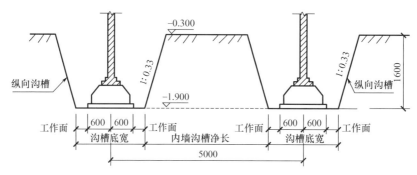

图 3.19 内墙下沟槽净长计算示意

沟槽长度：外墙下沟槽长度 $=(9.00+5.00)\times2=28.00(m)$；内墙下沟槽长度 $=(5.00-1.80)\times2=6.40(m)$

清单工程量(定额工程量)：$V_{清单}=1.60\times(1.80+2.86)/2\times(28.0+6.40)\approx128.24(m^3)$，$V_{定额}=V_{清单}=128.24m^3$

(2) 编制分部分项工程量清单。

在表 3-19 中编制项目的分部分项工程量清单，需根据题意与规范，准确描述其项目特征。

表 3-19 分部分项工程量清单与计价表

序号	项目编码	项目名称	项目特征描述	计量单位	工程量	综合单价/(元/m³)	合价/元
	010101003001	挖沟槽土方	1. 土壤类别：三类干土 2. 挖土深度：1.6m 3. 弃土运距：200m	m³	128.24		

(3) 分析清单项目特征，进行定额组价。

① 三类干土、挖土深度 1.6m（深度 3m 以内）。定额子目 1-28，人工挖沟槽综合单价为 53.80 元/m³；人工挖沟槽合价 $=128.24\times53.8\approx6899.31$（元）。

② 场内运土 200m，用双轮车运土。定额子目 1-92+1-95×3，综合单价 $=20.05+4.22\times3=32.71$（元/m³）；双轮车运土合价 $=128.24\times32.71\approx4194.73$（元）。

(4) 人工挖沟槽费用合计。

$$6899.31+4194.73=11094.04（元）$$

(5) 计算清单综合单价，完善投标报价表。

$$清单综合单价=11094.04/128.24\approx86.51（元/m^3）$$

完善表 3-20 中所示的分部分项工程量清单与计价表。

表 3-20 分部分项工程量清单与计价表

序号	项目编码	项目名称	项目特征描述	计量单位	工程量	综合单价/(元/m³)	合价/元
	010101003001	挖沟槽土方	1. 土壤类别：三类干土 2. 挖土深度：1.6m 3. 弃土运距：200m	m³	128.24	86.51	11094.04

4. 机械挖土方清单计价。

某办公楼工程，其地下室满堂基础如图3.20所示，轴线居于梁中心。设计室外地坪标高为−0.300m，地下室的室内地坪标高为−1.500m。已知该工程基础采用C30钢筋混凝土，垫层为C15素混凝土，垫层底标高为−1.900m。垫层施工前原土打夯，地下室墙外壁做防水层。施工组织设计确定采用斗容量为1m³的反铲挖掘机挖土，不装车，放坡坡度执行规范规定。土壤为三类干土，机械挖土坑内作业。人工修边坡工程量按总挖方量的10%考虑。要求按《房屋建筑与装饰工程工程量计算规范》《江苏省计价定额》计算该工程：(1) 挖土方的清单及定额工程量；(2) 挖土方分项工程的费用；(3) 挖土方的清单综合单价（如涉及工程类别变化，则相关费率按营改增后《江苏省费用定额》调整内容执行）。

机械挖土方清单计价

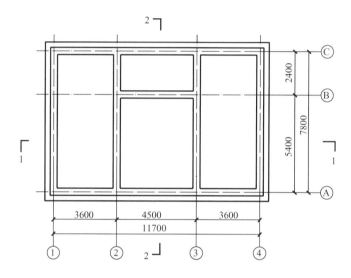

(a) 满堂基础平面图

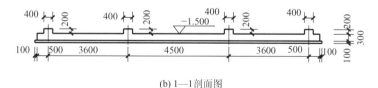

(b) 1—1剖面图

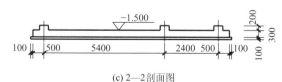

(c) 2—2剖面图

图3.20 某办公楼地下室满堂基础示意

解：(1) 计算清单及定额工程量。

依据题意，土壤为三类干土，采用机械挖土坑内作业。基坑长度方向断面图如图3.21所示。

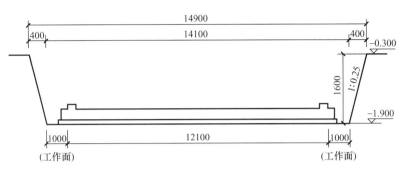

图 3.21 基坑长度方向断面图

挖土深度＝室外地坪标高－垫层底标高＝－0.300m－(－1.900m)＝1.6m＞1.5m，基坑需要四边放坡，查表放坡系数为1∶0.25，因此基坑土方形体为四棱台。依据题意，基础外墙垂直面做防水层，查表可得，工作面从基础墙外侧外拓1.0m。

基坑底部尺寸：a＝11.7＋0.4（算至基础外墙外边线）＋1.0×2＝14.10(m)；b＝7.8＋0.4＋1.0×2＝10.20(m)

基坑上口尺寸：A＝14.10＋1.6×0.25×2＝14.90(m)；B＝10.20＋1.6×0.25×2＝11.00(m)

$V_{清单}=V_{定额}=h/6×[a×b+(A+a)×(B+b)+A×B]$＝1.6/6×[14.10×10.20＋(14.90＋14.10)×(11.00＋10.20)＋14.90×11.00]≈246.01(m³)

（2）编制挖基础土方工程量清单。

坑底面积＝14.1m×10.2m＝143.82m²＜150m²，故列项为挖基坑土方。在表3-21中编制土方的工程量清单，需根据工程量计算规范及题意，准确描述其项目特征。

表 3-21 分部分项工程量清单与计价表

序号	项目编码	项目名称	项目特征描述	计量单位	工程量	综合单价/(元/m³)	合价/元
	010101004001	挖基坑土方	1. 土壤类别：三类干土 2. 挖土深度：1.6m 3. 弃土运距：坑边弃土	m³	246.01		

（3）清单组价。

根据题意，机械挖土工程量为246.01×0.90≈221.41(m³)，人工修边坡工程量为246.01×0.1≈24.60(m³)。机械挖土选择子目1-205；子目名称为反铲挖掘机（斗容量1m³以内）挖土不装车；因机械挖方量只有221.41m³，按《江苏省计价定额》规定，机械挖土方单位工程量小于2000m³时，相应定额乘以系数1.1；同时，按《江苏省费用定额》规定，有地下室的工程，工程类别不低于二类。因此该工程最低按二类工程取费。

子目1-205换：综合单价＝(231＋2694.21)×(1＋29%＋12%)×1.1≈4537.00(元/1000m³)

人工修边坡按《江苏省计价定额》规定，执行人工挖一般土方定额，人工乘以系数2，因此选择人工挖一般土方。

子目1-3换：综合单价＝19.25×2×(1＋29%＋12%)≈54.29(元/m³)

(4) 计算分项工程费。

分项工程费 = ∑ 工程量 × 综合单价 = 221.41/1000 × 4537.00 + 24.60 × 54.29
≈ 2340.07（元）

(5) 计算清单综合单价，完善投标报价表。

清单综合单价 = 费用合计/清单工程量 = 2340.07/246.01 ≈ 9.51（元/m³）

完善表 3-22 中所示的分部分项工程量清单与计价表。

表 3-22 分部分项工程量清单与计价表

序号	项目编码	项目名称	项目特征描述	计量单位	工程量	综合单价/（元/m³）	合价/元
	010101004001	挖基坑土方	1. 土壤类别：三类干土 2. 挖土深度：1.6m 3. 弃土运距：坑边弃土	m³	246.01	9.51	2340.07

5. 已知清单完成投标报价。

某三类工程项目，相关条件同模块 3.1 土方工程量清单编制典型实例。表 3-23 中列出了土方分部的相关工程量清单，假定土方清单工程量已按照规范考虑了施工工作面和放坡的相关要求，土方均采用人工开挖。试按照《江苏省计价定额》确定各分项工程的清单综合单价。

已知清单完成投标报价

解：分析项目特征可知，表 3-23 中挖沟槽土方、挖基坑土方包括挖土和运土两个工作内容。

表 3-23 分部分项工程量清单与计价表

序号	项目编码	项目名称	项目特征描述	计量单位	工程量	金额/元	
						综合单价	合价
1	010101003001	挖沟槽土方	1. 土壤类别：三类干土 2. 挖土深度：1.3m 3. 弃土运距：40m	m³	77.77		
2	010101004001	挖基坑土方	1. 土壤类别：三类干土 2. 挖土深度：1.55m 3. 弃土运距：40m	m³	18.16		

(1) 挖沟槽土方清单计价。

① 计算定额工程量。由定额工程量计算规则，结合题意可知，定额工程量 = 清单工程量 = 77.77m³。

② 选择定额子目。由模块 3.1 典型实例可知，沟槽宽度 1.52m<3m，挖土深度 1.3m<1.5m，故选择子目 1-27，综合单价为 47.47 元/m³。弃土运距 40m，选择子目 1-92，综合单价为 20.05 元/m³。

③ 确定清单项目挖沟槽土方的合价。

合价＝挖土费用＋运土费用＝77.77×47.47＋77.77×20.05≈5251.03(元)

④ 计算清单综合单价。

清单综合单价＝分项工程合价/清单工程量＝5251.03/77.77≈67.52(元/m³)

(2)挖基坑土方清单计价。

① 计算定额工程量。由定额工程量计算规则，结合题意可知，定额工程量＝清单工程量＝18.16m³。

② 选择定额子目。由模块3.1典型实例可知，基坑底面积＜20m²，挖土深度1.55m，三类干土，因此，挖基坑土方选择子目1-60，综合单价为62.24元/m³。弃土运距40m，选择子目1-92，综合单价为20.05元/m³。

③ 确定清单项目挖基坑土方的合价。

合价＝挖土费用＋运土费用＝18.16×62.24＋18.16×20.05≈1494.39(元)

④ 计算清单综合单价。

清单综合单价＝分项工程合价/清单工程量＝1494.39/18.16≈82.29(元/m³)

典型训练

【工作任务1】定额计价训练。

【任务背景】

某工程基础平面图和剖面图如图3.22所示。根据地质勘探报告，土壤类别为三类土，无地下水。该工程采用人工挖土从垫层下表面起放坡，放坡系数为1∶0.33，工作面从垫层边到沟槽边为300mm，土方挖出后用双轮车运至300m外集中堆放。

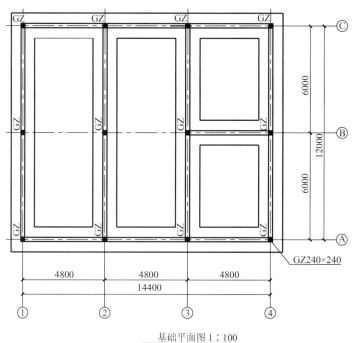

基础平面图 1∶100

图3.22 某工程基础平面图和剖面图

注：条形基础断面均为1—1。

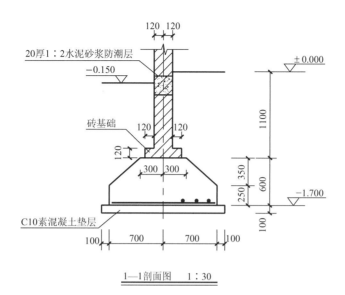

图 3.22 某工程基础平面图和剖面图（续）

【问题】

按以上施工方案计算土方开挖清单项目的综合单价，并将清单编制及清单计价成果填于表 3-24 中。

【训练提示】

(1) 由清单项目特征分析可知，该土方开挖清单项目包括挖沟槽土方和运土两项定额工作内容；(2) 根据土方清单工程量和定额工程量的计算规则，挖沟槽土方定额工程量与清单工程量相等；(3) 沟槽土方工程量＝沟槽长度×沟槽断面积。

【分析与解答】

表 3-24 分部分项工程量清单与计价表

序号	项目编码	项目名称	项目特征描述	计量单位	工程量	金额/元	
						综合单价	合价

【工作任务2】清单计价训练。

【任务背景】

项目施工图纸如附录一，土壤为三类干土，采用斗容量为 $1m^3$ 的反铲挖掘机开挖基坑土方，自卸汽车运土，运土距离按 3km 考虑。统计项目中 CT-4 的基础数量，不考虑基坑附近其他土方开挖的影响。

【问题】

试确定该项目中与 CT-4 关联的挖基坑土方的清单综合单价，并将清单编制及清单计价成果填于表 3-25 中。

【训练提示】

（1）统计项目中 CT-4 的基础数量，注意 CT-4a 与 CT-4 的不同；（2）编制机械挖土方工程量清单；（3）组价时需考虑机械挖土、人工修边坡和土方外运，机械挖土方量按土方工程总量的 90% 考虑；（4）该项目机械挖土方单位工程量按大于 2000m³ 考虑。

【分析与解答】

表 3-25 分部分项工程量清单与计价表

序号	项目编码	项目名称	项目特征描述	计量单位	工程量	金额/元	
						综合单价	合价

任务小结

（1）基础工程施工图纸识读，地质勘探报告的阅读，工程项目的土方工程量清单的列项。

（2）土方工程量清单的项目特征分析。

（3）土方开挖深度，应按基础垫层底表面标高至交付施工场地标高确定，无交付施工场地标高时，应按自然地坪标高确定。

（4）清单沟槽、基坑、一般土方的划分：底宽≤7m 且底长>3 倍底宽为沟槽；底长≤3 倍底宽且底面积≤150m² 为基坑；超出上述范围则为一般土方。

（5）工程项目土方工程量清单编制包括平整场地、挖基坑土方、挖沟槽土方、挖一般土方、回填方等工程量清单。

（6）土方工程定额应用包括人工土石方定额、机械土石方定额中的相关工程量计算规则、定额子目的套用及定额使用的注意事项。

（7）土方工程的清单综合单价的分析。

任务 4 地基处理和边坡支护工程计量与计价

教学目标

会依据图纸、规范对项目的地基处理或基坑支护工程进行正确的清单列项;熟悉地基处理的工程量清单编制;掌握基坑与边坡支护的工程量清单编制;理解地基处理和边坡支护工程的定额工程量计算规则;掌握地基处理和边坡支护工程的定额子目的套用。

思维导图

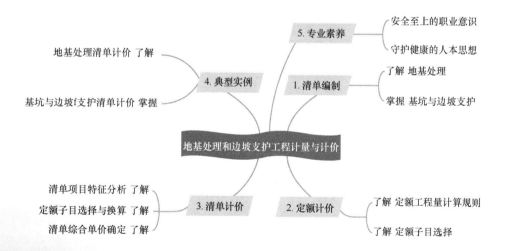

任务背景

当地基土的承载能力不足以支撑上部结构的自重和外荷载作用时,地基土可能会产生过大的变形或不均匀变形,或者产生局部或整体的剪切破坏。当出现以上情况时,必须采用相应的地基处理措施以保证房屋的安全和正常使用。

土方工程施工时,有时会遇到不具备土方放坡开挖的场地条件;或者是具备放坡条件但基坑较深,土方开挖的工程量过大;或者是地下水对基坑开挖产生较大影响。此时,需要用支护结构来支撑土壁,以保证施工的顺利及安全。

任务 4 模块 4.1 主要介绍地基处理和边坡支护工程量清单编制;模块 4.2 主要介绍地基处理和边坡支护工程计价。

模块 4.1 地基处理和边坡支护工程量清单编制

规范依据

4.1.1 地基处理

1. 清单项目设置

地基处理工程量清单项目设置、项目特征描述的内容、计量单位及工程量计算规则,应按表 4-1 的规定执行。

表 4-1 地基处理(编号:010201)

项目编码	项目名称	项目特征	计量单位	工程量计算规则	工作内容
010201001	换填垫层	1. 材料种类及配比 2. 压实系数 3. 掺加剂品种	m^3	按设计图示尺寸以体积计算	1. 分层铺填 2. 碾压、振密或夯实 3. 材料运输
010201002	铺设土工合成材料	1. 部位 2. 品种 3. 规格	m^2	按设计图示尺寸以面积计算	1. 挖填锚固沟 2. 铺设 3. 固定 4. 运输
010201003	预压地基	1. 排水竖井种类、断面尺寸、排列方式、间距、深度 2. 预压方法 3. 预压荷载、时间 4. 砂垫层厚度	m^2	按设计图示处理范围以面积计算	1. 设置排水竖井、盲沟、滤水管 2. 铺设砂垫层、密封膜 3. 堆载、卸载或抽气设备安拆、抽真空 4. 材料运输

续表

项目编码	项目名称	项目特征	计量单位	工程量计算规则	工作内容
010201004	强夯地基	1. 夯击能量 2. 夯击遍数 3. 夯击点布置形式、间距 4. 地耐力要求 5. 夯填材料种类	m^2	按设计图示处理范围以面积计算	1. 铺设夯填材料 2. 强夯 3. 夯填材料运输
010201005	振冲密实（不填料）	1. 地层情况 2. 振密深度 3. 孔距			1. 振冲加密 2. 泥浆运输
010201006	振冲桩（填料）	1. 地层情况 2. 空桩长度、桩长 3. 桩径 4. 填充材料种类	1. m 2. m^3	1. 以 m 计量，按设计图示尺寸以桩长计算 2. 以 m^3 计量，按设计桩截面乘以桩长以体积计算	1. 振冲成孔、填料、振实 2. 材料运输 3. 泥浆运输
010201007	砂石桩	1. 地层情况 2. 空桩长度、桩长 3. 桩径 4. 成孔方法 5. 材料种类、级配		1. 以 m 计量，按设计图示尺寸以桩长(包括桩尖)计算 2. 以 m^3 计量，按设计桩截面乘以桩长（包括桩尖）以体积计算	1. 成孔 2. 填充、振实 3. 材料运输
010201008	水泥粉煤灰碎石桩	1. 地层情况 2. 空桩长度、桩长 3. 桩径 4. 成孔方法 5. 混合料强度等级		按设计图示尺寸以桩长(包括桩尖)计算	1. 成孔 2. 混合料制作、灌注、养护 3. 材料运输
010201009	深层搅拌桩	1. 地层情况 2. 空桩长度、桩长 3. 桩截面尺寸 4. 水泥强度等级、掺量	m	按设计图示尺寸以桩长计算	1. 预搅下钻、水泥浆制作、喷浆搅拌提升成桩 2. 材料运输
010201010	粉喷桩	1. 地层情况 2. 空桩长度、桩长 3. 桩径 4. 粉体种类、掺量 5. 水泥强度等级、石灰粉要求		按设计图示尺寸以桩长计算	1. 预搅下钻、喷粉搅拌提升成桩 2. 材料运输

续表

项目编码	项目名称	项目特征	计量单位	工程量计算规则	工作内容
010201011	夯实水泥土桩	1. 地层情况 2. 空桩长度、桩长 3. 桩径 4. 成孔方法 5. 水泥强度等级 6. 混合料配比	m	按设计图示尺寸以桩长(包括桩尖)计算	1. 成孔、夯底 2. 水泥土拌和、填料、夯实 3. 材料运输
010201012	高压喷射注浆桩	1. 地层情况 2. 空桩长度、桩长 3. 桩截面 4. 注浆类型、方法 5. 水泥强度等级	m	按设计图示尺寸以桩长计算	1. 成孔 2. 水泥浆制作、高压喷射注浆 3. 材料运输
010201013	石灰桩	1. 地层情况 2. 空桩长度、桩长 3. 桩径 4. 成孔方法 5. 掺和料种类、配合比	m	按设计图示尺寸以桩长(包括桩尖)计算	1. 成孔 2. 混合料制作、运输、夯填
010201014	灰土(土)挤密桩	1. 地层情况 2. 空桩长度、桩长 3. 桩径 4. 成孔方法 5. 灰土级配	m	按设计图示尺寸以桩长(包括桩尖)计算	1. 成孔 2. 灰土拌和、运输、填充、夯实
010201015	柱锤冲扩桩	1. 地层情况 2. 空桩长度、桩长 3. 桩径 4. 成孔方法 5. 桩体材料种类、配合比	m	按设计图示尺寸以桩长计算	1. 安、拔套管 2. 冲孔、填料、夯实 3. 桩体材料制作、运输
010201016	注浆地基	1. 地层情况 2. 空钻深度、注浆深度 3. 注浆间距 4. 浆液种类及配比 5. 注浆方法 6. 水泥强度等级	1. m 2. m^3	1. 以m计量，按设计图示尺寸以钻孔深度计算 2. 以m^3计量，按设计图示尺寸以加固体积计算	1. 成孔 2. 注浆导管制作、安装 3. 浆液制作、压浆 4. 材料运输

续表

项目编码	项目名称	项目特征	计量单位	工程量计算规则	工作内容
010201017	褥垫层	1. 厚度 2. 材料品种及比例	1. m² 2. m³	1. 以 m² 计量，按设计图示尺寸以铺设面积计算 2. 以 m³ 计量，按设计图示尺寸以体积计算	材料拌和、运输、铺设、压实

2. 清单项目信息解读

表 4-1 中的相关信息描述，可按下列情况处理。

（1）地层情况按表 3-2 和《房屋建筑与装饰工程工程量计算规范》的相关规定，并根据岩土工程勘察报告按单位工程各地层所占比例（包括范围值）进行描述。对无法准确描述的地层情况，可注明由投标人根据岩土工程勘察报告自行决定报价。

（2）项目特征中的桩长应包括桩尖，空桩长度＝孔深－桩长，孔深为自然地面至设计桩底的深度。

（3）高压喷射注浆类型包括旋喷、摆喷和定喷，高压喷射注浆方法包括单管法、双重管法和三重管法。

（4）复合地基的检测费用按国家相关取费标准单独计算，不在表 4-1 的清单项目中。

（5）如采用泥浆护壁成孔，工作内容包括土方、废泥浆外运；如采用沉管灌注成孔，工作内容包括桩尖制作、安装。

（6）弃土（不含泥浆）清理、运输按《房屋建筑与装饰工程工程量计算规范》中土石方工程中的相关项目编码列项。

（7）对于"预压地基""强夯地基"和"振冲密实（不填料）"项目的工程量按设计图示处理范围以面积计算，即根据每个点位所代表的范围乘以点数计算，如图 4.1 所示。图 4.1(a) 所示的清单工程量为 $20 \times A \times B$，图 4.1(b) 所示的清单工程量为 $14 \times A \times B$，A、B 分别为 X、Y 方向夯击点的中心距离。

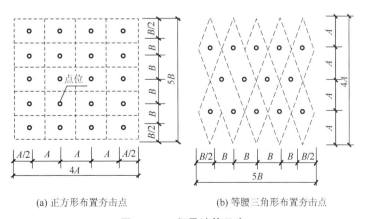

(a) 正方形布置夯击点　　(b) 等腰三角形布置夯击点

图 4.1　工程量计算示意

4.1.2 基坑与边坡支护

1. 清单项目设置

基坑与边坡支护工程量清单项目设置、项目特征描述的内容、计量单位及工程量计算规则，应按表 4-2 的规定执行。

表 4-2 基坑与边坡支护（编码：010202）

项目编码	项目名称	项目特征	计量单位	工程量计算规则	工作内容
010202001	地下连续墙	1. 地层情况 2. 导墙类型、截面 3. 墙体厚度 4. 成槽深度 5. 混凝土种类、强度等级 6. 接头形式	m³	按设计图示墙中心线长乘以厚度乘以槽深以体积计算	1. 导墙挖填、制作、安装、拆除 2. 挖土成槽、固壁、清底置换 3. 混凝土制作、运输、灌注、养护 4. 接头处理 5. 土方、废泥浆外运 6. 打桩场地硬化及泥浆池、泥浆沟
010202002	咬合灌注桩	1. 地层情况 2. 桩长 3. 桩径 4. 混凝土种类、强度等级 5. 部位	1. m 2. 根	1. 以 m 计量，按设计图示尺寸以桩长计算 2. 以根计量，按设计图示数量计算	1. 成孔、固壁 2. 混凝土制作、运输、灌注、养护 3. 套管压拔 4. 土方、废泥浆外运 5. 打桩场地硬化及泥浆池、泥浆沟
010202003	圆木桩	1. 地层情况 2. 桩长 3. 材质 4. 尾径 5. 桩倾斜度	1. m 2. 根	1. 以 m 计量，按设计图示尺寸以桩长（包括桩尖）计算 2. 以根计量，按设计图示数量计算	1. 工作平台搭拆 2. 桩机移位 3. 桩靴安装 4. 沉桩
010202004	预制钢筋混凝土板桩	1. 地层情况 2. 送桩深度、桩长 3. 桩截面 4. 沉桩方法 5. 连接方式 6. 混凝土强度等级			1. 工作平台搭拆 2. 桩机移位 3. 沉桩 4. 板桩连接

续表

项目编码	项目名称	项目特征	计量单位	工程量计算规则	工作内容
010202005	型钢桩	1. 地层情况或部位 2. 送桩深度、桩长 3. 规格型号 4. 桩倾斜度 5. 防护材料种类 6. 是否拔出	1. t 2. 根	1. 以 t 计量,按设计图示尺寸以质量计算 2. 以根计量,按设计图示数量计算	1. 工作平台搭拆 2. 桩机移位 3. 打(拔)桩 4. 接桩 5. 刷防护材料
010202006	钢板桩	1. 地层情况 2. 桩长 3. 板桩厚度	1. t 2. m²	1. 以 t 计量,按设计图示尺寸以质量计算 2. 以 m² 计量,按设计图示墙中心线长乘以桩长以面积计算	1. 工作平台搭拆 2. 桩机移位 3. 打拔钢板桩
010202007	锚杆(锚索)	1. 地层情况 2. 锚杆(索)类型、部位 3. 钻孔深度 4. 钻孔直径 5. 杆体材料品种、规格、数量 6. 预应力 7. 浆液种类、强度等级	1. m 2. 根	1. 以 m 计量,按设计图示尺寸以钻孔深度计算 2. 以根计量,按设计图示数量计算	1. 钻孔、浆液制作、运输、压浆 2. 锚杆(锚索)制作、安装 3. 张拉锚固 4. 锚杆(锚索)施工平台搭设、拆除
010202008	土钉	1. 地层情况 2. 钻孔深度 3. 钻孔直径 4. 置入方法 5. 杆体材料品种、规格、数量 6. 浆液种类、强度等级			1. 钻孔、浆液制作、运输、压浆 2. 土钉制作、安装 3. 土钉施工平台搭设、拆除
010202009	喷射混凝土、水泥砂浆	1. 部位 2. 厚度 3. 材料种类 4. 混凝土(砂浆)类别、强度等级	m²	按设计图示尺寸以面积计算	1. 修整边坡 2. 混凝土(砂浆)制作、运输、喷射、养护 3. 钻排水孔、安装排水管 4. 喷射施工平台搭设、拆除

续表

项目编码	项目名称	项目特征	计量单位	工程量计算规则	工作内容
010202010	钢筋混凝土支撑	1. 部位 2. 混凝土种类 3. 混凝土强度等级	m³	按设计图示尺寸以体积计算	1. 模板(支架或支撑)制作、安装、拆除、堆放、运输及清理模内杂物、刷隔离剂等 2. 混凝土制作、运输、浇筑、振捣、养护
010202011	钢支撑	1. 部位 2. 钢材品种、规格 3. 探伤要求	t	按设计图示尺寸以质量计算。不扣除孔眼质量，焊条、铆钉、螺栓等不另增加质量	1. 支撑、铁件制作(摊销、租赁) 2. 支撑、铁件安装 3. 探伤 4. 刷漆 5. 拆除 6. 运输

2. 清单项目信息解读

(1) 地层情况按表 3-2 和《房屋建筑与装饰工程工程量计算规范》的相关规定，并根据岩土工程勘察报告按单位工程各地层所占比例(包括范围值)进行描述。对无法准确描述的地层情况，可注明由投标人根据岩土工程勘察报告自行决定报价。

(2) 土钉置入方法包括钻孔置入、打入或射入等。

(3) 混凝土种类指清水混凝土、彩色混凝土等，如在同一地区既使用预拌(商品)混凝土，又允许现场搅拌混凝土时，也应注明(下同)。

✓ 典型实例

地基处理清单编制实例

1. 地基处理清单编制实例。

【背景资料】

某幢别墅工程基底为可塑黏土，不能满足设计承载力要求，采用水泥粉煤灰碎石桩进行地基处理，桩径为 400mm，桩体混凝土强度等级为 C20，桩数为 52 根，设计桩长为 10m，桩端进入硬塑黏土层不少于 1.5m，桩顶在地面以下 1.5~2m，水泥粉煤灰碎石桩采用振动沉管灌注桩施工，桩顶采用 200mm 厚人工级配砂石(砂：碎石=3:7，最大粒径 30mm)作为褥垫层，如图 4.2、图 4.3 所示。

【问题】

根据背景资料及现行国家标准《建设工程工程量清单计价规范》《房屋建筑与装饰工程工程量计算规范》，试编制该工程地基处理分部分项工程量清单。

任务4 地基处理和边坡支护工程计量与计价

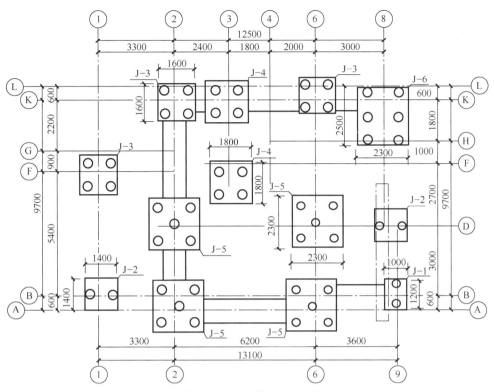

图 4.2 某别墅水泥粉煤灰碎石桩基平面图

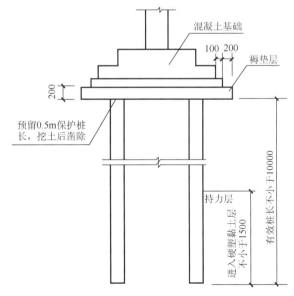

图 4.3 水泥粉煤灰碎石桩详图

解：(1) 分析与解答。

① 案例包括两种地基处理方法：水泥粉煤灰碎石桩和褥垫层。

② 水泥粉煤灰碎石桩清单工程量按有效桩长计算。

③ 褥垫层工程量可按铺设面积计算。

如图 4.2 所示，J—1 只有一个，底面积为 1.2m×1.0m；如图 4.3 所示，褥垫层从基础边缘外拓 300mm。因此，J—1 下方褥垫层的工程量为 1.8m×1.6m=2.88m²。同理，图 4.2 中 J—2 有 2 个，底面积为 1.4m×1.4m，其下方褥垫层的工程量为 2.0m×2.0m×2=8.00m²，其余类同，见表 4-3。

④ 截(凿)桩头的计量单位为"根"，参见本书任务 5。如图 4.3 所示，本案例所有桩都需要截(凿)桩头，截去 0.5m 桩顶保护桩长。

⑤ 按背景资料可知，工程基底为可塑黏土，根据规范规定，可塑黏土和硬塑黏土为三类土；由题背景，桩顶在地面以下 1.5～2m，此长度即为施工完后的空桩长度，相关内容见表 4-4 水泥粉煤灰碎石桩项目的项目特征描述。

(2) 编制项目的分部分项工程量清单。

分部分项工程量清单与计价表见表 4-4。清单编制在表 4-3 已有正确列项的情况下，需按表 4-1 的提示，根据工程背景准确描述其项目特征。

表 4-3 清单工程量计算表

序号	项目编码	项目名称	计算式	计量单位	工程量
1	010201008001	水泥粉煤灰碎石桩	$L=52\times10=520$	m	520
2	010201017001	褥垫层	(1) J—1：$1.8\times1.6\times1=2.88$ (2) J—2：$2.0\times2.0\times2=8.00$ (3) J—3：$2.2\times2.2\times3=14.52$ (4) J—4：$2.4\times2.4\times2=11.52$ (5) J—5：$2.9\times2.9\times4=33.64$ (6) J—6：$2.9\times3.1\times1=8.99$ $S=2.88+8.00+14.52+11.52+33.64+8.99=79.55$	m²	79.55
3	010301004001	截(凿)桩头	$n=52$	根	52

表 4-4 分部分项工程量清单与计价表

序号	项目编码	项目名称	项目特征描述	计量单位	工程量	金额/元 综合单价	金额/元 合价
1	010201008001	水泥粉煤灰碎石桩	1. 地层情况：三类土 2. 空桩长度、桩长：1.5～2m、10m 3. 桩径：400mm 4. 成孔方法：振动沉管 5. 混合料强度等级：C20	m	520		

续表

序号	项目编码	项目名称	项目特征描述	计量单位	工程量	金额/元	
						综合单价	合价
2	010201017001	褥垫层	1. 厚度：200mm 2. 材料品种及比例：人工级配砂石（最大粒径30mm），砂：碎石＝3∶7	m²	79.55		
3	010301004001	截（凿）桩头	1. 桩类型：水泥粉煤灰碎石桩 2. 桩头截面、高度：400mm、0.5m 3. 混凝土强度等级：C20 4. 有无钢筋：无	根	52		

2. 边坡支护清单编制实例。

【背景资料】

某边坡工程采用土钉支护，根据岩土工程勘察报告，地层为带块石的碎石土，土钉成孔直径为90mm，采用1Φ25mm的钢筋作为杆体，成孔深度均为10.0m，土钉入射倾角为15°。杆筋送入钻孔后，灌注M30水泥砂浆。混凝土面板采用C20喷射混凝土，厚度为120mm，如图4.4、图4.5所示。

边坡支护清单编制实例

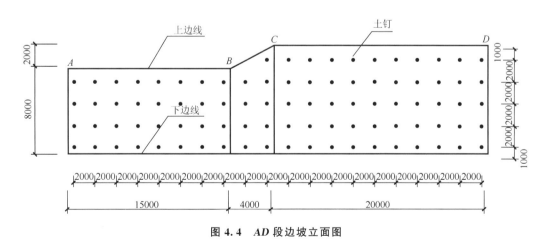

图 4.4 AD段边坡立面图

【问题】

根据背景资料及现行国家标准《建设工程工程量清单计价规范》《房屋建筑与装饰工程工程量计算规范》，试编制该边坡支护的分部分项工程量清单(不考虑挂网及锚杆、喷射平台等内容)。

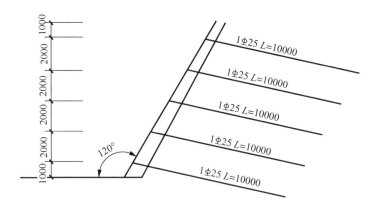

图 4.5　AD 段边坡剖面图

解：(1) 分析与解答。

① 坡面斜长。如图 4.5 所示，边坡坡面与水平面呈 60°；如图 4.4 所示，AB 段坡面垂直高度为 8m，因此，由三角函数定义可知 AB 段坡面斜长为 $\left(8/\sin\dfrac{\pi}{3}\right)$m。

② 土壤类别。由背景资料可知，地层为带块石的碎石土，由表 3-2 可知，该土层为四类土。

(2) 编制项目的分部分项工程量清单。

分部分项工程量清单与计价表见表 4-6。清单编制在表 4-5 已有正确列项的情况下，需按表 4-2 的提示，根据工程背景准确描述其项目特征。

表 4-5　清单工程量计算表

序号	项目编码	项目名称	计算式	计量单位	工程量合计
1	010202008001	土钉	$n=91$	根	91
2	010202009001	喷射混凝土	(1) AB 段：$S_1 = 8 \div \sin\dfrac{\pi}{3} \times 15 \approx 138.56$ (2) BC 段：$S_2 = (10+8) \div 2 \div \sin\dfrac{\pi}{3} \times 4 \approx 41.57$ (3) CD 段：$S_3 = 10 \div \sin\dfrac{\pi}{3} \times 20 \approx 230.94$ $S = 138.56 + 41.57 + 230.94 = 411.07$	m²	411.07

表4-6 分部分项工程量清单与计价表

序号	项目编码	项目名称	项目特征描述	计量单位	工程量	金额/元	
						综合单价	合价
1	010202008001	土钉	1. 地层情况：四类土 2. 钻孔深度：10m 3. 钻孔直径：90mm 4. 置入方法：钻孔置入 5. 杆体材料品种、规格、数量：1Φ25的钢筋 6. 浆液种类、强度等级：M30水泥砂浆	根	91		
2	010202009001	喷射混凝土	1. 部位：AD段边坡 2. 厚度：120mm 3. 材料种类：喷射混凝土 4. 混凝土（砂浆）种类、强度等级：C20	m²	411.07		

典型训练

【工作任务1】编制强夯地基的分部分项工程量清单。

【任务背景】

某多层建筑物的地基土为杂填土，经有关部门论证研究，最终决定采用强夯处理，基础平面图如图4.6所示，内外墙下条形基础的宽度均为1.6m，基础墙厚度均为240mm。设计规定：夯击能量是400t·m。夯击5遍，强夯范围从基础外围轴线每边各加5m。强

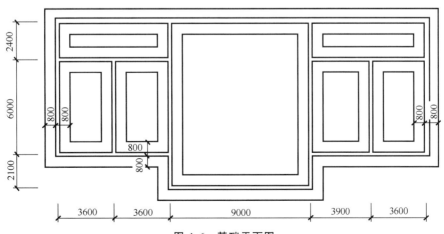

图4.6 基础平面图

夯后的地基承载力要求 $f_{ak} \geqslant 160 \text{kPa}$，换填材料要求采用 2∶8 的灰土。

【问题】

试编制该强夯地基的分部分项工程量清单，并将清单编制成果填于表 4-7 中。

【分析与解答】

强夯地基工程量。

表 4-7 分部分项工程量清单与计价表

序号	项目编码	项目名称	项目特征描述	计量单位	工程量	金额/元	
						综合单价	合价

【工作任务 2】编制土钉、喷射混凝土支护的工程量清单。

【任务背景】

某高层建筑采用梁板式满堂基础，因为施工场地狭窄，土方施工无法正常放坡，所以采用混凝土土钉支护以防边坡塌方，注浆土钉支护如图 4.7 所示，土壤为三类土，土钉施工采用机械成孔，孔径 110mm，钉杆采用 HRB400 级钢筋（Φ18），土钉按梅花形布置。土钉注浆体强度 20MPa，注浆材料采用 42.5 级水泥净浆，水灰比 1∶2。土钉采用二次注浆：一次注浆至孔口泛浆为止，注浆压力为 0.3~0.5MPa，待一次注浆初凝后进行二次注浆；二次注浆压力为 0.8~1.0MPa。边坡面层采用预拌泵送 C20 细石混凝土，喷射厚度 80mm。

【问题】

试编制土钉、喷射混凝土支护的工程量清单，并将清单编制成果填于表 4-8 中。

【分析与解答】

(1) 土钉支护工程量。

(2) 喷射混凝土支护工程量。

表 4-8 分部分项工程量清单与计价表

序号	项目编码	项目名称	项目特征描述	计量单位	工程量	金额/元	
						综合单价	合价
1							
2							

任务4 地基处理和边坡支护工程计量与计价

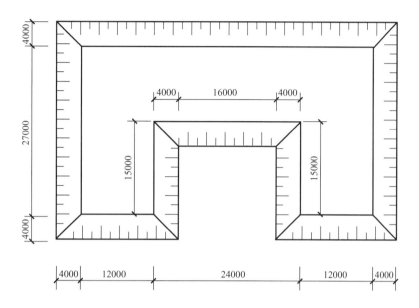

(a) 注浆土钉支护平面

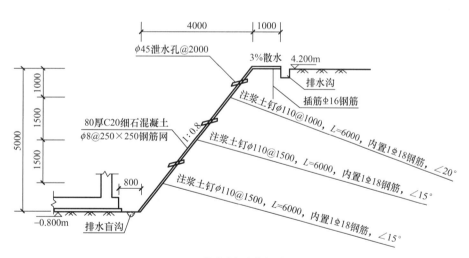

(b) 注浆土钉支护断面

图4.7 注浆土钉支护

模块 4.2 地基处理和边坡支护工程计价

标准依据

4.2.1 地基处理和边坡支护工程定额概况

计价定额设置地基处理、基坑与边坡支护两部分，共 46 个子目。其中，地基处理包括强夯加固地基、深层搅拌桩和粉喷桩、高压旋喷桩、灰土挤密桩、压密注浆等；基坑与边坡支护包括基坑锚喷护壁、斜拉锚桩成孔、钢管支撑、打拔钢板桩等。

4.2.2 定额使用注意事项

1. 适用范围

地基处理和边坡支护定额适用于一般工业与民用建筑工程的地基处理及边坡支护。其中，采用桩进行地基处理时按《江苏省计价定额》第三章桩基工程相应子目执行；换填垫层适用于软弱地基的换填材料加固，按《江苏省计价定额》第四章基础垫层相应子目执行；若采用混凝土支撑，按相应混凝土构件定额执行。

2. 强夯法加固地基的适用范围

强夯法加固地基是在天然地基土上或在填土地基上进行作业的，不包括强夯前的试夯工作和费用。若设计要求试夯，可按设计要求另行计算。

3. 深层搅拌桩及压密注浆定额的使用方法

深层搅拌桩不分桩径大小，执行相应子目。设计水泥用量不同可换算，其他不调整。深层搅拌桩(三轴除外)和粉喷桩是按四搅二喷施工编制，设计为二搅一喷，定额人工、机械乘以系数 0.7；六搅三喷，定额人工、机械乘以系数 1.4。三轴深层搅拌桩按二搅一喷考虑，设计为二搅二喷时，定额人工、机械乘以系数 1.15；设计为四搅二喷时，定额人工、机械乘以系数 1.4。高压旋喷桩、压密注浆的浆体材料用量可按设计含量调整。

4. 基坑钢管支撑及打、拔钢板桩定额的使用方法

基坑钢管支撑为周转摊销材料，其场内运输、回库保养均已包括在内。支撑处需挖运土方、围檩与基坑护壁的填充混凝土未包括在内，发生时应按实另行计算。场外运输按金属Ⅲ类构件计算。打、拔钢板桩单位工程打桩工程量小于 50t 时，人工、机械乘以系数 1.25。场内运输超过 300m 时，应按相应构件运输子目执行，并扣除打桩子目中的场内运输费。

4.2.3 定额工程量计算

1. 强夯加固地基

强夯加固地基，即用几十吨重锤从高处落下，反复多次夯击地面，对地基进行强力夯实。利用重锤自由下落时的冲击能来夯实浅层填土地基,使表面形成一层较为均匀的硬层来承受上部荷载,经夯击后的地基承载力可提高 2~5 倍,压缩性可降低 200%~500%,影响深度在 10m 以上。其工程量计算规则为以夯锤底面积计算,并根据设计要求的夯击能量和每点夯击数执行相应定额。

2. 深层搅拌桩、粉喷桩加固地基

深层搅拌桩、粉喷桩加固地基,利用水泥或其他固化剂通过特制的搅拌机械,在地基中将水泥和土体强制拌和,使软弱土硬结成整体,形成具有水稳性和足够强度的水泥土桩或地下连续墙,处理深度可达 8~12m。其工程量计算按设计长度另加 500mm(设计有规定的按设计要求)乘以设计截面积以 m^3 计算(重叠部分面积不得重复计算),群桩间的搭接不扣除定额中已经包括了 2m 以内的钻进空搅因素,超过 2m 以外的空搅体积按相应子目人工、深层搅拌桩机乘以系数 0.3,其他不计算。

3. 高压旋喷桩

高压旋喷桩,是以高压旋转的喷嘴将水泥浆喷入土层与土体混合,形成连续搭接的水泥加固体。施工占地少、振动小、噪声较低,但容易污染环境,成本较高,对于特殊的不能使喷出浆液凝固的土质不宜采用。其钻孔长度按自然地面至设计桩底标高以长度计算,喷浆按设计加固桩的截面积乘以设计桩长以体积计算。

4. 灰土挤密桩

灰土挤密桩是将钢管打入土中,将管拔出后,在形成的桩孔中回填 3∶7 灰土加以夯实而成,适用于处理湿陷性黄土、素填土及杂填土地基,多用于加固杂填土地基、挤密土层。成孔方法与混凝土灌注桩比较类似,灰土 3∶7 指石灰和黏土的体积为 3∶7,其工程量按设计图示尺寸以桩长计算(包括桩尖)。

5. 压密注浆

压密注浆是利用较高的压力灌入浓度较大的水泥浆或化学浆液,注浆开始时浆液总是先充填较大的空隙,然后在较大的压力下渗入土体孔隙。土层孔隙水压力升高并不断挤压土体,直至土体出现剪切裂缝,产生劈裂,浆液随之充填裂缝,形成浆脉,使得土体内形成新的网状骨架结构。浆脉在形成过程中由于占据了土体中一部分空间,加上土层孔隙被浆液所渗透,从而将土体挤密,构成了新的浆脉复合地基,改善了土体的强度和防渗性能,同时也改变了土体物理力学性质,提高了软土地基的承载力。其钻孔按设计长度计算。注浆工程量按以下方式计算:设计图纸注明加固土体体积的,按注明的加固体积计算;设计图纸按布点形式图示土体加固范围的,按两孔间距的一半作为扩散尺寸,以布点边线各加扩散半径形成计算平面,计算注浆体积;如果设计图纸上注浆点在钻孔灌注桩之间,则按两注浆孔距的一半作为每孔的扩散半径,以此圆柱体体积计算。

6. 基坑及边坡支护

(1) 基坑锚喷护壁是借高压喷射水泥混凝土和打入岩层中的金属锚杆的联合作用(根据地质情况也可分别单独采用)来加固岩层的,其工程量计算规则为基坑锚喷护壁成孔、斜拉锚桩成孔及孔内注浆按设计图示尺寸以长度计算,护壁喷射混凝土按设计图示尺寸以面积计算。基坑锚喷护壁施工工艺如图 4.8 所示。

(2) 土钉支护钉是由天然土体通过土钉墙就地加固并与喷射混凝土面板相结合,形成

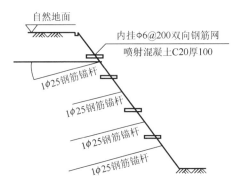

图 4.8 基坑锚喷护壁施工工艺

一个类似重力挡墙的结构,以此来抵抗墙后的土压力。其工程量计算规则:土锚杆按设计图示尺寸以长度计算;挂钢筋网按设计图纸以面积计算。

(3) 基坑钢管支撑以坑内的钢立柱、支撑、围檩、活络接头、法兰盘等的合并质量计算。

(4) 打、拔钢板桩按设计钢板桩质量计算。

典型实例

三轴深层
搅拌桩

1. 某基坑支护工程止水幕采用三轴深层搅拌桩,截面形式为三轴 $\phi 850$ @1200,桩截面积为 $1.495 m^2$,搭接形式为套接一孔二搅一喷法。已知桩顶标高 $-2.600m$,桩底标高 $-19.600m$,自然地坪标高 $-0.600m$,设计采用 42.5 级普通硅酸盐水泥,水泥掺入比为 20%,水灰比为 1:2,桩数 210 根,要求计算其分部分项工程费(管理费和利润按计价定额中费率)。

解:根据计价定额的规则规定,深层搅拌桩工程量按设计桩长度另加 500mm 乘以设计截面积以 m^3 计算,计算见表 4-9。

表 4-9 工程量计算表

项目名称	计算式	计量单位	工程量
三轴深层搅拌桩	$1.495 \times (19.600 - 2.600 + 0.5) \times 210$(根数)	m^3	5494.13

根据计价定额的规则规定,深层搅拌桩水泥掺入比按 12% 考虑,此题设计要求水泥掺入比为 20%,与定额不同,故水泥用量应调整,计算见表 4-10。

表 4-10 分部分项工程费计算表

定额编号	子目名称	单位	工程量	综合单价(列简要计算过程)/元	合价/元
2-12 换	三轴深层搅拌桩	m^3	5494.13	$144.41 - 76.73 + 219.24 \div 12\% \times 20\% \times 0.35 \approx 195.57$(按定额勘误,管理费费率为 11%,利润率为 7%,勘误后子目综合单价为 144.41 元/m^3)	1074487
分部分项工程费合计					1074487

2. 某工程采用压密注浆法进行复合地基加固，压密注浆孔孔径 50mm，注浆桩体标高 -1.000m，孔底标高 -6.000m，自然地坪标高 -0.500m，水泥选择 42.5 级普通硅酸盐水泥，孔间距 1.0m×1.0m，沿基础满布，压密注浆每孔加固范围按 1m² 计算，注浆孔数量 230 根，要求计算其分部分项工程费。

压密注浆法

解：根据计价定额的规则规定，压密注浆钻孔工程量按设计长度计算，从自然地坪标高钻至孔底标高，计算见表 4-11。

表 4-11 计价定额量计算表

序号	项目名称	计算式	计量单位	工程量
1	压密注浆钻孔	(6.000-0.500)×230	m	1265.00
2	压密注浆	1×(6.000-1.000)×230	m³	1150.00

根据计价定额的规则规定，注浆工程量设计按布点形式说明土体加固范围的，按两孔间距的一半作为扩散尺寸，以布点边线各加扩散半径形成计算平面，计算注浆体积。此题扩散半径形成的计算平面的面积为 1m²，注浆长度为 6-1=5(m)，其分部分项工程费计算见表 4-12。

表 4-12 分部分项工程费计算表

定额编号	子目名称	单位	工程量	综合单价(列简要计算过程)/元	合价/元
2-21	压密注浆钻孔	m	1265.00	32.98	41719.7
2-22	压密注浆	m³	1150.00	82.68	95082
分部分项工程费合计				136801.7	

注：2-21、2-22 定额勘误，管理费费率、利润率分别按 11%、7% 计。

3. 某基坑支护工程采用钻孔灌注桩加单排锚杆方案，基坑长度 240m，锚杆孔径 φ150，钻孔倾角为 15°，锚杆采用 2Φ25 钢筋；间距 2.0m，长度 15.0m，采用二次注浆，水泥选用 42.5 级普通硅酸盐水泥，一次注浆压力 0.4~0.8MPa，二次注浆压力 1.2~1.5MPa，注浆量不小于 40 L/m，要求计算分部分项工程费，锚头工程量不计。Φ25 钢筋单位长度质量为 3.85kg/m。锚杆施工损耗按 2% 计。

钻孔灌注桩加单排锚杆方案

解：由题意，基坑长度 240m，锚杆间距 2.0m，采用单排锚杆方案，因此，锚杆根数为 240/2+1=121(根)，计算见表 4-13。

表 4-13 计价定额量计算表

序号	项目名称	计算式	计量单位	工程量
1	水平成孔(φ150 以内)	(240/2+1)×15×0.01=18.15	100m	18.15
2	人工钉土锚杆	(240/2+1)×15×0.01=18.15	100m	18.15
3	一次注浆	(240/2+1)×15×0.01=18.15	100m	18.15
4	二次注浆	(240/2+1)×15×0.01=18.15	100m	18.15
5	锚杆质量(每 100m)	2×3.85×100/1000	t	0.770

由计价定额可知,人工钉土锚杆子目的锚杆直径按 $\Phi 20$ 考虑,直径不同时应调整换算,见表4-14。

表4-14 分部分项工程费计算表

定额编号	子目名称	单位	工程量	综合单价(列简要计算过程)/元	合价/元
2-25	水平成孔(ϕ150以内)	100m	18.15	2172.82	39436.68
2-31换	人工钉土锚杆	100m	18.15	2110.48-1013.04+(3.85×2×1.02×100/1000)×4020≈4254.75	77223.67
2-26	一次注浆	100m	18.15	5148.98	93453.99
2-27	二次注浆	100m	18.15	3862.91	70111.82
分部分项工程费合计					280226.16

典型训练

【工作任务】计算土钉和喷射混凝土的清单综合单价。

【任务背景】
某工程基坑支护的分部分项工程量清单与计价表见表4-15,不计锚头工程量。

【问题】
试按照《江苏省计价定额》计算土钉和喷射混凝土的清单综合单价。$\Phi 18$ 钢筋单位长度质量为 2.0kg/m。锚杆施工损耗按2%计。

【分析与解答】

表4-15 分部分项工程量清单与计价表

序号	项目编码	项目名称	项目特征描述	计量单位	工程量	金额/元 综合单价	合价
1	010202008001	土钉	1. 地层情况:三类土 2. 钻孔深度:6m 3. 钻孔直径:110mm 4. 置入方法:放入土钉 5. 杆体材料品种、规格、数量:HRB400级钢筋,$\Phi 18$,梅花丁布置 6. 浆液种类、强度等级:土钉注浆体强度20MPa,注浆材料采用42.5级水泥净浆,水灰比1:2。土钉采用二次注浆,一次注浆至孔口泛浆为止,注浆压力为0.3~0.5MPa,待一次注浆初凝后进行二次注浆,二次注浆压力为0.8~1.0MPa	m	2352.00		

续表

序号	项目编码	项目名称	项目特征描述	计量单位	工程量	金额/元	
						综合单价	合价
2	010202009001	喷射混凝土	1. 部位：基坑边坡 2. 厚度：80mm 3. 混凝土类别、强度等级：预拌泵送细石混凝土、C20	m²	1466.40		

任务小结

（1）地基处理的清单项目设置，换土垫层、预压地基等主要地基处理项目的工程量计算规则。

（2）地下连续墙、锚杆、土钉、喷射混凝土砂浆等基坑与边坡支护项目的工程量清单的编制。

（3）地基处理、基坑与边坡支护定额应用，定额中地基处理、基坑与边坡支护项目的工程量计算规则、定额子目的套用及定额使用的注意事项。

（4）地基处理、基坑与边坡支护的清单综合单价分析。

任务5　桩基工程计量与计价

教学目标

了解桩基工程的分类，会依据图纸、规范对项目的桩基工程进行正确清单列项；掌握预制桩、灌注桩的清单工程量和定额工程量的计算规则；能够应用计算规则进行预制方桩、管桩、各种灌注桩的清单及定额工程量的计算；能够依据项目特征对桩基工程量清单进行定额子目的正确套用，能够进行桩基工程量清单综合单价的分析计算；能够进行项目桩基工程费用计算。

思维导图

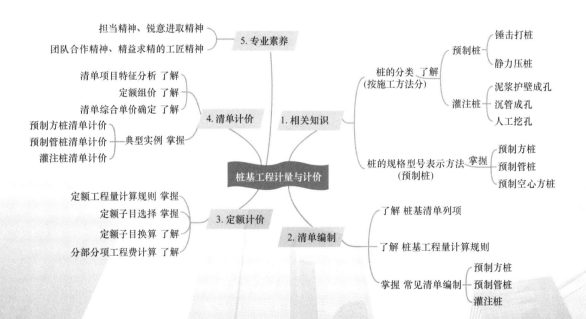

任务5 桩基工程计量与计价

任务背景

桩基是由若干根桩和桩顶的承台组成的一种常用的深基础,具有承载能力大、抗震性能好、沉降量小的特点。按施工方法的不同,桩可分为预制桩和灌注桩,预制桩在工厂或施工现场制成,再用沉桩设备将桩打入、压入、振入土中。在装配式建筑大力推广的背景下,预制桩的应用越来越广泛。灌注桩是在施工现场的桩位上先成孔,然后在孔内加入钢筋并放入混凝土。按成孔方法不同,有钻孔、沉管等多种类型的灌注桩。

任务5模块5.1主要介绍桩基工程量清单编制;模块5.2主要介绍桩基工程计价。

模块 5.1 桩基工程量清单编制

规范依据

5.1.1 打桩

1. 清单项目设置

预制桩打桩工程量清单项目设置、项目特征描述的内容、计量单位及工程量计算规则,应按表5-1的规定执行。

表 5-1 打桩(编号:010301)

项目编码	项目名称	项目特征	计量单位	工程量计算规则	工作内容
010301001	预制钢筋混凝土方桩	1. 地层情况 2. 送桩深度、桩长 3. 桩截面 4. 桩倾斜度 5. 沉桩方法 6. 接桩方式 7. 混凝土强度等级	1. m 2. m^3 3. 根	1. 以 m 计量,按设计图示尺寸以桩长(包括桩尖)计算 2. 以 m^3 计量,按设计图示截面积乘以桩长(包括桩尖)以实体积计算 3. 以根计量,按设计图示数量计算	1. 工作平台搭拆 2. 桩机竖拆、移位 3. 沉桩 4. 接桩 5. 送桩
010301002	预制钢筋混凝土管桩	1. 地层情况 2. 送桩深度、桩长 3. 桩外径、壁厚 4. 桩倾斜度 5. 沉桩方法 6. 桩尖类型 7. 混凝土强度等级 8. 填充材料种类 9. 防护材料种类			1. 工作平台搭拆 2. 桩机竖拆、移位 3. 沉桩 4. 接桩 5. 送桩 6. 桩尖制作安装 7. 填充材料、刷防护材料

续表

项目编码	项目名称	项目特征	计量单位	工程量计算规则	工作内容
010301003	钢管桩	1. 地层情况 2. 送桩深度、桩长 3. 材质 4. 管径、壁厚 5. 桩倾斜度 6. 沉桩方法 7. 填充材料种类 8. 防护材料种类	1. t 2. 根	1. 以 t 计量，按设计图示尺寸以质量计算 2. 以根计量，按设计图示数量计算	1. 工作平台搭拆 2. 桩机竖拆、移位 3. 沉桩 4. 接桩 5. 送桩 6. 切割钢管、精割盖帽 7. 管内取土 8. 填充材料、刷防护材料
010301004	截（凿）桩头	1. 桩类型 2. 桩头截面、高度 3. 混凝土强度等级 4. 有无钢筋	1. m³ 2. 根	1. 以 m³ 计量，按设计桩截面乘以桩头长度以体积计算 2. 以根计量，按设计图示数量计算	1. 截（切割）桩头 2. 凿平 3. 废料外运

2. 清单项目信息解读

（1）地层情况按表3-2和《房屋建筑与装饰工程工程量计算规范》的相关规定，并根据岩土工程勘察报告按单位工程各地层所占比例（包括范围值）进行描述。对无法准确描述的地层情况，可注明由投标人根据岩土工程勘察报告自行决定报价。

（2）项目特征中的桩截面、混凝土强度等级、桩类型等可用标准图集代号或设计桩型进行描述。

（3）预制钢筋混凝土方桩、预制钢筋混凝土管桩项目以成品桩编制，应包括成品桩购置费，如果用现场预制桩，应包括现场预制的所有费用。

（4）打试验桩和打斜桩应按相应项目编码单独列项，并应在项目特征中注明试验桩或斜桩（斜率）。

（5）桩基的承载力检测、桩身完整性检测等费用按国家相关取费标准单独计算，不在本清单项目中。

（6）沉桩方式，常见的有锤击打桩和静力压桩两种。

（7）桩尖的类型根据其构造和穿越土层能力的不同，分为 a 型、b 型、c 型、d 型、f 型等类型，多为钢筋混凝土、钢板或钢板混凝土构造。

（8）接桩是指按设计要求，按桩的总长分节预制，运至现场先将第一节桩打入，将第二节桩垂直吊起和第一节桩相连接后再继续打桩，逐节连接依次打入，节与节之间的连接为接桩。方桩常用接桩方式有方桩包角钢、方桩包钢板；管桩常用接桩方式为螺栓加焊接的方式。

(9) 送桩是利用打桩机械和送桩器将预制桩打(或送)至地下设计要求的标高位置。送桩深度的工程量计算规则：从自然地坪标高至桩顶面标高至另加500mm。

3. 预制桩的常见类型及编号

(1) 方桩种类和编号。

① 方桩种类。根据《预制钢筋混凝土方桩》(04G361)图集，方桩的种类分为锤击整根桩、锤击焊接桩和静压整根桩、静压焊接桩、静压锚接桩，代号如下。

锤击桩：ZH(整根桩)和JZH(接桩)。

静压桩：AZH(整根桩)和JAZH(接桩)。

焊接桩：用脚注b表示，如JZH_b。

锚接桩：用脚注a表示，如$JAZH_a$。

② 方桩编号。

整根桩编号：ZH(锤击桩，AZH静压桩)-××(边长，mm)-××(长度，m) A、B或C(组别)G(钢靴)。

接桩编号：JZH_b(锤击焊接桩，$JAZH_b$静压焊接桩，$JAZH_a$静压锚接桩)-×(分段数)××(边长，mm)-×(上段长L1，m)×(中段长L2，m)×(下段长L3，m) A、B或C(组别)G(钢靴)。

(2) 空心方桩代号与编号。

根据《预应力混凝土空心方桩》(08SG360)图集，预应力高强混凝土空心方桩的代号为PHS，预应力混凝土空心方桩的代号为PS，桩型分A型、AB型、B型3种。

空心方桩编号如下所示。

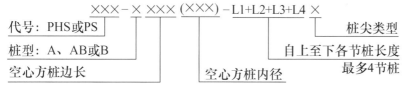

如PHS-A450(250)-10+13+15c表示的是预应力高强混凝土A型空心方桩，空心方桩外边长450mm，内径为250mm，自上至下共3节桩，长度分别为10m、13m、15m，C80混凝土，桩尖类型为c。

(3) 管桩分类和编号。

根据《预应力混凝土管桩》(10G409)图集，管桩按桩身混凝土强度等级分为预应力高强混凝土管桩(代号PHC)和预应力混凝土管桩(代号PC)，桩身混凝土强度等级分别不得低于C80和C60。管桩按桩身混凝土有效预压应力值或其抗弯性能分为A型、AB型、B型和C型4种。管桩编号如下所示。

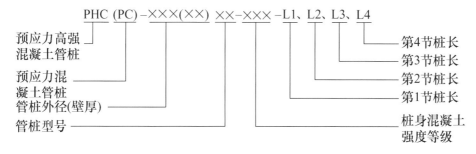

如 PHC-500(125)AB-C80-9、12、15 表示的是预应力高强混凝土管桩,外径为 500mm,壁厚 125mm,AB 型桩,混凝土强度等级为 C80,第 1、2、3 节桩长分别为 9m、12m、15m。

5.1.2 灌注桩

1. 清单项目设置

灌注桩工程量清单项目设置、项目特征描述的内容、计量单位及工程量计算规则,应按表 5-2 的规定执行。

表 5-2 灌注桩(编号:010302)

项目编码	项目名称	项目特征	计量单位	工程量计算规则	工作内容
010302001	泥浆护壁成孔灌注桩	1. 地层情况 2. 空桩长度、桩长 3. 桩径 4. 成孔方法 5. 护筒类型、长度 6. 混凝土种类、强度等级	1. m 2. m³ 3. 根	1. 以 m 计量,按设计图示尺寸以桩长(包括桩尖)计算 2. 以 m³ 计量,按不同截面积乘以其设计桩长以体积计算 3. 以根计量,按设计图示数量计算	1. 护筒埋设 2. 成孔、固壁 3. 混凝土制作、运输、灌注、养护 4. 土方、废泥浆外运 5. 打桩场地硬化及泥浆池、泥浆沟
010302002	沉管灌注桩	1. 地层情况 2. 空桩长度、桩长 3. 复打长度 4. 桩径 5. 沉管方法 6. 桩尖类型 7. 混凝土种类、强度等级			1. 打(沉)拔钢管 2. 桩尖制作、安装 3. 混凝土制作、运输、灌注、养护
010302003	干作业成孔灌注桩	1. 地层情况 2. 空桩长度、桩长<　3. 桩径 4. 扩孔直径、高度 5. 成孔方法 6. 混凝土种类、强度等级			1. 成孔、扩孔 2. 混凝土制作、运输、灌注、振捣、养护
010302004	挖孔桩土(石)方	1. 地层情况 2. 挖孔深度 3. 弃土(石)运距	m³	按设计图示尺寸(含护壁)截面积乘以挖孔深度以 m³ 计算	1. 排地表水 2. 挖土、凿石 3. 基底钎探 4. 运输

续表

项目编码	项目名称	项目特征	计量单位	工程量计算规则	工作内容
010302005	人工挖孔灌注桩	1. 桩芯长度 2. 桩芯直径、扩底直径、扩底高度 3. 护壁厚度、高度 4. 护壁混凝土种类、强度等级 5. 桩芯混凝土种类、强度等级	1. m^3 2. 根	1. 以 m^3 计量,按桩芯混凝土体积计算 2. 以根计量,按设计图示数量计算	1. 护壁制作 2. 混凝土制作、运输、灌注、振捣、养护
010302006	钻孔压浆桩	1. 地层情况 2. 空钻长度、桩长 3. 钻孔直径 4. 水泥强度等级	1. m 2. 根	1. 以 m 计量,按设计图示尺寸以桩长计算 2. 以根计量,按设计图示数量计算	钻孔、下注浆管、投放骨料、浆液制作、运输、压浆
010302007	灌注桩后压浆	1. 注浆导管材料、规格 2. 注浆导管长度 3. 单孔注浆量 4. 水泥强度等级	孔	按设计图示以注浆孔数计算	1. 注浆导管制作、安装 2. 浆液制作、运输、压浆

2. 清单项目信息解读

(1) 地层情况按表 3-2 的规定,并根据岩土工程勘察报告按单位工程各地层所占比例(包括范围值)进行描述。对无法准确描述的地层情况,可注明由投标人根据岩土工程勘察报告自行决定报价。

(2) 项目特征中的桩长应包括桩尖,空桩长度=孔深－桩长,孔深为自然地面至设计桩底的深度。

(3) 项目特征中的桩截面(桩径)、混凝土强度等级、桩类型等可直接用标准图集代号或设计桩型进行描述。

(4) 泥浆护壁成孔灌注桩是指在泥浆护壁条件下成孔,采用水下灌注混凝土的桩。其成孔方法包括冲击钻成孔、冲抓锥成孔、回旋钻成孔、潜水钻成孔、泥浆护壁的旋挖成孔等。

(5) 沉管灌注桩的沉管方法包括锤击沉管法、振动沉管法、振动冲击沉管法、内夯沉管法等。

(6) 干作业成孔灌注桩是指不用泥浆护壁和套管护壁的情况下,用钻机成孔后,下放钢筋笼,灌注混凝土的桩,适用于地下水位以上的土层使用。其成孔方法包括螺旋钻成孔、螺旋钻成孔扩底和干作业的旋挖成孔等。

(7) 桩基的承载力检测、桩身完整性检测等费用按国家相关取费标准单独计算,不在本清单项目中。

(8) 混凝土灌注桩的钢筋笼制作、安装，按《房屋建筑与装饰工程工程量计算规范》附录 E 中钢筋工程相关项目编码列项。

✅ 典型实例

人工挖孔桩清单编制实例

1. 人工挖孔桩清单编制实例。

【背景资料】

某工程采用人工挖孔桩基，设计情况如图 5.1 所示，桩数 10 根，桩端进入中风化泥岩不少于 1.5m，护壁混凝土采用现场搅拌，强度等级为 C25，桩芯采用商品混凝土，强度等级为 C25，土方采用场内转运。

地层情况自上而下为卵石层（四类土）厚 5～7m，强风化泥岩（极软岩）厚 3～5m，以下为中风化泥岩（软岩）。

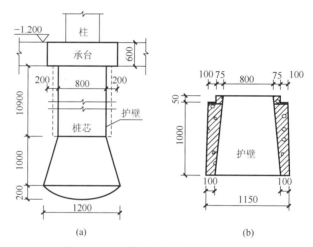

图 5.1 某工程人工挖孔桩基工程示意

【问题】

根据以上背景资料及现行国家标准《建设工程工程量清单计价规范》《房屋建筑与装饰工程工程量计算规范》，试编制该桩基分部分项工程量清单。

解：(1) 分析与解答。

① 直芯部分土方。清单量土体为圆柱体，如图 5.1 所示，柱体外径按护壁外径 1.15m 计算。

② 圆台体积按式 $V=1/3\times\pi\times h\times(r^2+R^2+rR)$ 计算，其中，r、R 分别为上、下底面半径；h 为圆台的高度。

③ 扩大头球缺体积按 $V=\pi\times h\times(3r^2+h^2)/6$ 计算，其中，h 为球缺的高；r 为球缺底面圆半径。图 5.1 中球缺底面圆半径为 600mm。

④ 由题背景资料知，护桩壁采用 C25 混凝土，护桩壁形体为一空心圆台。圆台顶面圆直径为 800mm，底面圆直径为 950mm。如图 5.1 所示，护壁高度 10.9m，护壁厚度 100～175mm。

⑤ 此题对应的清单项目有挖孔桩土（石）方和人工挖孔灌注桩等两个清单项目。

（2）编制项目的分部分项工程量清单。

分部分项工程量清单与计价表见表5-4。清单编制在表5-3已有正确列项的情况下，需按表5-2的提示，根据工程背景准确描述其项目特征。

表5-3 清单工程量计算表

序号	项目编码	项目名称	计算式	计量单位	工程量合计
1	010302004001	挖孔桩土(石)方	（1）直芯圆柱体 $V_1=\pi\times(1.15/2)^2\times10.9\approx11.32$ （2）扩大头圆台 $V_2=1/3\times1\times\pi\times(0.4^2+0.6^2+0.4\times0.6)\approx0.80$ （3）扩大头球缺 $V_3=\pi\times0.2\times(3\times0.6^2+0.2^2)/6\approx0.12$ （4）$V=(V_1+V_2+V_3)\times10=(11.32+0.8+0.12)\times10=122.40$	m³	122.40
2	010302005001	人工挖孔灌注桩	（1）护桩壁C25混凝土 $V=\pi\times[(1.15/2)^2-(0.875/2)^2]\times10.9\times10=\pi\times(0.575^2-0.4375^2)\times10.9\times10\approx47.65$ （2）桩芯混凝土 $V=122.40-47.65=74.75$	m³	74.75

表5-4 分部分项工程量清单与计价表

序号	项目编码	项目名称	项目特征描述	计量单位	工程量	金额/元 综合单价	合价
1	010302004001	挖孔桩土(石)方	1. 土石类别：四类土厚5~7m，极软岩厚3~5m，软岩厚1.5m 2. 挖孔深度：12.1m 3. 弃土(石)运距：场内转运	m³	122.40		
2	010302005001	人工挖孔灌注桩	1. 桩芯长度：12.1m 2. 桩芯直径：800mm，扩底直径1200mm，扩底高度1000mm 3. 护壁厚度：175mm/100mm，护壁高度10.9mm 4. 护壁混凝土种类、强度等级：现场搅拌、C25 5. 桩芯混凝土种类、强度等级：商品混凝土、C25	m³	74.75		

钻孔灌注桩清单编制实例

2. 钻孔灌注桩清单编制实例。

【背景资料】

某基坑支护工程采用排桩，排桩采用泥浆护壁旋挖钻孔灌注桩进行施工。场地地坪标高为495.500～496.100m，旋挖桩桩径为1000mm，桩长为20m，采用水下商品混凝土C30，桩顶标高为493.500m，桩数为206根，超灌高度不少于1m。根据地质情况，采用5mm厚钢护筒，钢护筒长度不小于3m。

根据地质资料和设计情况，一类土、二类土约占25%，三类土约占20%，四类土约占55%。

【问题】

根据以上背景资料及现行国家标准《建设工程工程量清单计价规范》《房屋建筑与装饰工程工程量计算规范》，试编制该排桩分部分项工程量清单。

解：(1) 分析与解答。

① 表5-1规定，截(凿)桩头项目的工程量可以m^3或根为计量单位。表5-5计算中，采用m^3为计量单位。由题背景资料可知，每根桩的混凝土超灌高度不少于1m，因此，截(凿)桩头长度按1m计算。表5-6中，截(凿)桩头项目特征描述"有无钢筋"，是按工程常识给出的描述。

② 表5-2规定，泥浆护壁成孔灌注桩(挖桩)项目的工程量可按m、m^3或根等3个单位为计量单位。在表5-6中编制清单时，选择了"根"为其工程量的计量单位，此时，在项目特征中需准确描述其桩径(1000mm)、桩长(20m)。

③ 空桩长度为场地地坪标高至桩顶标高的差值，本工程场地地坪标高为495.500～496.100m，桩顶标高为493.500m，因此，空桩长度为2～2.6m不等。泥浆护壁成孔灌注桩(挖桩)的项目特征描述见表5-6。

(2) 编制项目的分部分项工程量清单。

分部分项工程量清单与计价表见表5-6。清单编制在表5-5已有正确列项的情况下，需按表5-2的提示，根据工程背景准确描述其项目特征。

表5-5 清单工程量计算表

序号	项目编码	项目名称	计算式	计量单位	工程量合计
1	010302001001	泥浆护壁成孔灌注桩	$n=206$	根	206
2	010301004001	截(凿)桩头	$\pi \times 0.5 \times 0.5 \times 1 \times 206 \approx 161.71$	m^3	161.71

表 5-6 分部分项工程量清单与计价表

序号	项目编码	项目名称	项目特征描述	计量单位	工程量	金额/元	
						综合单价	合价
1	010302001001	泥浆护壁成孔灌注桩	1. 地层情况：一类土、二类土约占25%，三类土约占20%，四类土约占55% 2. 空桩长度：2～2.6m，桩长20m 3. 桩径：1000mm 4. 成孔方法：旋挖钻孔 5. 护筒类型、长度：5mm厚钢护筒，不小于3m 6. 混凝土种类、强度等级：水下商品混凝土、C30	根	206		
2	010301004001	截（凿）桩头	1. 桩的类型：旋挖桩 2. 桩头截面、高度：桩径1000mm、不小于1m 3. 混凝土强度等级：C30 4. 有无钢筋：有	m³	161.71		

✓ 典型训练

【工作任务1】编制预制方桩桩基的分部分项工程量清单。

【任务背景】

某建筑物因地基土条件比较复杂，经反复研究，决定采用预制钢筋混凝土桩基，桩混凝土强度等级为C30，根据地质资料和设计情况，一类土、二类土约占50%，三类土约占35%，四类土约占15%，预制桩形状如图5.2所示，桩各部位尺寸见表5-7，共361根，采用焊接包钢板接桩。工程处于城市市区，沉桩方法为静力压桩。桩顶标高为－1.950m，场地地坪标高为－0.450m。

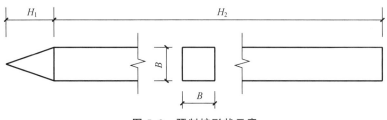

图 5.2 预制桩形状示意

表 5-7　某建筑物预制桩明细表

桩类别	H_1/mm	H_2/mm	B/mm	试验桩数	总根数	备注
桩 A	6500	400	350	3	128	1 节桩
桩 B	19000	500	450	4	233	3 节桩

【问题】

根据以上背景资料及现行国家标准《建设工程工程量清单计价规范》《房屋建筑与装饰工程工程量计算规范》，试列出桩基的分部分项工程量清单（采用 m³ 作为计量单位），并将清单编制成果填于表 5-8 中。

【训练提示】

工程项目清单主要包括预制钢筋混凝土方桩压桩清单项目，列项时，注意将试验桩分开列项。按规范规定，打桩项目包括成品桩购置费，如果用现场预制桩，应包括现场预制的所有费用，因此，桩的制作不再单独列项。预制桩送桩长度＝桩顶标高与场地地坪标高的差值＋0.5m。

【分析与解答】

表 5-8　分部分项工程量清单与计价表

序号	项目编码	项目名称	项目特征描述	计量单位	工程量	金额/元	
						综合单价	合价
1							
2							
3							

【工作任务 2】编制预制管桩桩基的分部分项工程量清单。

【任务背景】

工程项目桩基础平面布置如附录一结构施工图中的"桩平面定位图"，采用预应力混凝土管桩。其中的试验桩，要求桩加长至场地地坪以上 200mm，试验桩根数见管桩桩基设计说明，试验桩仍做工程桩使用。沉桩方法采用静力压桩。桩尖长度按 500mm 考虑。

根据地质资料和设计情况，土层中一类土、二类土约占 25%，三类土约占 45%，四类土约占 30%。

【问题】

根据以上背景资料及现行国家标准《建设工程工程量清单计价规范》《房屋建筑与装饰工程工程量计算规范》，试列出预制钢筋混凝土管桩的分部分项工程量清单（以 m³ 为计量单位），并将清单编制成果填于表 5-9 中。

【训练提示】

工程项目清单包括预应力混凝土管桩打桩清单项目[试验桩作为工程桩使用,需考虑截(凿)桩头清单项目],除试验桩外,其他桩的截(凿)桩头工程量按总量的5%考虑;列项时,注意将试验桩分开列项。按规范规定,打桩项目包括成品桩购置费,如果用现场预制桩,应包括现场预制的所有费用,因此,桩的制作不再单独列项。桩基施工时的场地标高,预制桩送桩长度=桩顶标高与场地地坪标高的差值+0.5m。

【分析与解答】

表5-9 分部分项工程量清单与计价表

序号	项目编码	项目名称	项目特征描述	计量单位	工程量	金额/元	
						综合单价	合价
1							
2							
3							

模块5.2 桩基工程计价

标准依据

5.2.1 桩基工程定额概况

桩基工程共计94个子目,主要内容包括打预制钢筋混凝土方桩、送桩,打预制离心管桩(空心方桩)、送桩,静力压预制钢筋混凝土方桩、送桩,静力压预制钢筋混凝土离心管桩(空心方桩)、送桩,电焊接桩,回旋钻机钻孔灌注桩,旋挖钻机钻孔灌注桩,钻孔灌注混凝土桩,钻盘式钻机灌注混凝土桩,灌注碎石桩,灌注砂、石桩,打孔夯扩灌注混凝土桩,灌注桩后注浆,砖砌井壁或浇混凝土井壁,人工凿预留桩头、截断桩凿桩头等。桩基工程定额项目的划分主要是按桩品种划分,并按桩长或桩径划分子目,见表5-10。

表5-10 桩基工程定额项目划分

桩基工程定额项目划分	预制混凝土桩	预制混凝土方桩	打预制方桩静力压桩	桩长12m、18m、30m以内,30m以外
		预制混凝土管桩	打预制管桩	桩长24m以内,24m以外

续表

		打孔灌注混凝土桩	桩长10m、15m以内、15m以外
桩基工程定额项目划分	灌注混凝土桩	振动沉管灌注混凝土桩	桩长10m、15m以内、30m以外
		钻(冲)孔灌注混凝土桩	桩径70cm以内、100cm以内、100cm以外
		人工挖孔灌注混凝土桩	混凝土护壁(m³) 红砖护壁(m³)
		夯扩桩	桩长10m以内、10m以外
	砂、石桩	砂桩 碎石桩 砂石桩	桩长10m、15m以内、30m以外

5.2.2 定额使用注意事项

1. 适用范围和一般规定

(1) 桩基工程定额适用于一般工业与民用建筑工程的桩基,不适用于支架上、室内打桩。打试桩可按相应定额项目的人工、机械乘以系数2,试桩期间的停置台班结算时应按实调整。

(2) 定额中打桩机的类别、规格执行中不换算,打桩机及为打桩机配套的施工机械的进(退)场费和组装、拆卸费用,另按实际进场机械的类别、规格计算。

(3) 打桩不分土壤级别,均按定额执行,子目中的桩长度是指包括桩尖及接桩后的总长度。

2. 预制混凝土桩的有关说明

(1) 预制钢筋混凝土桩的制作费,另按《江苏省计价定额》相关章节规定计算,打桩如设计有接桩,另按接桩定额执行。

(2) 定额中打桩(包括方桩、管桩)已包括300m以内的场内运输,实际超过300m时,按相应构件的场外运输定额执行,并扣除定额内的场内运输费。

3. 灌注桩的有关说明

(1) 泥浆护壁钻孔灌注混凝土桩分为钻土孔和钻岩石孔两部分,同一根桩中遇到钻土孔和钻岩石孔应分别计算各自工程量并分别套用相应定额。

钻孔灌注桩的钻孔深度是按50m内综合编制的,超过50m的桩,钻孔人工、机械乘以系数1.10。人工挖孔灌注混凝土桩的挖孔深度是按15m内综合编制的,超过15m的桩,挖孔人工、机械乘以系数1.20。钻孔灌注桩若钻土孔含极软岩,钻入岩石以软岩为准(参照《江苏省计价定额》第一章岩石分类表),如钻入较软岩时,人工、机械乘以系数1.15,如钻入较硬岩以上时,应另行调整人工、机械用量。

(2) 定额各种灌注桩中的灌注材料用量已经包括充盈系数和操作损耗在内,该数量给编制预算、标底、投标报价参考使用，竣工结算时应按有效打桩记录灌入量进行调整。

换算后的充盈系数＝实际灌注混凝土量/按设计图计算混凝土量×(1+操作损耗率)，各种灌注桩中的材料用量预算暂按表5-11的充盈系数和操作损耗计算，结算时充盈系数按打桩记录灌入量进行调整，操作损耗不变。

表5-11 灌注桩充盈系数及操作损耗率

项目名称	充盈系数	操作损耗率/%
打孔沉管灌注混凝土桩	1.20	1.50
打孔沉管灌注砂(碎石)桩	1.20	2.00
打孔沉管灌注砂石桩	1.20	2.00
钻孔灌注混凝土桩(土孔)	1.20	1.50
钻孔灌注混凝土桩(岩石孔)	1.10	1.50
打孔沉管夯扩灌注混凝土桩	1.15	2.00

(3) 打孔沉管灌注桩和打孔夯扩灌注桩的使用方法详见《江苏省计价定额》桩77页第3条。3-50子目到3-73子目均为单打桩定额，复打桩时应按单打桩定额乘以相应的附注系数执行；打孔沉管灌注桩中遇有空沉管时，空沉管项目定额应按乘以相应的附注系数执行(详见《江苏省计价定额》桩94～101页注)。

(4) 钻孔灌注混凝土桩、旋挖法灌注混凝土桩中的泥浆护壁是以自身钻出的钻土及灌入的自来水进行护壁的，施工现场如无自来水供应而用水泵抽水时，定额中的相应水费应扣除，水泵台班费另外增加，若需外购黏土者，按实际购置量计算。挖蓄泥浆池及地沟土方已含在钻孔的人工中，但砌泥浆池的人工及耗用材料暂按2.00元/m³计算，竣工结算时泥浆的人工及材料应按实际调整。

4. 打孔沉管灌注桩

(1) 灌注混凝土、砂、碎石桩使用活瓣桩尖时，单打、复打桩体积均按设计桩长(包括桩尖)另加250mm(设计有规定，按设计要求)乘以标准管外径以体积计算。使用预制钢筋混凝土桩尖时，单打、复打桩体积均按设计桩长(不包括预制桩尖)另加250mm乘以标准管外径以体积计算。

(2) 打孔沉管灌注桩空沉管部分，按空沉管的实体积计算。计算表达式如下。

V＝沉管外径截面积×(自然地坪标高至设计桩顶标高间的距离－加灌长度)

加灌长度，一般根据规范要求在图纸中明确，是在保证设计桩顶标高处混凝土强度符合设计要求的基础上应多灌注的高度，用来满足混凝土灌注充盈量，通常按设计规定；设计无规定时，按0.2m计取。

5. 夯扩桩

夯扩桩体积分别按每次设计夯扩前投料长度(不包括预制桩尖)乘以标准管内径以体积计算，最后管内灌注混凝土按设计桩长另加250mm乘以标准管外径以体积计算。计算表达式：夯扩桩打桩体积＝标准管内径截面积×设计夯扩前投料长度，最后管内灌注混凝土体积=标准管外径截面积×[设计桩长(不包括桩尖)+加灌长度250mm]。

夯扩投料长度按设计规定计算。

6. 泥浆护壁钻孔灌注桩

(1) 钻土孔与钻岩石孔工程量应分别计算。土与岩石地层分类详见《江苏省计价定额》中的土壤分类表和岩石分类表。钻土孔自然地面至岩石表面之深度乘以设计桩截面积以体积计算,钻岩石孔以入岩深度乘以桩截面积以体积计算。

(2) 混凝土灌入量以设计桩长(含桩尖长)另加一个直径(设计有规定的按设计要求)乘以桩截面积以体积计算,地下室基础超灌高度按现场具体情况另行计算。

(3) 泥浆外运的体积按钻孔的体积计算。

(4) 成孔工程量计算表达式如下。

$$V = 桩径截面积 \times 成孔长度$$

其中,成孔长度为自然地坪至设计桩底的标高。

(5) 成桩工程量计算表达式如下。

$$V = 桩径截面积 \times (设计桩长 + 一个桩直径)$$

其中,设计桩长为桩顶标高至桩底的标高,包括桩尖长度在内。

如图5.3所示为钻孔深度示意。

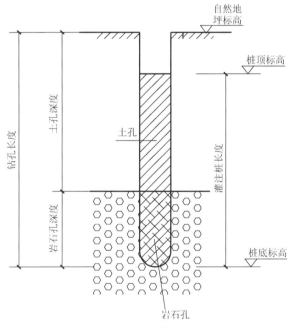

图5.3 钻孔深度示意

5.2.3 工程量计算规则

1. 打桩

打预制钢筋混凝土桩的工程量,按设计桩长(包括桩尖,不扣除桩尖虚体积)乘以桩截面积计算;管桩(空心方桩)的空心体积应扣除,管桩(空心方桩)的空心部分设计要求灌注混凝土或其他填充材料时，应另行计算(图5.4)。

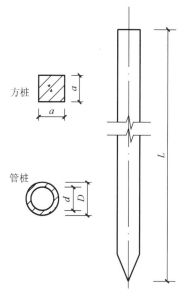

图 5.4　打桩工程量计算示意

打预制钢筋混凝土桩工程量计算表达式如下。

(1) 打方桩工程量为

$$V = a^2 \times L \times N$$

式中　a——方桩边长；

　　　L——设计桩长，包括桩尖长度(不扣减桩尖虚体积)；

　　　N——桩根数。

(2) 打管桩工程量为

$$V = \left(\frac{\pi}{4} \times D^2 \times L - \frac{\pi}{4} \times d^2 \times L \right) \times N$$

式中　D——管桩外径；

　　　d——管桩内径；

　　　L——设计桩长，包括桩尖长度(不扣减桩尖虚体积)；

　　　N——桩根数。

打空心方桩的定额工程量计算与上述打管桩工程量计算类似，注意扣除中间空心部分的体积。

2. 接桩

接桩工程量按每个接头以数量计算。

3. 送桩

送桩工程量以送桩长度(自桩顶面至自然地坪另加500mm)乘以桩截面积以体积计算。

$$V = S \times (h + 0.5) \times N$$

式中　S——桩截面积；

　　　N——桩根数；

h——设计桩顶标高至自然地坪之间的高度差。

典型实例

预制方桩

1. 某单位工程桩基,设计为预制方桩300mm×300mm,每根工程桩长18m(6m+6m+6m),共200根。桩顶标高为−2.150m,设计室外地坪标高为−0.600m,桩尖长度按300mm考虑。柴油打桩机施工,方桩包角钢接头,按照《房屋建筑与装饰工程工程量计算规范》和《江苏省计价定额》计算打预制桩的清单综合单价(型钢含量不调整)。

解:(1) 计算打桩的清单量和定额量。

打预制方桩:定额工作内容包括现场准备打桩机具、吊装定位、安卸桩帽和打桩;预制钢筋混凝土桩的制作未包括其中,另按《江苏省计价定额》混凝土工程章节的相关规定计算。

分析计算规则,$V_{定额}=V_{清单}=(18+0.3)\times 0.3\times 0.3\times 200=329.40(m^3)>150m^3$,定额子目中人工、机械无须调整。

(2) 编制打桩的工程量清单。

在表5-12中编制预制桩工程量清单。

表5-12 分部分项工程量清单与计价表

序号	项目编码	项目名称	项目特征描述	计量单位	工程量	综合单价/(元/m³)	合价/元
	010301001001	预制钢筋混凝土方桩	1. 地层情况:综合 2. 送桩深度、桩长:1.55m,18.3m 3. 桩截面:300mm×300mm 4. 沉桩方法:柴油打桩机施工 5. 接桩方式:方桩包角钢接头 6. 混凝土强度等级:C30	m³	329.40		

(3) 分析清单项目特征,确定定额工作内容及其工程量。

该清单项目包括打桩、送桩、接桩3个定额工作内容,定额工程量如下。

① 打桩工程量:$V_{打桩}=329.40m^3$。

② 送桩工程量:送桩深度$=2.15-0.6+0.5=2.05(m)$;$V_{送桩}=0.3^2\times(2.15-0.6+0.5)\times 200=36.90(m^3)$。

③ 接桩工程量:每根工程桩2个接头,$N=2\times 200=400(个)$。

(4) 选择定额子目,确定定额综合单价和分项费用合计。

定额子目选用及分项工程费计算结果填入表5-13中。

表5-13 套用定额子目综合单价计算表

序号	定额编号	子目名称	计量单位	工程量	综合单价/元	合计/元
1	3-3	打预制混凝土方桩30m以内	m³	329.40	197.65	65105.91
2	3-7	送预制混凝土方桩30m以内	m³	36.90	193.56	7142.36
3	3-25	电焊接桩（方桩包角钢）	个	400	545.43	218172.00

（5）计算清单分项工程费（合价）和清单综合单价。

清单分项工程费 = ∑定额工程量×定额综合单价
= 65105.91+7142.36+218172 = 290420.27（元）

清单综合单价 = 分项工程费/清单工程量 = 290420.27/329.40 ≈ 881.66（元/m³）

完善分部分项工程量清单与计价表，见表5-14。

表5-14 分部分项工程量清单与计价表

序号	项目编码	项目名称	项目特征描述	计量单位	工程量	综合单价/(元/m³)	合价/元
	010301001001	预制钢筋混凝土方桩	1. 地层情况：综合 2. 送桩深度、桩长：1.55m、18.3m 3. 桩截面：300mm×300mm 4. 沉桩方法：柴油打桩机施工 5. 接桩方式：方桩包角钢接头 6. 混凝土强度等级：C30	m³	329.40	881.66	290420.27

2. 某打桩工程如图5.5所示，设计桩型为T-PHC-AB700(110)-13、13a，管桩数量250根，桩外径700mm，壁厚110mm，自然地坪标高-0.300m，桩顶标高-3.600m，螺栓加焊接接桩，管桩接桩接点周边设计用钢板，采用静力压桩施工方法，管桩场内运输按250m考虑。本工程人工单价、除成品桩外其他材料单价、机械台班单价、管理费率、利润率标准等按定额执行不调整。成品桩单价按1800元/m³考虑，桩尖按180元/个考虑。请根据上述条件按《房屋建筑与装饰工程工程量计算规范》和《江苏省计价定额》的规定，计算该打桩工程清单综合单价（含打桩、接桩、送桩、成品桩、桩尖）。π取3.14。

管桩

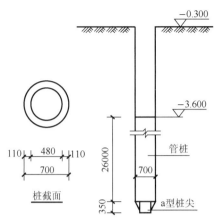

图 5.5 某打桩工程示意

解：(1) 编制工程量清单。

预制钢筋混凝土管桩的分部分项工程量清单与计价表见表 5-15。

表 5-15 分部分项工程量清单与计价表

序号	项目编码	项目名称	项目特征描述	计量单位	工程量	综合单价/(元/m³)	合价/元
	010301002001	预制钢筋混凝土管桩	1. 地层情况：综合 2. 送桩深度、桩长：3.3m、26m 3. 桩外径、壁厚：700mm、110mm 4. 沉桩方法：静力压桩 5. 桩尖类型：a 型	m³	1342.44		

清单工程量：$V = 3.14/4 \times (0.7^2 - 0.48^2) \times (26 + 0.35) \times 250 \approx 1342.44 (m^3)$

(2) 分析清单项目特征，确定对应的定额工作内容及其工程量。

① 压桩工程量：$3.14 \times (0.35^2 - 0.24^2) \times 26.35 \times 250 \approx 1342.44(m^3)$。

② 接桩工程量：250 个（题意中单根桩长为 13m，设计桩长为 26m，所以接桩数量同管桩根数）。根据《江苏省计价定额》规定，12m 以上的接桩其人工及打桩机械已包括在相应打桩项目内，只是接桩的材料及电焊机按定额的相关子目执行，见表 5-16。

③ 送桩工程量：$3.14 \times (0.35^2 - 0.24^2) \times (3.600 - 0.300 + 0.5)$（其中 3.600m 为桩顶标高，-0.300m 为自然地坪标高，0.5m 为桩架综合高度）$\times 250$（根数）$\approx 193.60(m^3)$。

④ 成品桩工程量：$3.14 \times (0.35^2 - 0.24^2) \times 26 \times 250 \approx 1324.61(m^3)$。

⑤ a 型桩尖：250 个。

(3) 确定对应的定额分项工程费。

定额子目的选择及分项工程费计算结果填入表 5-16 中。

任务5 桩基工程计量与计价

表 5-16 套用定额子目综合单价计算表

定额编号	子目名称	单位	工程量	综合单价(列简要计算过程)/元	合价/元
3-22换	静力压桩	m³	1342.44	364.29＋0.01×(1800－1300)＝369.29(根据题意调整管桩差价)	495749.67
3-27换	接桩	个	250	55.91(材料费)＋9.64(电焊机费用)×(1＋7%＋5%)＝66.71	16677.50
3-24	送桩	m³	193.60	439.72	85129.79
独立费	成品桩	m³	1324.61	1800(已知)	2384298.00
独立费	a型桩尖	个	250	180(已知)	45000.00
分部分项工程费合计					3026854.96

(4) 确定清单综合单价。

清单综合单价＝分部分项工程费合计/清单工程量
＝3026854.96/1342.44≈2254.74（元/m³）

完善分部分项工程量清单与计价表，见表 5-17。

表 5-17 分部分项工程量清单与计价表

序号	项目编码	项目名称	项目特征描述	计量单位	工程量	综合单价/(元/m³)	合价/元
	010301002001	预制钢筋混凝土管桩	1. 地层情况：综合 2. 送桩深度、桩长：3.3m、26m 3. 桩外径、壁厚：700mm、110mm 4. 沉桩方法：静力压桩 5. 桩尖类型：a型	m³	1342.44	2254.74	3026854.96

3. 某沉管灌注桩工程如图 5.6 所示，采用预制混凝土桩尖，轨道式柴油打桩机单打施工，标准管外径 426mm，充盈系数 1.32，共 100 根，要求计算其工程量并按照《江苏省计价定额》计价。

解：按计价定额工程量计算规则规定，灌注混凝土桩采用预制钢筋混凝土桩尖时，单打桩体积按设计桩长（不包括预制桩尖）另加 250mm 乘以标准管外径以体积计算。因此，沉管灌注混凝土桩工程量 $V_{沉管}$＝(18＋0.25)×3.14×0.426²/4×100≈259.99(m³)。

灌注桩定额子目中混凝土消耗量＝(设计用量＋1.5%损耗量)×充盈系数(沉管灌注混凝土桩定额默认充盈系数为 1.2)，实际充盈系数与默认充盈系数不同时应换算，见表 5-18。

按计价定额工程量计算规则规定，沉管灌注桩空沉管部分，按空沉管的实体积计算，如图 5.6 所示，空沉管的高度是 2.6－0.3＝2.3(m)，因此，空沉管工程量 $V_{空沉管}$＝2.3×3.14×0.426²/4×100≈32.77(m³)。

按定额计算规则规定，每 1m³ 空沉管部分的体积按相应项目人工乘以系数 0.3 计算，混凝土、混凝土搅拌机、机动翻斗车扣除，见表 5－18。

表 5－18 套用定额子目综合单价计算表

定额编号	子目名称	单位	工程量	综合单价(列简要计算过程)/元	合价/元
3－52 换	打沉管桩	m³	259.99	689.58＋(1.015×1.32－1.218)×274.58≈723.02	187978.97
3－52 换	打沉管桩（空沉管）	m³	32.77	(100.87×0.3＋97.23)×1.18＋356.81－334.44≈172.81	5662.96

夯扩桩

4. 根据某工程地质情况，采用振动打拔机无桩尖夯扩桩基，如图 5.7 所示，共 50 根。夯扩参数：标准管外径 ϕ426mm，标准管壁厚 8mm，采用二次夯扩施工工艺，设计第一次夯扩投料长度 3.2m，第二次夯扩投料长度为 1.2m，夯扩头直径 0.95m，夯扩头进入持力层 2.0m，桩身混凝土强度等级 C30，混凝土充盈系数 1.35，要求计算分部分项工程费，钢筋不计。

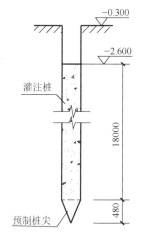

图 5.6 某沉管灌注桩工程示意

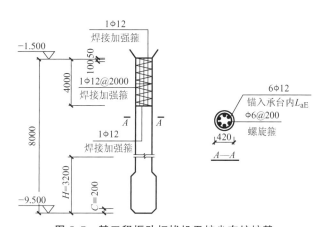

图 5.7 某工程振动打拔机无桩尖夯扩桩基

解：根据计价定额夯扩桩工程量计算规则，夯扩桩体积分别按每次设计夯扩前投料长度(不包括预制桩尖)乘以标准管内径以体积计算，最后管内灌注混凝土按设计桩长另加 250mm 乘以标准管外径以体积计算。

定额工程量计算如下。

(1) 一次夯扩：1/4×3.14×0.41²(以标准管内径为准)×3.2(一次夯扩投料长度)×

50(根数)≈21.11(m³)。

(2) 二次夯扩：1/4×3.14×0.41²(以标准管内径为准)×1.2(二次夯扩投料长度)×50(根数)≈7.92(m³)。

(3) 管内灌注混凝土：1/4×3.14×0.426²(以标准管外径为准)×(8.0+0.25)(设计桩长另加250mm)×50(根数)≈58.76(m³)。

根据计价定额的夯扩桩定额子目套用规定，打孔夯扩灌注桩一次夯扩执行一次夯扩定额，二次夯扩时，执行二次夯扩定额，最后在管内灌注混凝土到设计高度按一次夯扩定额执行。打孔沉管夯扩灌注桩定额子目默认的充盈系数为1.15，操作损耗率为2%。根据题意，混凝土充盈系数为1.35，因此，管内灌注混凝土计价时应进行定额换算。定额子目选择及综合单价的确定见表5-19。

表5-19 套用定额子目综合单价计算表

定额编号	子目名称	单位	工程量	综合单价(列简要计算过程)/元	合价/元
3-76	一次夯扩	m³	21.11	804.29	16978.56
3-80	二次夯扩	m³	7.92	900.16	7129.27
3-76换	管内灌注混凝土	m³	58.76	804.29－322.08＋1.35×1.02×274.58≈860.31	50551.82
分部分项工程费合计					74659.65

5. 某工程采用后注浆钻孔灌注桩基如图5.8所示，桩端持力层为7层粉砂夹粉土层，灌注桩数量共计225根，采用回旋钻机钻孔。设计参数：桩径φ700mm，桩顶相对标高－8.050m，桩底标高－37.050m，有效桩长29.0m，混凝土灌注高度高出桩顶设计标高1.000m，场地自然地坪标高－0.500m，桩身混凝土强度等级C30，充盈系数1.25，要求采用泵送商品混凝土，砖砌泥浆池，泥浆运距按5km以内考虑，后注浆钻孔灌注桩采用桩端桩侧复式注浆，后注浆竖向增强段为桩端以上12m，分别在桩端及距桩端9m处设置注浆筏，桩端终止注浆压力值为2MPa，单桩注浆水泥用量为2.0t。要求计算分部分项工程费，钢筋不计。

后注浆钻孔灌注桩

解：(1) 钻土孔定额工程量。1/4×3.14×0.7²×(37.050－0.500)×225≈3163.27(m³)。

(2) 泥浆运输工程量。1/4×3.14×0.7²×(37.050－0.500)×225≈3163.27(m³)。

(3) 混凝土搅拌及运输工程量。1/4×3.14×0.7²×(37.050－8.050＋1.000)×225≈2596.39(m³)，其中由题意，混凝土灌注高度高出桩顶设计标高1.0m。

(4) 桩端注浆管制作安装、埋设。根据计价定额中的相关工程量计算规则，桩底注浆的注浆管埋设工程量按打桩前的自然地坪标高至设计桩底标高的长度另加0.2m，按长度计算。即(37.050－0.500＋0.2)×2×225(根数)＝16537.50(m)。

(5) 桩侧注浆管制作安装、埋设。根据计价定额中的相关工程量计算规则，桩侧注浆的注浆管埋设，按打桩前的自然地坪标高至设计桩侧注浆位置另加0.2m，按长度计算。此题设计桩侧注浆位置为距桩端9m处，即标高－28.050m处，则工程量为(28.050－0.500＋0.2)×2×225＝12487.50(m)。

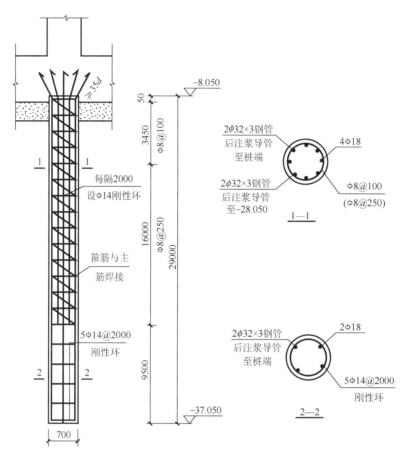

图 5.8 后注浆钻孔灌注桩基

(6) 桩端(侧)后注浆。根据计价定额中的相关工程量计算规则,灌注桩后注浆按设计注入水泥用量,以质量计算,即 2×225=450.000(t)。

(7) 砖砌泥浆池。工程量一般按桩体积考虑。根据计价定额中的相关规定,砖砌浆池所耗用的人工、材料暂按 2.0 元/m³ 桩计算,见表 5-20。

(8) 计价定额中注浆管埋设按桩底注浆考虑,如设计采用侧向注浆,则人工和机械乘以系数 1.2,见表 5-20 中的 3-82 换。

(9) 定额子目选择及综合单价计算结果填入表 5-20 中。

表 5-20 套用定额子目综合单价计算表

定额编号	子目名称	单位	工程量	综合单价(列简要计算过程)/元	合价/元
3-28	钻土孔	m³	3163.27	292.19	924275.86
3-41	泥浆运输	m³	3163.27	108.59	343499.49
3-43	土孔泵送预拌混凝土	m³	2596.39	491.18−443.09+1.25×1.02×362=509.64(预拌混凝土增加损耗0.5%,故总损耗按2%计)	1323224.2

续表

定额编号	子目名称	单位	工程量	综合单价(列简要计算过程)/元	合价/元
	砖砌泥浆池预算费用	元	2596.39	2.00(参见《江苏省计价定额》桩86页注2)	5192.78
3-82	桩端注浆管制安、埋设	100m	165.38	1670.51	276268.94
3-82换	桩侧注浆管制安、埋设	100m	124.88	1670.51+(284.90+37.16)×0.2×1.18≈1746.52	218105.42
3-84	桩端(侧)后注浆	t	450.000	1026.11	461749.5
分部分项工程费合计				3552316.19	

6. 某工程设计钻孔灌注混凝土桩 50 根,桩径 φ700mm,设计桩长 26m,其中入岩(Ⅳ类)2m,自然地坪标高 −0.450m,桩顶标高 −2.200m,如图 5.9 所示。混凝土采用 C30 现场自拌,根据地质情况土孔混凝土充盈系数为 1.20,岩石孔混凝土充盈系数为 1.05,每根桩钢筋用量为 0.80t。以自身的黏土及灌入的自来水进行护壁,砖砌泥浆池按 2 元/m³ 桩计算,泥浆外运 6km,泥浆运出后的堆置费用不计,桩头不考虑凿除。按《房屋建筑与装饰工程工程量计算规范》和《江苏省计价定额》计算该钻孔灌注桩工程的清单综合单价和分项工程费。

钻孔灌注混凝土桩

解:(1)灌注桩相关工程量计算如图 5.10~图 5.12 所示。

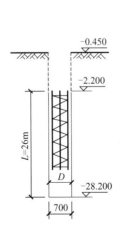

图 5.9 某工程钻孔灌注混凝土桩

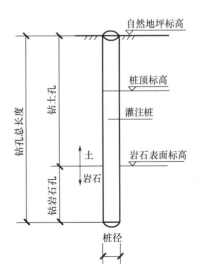

图 5.10 钻孔工程量示意

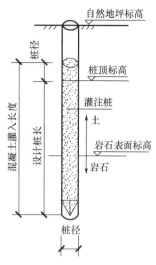

图 5.11 灌入混凝土量示意

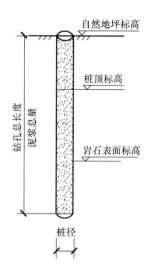

图 5.12 泥浆工程量示意

(2) 计算定额工程量。

定额工程量计算见表 5-21。

表 5-21 定额工程量计算表

序号	项目名称	工程量计算表达式	计量单位	工程量
1	钻土孔	3.14×0.35²×(28.200-0.450-2.0)×50(入岩2m)	m³	495.24
2	钻岩石孔	3.14×0.35²×2.0×50	m³	38.47
3	灌注混凝土（土孔）	3.14×0.35²×(26+0.7-2.0)×50（混凝土灌入量加一个桩径）	m³	475.04
4	灌注混凝土（岩石孔）	3.14×0.35²×2.0×50	m³	38.47
5	砖砌泥浆池	3.14×0.35²×(26+0.7)×50	m³	513.51
6	泥浆外运	$V_{土孔}+V_{岩石孔}$=495.24+38.47	m³	533.71
7	钢筋	0.8×50	t	40.000

(3) 套用计价定额子目，确定分项工程费。

定额子目选择及合价计算见分项工程费用计算表（表 5-22）。

表5-22 分项工程费用计算表

定额编号	项目名称	单位	工程量	综合单价(列必要计算过程)/元	合价/元
3-28	钻土孔	m³	495.24	292.19	144704.18
3-31	钻岩石孔	m³	38.47	1257.59	48379.49
3-39	灌注混凝土（土孔）	m³	475.04	455.29	216280.96
3-40	灌注混凝土（岩石孔）	m³	38.47	417.92+1.05×(1+1.5%)×288.20-321.92=403.15	15509.18
86页注释2	砖砌泥浆池	m³	513.51	2.00	1027.02
3-41+3-42	泥浆外运	m³	533.71	108.591+3.35=111.94	59743.50
5-6	钢筋	t	40.000	5432.56	217302.4
合计					702946.73

（4）确定清单综合单价。

该工程项目共有两个清单项目，清单综合单价见分部分项工程量清单与计价表（表5-23）。

表5-23 分部分项工程量清单与计价表

序号	项目编码	项目名称	项目特征描述	计量单位	工程量	金额/元 综合单价	合价
1	010302001001	泥浆护壁成孔灌注桩	1. 地层情况：黏土+岩土 2. 空桩长度、桩长：1.75m、26m 3. 桩径：700mm 4. 成孔方法：回旋钻机成孔 5. 混凝土种类、强度等级：自拌混凝土、C30 6. 泥浆外运距离：6km	m³	500.05	971.19	485643.56
2	010515001001	现浇构件钢筋	钢筋种类、规格：见图纸	t	40.000	5432.56	217302.4

注：灌注桩的清单工程量=3.14×0.35²×26×50≈500.05（m³）。

010302001001泥浆护壁成孔灌注桩清单项目费用包含了成孔、砖砌泥浆池及泥浆外运、混凝土的费用。

✓ 典型训练

【工作任务】计算桩基工程的清单综合单价和合价。

【任务背景】

项目施工图纸见附录一,其桩基工程量清单编制成果参照任务5.1中【工作任务2】的训练成果。螺栓加焊接接桩,管桩接桩接点周边设计用钢板。管桩场内运输按300m考虑。本工程人工单价、除成品桩外其他材料单价、机械台班单价、管理费费率、利润率标准等按定额执行不调整。成品桩单价按1900元/m^3考虑,桩尖按200元/个考虑。

【问题】

(1) 分析清单项目特征、预制桩打桩工作内容,按《江苏省计价定额》的计算规则计算该桩基工程的定额工程量。

(2) 按《江苏省计价定额》进行清单组价,计算该桩基工程的清单综合单价和合价(计算结果保留小数点后两位)。

【训练提示】

(1) 预制钢筋混凝土管桩清单组价通常包括静力压桩、送桩、接桩等定额工作内容及桩尖、成品桩的费用;(2) 组价时,需注意桩基工程的管理费、利润的费率取费标准(若采用计价软件组价,桩基工程应作为一个单独的单位工程列项);(3) 桩与承台连接处填芯混凝土需在混凝土与钢筋混凝土工程量清单编制中另列清单项目。

【分析与解答】

任务小结

(1) 桩的工程分类、桩基工程施工图识读、桩的图集应用、桩基工程的施工工艺。

(2) 桩基工程量清单的项目特征分析。

(3) 桩长的确定,沉桩方法对计价的影响。

(4) 接桩、送桩的概念。

(5) 桩基工程量清单编制,包括预制桩、灌注桩等工程量清单。

(6) 桩基工程定额应用,包括预制桩、灌注桩定额中的相关工程量计算规则、定额子目的套用及定额使用的注意事项。

(7) 桩基工程的清单综合单价的分析。

任务6 砌筑工程计量与计价

教学目标

了解房屋建筑中墙体的常用构造做法,理解绿色建筑中墙体的典型构造;会依据图纸、规范对项目的砌筑工程进行正确清单列项;掌握砖砌体(砖基础、实心砖墙、多孔砖墙、砌块墙)的清单及定额工程量计算规则;熟悉灰土垫层、碎石垫层等非混凝土垫层的工程量计算规则;能够依据项目特征对砌体工程量清单进行定额子目的正确套用,能够进行砌体工程量清单综合单价的分析计算;能够进行砌体工程费用计算。

思维导图

任务背景

房屋建造中,常使用砖砌条形基础;框架及框架剪力墙结构中,常使用砌块墙作为填充墙;砌体结构的房屋中,砖砌体材料应用就更为广泛了。从砌筑工程所使用的块材分,有砖、石、砌块等材料;从块材所使用的黏结材料来分,有水泥砂浆和混合砂浆等。绿色建筑中,墙体的节能保温尤其是节能砖等块材的使用是其设计的重要内容之一。

任务 6 模块 6.1 主要介绍砌筑工程量清单编制;模块 6.2 主要介绍砌筑工程计价。

模块 6.1　砌筑工程量清单编制

规范依据

6.1.1　砖砌体

1. 清单项目设置

砖砌体工程量清单项目设置、项目特征描述的内容、计量单位及工程量计算规则,应按表 6-1 的规定执行。

表 6-1　砖砌体(编号:010401)

项目编码	项目名称	项目特征	计量单位	工程量计算规则	工作内容
010401001	砖基础	1. 砖品种、规格、强度等级 2. 基础类型 3. 砂浆强度等级 4. 防潮层材料种类	m^3	按设计图示尺寸以体积计算。包括附墙垛基础宽出部分体积,扣除地梁(圈梁)、构造柱所占体积,不扣除基础大放脚 T 形接头处的重叠部分及嵌入基础内的钢筋、铁件、管道、基础砂浆防潮层和单个面积≤0.3m^2 的孔洞所占体积,靠墙暖气沟的挑檐不增加。基础长度:外墙按外墙中心线,内墙按内墙净长线计算	1. 砂浆制作、运输 2. 砌砖 3. 防潮层铺设 4. 材料运输
010401002	砖砌挖孔桩护壁	1. 砖品种、规格、强度等级 2. 砂浆强度等级		按设计图示尺寸以 m^3 计算	1. 砂浆制作、运输 2. 砌砖 3. 材料运输

续表

项目编码	项目名称	项目特征	计量单位	工程量计算规则	工作内容
010401003	实心砖墙	1.砖品种、规格、强度等级 2.墙体类型 3.砂浆强度等级、配合比	m³	按设计图示尺寸以体积计算。扣除门窗、洞口、嵌入墙内的钢筋混凝土柱、梁、圈梁、挑梁、过梁及凹进墙内的壁龛、管槽、暖气槽、消火栓箱所占体积，不扣除梁头、板头、檩头、垫木、木楞头、沿缘木、木砖、门窗走头、砖墙内加固钢筋、木筋、铁件、钢管及单个面积≤0.3m²的孔洞所占的体积。凸出墙面的腰线、挑檐、压顶、窗台线、虎头砖、门窗套的体积亦不增加。凸出墙面的砖垛并入墙体体积内计算 1.墙长度：外墙按中心线、内墙按净长计算 2.墙高度：(1)外墙。斜(坡)屋面无檐口天棚者算至屋面板底；有屋架且室内外均有天棚者算至屋架下弦底另加200mm；无天棚者算至屋架下弦底另加300mm，出檐宽度超过600mm时按实砌高度计算；有钢筋混凝土楼板隔层者算至板顶。平屋顶算至钢筋混凝土板底。(2)内墙。位于屋架下弦者，算至屋架下弦底；无屋架者算至天棚底另加100mm；有钢筋混凝土楼板隔层者算至楼板底；有框架梁时算至梁底。(3)女儿墙。从屋面板上表面算至女儿墙顶面(如有混凝土压顶时算至压顶下表面)。(4)内、外山墙。按其平均高度计算 3.框架间墙：不分内外墙按墙体净尺寸以体积计算	1.砂浆制作、运输 2.砌砖 3.刮缝 4.砖压顶砌筑 5.材料运输
010401004	多孔砖墙				
010401005	空心砖墙				

续表

项目编码	项目名称	项目特征	计量单位	工程量计算规则	工作内容
010401006	空斗墙	1. 砖品种、规格、强度等级 2. 墙体类型 3. 砂浆强度等级、配合比	m³	按设计图示尺寸以空斗墙外形体积计算。墙角、内外墙交接处、门窗洞口立边、窗台砖、屋檐处的实砌部分体积并入空斗墙体积内	1. 砂浆制作、运输 2. 砌砖 3. 装填充料 4. 刮缝 5. 材料运输
010401007	空花墙			按设计图示尺寸以空花部分外形体积计算,不扣除空洞部分体积	
010401008	填充墙	1. 砖品种、规格、强度等级 2. 墙体类型 3. 填充材料种类及厚度 4. 砂浆强度等级、配合比		按设计图示尺寸以填充墙外形体积计算	
010401009	实心砖柱	1. 砖品种、规格、强度等级 2. 柱类型 3. 砂浆强度等级、配合比		按设计图示尺寸以体积计算。扣除混凝土及钢筋混凝土梁垫、梁头、板头所占体积	1. 砂浆制作、运输 2. 砌砖 3. 刮缝 4. 材料运输
010401010	多孔砖柱				
010401011	砖检查井	1. 井截面、深度 2. 砖品种、规格、强度等级 3. 垫层材料种类、厚度 4. 底板厚度 5. 井盖安装 6. 混凝土强度等级 7. 砂浆强度等级 8. 防潮层材料种类	座	按设计图示数量计算	1. 砂浆制作、运输 2. 铺设垫层 3. 底板混凝土制作、运输、浇筑、振捣、养护 4. 砌砖 5. 刮缝 6. 井池底、壁抹灰 7. 抹防潮层 8. 材料运输

续表

项目编码	项目名称	项目特征	计量单位	工程量计算规则	工作内容
010401012	零星砌砖	1. 零星砌砖名称、部位 2. 砖品种、规格、强度等级 3. 砂浆强度等级、配合比	1. m³ 2. m² 3. m 4. 个	1. 以 m³ 计量，按设计图示尺寸截面积乘以长度计算 2. 以 m² 计量，按设计图示尺寸水平投影面积计算 3. 以 m 计量，按设计图示尺寸长度计算 4. 以个计量，按设计图示数量计算	1. 砂浆制作、运输 2. 砌砖 3. 刮缝 4. 材料运输
010401013	砖散水、地坪	1. 砖品种、规格、强度等级 2. 垫层材料种类、厚度 3. 散水、地坪厚度 4. 面层种类、厚度 5. 砂浆强度等级	m²	按设计图示尺寸以面积计算	1. 土方挖、运、填 2. 地基找平、夯实 3. 铺设垫层 4. 砌砖散水、地坪 5. 抹砂浆面层
010401014	砖地沟、明沟	1. 砖品种、规格、强度等级 2. 沟截面尺寸 3. 垫层材料种类、厚度 4. 混凝土强度等级 5. 砂浆强度等级	m	以 m 计量，按设计图示以中心线长度计算	1. 土方挖、运、填 2. 铺设垫层 3. 底板混凝土制作、运输、浇筑、振捣、养护 4. 砌砖 5. 刮缝、抹灰 6. 材料运输

2. 清单规则解读

（1）"砖基础"项目适用于各种类型砖基础：柱基础、墙基础和管道基础等。

（2）基础和墙（柱）身的划分：基础与墙（柱）身使用同一种材料时，以设计室内地坪为界，如图6.1所示，以下为基础，以上为墙（柱）身；有地下室者，以地下室设计室内地坪为界，如图6.2所示。基础与墙身使用不同材料时，位于设计室内地坪高度≤±300mm时，以不同材料为分界线；高度＞±300mm时，以设计室内地坪为分界线。

（3）砖围墙以设计室外地坪为界，以下为基础，以上为墙身。

（4）墙高计算。外墙，斜（坡）屋面无檐口天棚者算至屋面板底，如图6.3所示；有屋架且室内外均有天棚者算至屋架下弦底另加 200mm，如图 6.4 所示；无天棚者算至屋架下弦底另加 300mm，出檐宽度超过 600mm 时按实砌高度计算；有钢筋混凝土楼板隔层者算至板底。平屋顶算至钢筋混凝土板底。

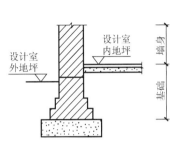

图 6.1 基础和墙身的划分

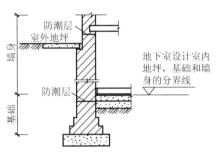

图 6.2 地下室基础和墙身的划分

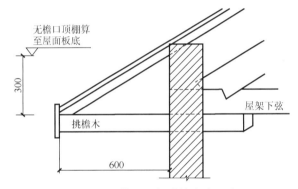

图 6.3 无檐口天棚外墙高度示意

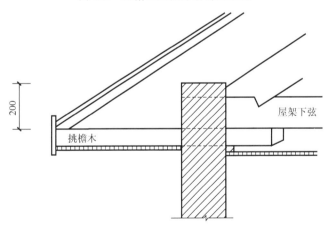

图 6.4 有屋架有天棚外墙高度示意

（5）框架外表面的镶贴砖部分，按"零星砌砖"项目编码列项。

（6）附墙烟囱、通风道、垃圾道应按设计图示尺寸以体积（扣除孔洞所占体积）计算并入所依附的墙体体积内。当设计规定孔洞内需抹灰时，应按《房屋建筑与装饰工程工程量计算规范》附录 M 中"零星抹灰"项目编码列项。

（7）空斗墙的窗间墙、窗台下、楼板下、梁头下等的实砌部分，按"零星砌砖"项目编码列项。

（8）"空花墙"项目适用于各种类型的空花墙，使用混凝土花格砌筑的空花墙，实砌墙体与混凝土花格应分别计算，混凝土花格按混凝土及钢筋混凝土中预制构件相关项目编码列项。

（9）台阶、台阶挡墙、梯带、锅台、炉灶、蹲台、池槽、池槽腿、砖胎模、花台、花池、楼梯栏板、阳台栏板、地垄墙、≤0.3m² 的孔洞填塞等，应按"零星砌砖"项目编码列项。砖砌锅台与炉灶可按外形尺寸以个计算，砖砌台阶可按水平投影面积以 m² 计算，小便槽、地垄墙可按长度计算、其他工程按 m³ 计算。

（10）砖砌体内钢筋加固，应按《房屋建筑与装饰工程工程量计算规范》附录 E 中相关项目编码列项。

（11）如施工图设计标注做法见标准图集时，应注明标注图集的编码、页号及节点大样。

6.1.2 砌块砌体

1. 清单项目设置

砌块砌体工程量清单项目设置、项目特征描述的内容、计量单位及工程量计算规则，应按表 6-2 的规定执行。

表 6-2 砌块砌体（编号：010402）

项目编码	项目名称	项目特征	计量单位	工程量计算规则	工作内容
010402001	砌块墙	1. 砌块品种、规格、强度等级 2. 墙体类型 3. 砂浆强度等级	m³	按设计图示尺寸以体积计算。扣除门窗、洞口、嵌入墙内的钢筋混凝土柱、梁、圈梁、挑梁、过梁及凹进墙内的壁龛、管槽、暖气槽、消火栓箱所占体积，不扣除梁头、板头、檩头、垫木、木楞头、沿缘木、木砖、门窗走头、砌块墙内加固钢筋、木筋、铁件、钢管及单个面积≤0.3m² 的孔洞所占的体积。凸出墙面的腰线、挑檐、压顶、窗台线、虎头砖、门窗套的体积亦不增加。凸出墙面的砖垛并入墙体体积内计算。 1. 墙长度：外墙按中心线、内墙按净长计算 2. 墙高度：按表 6-1 中实心砖墙的墙高度计算规则确定 3. 框架间墙：不分内外墙按墙体净尺寸以体积计算 4. 围墙：高度算至压顶上表面（如有混凝土压顶时算至压顶下表面），围墙柱并入围墙体积内	1. 砂浆制作、运输 2. 砌砖、砌块 3. 勾缝 4. 材料运输

续表

项目编码	项目名称	项目特征	计量单位	工程量计算规则	工作内容
010402002	砌块柱	1. 砖品种、规格、强度等级 2. 墙体类型 3. 砂浆强度等级	m³	按设计图示尺寸以体积计算。扣除混凝土及钢筋混凝土梁垫、梁头、板头所占体积	1. 砂浆制作、运输 2. 砌砖、砌块 3. 勾缝 4. 材料运输

2. 清单规则解读

(1) 砌体内加筋、墙体拉结的制作、安装,应按《房屋建筑与装饰工程工程量计算规范》附录 E 混凝土及钢筋混凝土工程中的相关项目编码列项。

(2) 砌块排列应上、下错缝搭砌,如果搭错缝长度满足不了规定的压搭要求,应采取压砌钢筋网片的措施,具体构造要求按设计规定。若设计无规定时,应注明由投标人根据工程实际情况自行考虑。

(3) 砌体垂直灰缝宽>30mm 时,采用 C20 细石混凝土灌实。灌入的混凝土应按《房屋建筑与装饰工程工程量计算规范》附录 E 混凝土及钢筋混凝土工程中的相关项目编码列项。

6.1.3 石砌体

1. 清单项目设置

石砌体中的石基础、石勒脚的项目特征描述的内容、计量单位及工程量计算规则,应按表 6-3 的规定执行。石墙、石台阶等项目的清单编制参照《房屋建筑与装饰工程工程量计算规范》附录 D 中表 D.3 的相关内容。

表 6-3 石砌体(编号:010403)节选

项目编码	项目名称	项目特征	计量单位	工程量计算规则	工作内容
010403001	石基础	1. 石料种类、规格 2. 基础类型 3. 砂浆强度等级	m³	按设计图示尺寸以体积计算。包括附墙垛基础宽出部分体积,不扣除基础砂浆防潮层及单个面积≤0.3m² 的孔洞所占体积,靠墙暖气沟的挑檐不增加体积。基础长度:外墙按中心线,内墙按净长计算	1. 砂浆制作、运输 2. 吊装 3. 砌石 4. 防潮层铺设 5. 材料运输

续表

项目编码	项目名称	项目特征	计量单位	工程量计算规则	工作内容
010403002	石勒脚	1. 石料种类、规格 2. 石表面加工要求 3. 勾缝要求 4. 砂浆强度等级、配合比	m³	按设计图示尺寸以体积计算，扣除单个面积>0.3m³的孔洞所占的体积	1. 砂浆制作、运输 2. 吊装 3. 砌石 4. 石表面加工 5. 勾缝 6. 材料运输

2. 清单规则解读

（1）石基础、石勒脚、石墙的划分：基础与勒脚应以设计室外地坪为界。勒脚与墙身应以设计室内地面为界。石围墙内外地坪标高不同时，应以较低地坪标高为界，以下为基础；内外标高之差为挡土墙时，挡土墙以上为墙身。

（2）"石基础"项目适用于各种规格（粗料石、细料石等）、各种材质（砂石、青石等）和各种类型（柱基、墙基、直形、弧形等）基础。

（3）"石勒脚"项目适用于各种规格（粗料石、细料石等）、各种材质（砂石、青石、大理石、花岗石等）和各种类型（直形、弧形等）勒脚和墙体。

（4）石墙、石挡土墙、石柱、石栏杆、石台阶、石坡道等的清单编制参照《房屋建筑与装饰工程工程量计算规范》附录D中表D.3的相关内容。

6.1.4 垫层

垫层工程量清单项目设置、项目特征描述的内容、计量单位及工程量计算规则，应按表6-4的规定执行。除混凝土垫层应按《房屋建筑与装饰工程工程量计算规范》附录E中相关项目编码列项外，没有包括垫层要求的清单项目应按本表"垫层"项目编码列项。例如：灰土垫层、楼地面等（非混凝土）垫层按垫层编码列项。

表6-4 垫层（编号：010404）

项目编码	项目名称	项目特征	计量单位	工程量计算规则	工作内容
010404001	垫层	垫层材料种类、配合比、厚度	m³	按设计图示尺寸以m³计算。外墙基础垫层长度按外墙中心线长度计算，内墙基础垫层长度按内墙基础垫层净长计算	1. 垫层材料的拌制 2. 垫层铺设 3. 材料运输

6.1.5 砌筑工程量清单编制时的相关问题处理

标准砖尺寸应为240mm×115mm×53mm，标准砖墙厚度应按表6-5计算。

表6-5 标准砖墙计算厚度表

砖数/厚度	1/4	1/2	3/4	1	3/2	2	5/2	3
计算厚度/mm	53	115	180	240	365	490	615	740

典型实例

砌块墙的分部分项工程量清单编制实例

1. 砌块墙的分部分项工程量清单编制实例。

【背景资料】

某框架结构房屋顶层的层高为3.5m，②轴墙体及门窗位置如图6.5所示，图中窗户C1518表示窗洞的大小是1.5m×1.8m，平开门M0921表示门洞的尺寸为0.9m×2.1m，构造柱（GZ）的截面尺寸为200mm×200mm，框架柱（KZ）的截面尺寸均为500mm×500mm，②轴在框架柱上方设有框架梁，截面尺寸为200mm×700mm。框架柱纵横方向轴线与框架柱侧边的距离分别为100mm和400mm。框架间砌体采用M5.0混合砂浆、200mm厚MU7.5混凝土小型空心砌块砌筑，窗台高度1000mm。窗洞上方如有独立设置的过梁，截面高度按120mm考虑。

【问题】

根据以上背景资料及现行国家标准《建设工程工程量清单计价规范》《房屋建筑与装饰工程工程量计算规范》，试编制该工程②轴砌块墙的分部分项工程量清单。

解：（1）分析与解答。

① 砌体工程量。由表6-2工程量计算规则可知，框架间墙砌体工程量不分内外墙按墙体净尺寸以体积计算，应扣除门窗、洞口、嵌入墙内的钢筋混凝土柱、梁、圈梁、挑梁、过梁等所占体积。

② 砌块墙净长。由图6.5可见，砌块墙净长为$8.0-0.4\times2=7.2(m)$。

③ 砌块墙净高。由背景资料可知，砌块墙净高为$3.5-0.7=2.8(m)$，相应的规则是有框架梁时墙高算至框架梁梁底。

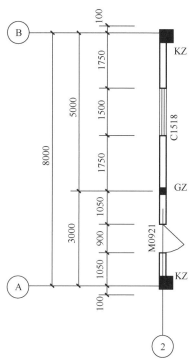

图6.5 ②轴墙体及门窗位置示意

④ 判断窗洞上方有无独立设置的过梁。由背景资料可知，窗台高度1000mm，窗洞高度1800mm，本层层高为3500mm，框架梁梁高700mm。窗洞顶与框架梁之间的距离为

$3500-1000-1800-700=0$。因此，窗洞上方没有独立设置的过梁。

⑤ 计算门洞上方的过梁体积。过梁长度为 $900+250\times2=1400(mm)$，过梁的体积为 $1.4\times0.2\times0.12\approx0.034(m^3)$。

⑥ 计算构造柱的体积。构造柱的高度为 $3500-700=2800(mm)$，考虑构造柱与墙相交处的侧面留设马牙槎的要求，构造柱的混凝土体积为 $0.2\times(0.2+0.03\times2)\times2.8\approx0.146(m^3)$。

⑦ 门窗洞所占体积分别为 $0.9\times2.1\times0.2=0.378(m^3)$ 和 $1.5\times1.8\times0.2=0.54(m^3)$。

（2）编制项目的分部分项工程量清单。

分部分项工程量清单与计价表见表 6-7。清单编制在表 6-6 已有正确列项的情况下，需按表 6-2 的提示，根据工程背景准确描述其项目特征。

表 6-6　清单工程量计算表

序号	项目编码	项目名称	计算式	计量单位	工程量合计
	010402001001	砌块墙	（1）过梁体积：$1.4\times0.2\times0.12\approx0.034$ （2）构造柱体积：$0.2\times(0.2+0.03\times2)\times2.8\approx0.146$ （3）门洞所占体积：$0.9\times2.1\times0.2=0.378$ （4）窗洞所占体积：$1.5\times1.8\times0.2=0.54$ （5）砌体体积：$V=7.2\times2.8\times0.2-0.034-0.146-0.378-0.54\approx2.93$	m^3	2.93

表 6-7　分部分项工程量清单与计价表

序号	项目编码	项目名称	项目特征描述	计量单位	工程量	金额/元 综合单价	合价
	010402001001	砌块墙	1. 砌块品种、规格、强度等级：200 厚 MU7.5 混凝土小型空心砌块 2. 墙体类型：框架间墙 3. 砂浆强度等级：M5.0 混合砂浆	m^3	2.93		

2. 基础垫层、石基础、砖基础的工程量清单编制实例。

【背景资料】

某工程±0.000 以下条形基础平面、剖面图如图 6.6 所示，室内外高差为 150mm。

基础垫层采用 3∶7 灰土，现场拌和原槽浇筑，石基础部分采用青条石 1000mm×300mm×300mm、M7.5 水泥砂浆砌筑；砖基础部分采用 MU7.5 页岩标准砖、M5.0 水泥砂浆砌筑。

基础垫层、石基础、砖基础的工程量清单编制实例

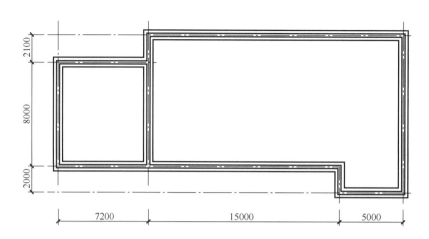

(a) 条形基础平面图

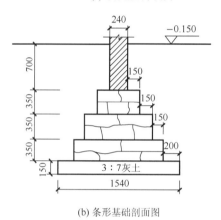

(b) 条形基础剖面图

图 6.6 某工程±0.000 以下条形基础平面、剖面图

【问题】

根据以上背景资料及现行国家标准《建设工程工程量清单计价规范》《房屋建筑与装饰工程工程量计算规范》，试编制该工程基础垫层、石基础、砖基础的分部分项工程量清单。

解：（1）分析与解答。

① 依据规范规定，灰土垫层应按表 6-4 "垫层"项目编码列项，见表 6-8。由图 6.6(b)可知，该工程为 3:7 灰土垫层，垫层底宽为 1540mm，纵墙轴线与垫层中心线重合，因此，内横墙下垫层的净长 $L_{内}=8-1.54=6.46(m)$。

② 垫层、基础工程量计算中，均会使用到外墙中心线长度，由图 6.6(a)可知，外纵墙中心线长度为 $7.2+15+5=27.2(m)$；外横墙中心线长度为 $2+8+2.1=12.1(m)$。因此 $L_{外}=(27.2+12.1)\times 2=78.6(m)$。

③ 石基础为阶式，由图 6.6(b)计算可得，从下至上三阶石基础的宽度分别为 1140mm、840mm、540mm。因此，内横墙下三阶石基础的净长为 $L_{内1}=8-1.14=6.86(m)$，$L_{内2}=8-0.84=7.16(m)$，$L_{内3}=8-0.54=7.46(m)$。

④ 表 6-3 中规定，石基础工程量按设计图示尺寸以体积计算。图 6.6 所示三阶石基

础的工程量计算见表6-8"石基础"项目。

⑤ 由图6.6(b)可知，砖基础厚度为240mm，因此，内横墙下基础净长$L_{内}=8-0.24=7.76(m)$。由图6.6(b)还可知，基础和墙身使用同一种材料，依据表6-1的规则解读，基础与墙身使用同一种材料时，以设计室内地坪为界，以下为基础，以上为墙身。室内地坪标高为±0.000，所以，砖基础的计算高度为$700+150=850(mm)$，其中150mm为室内外高差值。砖基础的工程量计算见表6-8"砖基础"项目。

⑥ 该工程依次计算了垫层、石基础、砖基础的工程量，从过程看，内横墙下的这些构件的净长各不相同，训练时，需针对计算对象的不同，准确界定其净长，以确保工程量计算无误。

（2）编制项目的分部分项工程量清单。

分部分项工程量清单与计价表见表6-9。清单编制在表6-8已有正确列项的情况下，需按表6-1～表6-4的提示，根据工程背景准确描述其项目特征。

表6-8 清单工程量计算表

序号	项目编码	项目名称	计算式	计量单位	工程量合计
1	010404001001	垫层	$L_{外}=(27.2+12.1)\times2=78.6(m)$ $L_{内}=8-1.54=6.46(m)$ $V=(78.6+6.46)\times1.54\times0.15\approx19.65(m^3)$	m³	19.65
2	010403001001	石基础	$L_{外}=78.6m$ $L_{内1}=8-1.14=6.86(m)$ $L_{内2}=8-0.84=7.16(m)$ $L_{内3}=8-0.54=7.46(m)$ $V=(78.6+6.86)\times1.14\times0.35+(78.6+7.16)\times0.84\times0.35+(78.6+7.46)\times0.54\times0.35\approx34.10+25.21+16.27=75.58(m^3)$	m³	75.58
3	010401001001	砖基础	$L_{外}=78.6m$ $L_{内}=8-0.24=7.76(m)$ $V=(78.6+7.76)\times0.24\times0.85\approx17.62(m^3)$	m³	17.62

表6-9 分部分项工程量清单与计价表

序号	项目编码	项目名称	项目特征描述	计量单位	工程量	金额/元 综合单价	金额/元 合价
1	010404001001	垫层	垫层材料种类、配合比、厚度：3∶7灰土，150mm厚	m³	19.65		
2	010403001001	石基础	1. 石料种类、规格：青条石、1000mm×300mm×300mm 2. 基础类型：条形基础 3. 砂浆强度等级：M7.5水泥砂浆	m³	75.58		

续表

序号	项目编码	项目名称	项目特征描述	计量单位	工程量	金额/元	
						综合单价	合价
3	010401001001	砖基础	1. 砖品种、规格、强度等级：页岩砖、240mm×115mm×53mm、MU7.5 2. 基础类型：条形基础 3. 砂浆强度等级：M5.0 水泥砂浆	m³	17.62		

典型训练

【工作任务1】 编制砖基础工程量清单。

【任务背景】

某砖混结构工程项目，基础防潮层以下采用 M7.5 水泥砂浆、240mm 厚 MU10 混凝土实心砖(规格为 240mm×115mm×53mm)砌筑墙下条形基础，砖基础大放脚为四皮两收；基础防潮层以上采用 M7.5 混合砂浆、240mm 厚 MU10 混凝土多孔砖砌筑，基础平面及剖面详图如图 6.7 所示。基础防潮层采用 20mm 厚 1∶2 防水砂浆。

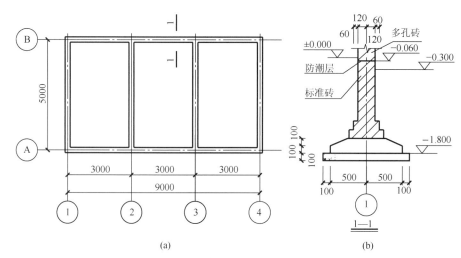

图 6.7 基础平面及剖面详图

【问题】

根据以上背景资料及现行国家标准《建设工程工程量清单计价规范》《房屋建筑与装饰工程工程量计算规范》，试列出砖基础的分部分项工程量清单并将清单编制成果填于表 6-10 中。

【训练提示】

(1) 基础与墙身使用不同材料时，位于设计室内地面高度≤±300mm 时，以不同材料为分界线，高度>±300mm 时，以设计室内地坪为分界线。

(2) 大放脚的折加高度可按等面积的原则进行计算。

【分析与解答】

表 6-10 分部分项工程量清单与计价表

序号	项目编码	项目名称	项目特征描述	计量单位	工程量	金额/元	
						综合单价	合价

【工作任务 2】编制多孔砖砌体工程量清单。

【任务背景】

某砖混结构首层平面图如图 6.8 所示,板采用现浇钢筋混凝土,首层墙顶圈梁的截面尺寸均为 200mm×400mm,图中构造柱尺寸为 200mm×200mm,有马牙槎与墙嵌接,门窗上口无梁处设置预制过梁,过梁截面为 200mm×120mm,过梁长度为洞口尺寸两边各加 250mm。首层层高 3m,±0.000 以上采用 M7.5 混合砂浆、200mm 厚 MU10 混凝土多孔砖砌筑,墙厚 200mm。窗台离地高度 900mm。图中 C1515 表示窗洞尺寸为 1500mm×1500mm(宽×高)、M1021 表示门洞尺寸为 1000mm×2100mm(宽×高)。

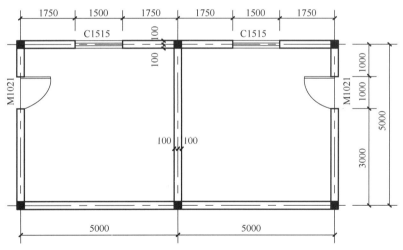

图 6.8 某砖混结构首层平面图

【问题】

根据以上背景资料及现行国家标准《建设工程工程量清单计价规范》《房屋建筑与装饰工程工程量计算规范》,试列出首层多孔砖砌体的分部分项工程量清单并将清单编制成果填于表 6-11 中。

【训练提示】

砖砌体工程量按设计图示尺寸以体积计算。扣除门窗、洞口、嵌入墙内的钢筋混凝土柱、梁、圈梁、过梁等所占体积。

【分析与解答】

表 6-11 分部分项工程量清单与计价表

序号	项目编码	项目名称	项目特征描述	计量单位	工程量	金额/元	
						综合单价	合价

【工作任务3】编制砌块砌体工程量清单。

【任务背景】

项目图纸见附录一,识读一层建筑平面图及建筑与结构设计说明中与砌体工程相关的内容。

【问题】

根据以上背景资料及现行国家标准《房屋建筑与装饰工程工程量计算规范》,试列出一层Ⓜ轴在①~②轴间的砌体的分部分项工程量清单并将清单编制成果填于表6-11中。

【训练提示】

(1) 砖砌体工程量按设计图示尺寸以体积计算。扣除门窗、洞口、嵌入墙内的钢筋混凝土柱、梁、圈梁、过梁等所占体积。指定分析部位涉及窗洞、嵌入墙内的钢筋混凝土梯柱(TZ)及梯梁(TL);(2) 指定分析部位砌体长度、高度的确定需要应用一层柱平法施工图、二层梁平法施工图。

【分析与解答】

模块 6.2 砌筑工程计价

标准依据

6.2.1 砌筑工程定额概况

砌筑工程定额包括砌砖、砌石、构筑物和基础垫层4个部分,共设置112个子目。其中,砌砖58个子目,主要包括砖基础、砖柱、砖块墙、多孔砖墙、砖砌外墙、砖砌内墙、空斗墙、空花墙、填充墙、墙面砌贴砖、墙基防潮及其他;砌石16个子目,主要包括毛石基础、护坡、墙身、方整石墙、柱、台阶、荒料毛石加工;构筑物19个子目,主要包括烟囱砖基础、筒身及砖加工,烟囱内衬,烟道砌砖及烟道内衬,砖水塔;基础垫层19

个子目,主要包括灰土垫层、炉渣垫层、碎石垫层等。

6.2.2 定额使用注意事项

1. 一般性原则

(1) 标准砖墙不分清、混水墙及艺术形式复杂程度。砖过梁、砖圈梁、腰线、砖垛、砖挑檐、附墙烟囱等因素已综合在定额内,不得另列项目计算。阳台砖隔断按相应内墙定额执行。

(2) 砌体使用配砖与定额不同时,不做调整。

(3) 空斗墙中门窗立边、门窗过梁、窗台、墙角、檩条下、楼板下、踢脚线部分和屋檐处的实砌砖已包括在定额内,不得另列项目计算。空斗墙中遇有实砌钢筋砖圈梁及单面附垛时,应另列项目按零星砌砖定额执行。

(4) 砌块墙、多孔砖墙中,窗台虎头砖、腰线、门窗洞边接槎用标准砖已包括在定额内。

(5) 门窗洞口侧预埋混凝土块,定额中已综合考虑。实际施工不同时,不做调整。

(6) 砌砖、块定额中已包括了门、窗框与砌体的原浆勾缝在内,砌筑砂浆强度等级按设计规定应分别套用。

(7) 砖砌体内的钢筋加固及转角、内外墙的搭接钢筋,按设计图示钢筋长度乘以单位理论质量计算,执行《江苏省计价定额》第五章的"砌体、板缝内加固钢筋"子目。

2. 砖基础大放脚

砖基础根据砖的规格尺寸和刚性角要求,砌成特定的台阶形断面,称为大放脚。大放脚的形式有两种:等高式和间隔式。在等高式和间隔式中,每步大放脚宽度始终等于1/4砖长,即(砖长240+灰缝10)×1/4=62.5(mm)。一种大放脚高度等于二皮砖加二灰缝,即53×2+10×2=126(mm);另一种大放脚高度等于一皮砖加一条灰缝,即53+10=63(mm)。等高式大放脚高度都等于126mm,间隔式大放脚高度为126mm与63mm相间隔(图6.9)。

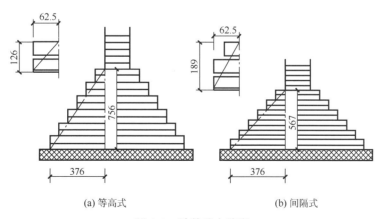

(a) 等高式　　　　　　　(b) 间隔式

图6.9 砖基础大放脚

6.2.3 工程量计算规则

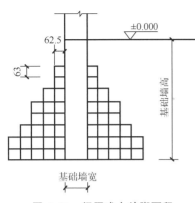

图6.10 间隔式大放脚面积

1. 砖基础

（1）砖基础工程量为基础断面积乘以基础长度以体积计算，计量单位 m^3。基础体积＝墙厚×（设计基础高度＋折算高度）×基础长度－应扣除的体积。应扣除的体积有地圈梁、柱等非砖基础的体积。

其中基础断面积＝基础墙高×基础墙宽＋大放脚面积。大放脚面积可分割成若干个 $0.0625m×0.063m=0.0039375m^2$ 面积的小方块，小方块个数取决于大放脚的形式和层数（图6.10）。

为计算方便，通常将大放脚面积折算成一段等面积的基础墙，该段基础墙高叫折算高度。折算高度＝大放脚面积/基础墙厚，见表6-12。

表6-12 大放脚折算高度

大放脚层数	各种基础墙厚的折算高度/m						大放脚面积	
	放脚形式	0.115	0.180	0.240	0.365	0.490	0.615	$n·a$	m^2
一	等高式	0.137	0.087	0.066	0.043	0.032	0.026	$4a$	0.01575
一	间隔式	0.137	0.087	0.066	0.043	0.032	0.026	$4a$	0.01575
二	等高式	0.411	0.262	0.197	0.0129	0.096	0.077	$12a$	0.04725
二	间隔式	0.342	0.219	0.164	0.108	0.080	0.064	$10a$	0.039375
三	等高式	0.082	0.525	0.394	0.269	0.193	0.154	$24a$	0.09450
三	间隔式	0.685	0.437	0.328	0.216	0.161	0.128	$20a$	0.07875

（2）基础长度的确定。外墙墙基按外墙中心线长度计算，内墙墙基按内墙基最上一步净长度计算。基础大放脚T形接头处重叠部分，以及嵌入基础的钢筋、铁件、管道、基础防水砂浆防潮层、通过基础单个面积在 $0.3m^2$ 以内孔洞所占的体积不扣除，但靠墙暖气沟的挑檐也不增加。附墙垛基础宽出部分体积，并入所依附的基础工程量内。

需要注意的是基础大放脚T形接头处重叠部分及基础防水砂浆所占体积不扣除。遇有偏轴线时，应将轴线移为中心线计算。

2. 砖墙

计算墙体工程量时，应扣除门窗、洞口、嵌入墙内的钢筋混凝土柱、梁、圈梁、过梁及凹进墙内的壁龛、管槽、暖气槽、消火栓箱所占体积；不扣除梁头、板头、檩头、垫木、木楞头、沿缘木、木砖、门窗走头、砖墙内加固钢筋、木筋、铁件、钢管及单个面积不大于 0.3m² 的孔洞所占的体积。凸出墙面的腰线、挑檐、压顶、窗台线、虎头砖、门窗套的体积亦不增加。凸出墙面的砖垛并入墙体体积内计算。

（1）墙厚计算规定：多孔砖、空心砖墙、加气混凝土、硅酸盐砌块、小型空心砌块墙均按砖或砌块的厚度计算，不扣除砖或砌块本身的空心部分体积。

（2）墙长计算：外墙按中心线、内墙按净长计算。弧形墙按中心线处长度计算。

（3）墙高：设计有明确高度时以设计高度计算，未明确时按下列规定计算。

外墙：坡（斜）屋面无檐口天棚者，算至屋面板底（图 6.11）；有屋架且室内外均有天棚者，算至屋架下弦底另加 200mm（图 6.12）；无天棚者，算至屋架下弦另加 300mm（图 6.13），出檐宽度超过 600mm 时按实砌高度计算；有现浇钢筋混凝土平板楼层者，算至平板底面（图 6.14）。

内墙：位于屋架下弦者，算至屋架下弦底；无屋架者，算至天棚底另加 100mm，如图 6.15 所示。有钢筋混凝土楼板隔层者，算至楼板底；有框架梁时，算至梁底。同一墙上板厚不同时，按平均高度计算，女儿墙从屋面板上表面算至女儿墙顶面（如有混凝土压顶时算至压顶下表面）。

（4）砖混结构砌体工程量计算表达式如下。

$$V = 墙厚 \times 墙长 \times 墙高 - 应扣体积 + 应并入体积$$
$$= (墙长 \times 墙高 - 门窗、洞口面积) \times 墙厚 - 应扣体积 + 应并入体积$$

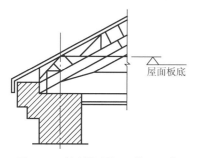

图 6.11 坡（斜）屋面无檐口天棚

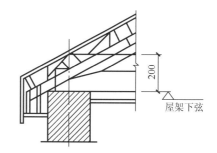

图 6.12 有屋架且室内外均有天棚

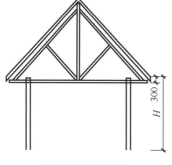

图 6.13 无天棚

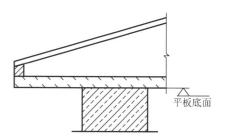

图 6.14 有现浇钢筋混凝土平板楼层

注：外墙不扣除预制板头。

（5）框架间墙：不分内外墙，按墙体净尺寸以体积计算，如图 6.16 所示。

3. 基础垫层

基础垫层（非混凝土材料）按设计图示尺寸以 m³ 计算。外墙基础垫层长度按外墙中

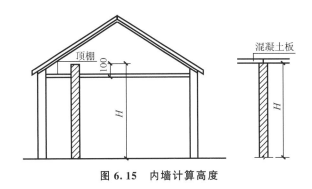

图 6.15 内墙计算高度

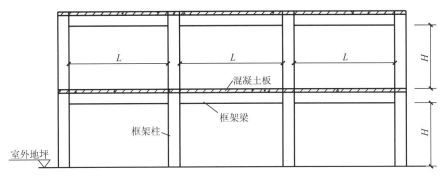

图 6.16 框架间墙

心线长度计算，内墙基础垫层长度按内墙基础垫层净长计算。

4. 定额使用应注意的问题

（1）砖基础深度自室外地面至砖基础底表面超过 1.5m，其超过部分每 m³ 砌体应增加 0.041 工日。

（2）砖砌地下室外墙、内墙均按相应内墙定额执行。

（3）砌块（硅酸盐、加气混凝土、陶粒空心砌块）、多孔砖围墙其墙基与墙身使用同一种材料时，墙基和墙身工程量合并计算按相应墙定额执行。

典型实例

砖基础、砖外墙、砖内墙

1. 图 6.17 为某办公楼底层平面图及基础详图，底层层高为 3m，楼面为 100mm 厚现浇平板，楼层圈梁为 240mm×250mm，图纸要求 M5 混合砂浆砌标准 1 砖墙，构造柱 240mm×240mm（有马牙槎），M10 水泥砂浆砌标准砖砖基础（大放脚为间隔式五皮三收），地圈梁截面为 240mm×240mm，梁顶标高为 −0.060m。请按《江苏省计价定额》计算砖基础、砖外墙、砖内墙工程量和定额综合单价。门窗规格 M1：900mm×2000mm；M3：1200mm×2000mm；C1：1500mm×1500mm。

解：（1）定额工程量计算。

① 砖基础（基础与墙身使用同种块材，以 ±0.000 为界）。

查表 6-12，大放脚基础间隔式五皮三收，折算高度为 0.328m。

外墙基础工程量计算时墙长取中心线，即

$(23.80+11.80)\times2\times(0.80+0.328)\times0.24\approx19.28(m^3)$

扣地圈梁体积：$[0.24^2\times(3.4-0.24)\times14+0.24^2\times(5-0.24)\times4+0.24^2\times(1.8-0.24)\times2]\approx3.83(m^3)$

扣构造柱体积：$(0.24^2\times20+0.24\times0.03\times40)\times0.80\approx1.15(m^3)$

内墙基础工程量计算时墙长取净长线，即

$(23.56+10.20\times2+12\times4.76)\times0.24\times(0.80+0.328)\approx27.36(m^3)$

扣地圈梁体积：$[0.24^2\times(3.4-0.24)\times13+0.24^2\times(5-0.24)\times12]\approx5.66(m^3)$

扣构造柱体积：$(0.24^2\times12+0.24\times0.03\times50)\times0.80\approx0.84(m^3)$，其中50是与内墙交接的构造柱榫的面数。

砖基础合计工程量=19.28－3.83－1.15＋27.36－5.66－0.84＝35.16(m^3)

② 砖外墙。

外墙：$(23.80+11.80)\times2\times0.24\times(3.00-0.25)\approx46.99(m^3)$，其中0.25是圈梁截面高度。

扣门窗所占体积：$(1.20\times2.00\times3+1.50\times1.50\times13)\times0.24\approx8.75(m^3)$

扣构造柱体积：$(0.24^2\times20+0.24\times0.03\times40)\times2.75\approx3.96(m^3)$

③ 砖内墙。

内墙：$(23.56+10.20\times2+12\times4.76)\times0.24\times(3.00-0.25)\approx66.71(m^3)$

扣门洞所占体积：$0.90\times2.00\times13\times0.24\approx5.62(m^3)$

扣构造柱体积：$(0.24^2\times12+0.24\times0.03\times50)\times2.75\approx2.89(m^3)$

（2）套用定额计算综合单价。

定额子目4-1直形砖基础，综合单价406.25元/m^3，对应的水泥砂浆强度等级为M5，根据题意，本工程的砖基础采用M10水泥砂浆砌筑，因此，需对子目4-1进行换算，见表6-13。

表6-13 套用定额子目综合单价计算表

序号	定额编号	子目名称	单位	工程量	综合单价/元	合计/元
1	4-1换	M10水泥砂浆直形砖基础	m^3	35.16	406.25－43.65＋46.35＝408.95	13491.26
2	4-35	M5混合砂浆砖外墙	m^3	34.28	442.66	15174.39
3	4-41	M5混合砂浆砖内墙	m^3	58.20	426.57	24826.37

2. 某一层接待室为三类工程，其平面、剖面、墙身大样图如图6.18所示。墙体中C20构造柱体积为3.6m^3（含马牙榫），墙体中C20圈梁断面为240mm×300mm，体积为1.99m^3，屋面板混凝土强度C20，厚100mm，门窗洞口上方设置混凝土过梁，体积为0.54m^3，窗下设C20窗台板，体积为0.14m^3，－0.06m处设水泥砂浆防潮层，防潮层以上墙体采用强度等级为MU5、规格为240mm×115mm×90mm的KP1黏土多孔砖、M5混合砂浆砌筑，防潮层以下为混凝土标准砖、M5水泥砂浆砌筑。门窗为彩色铝合金材质，M1:

KP1黏土多孔砖墙体

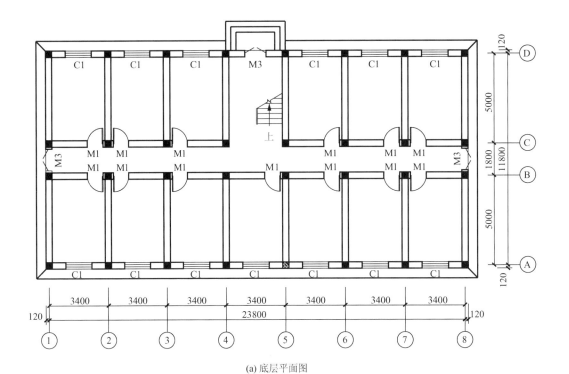

(a) 底层平面图

(b) 基础详图

图 6.17 某办公楼底层平面图及基础详图

1200mm×2100mm；M2：900mm×2100mm；C1：1800mm×1500mm；C2：1500mm×1500mm。请按《江苏省计价定额》规定计算 KP1 黏土多孔砖墙体分部分项工程量清单综合单价(管理费费率、利润率等按定额执行不调整，其他未说明的按定额执行)。

解：(1) 计算门窗洞口面积。

门：$1.2 \times 2.1 \times 2 + 0.9 \times 2.1 \times 3 = 10.71 (m^2)$

窗：$1.8 \times 1.5 \times 3 + 1.5 \times 1.5 \times 3 = 14.85 (m^2)$

(2) 计算多孔砖墙工程量。

根据工程量计算规则，外墙长度以中心线计算，内墙以净长线计算。因此外墙长＝

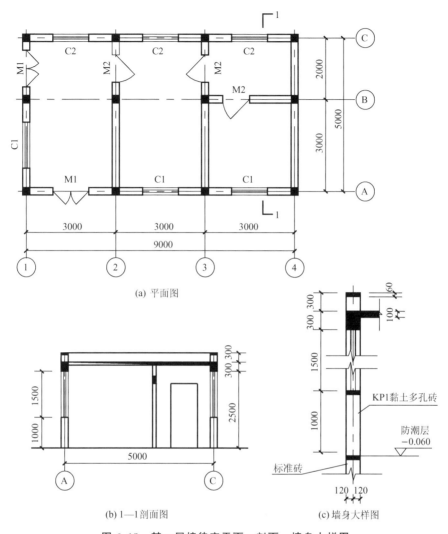

(a) 平面图

(b) 1—1剖面图

(c) 墙身大样图

图 6.18 某一层接待室平面、剖面、墙身大样图

$(9+5)\times 2=28(m)$；内墙长 $=(5-0.24)\times 2+3-0.24=12.28(m)$。

根据工程量计算规则规定，墙高计算有钢筋混凝土平板者，应算至钢筋混凝土板底；基础和墙体使用不同材料且在室内地面±300mm 以内，以不同材料作为基础和墙身划分的界线，因此，多孔砖墙高应从防潮层表面起算。

$V=(28+12.28)\times(2.8-0.1+0.06)\times 0.24-(10.71+14.85)\times 0.24-0.54-0.14-$
$3.6-1.99\approx 14.28(m^3)$

其中 0.24 为墙厚，0.54 为混凝土过梁体积，0.14 为窗台板体积，3.6 为构造柱体积，1.99 为圈梁体积；单位均为 m^3。

（3）编制多孔砖墙工程量清单。

按照规范，结合题意及分析，编制多孔砖墙工程量清单与计价表见表 6-14。

（4）编制分部分项工程量清单综合单价分析表。

根据表 6-14 多孔砖墙的项目特征描述，依据《江苏省计价定额》选择子目 4-28 进行组价,分部分项工程量清单综合单价分析表见表 6-15。

表 6-14 分部分项工程量清单与计价表

序号	项目编码	项目名称	项目特征描述	计量单位	工程量	金额/元	
						综合单价	合价
	010401004001	多孔砖墙	1. 砖品种、规格、强度等级:黏土多孔砖、240mm×115mm×90mm、MU5 2. 墙体类型:内外墙,厚240mm 3. 砂浆强度等级:M5 混合砂浆	m^3	14.28		

表 6-15 分部分项工程量清单综合单价分析表

项目编码		项目名称	计量单位	工程量	综合单价/元	合价/元
010401004001		多孔砖墙	m^3	14.28	311.14	4443.08
清单综合单价组成	定额子目	子目名称	单位	数量	单价	合价
	4-28	MU5,KP1 黏土多孔砖,240mm×115mm×90mm,1砖墙	m^3	14.28	311.14	4443.08

✓ 典型训练

【工作任务 1】计算砌筑墙体工程量清单的综合单价和合价。

【任务背景】

某单层框架结构办公用房如图 6.19 所示,屋面板顶、梁顶标高均为 3.300m,柱、梁、板均为现浇混凝土。外墙 190mm 厚,采用页岩模数多孔砖(190mm×240mm×90mm);内墙 200mm 厚,采用蒸压加气混凝土砌块,属于无水房间、底部无混凝土坎台。内外墙均采用 M5 混合砂浆。砌筑所用页岩模数多孔砖、蒸压加气混凝土砌块的强度等级均满足国家相关质量规范要求。外墙 C20 混凝土构造柱体积为 0.56m^3(含马牙槎),C20 混凝土圈梁体积 1.2m^3;内墙中 C20 混凝土构造柱体积为 0.4m^3(含马牙槎),C20 混凝土圈梁体积 0.42m^3。圈梁兼做门窗过梁。基础与墙身使用不同材料,分界线位置为设计室内地面,标高±0.000m。已知门窗尺寸为 M1:1200mm×2200mm;M2:1000mm×2200mm;C1:1200mm×1500mm。

【问题】

(1) 分别按《房屋建筑与装饰工程工程量计算规范》和《江苏省计价定额》计算外墙砌筑、内墙砌筑清单工程量和定额工程量。

(2) 根据《房屋建筑与装饰工程工程量计算规范》编制外墙砌筑、内墙砌筑工程量清单。

任务6　砌筑工程计量与计价

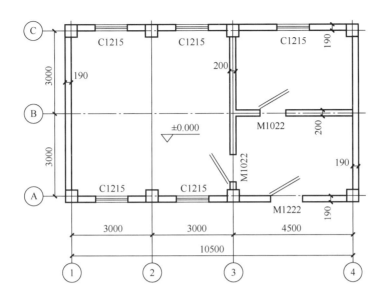

(a) 一层建筑平面图

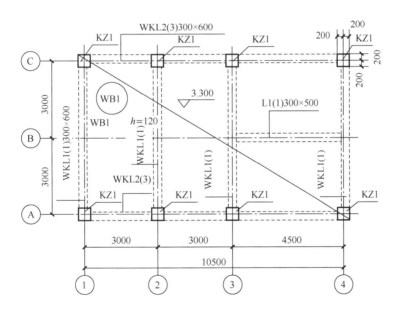

(b) 屋面结构平面图

图 6.19　某单层框架结构办公用房

(3) 根据《江苏省计价定额》组价，计算外墙砌筑、内墙砌筑工程量清单综合单价和合价。

【训练提示】

(1) 砌块砌体工程的定额工程量与清单工程量相等；(2) 组价时注意区分块材种类、墙体类型、砂浆品种及强度等级，选择相应的定额子目，注意不同强度等级的砂浆引起的定额综合单价的换算。

【分析与解答】

【工作任务2】计算砌块砌体工程量清单的综合单价。
【任务背景】
参见任务6.1典型训练中【工作任务3】的工程量清单编制成果。
【问题】
依据《江苏省计价定额》确定该工程的清单综合单价。
【训练提示】
(1) 砌块砌体工程的定额工程量与清单工程量相等；(2) 注意根据清单项目特征选择相应的定额子目，根据砂浆强度等级确定子目综合单价。
【分析与解答】

任务小结

(1) 与砌体工程相关的施工图纸的识读；工程项目的砌体工程量清单的列项。

(2) 砌体工程量清单的项目特征分析。

(3) 基础和墙身的划分：基础与墙(柱)身使用同一种材料时，以设计室内地坪为界，以下为基础，以上为墙(柱)身；有地下室者，以地下室设计室内地坪为界。基础与墙身使用不同材料时，位于设计室内地坪高度≤±300mm时，以不同材料为分界线；高度＞±300mm时，以设计室内地坪为分界线。

(4) 实心砖墙的工程量计算规则：计算墙体工程量时，按设计图示尺寸以体积计算，应扣除门窗、洞口、嵌入墙内的钢筋混凝土柱、梁、圈梁、过梁及凹进墙内的壁龛、管槽、暖气槽、消火栓箱所占体积，不扣除梁头、板头、檩头、垫木、木楞头、沿缘木、木砖、门窗走头、砖墙内加固钢筋、木筋、铁件、钢管及单个面积≤$0.3m^2$的孔洞所占的体积。凸出墙面的腰线、挑檐、压顶、窗台线、虎头砖、门窗套的体积亦不增加。凸出墙面的砖垛并入墙体体积内计算。

(5) 砌体工程定额应用：包括砖基础、实心砖墙、多孔砖墙、砌块墙等项目的定额工程量计算规则、定额子目的套用及定额使用的注意事项。

(6) 砌体工程的清单综合单价的分析。

任务7　混凝土及钢筋混凝土工程计量与计价

教学目标

熟悉混凝土构件的分类，会依据图纸、规范对项目的钢筋混凝土工程进行正确的清单列项；掌握混凝土基础、柱、墙、梁、板、楼梯、雨篷等构件的清单工程量和定额工程量的计算规则；能够应用计算规则进行混凝土基础、柱、墙、梁、板、楼梯、雨篷的清单及定额量的计算；能够依据项目特征对混凝土分部分项工程量清单进行定额子目的正确套用，能够进行混凝土构件的工程量清单综合单价分析计算；能够进行项目混凝土及钢筋混凝土工程费用计算。

思维导图

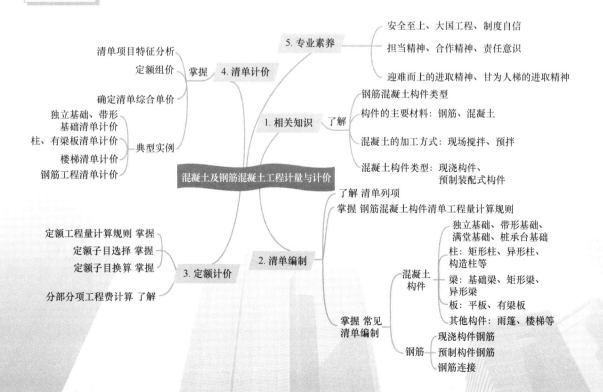

任务背景

钢筋和混凝土是房屋建筑工程中的两种工程材料,常见的框架结构、框架剪力(抗震)墙结构及剪力墙结构的房屋中,都涉及大量的钢筋和混凝土的应用。基础分部工程中独立柱基(包括桩承台基础)、带形基础、满堂基础及地下室的外墙等,都离不开钢筋和混凝土的应用;上部主体结构中的柱、剪力墙、楼梯、梁、板、阳台等通常都使用钢筋和混凝土材料。因此,当今的建筑业,钢筋和混凝土是其中的材料主角。随着绿色建筑及装配式建筑的推广,预制叠合板、预制楼梯等装配式构件的使用越来越广泛,装配式构件的计量与计价将在任务15中进行介绍。

任务 7 模块 7.1 主要介绍混凝土及钢筋混凝土工程量清单编制;模块 7.2 主要介绍混凝土及钢筋混凝土工程计价。

模块 7.1　混凝土及钢筋混凝土工程量清单编制

规范依据

7.1.1　现浇混凝土基础

1. 清单项目设置

现浇混凝土基础工程量清单项目设置、项目特征描述的内容、计量单位、工程量计算规则应按表 7-1 的规定执行。

表 7-1　现浇混凝土基础(编号:010501)

项目编码	项目名称	项目特征	计量单位	工程量计算规则	工作内容
010501001	垫层	1. 混凝土种类 2. 混凝土强度等级	m³	按设计图示尺寸以体积计算。不扣除伸入承台基础的桩头所占体积。外墙基础垫层长度按外墙中心线长度计算,内墙基础垫层长度按内墙基础垫层净长计算	1. 模板及支撑制作、安装、拆除、堆放、运输及清理模内杂物、刷隔离剂等 2. 混凝土制作、运输、浇筑、振捣、养护
010501002	带形基础	^			
010501003	独立基础				
010501004	满堂基础				
010501005	桩承台基础				
010501006	设备基础	1. 混凝土种类 2. 混凝土强度等级 3. 灌浆材料及其强度等级			

2. 清单规则解读

（1）有肋带形基础、无肋带形基础应按表7-1中相关项目编码列项，并注明肋高。如图7.1所示，当肋高与肋宽之比在4∶1之内时，按有肋带形基础列项；超过4∶1时，其基础底板按无肋带形基础列项，基础扩大顶面以上按直形墙列项。

（2）箱式满堂基础（图7.2）中柱、梁、墙、板分别按表7-2～表7-5相关项目编码列项；箱式满堂基础底板按表7-1的"满堂基础"项目编码列项。

（3）框架式设备基础中柱、梁、墙、板分别按表7-2～表7-5相关项目编码列项；基础部分按表7-1相关项目编码列项。

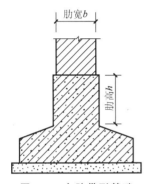

图7.1 有肋带形基础

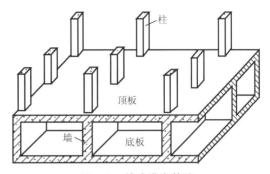

图7.2 箱式满堂基础

（4）基础如为毛石混凝土基础，项目特征应描述毛石所占比例。

（5）现浇构件的模板及支架。现浇混凝土及钢筋混凝土实体工程项目"工作内容"中的模板及支架的内容，若招标人不在措施项目清单中编列现浇混凝土模板项目清单，即综合单价中应包含模板及支架。江苏省对于工程量计算规范的宣贯意见规定，一般情况下，现浇混凝土模板不与混凝土合并，在措施项目中列项。只有预制混凝土构件的模板、市政工程的模板包含在相应的混凝土项目中。

（6）现浇或预制混凝土和钢筋混凝土构件，不扣除构件内钢筋、螺栓、预埋铁件、张拉孔道所占体积，但应扣除劲性骨架的型钢所占体积（下同）。其中劲性骨架的型钢混凝土梁是指用工字钢、H型钢等热轧钢材与混凝土共同承担荷载的梁。

7.1.2 现浇混凝土柱

1. 清单项目设置

现浇混凝土柱工程量清单项目设置、项目特征描述的内容、计量单位、工程量计算规则应按表7-2的规定执行。

2. 清单规则解读

（1）混凝土种类指清水混凝土、彩色混凝土等，如在同一地区既使用预拌（商品）混凝土，又允许现场搅拌混凝土时，也应注明。

（2）钢筋混凝土柱与柱下独立基础在基础上表面分界，如图7.3所示。

（3）有梁板柱高依照规则，按图7.4确定。

（4）无梁板柱高依照规则，按图7.5确定。

（5）框架柱柱高依照规则，按图 7.6 确定。

表 7 - 2 　现浇混凝土柱（编号：010502）

项目编码	项目名称	项目特征	计量单位	工程量计算规则	工作内容
010502001	矩形柱	1. 混凝土种类 2. 混凝土强度等级	m³	按设计图示尺寸以体积计算。 柱高： 1. 有梁板的柱高，应自柱基上表面（或楼板上表面）至上一层楼板上表面之间的高度计算 2. 无梁板的柱高，应自柱基上表面（或楼板上表面）至柱帽下表面之间的高度计算 3. 框架柱的柱高，应自柱基上表面至柱顶高度计算 4. 构造柱按全高计算，嵌接墙体部分（马牙槎）并入柱身体积 5. 依附柱上的牛腿和升板的柱帽，并入柱身体积计算	1. 模板及支架（撑）制作、安装、拆除、堆放、运输及清理模内杂物、刷隔离剂等 2. 混凝土制作、运输、浇筑、振捣、养护
010502002	构造柱				
010502003	异形柱	1. 柱形状 2. 混凝土种类 3. 混凝土强度等级			

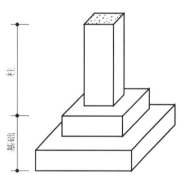

图 7.3　柱与基础的划分示意

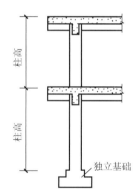

图 7.4　有梁板柱高示意

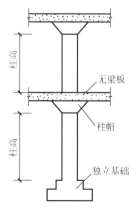

图 7.5　无梁板柱高示意

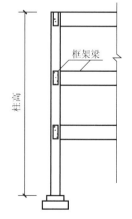

图 7.6　框架柱柱高示意

（6）构造柱与砖墙嵌接部分（马牙槎）并入柱身体积，如图7.7、图7.8所示。构造柱截面边长为a，构造柱的体积为

$$V=构造柱高\times(a^2+0.03\times a\times 马牙槎面数)$$

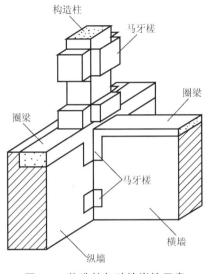

图7.7 构造柱与砖墙嵌接示意

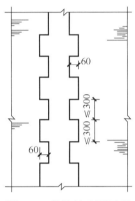

图7.8 构造柱立面示意

（7）框架柱截面为四边形时，清单列项名称为"矩形柱"，其余截面形状框架柱清单列项名称多为"异形柱"。

7.1.3 现浇混凝土梁

1. 清单项目设置

现浇混凝土梁工程量清单项目设置、项目特征描述的内容、计量单位、工程量计算规则应按表7-3的规定执行。

表7-3 现浇混凝土梁（编号：010503）

项目编码	项目名称	项目特征	计量单位	工程量计算规则	工作内容
010503001	基础梁	1.混凝土种类 2.混凝土强度等级	m^3	按设计图示尺寸以体积计算。伸入墙内的梁头、梁垫并入梁体积内。梁长： 1.梁与柱连接时，梁长算至柱侧面 2.主梁与次梁连接时，次梁长算至主梁侧面	1.模板及支架（撑）制作、安装、拆除、堆放、运输及清理模内杂物、刷隔离剂等 2.混凝土制作、运输、浇筑、振捣、养护
010503002	矩形梁				
010503003	异形梁				
010503004	圈梁				
010503005	过梁				

续表

项目编码	项目名称	项目特征	计量单位	工程量计算规则	工作内容
010503006	弧形、拱形梁	1. 混凝土种类 2. 混凝土强度等级	m³	按设计图示尺寸以体积计算。伸入墙内的梁头、梁垫并入梁体积内。梁长： 1. 梁与柱连接时，梁长算至柱侧面 2. 主梁与次梁连接时，次梁长算至主梁侧面	1. 模板及支架（撑）制作、安装、拆除、堆放、运输及清理模内杂物、刷隔离剂等 2. 混凝土制作、运输、浇筑、振捣、养护

2. 清单规则解读

(1) 梁与柱连接时，梁长计算如图 7.9 所示。

(2) 主梁与次梁连接时，次梁长计算如图 7.10 所示。

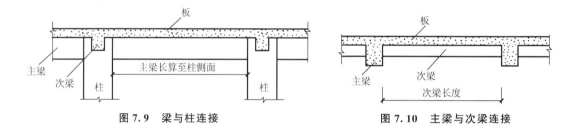

图 7.9　梁与柱连接　　　　　　图 7.10　主梁与次梁连接

7.1.4 现浇混凝土墙

1. 清单项目设置

现浇混凝土墙工程量清单项目设置、项目特征描述的内容、计量单位、工程量计算规则应按表 7-4 的规定执行。

表 7-4　现浇混凝土墙（编号：010504）

项目编码	项目名称	项目特征	计量单位	工程量计算规则	工作内容
010504001	直形墙	1. 混凝土种类 2. 混凝土强度等级	m³	按设计图示尺寸以体积计算。扣除门窗洞口及单个面积 >0.3m² 的孔洞所占体积，墙垛及凸出墙面部分并入墙体体积内计算	1. 模板及支架（撑）制作、安装、拆除、堆放、运输及清理模内杂物、刷隔离剂等 2. 混凝土制作、运输、浇筑、振捣、养护
010504002	弧形墙				
010504003	短肢剪力墙				
010504004	挡土墙				

2. 清单规则解读

短肢剪力墙是指截面厚度不大于300mm，各肢截面高度与厚度之比的最大值大于4但不大于8的剪力墙；各肢截面高度与厚度之比的最大值不大于4的剪力墙按柱项目编码列项。

7.1.5 现浇混凝土板

1. 清单项目设置

现浇混凝土板工程量清单项目设置、项目特征描述的内容、计量单位、工程量计算规则应按表7-5的规定执行。

表7-5 现浇混凝土板（编号：010505）

项目编码	项目名称	项目特征	计量单位	工程量计算规则	工作内容
010505001	有梁板	1. 混凝土种类 2. 混凝土强度等级	m³	按设计图示尺寸以体积计算，不扣除单个面积≤0.3m²的柱、垛以及孔洞所占体积； 压形钢板混凝土楼板扣除构件内压形钢板所占体积； 有梁板（包括主、次梁与板）按梁、板体积之和计算，无梁板按板和柱帽体积之和计算，各类板伸入墙内的板头并入板体积内，薄壳板的肋、基梁并入薄壳体积内计算	1. 模板及支架（撑）制作、安装、拆除、堆放、运输及清理模内杂物、刷隔离剂等 2. 混凝土制作、运输、浇筑、振捣、养护
010505002	无梁板				
010505003	平板				
010505004	拱板				
010505005	薄壳板				
010505006	栏板				
010505007	天沟（檐沟）、挑檐板	1. 混凝土种类 2. 混凝土强度等级	m³	按设计图示尺寸以体积计算	1. 模板及支架（撑）制作、安装、拆除、堆放、运输及清理模内杂物、刷隔离剂等 2. 混凝土制作、运输、浇筑、振捣、养护
010505008	雨篷、悬挑板、阳台板			按设计图示尺寸以墙外部分体积计算。包括伸出墙外的牛腿和雨篷反挑檐的体积	
010505009	空心板			按设计图示尺寸以体积计算。空心板（GBF高强薄壁蜂巢芯板）应扣除空心部分体积	
010505010	其他板			按设计图示尺寸以体积计算	

2. 清单规则解读

（1）现浇钢筋混凝土楼盖按荷载传递路径一般分为两种类型：有梁(肋形)楼盖(图 7.11)和无梁楼盖，二者在表 7-5 中分别按照"有梁板"和"无梁板"项目编码列项。

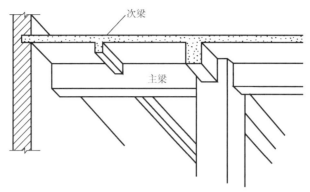

图 7.11 有梁（肋形）楼盖

（2）现浇天沟、挑檐、阳台、雨篷与板(包括屋面板、楼板)连接时，以外墙外边线为分界线；与圈梁(包括其他梁)连接时，以梁外边线为分界线，外边线以外为天沟、挑檐、阳台或雨篷，如图 7.12 所示。

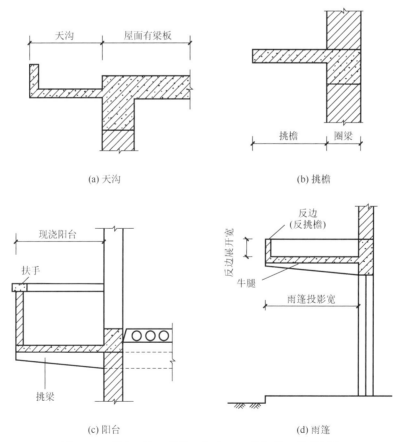

图 7.12 现浇天沟、挑檐、阳台、雨篷与梁、墙的划分

7.1.6 现浇混凝土楼梯

1. 清单项目设置

现浇混凝土楼梯工程量清单项目设置、项目特征描述的内容、计量单位、工程量计算规则应按表7-6的规定执行。

表7-6 现浇混凝土楼梯(编号:010506)

项目编码	项目名称	项目特征	计量单位	工程量计算规则	工作内容
010506001	直形楼梯	1. 混凝土种类 2. 混凝土强度等级	1. m^2 2. m^3	1. 以 m^2 计量,按设计图示尺寸以水平投影面积计算。不扣除宽度≤500mm的楼梯井,伸入墙内部分不计算 2. 以 m^3 计量,按设计图示尺寸以体积计算	1. 模板及支架(撑)制作、安装、拆除、堆放、运输及清理模内杂物、刷隔离剂等 2. 混凝土制作、运输、浇筑、振捣、养护
010506002	弧形楼梯				

2. 清单规则解读

整体楼梯(包括直形楼梯、弧形楼梯)水平投影面积包括中间休息平台、平台梁、斜梁和楼梯的连接梁。当整体楼梯与楼层现浇楼板无梯梁连接时,工程量计算范围以楼梯的最后一个踏步边缘加300mm为界。

7.1.7 现浇混凝土其他构件

1. 清单项目设置

现浇混凝土其他构件工程量清单项目设置、项目特征描述的内容、计量单位、工程量计算规则应按表7-7的规定执行。

表7-7 现浇混凝土其他构件(编号:010507)节选

项目编码	项目名称	项目特征	计量单位	工程量计算规则	工作内容
010507001	散水、坡道	1. 垫层材料种类、厚度 2. 面层厚度 3. 混凝土种类 4. 混凝土强度等级 5. 变形缝填塞材料种类	m^2	按设计图示尺寸以水平投影面积计算。不扣除单个≤$0.3m^2$的孔洞所占面积	1. 地基夯实 2. 铺设垫层 3. 模板及支撑制作、安装、拆除、堆放、运输及清理模内杂物、刷隔离剂等 4. 混凝土制作、运输、浇筑、振捣、养护 5. 变形缝填塞
010507002	室外地坪	1. 地坪厚度 2. 混凝土强度等级			

续表

项目编码	项目名称	项目特征	计量单位	工程量计算规则	工作内容
010507003	电缆沟、地沟	1. 土壤类别 2. 沟截面净空尺寸 3. 垫层材料种类、厚度 4. 混凝土种类 5. 混凝土强度等级 6. 防护材料种类	m	按设计图示以中心线长度计算	1. 挖填、运土石方 2. 铺设垫层 3. 模板及支撑制作、安装、拆除、堆放、运输及清理模内杂物、刷隔离剂等 4. 混凝土制作、运输、浇筑、振捣、养护 5. 刷防护材料
010507004	台阶	1. 踏步高、宽 2. 混凝土种类 3. 混凝土强度等级	1. m^2 2. m^3	1. 以 m^2 计量，按设计图示尺寸水平投影面积计算 2. 以 m^3 计量，按设计图示尺寸以体积计算	1. 模板及支撑制作、安装、拆除、堆放、运输及清理模内杂物、刷隔离剂等 2. 混凝土制作、运输、浇筑、振捣、养护
010507005	扶手、压顶	1. 断面尺寸 2. 混凝土种类 3. 混凝土强度等级	1. m 2. m^3	1. 以 m 计量，按设计图示的延长米计算 2. 以 m^3 计量，按设计图示尺寸以体积计算	1. 模板及支架（撑）制作、安装、拆除、堆放、运输及清理模内杂物、刷隔离剂等 2. 混凝土制作、运输、浇筑、振捣、养护
010507007	其他构件	1. 构件的类型 2. 构件规格 3. 部位 4. 混凝土种类 5. 混凝土强度等级	m^3	按设计图示尺寸以体积计算	

2. 清单规则解读

（1）现浇混凝土小型池槽、垫块、门框等，应按表 7-7 中"其他构件"项目编码列项。

（2）架空式混凝土台阶，按现浇楼梯计算。

7.1.8 后浇带

1. 清单项目设置

后浇带工程量清单项目设置、项目特征描述的内容、计量单位、工程量计算规则应按

表 7-8 的规定执行。

表 7-8　后浇带（编号：010508）

项目编码	项目名称	项目特征	计量单位	工程量计算规则	工作内容
010508001	后浇带	1. 混凝土种类 2. 混凝土强度等级	m³	按设计图示尺寸以体积计算	1. 模板及支架（撑）制作、安装、拆除、堆放、运输及清理模内杂物、刷隔离剂等 2. 混凝土制作、运输、浇筑、振捣、养护及混凝土交接面、钢筋等的清理

2. 清单规则解读

（1）后浇带的定义。《混凝土结构工程施工规范》（GB 50666—2011）中后浇带是指为适应环境温度变化、混凝土收缩、结构不均匀沉降等因素影响，在梁、板（包括基础底板）、墙等结构中预留的具有一定宽度且经过一定时间后再浇筑的混凝土带。

（2）后浇带的作用。后浇带从功能上分为沉降后浇带、温度后浇带和伸缩后浇带3种。其中的伸缩后浇带即设置后浇带以后，房屋的伸缩缝的间距可适当增大。《混凝土结构设计规范》（GB 50010—2010）中规定，如有充分依据和可靠措施，规范列表中的伸缩缝最大间距可适当增大。混凝土浇筑采用后浇带分段施工。如一普通框架结构房屋总长60m，超过了规范55m的伸缩缝界限间距值，按《混凝土结构设计规范（2015年版）》（GB 50010—2010）规定，需要留设伸缩缝。但倘若设计中采用了后浇带分段施工，则伸缩缝可以不设。

（3）后浇带混凝土浇筑。不同类型后浇带混凝土的浇筑时间不同，伸缩后浇带视先浇部分混凝土的收缩完成情况而定，一般为施工后60天；沉降后浇带宜在建筑物基本完成沉降后进行浇筑。在一些工程中，设计单位对后浇带的保留时间有特殊要求，应按设计要求进行后浇带混凝土浇筑；后浇带混凝土必须采用无收缩混凝土，可采用膨胀水泥配制，混凝土强度应提高一个等级。

7.1.9　预制混凝土梁

1. 清单项目设置

预制混凝土梁工程量清单项目设置、项目特征描述的内容、计量单位、工程量计算规则应按表7-9的规定执行。其他预制构件如预制柱、预制屋架等的工程量清单编制参照《房屋建筑与装饰工程工程量计算规范》附录E混凝土及钢筋混凝土工程项目的相关规定执行。

2. 清单规则解读

（1）以根计量，必须描述单件体积。

表 7-9 预制混凝土梁(编号：010510)

项目编码	项目名称	项目特征	计量单位	工程量计算规则	工作内容
010510001	矩形梁	1. 图代号 2. 单件体积 3. 安装高度 4. 混凝土强度等级 5. 砂浆强度等级、配合比	1. m^3 2. 根	1. 以 m^3 计量，按设计图示尺寸以体积计算 2. 以根计量，按设计图示尺寸以数量计算	1. 模板制作、安装、拆除、堆放、运输及清理模内杂物、刷隔离剂等 2. 混凝土制作、运输、浇筑、振捣、养护 3. 构件运输、安装 4. 砂浆制作、运输 5. 接头灌缝、养护
010510002	异形梁				
010510003	过梁				
010510004	拱形梁				
010510005	鱼腹式吊车梁				
010510006	其他梁				

(2) 预制混凝土构件或预制钢筋混凝土构件，如施工图设计标注做法见标准图集时，项目特征注明标准图集的编码、页号及节点大样即可。

(3) 折线型屋架、预制混凝土空心板等预制混凝土构件的清单编制参照《房屋建筑与装饰工程工程量计算规范》附录 E.11～E.14 执行。

7.1.10 钢筋工程

1. 清单项目设置

钢筋工程工程量清单项目设置、项目特征描述的内容、计量单位、工程量计算规则应按表 7-10 的规定执行。

表 7-10 钢筋工程(编号：010515)节选

项目编码	项目名称	项目特征	计量单位	工程量计算规则	工作内容
010515001	现浇构件钢筋	钢筋种类、规格	t	按设计图示钢筋(网)长度(面积)乘以单位理论质量计算	1. 钢筋制作、运输 2. 钢筋安装 3. 焊接(绑扎)
010515002	预制构件钢筋				
010515003	钢筋网片				1. 钢筋网制作、运输 2. 钢筋网安装 3. 焊接(绑扎)
010515004	钢筋笼				1. 钢筋笼制作、运输 2. 钢筋笼安装 3. 焊接(绑扎)
010515009	支撑钢筋(铁马)	1. 钢筋种类 2. 规格		按钢筋长度乘以单位理论质量计算	钢筋制作、焊接、安装

2. 清单规则解读

（1）现浇构件中钢筋搭接、锚固长度按照满足设计图示（规范）的最小值计入钢筋清单工程量内。除设计（包括规范规定）标明的搭接外，其他施工搭接不计算工程量，在综合单价中综合考虑。

（2）现浇构件中固定位置的支撑钢筋、双层钢筋用的"铁马"在编制工程量清单时，其工程数量可为暂估量，结算时按现场签证数量计算。

（3）先张法预应力钢筋、后张法预应力钢筋等预应力构件钢筋的清单编制按《房屋建筑与装饰工程工程量计算规范》附录 E.15 执行。

7.1.11 螺栓、铁件

1. 清单项目设置

螺栓、铁件工程量清单项目设置、项目特征描述的内容、计量单位、工程量计算规则应按表 7-11 的规定执行。

表 7-11 螺栓、铁件（编号：010516）

项目编码	项目名称	项目特征	计量单位	工程量计算规则	工作内容
010516001	螺栓	1. 螺栓种类 2. 规格	t	按设计图示尺寸以质量计算	1. 螺栓、铁件制作、运输 2. 螺栓、铁件安装
010516002	预埋铁件	1. 钢材种类 2. 规格 3. 铁件尺寸			
010516003	机械连接	1. 连接方式 2. 螺纹套筒种类 3. 规格	个	按数量计算	1. 钢筋套丝 2. 套筒连接
010516004	钢筋电渣压力焊连接	钢筋种类、规格		按数量计算	1. 接头清理 2. 焊接固定

2. 清单规则解读

编制工程量清单时，螺栓、预埋铁件、机械连接、钢筋电渣压力焊连接的工程数量可为暂估量，实际工程量按现场签证数量计算。钢筋连接除机械连接、电渣压力焊连接单独列项外，其他连接接头费用不单独列清单，在钢筋清单综合单价中考虑。

 典型实例

1. 某混凝土基础清单编制实例。

【背景资料】

某接待室，为三类工程，其基础平面图、剖面图如图 7.13 所示。基础为 C25 钢筋混凝土带形基础，C10 素混凝土垫层，±0.000 以下基础墙采用混凝土标准砖砌筑，设计室外地坪为 -0.150m。施工组织设计规定，混凝土均采用预拌非泵送混凝土。招标文件规定，现浇混凝土构件实体项目不包含模板工程。

装配式建筑工程量清单计价

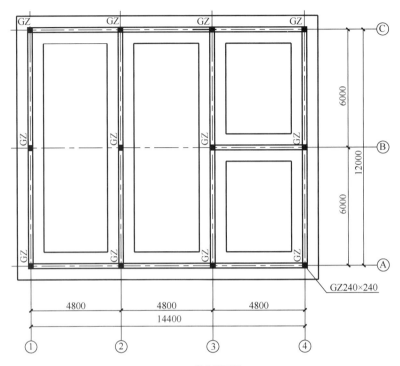

(a) 基础平面图

注：带形基础断面均为1—1。

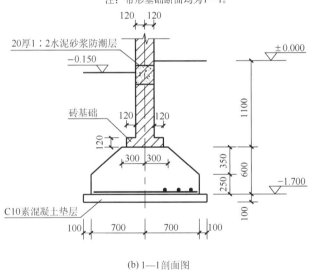

(b) 1—1剖面图

图 7.13 某接待室基础平面图、剖面图

某混凝土基础清单编制实例

【问题】

根据以上背景资料及现行国家标准《建设工程工程量清单计价规范》《房屋建筑与装饰工程工程量计算规范》，试编制该混凝土垫层、带形基础的分部分项工程量清单。

解：（1）分析与解答。

① 外墙中心线总长度为$(14.4+12)\times2=52.8(m)$。

② 垫层的清单工程量以体积计算,图 7.13 中带形基础下垫层的总长度分为两部分:外墙下垫层总长度为 52.8m;内墙下垫层的总长度为垫层净长$(12-1.6)\times2+4.8-1.6=24.0(m)$。

③ 混凝土带形基础工程量以体积计算,包括断面为梯形的棱柱体和纵横基础交汇处的楔形共两大部分。梯形棱柱体的计算长度外墙下按中心线长度,内墙取基础净长。②轴基础净长为$12-1.4=10.6(m)$。楔形部分的相关参数可按照图 7.13 构建,如图 7.14 所示,楔形部分的体积可按照下式计算。

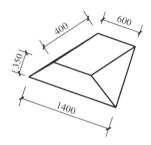

图 7.14 带形基础搭接部分的楔形示意

$$V=\left[\frac{A}{2}+\frac{(B-A)/2}{3}\right]\times H\times L$$

式中:A——带形基础的顶部宽度;B——带形基础的底部宽度;H——带形基础断面中变截面部分的高度;L——搭接部分的长度。

本例中,6 个楔形部分的体积为

$$V'=\left[\frac{0.6}{2}+\frac{(1.4-0.6)/2}{3}\right]\times0.35\times0.4\times6\approx0.364(m^3)$$

(2) 编制项目的分部分项工程量清单。

分部分项工程量清单与计价表见表 7-13。清单编制在表 7-12 已有正确列项的情况下,需按表 7-1 的提示,根据工程背景准确描述其项目特征。

表 7-12 清单工程量计算表

序号	项目编码	项目名称	计算式	计量单位	工程量合计
1	010501001001	垫层	$V=1.6\times0.1\times[52.8+(12-1.6)\times2+(4.8-1.6)]\approx12.29$	m^3	12.29
2	010501002001	带形基础	$V_{梯}=[1.4\times0.25+(0.6+1.4)\times0.35/2]\times[52.8+(12-1.4)\times2+(4.8-1.4)]\approx54.18$ $V_{楔}=(0.6/2+0.4/3)\times0.35\times0.4\times6\approx0.364$ $V=V_{梯}+V_{楔}=54.18+0.364\approx54.54$	m^3	54.54

表 7-13 分部分项工程量清单与计价表

序号	项目编码	项目名称	项目特征描述	计量单位	工程量	金额/元	
						综合单价	合价
1	010501001001	垫层	1. 混凝土种类：预拌非泵送混凝土 2. 混凝土强度等级：C15	m³	12.29		
2	010501002001	带形基础	1. 混凝土种类：预拌非泵送混凝土 2. 混凝土强度等级：C25	m³	54.54		

2. 钢筋混凝土框架清单编制实例。

【背景资料】

某工程钢筋混凝土框架(KJ1)2榀，尺寸如图 7.15 所示，混凝土强度等级柱为 C40，梁为 C30，混凝土采用预拌泵送混凝土，由施工企业自行采购，根据招标文件要求，现浇混凝土构件实体项目不包含模板工程。

【问题】

根据以上背景资料及现行国家标准《建设工程工程量清单计价规范》《房屋建筑与装饰工程工程量计算规范》，试编制该钢筋混凝土框架(KJ1)柱、梁的分部分项工程量清单。

解：(1) 分析与解答。

① 由图 7.15(a)可知，1—1、2—2 柱截面尺寸为 400mm×400mm，柱高为 4000mm；3—3 柱截面尺寸为 400mm×250mm，柱高为 800mm，柱的清单工程量计算见表 7-14。

② 由表 7-3 工程量计算规则可知，梁与柱连接时，梁长算至柱侧面；工程量不扣除构件内钢筋所占体积。图 7.15 中，轴线居于柱中，因此，AB 跨、BC 跨及悬挑段梁的净长分别为 4.6m、6.6m 和 1.8m。矩形梁的清单工程量计算见表 7-14。

③ 由背景资料可知，现浇混凝土构件实体项目不包含模板工程，在措施项目清单中现浇混凝土模板项目单列，投标报价时现浇混凝土工程项目的综合单价中不包括模板工程费用。

④ 按表 7-2、表 7-3，矩形梁、柱混凝土的项目特征描述一是混凝土种类，二是混凝土强度等级，两项内容对混凝土项目价值影响较大，务必描述准确，见表 7-15。

(2) 编制项目的分部分项工程量清单。

分部分项工程量清单与计价表见表 7-15。清单编制在表 7-14 已有正确列项的情况下，需按表 7-2、表 7-3 的提示，根据工程背景准确描述其项目特征。

任务7 混凝土及钢筋混凝土工程计量与计价

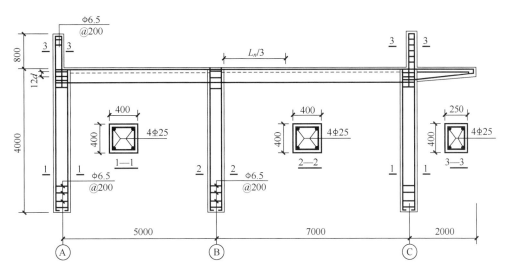

(a) 框架柱立面大样图

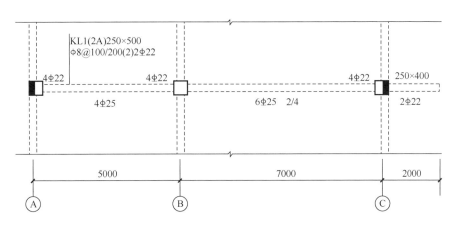

(b) 框架梁平面施工图

图 7.15 某工程钢筋混凝土框架示意

表 7-14 清单工程量计算表

序号	项目编码	项目名称	计算式	计量单位	工程量合计
1	010502001001	矩形柱	$V=(0.4\times0.4\times4\times3+0.4\times0.25\times0.8\times2)\times2=4.16$	m³	4.16
2	010503002001	矩形梁	$V_1=(4.6\times0.25\times0.5+6.6\times0.25\times0.50)\times2=2.8$ $V_2=0.25\times0.4\times1.8\times2=0.36$ $V=2.8+0.36=3.16$	m³	3.16

表 7-15 分部分项工程量清单与计价表

序号	项目编码	项目名称	项目特征描述	计量单位	工程量	金额/元	
						综合单价	合价
1	010502001001	矩形柱	1. 混凝土种类：预拌泵送混凝土 2. 混凝土强度等级：C40	m³	4.16		
2	010503002001	矩形梁	1. 混凝土种类：预拌泵送混凝土 2. 混凝土强度等级：C30	m³	3.16		

3. 钢筋混凝土有梁板清单编制实例。

钢筋混凝土有梁板清单编制实例

【背景资料】

某工程局部四层屋顶结构如图 7.16 所示，梁板顶标高为 15.250m。轴线均与梁中心线重合，KZ 截面尺寸均为 500mm×500mm，板厚为 120mm。梁板混凝土强度等级均为 C30，采用预拌非泵送混凝土，招标文件规定，现浇混凝土构件实体项目不包含模板工程。

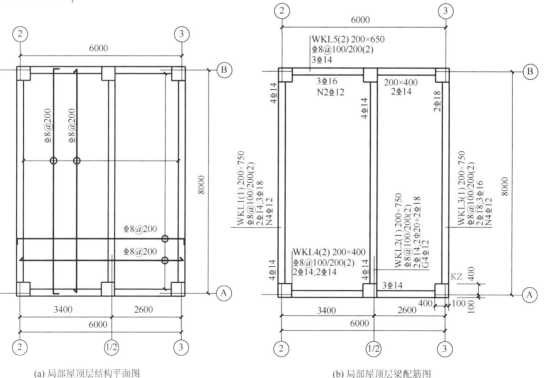

图 7.16 某工程局部四层屋顶结构

任务7 混凝土及钢筋混凝土工程计量与计价

【问题】

根据以上背景资料及现行国家标准《建设工程工程量清单计价规范》《房屋建筑与装饰工程工程量计算规范》，试编制该钢筋混凝土有梁板的分部分项工程量清单。

解：（1）分析与解答。

① 根据规定，有梁板(包括主、次梁与板)按梁、板体积之和计算，不扣除构件内钢筋、预埋铁件及单个面积≤$0.3m^2$的柱、垛及孔洞所占体积。

② 板混凝土体积：如图7.16(a)所示，板的外轮廓尺寸为6.2m、8.2m，因此，板的混凝土工程量为$6.2×8.2×0.12≈6.101(m^3)$。

③ ②轴、½轴、③轴WKL混凝土体积：如图7.16(b)所示，三根轴线上框架梁截面尺寸相同，故合并计算。计算时梁长算至柱侧面，梁高按扣去板厚计算。

④ Ⓑ轴WKL混凝土体积：注意集中标注与原位标注，分段列出计算表达式。

⑤ 单个框架柱柱头的面积：$0.5×0.5=0.25(m^2)<0.3m^2$，因此，梁板混凝土体积之和不扣除柱头所占体积。

（2）编制项目的分部分项工程量清单。

分部分项工程量清单与计价表见表7-17。清单编制在表7-16已有正确列项的情况下，需按表7-5的提示，根据工程背景准确描述其项目特征。

表7-16 清单工程量计算表

序号	项目编码	项目名称	计算式	计量单位	工程量合计
	010505001001	有梁板	板： $V_1=6.2×8.2×0.12=6.101$ ②轴、½轴、③轴WKL： $V_2=0.2×(0.75-0.12)×(8-0.4×2)×3≈2.722$ Ⓐ轴WKL： $V_3=0.2×(0.4-0.12)×(6-0.4×2-0.5)≈0.263$ Ⓑ轴WKL： $V_4=0.2×(0.65-0.12)×(3.4-0.4×2)+0.2×(0.4-0.12)×(2.6-0.4-0.1)=0.2756+0.1176=0.393$ $V_总=6.101+2.722+0.263+0.393≈9.48$	m^3	9.48

表7-17 分部分项工程量清单与计价表

序号	项目编码	项目名称	项目特征描述	计量单位	工程量	金额/元 综合单价	合价
	010505001001	有梁板	1. 混凝土种类：预拌非泵送混凝土 2. 混凝土强度等级：C30	m^3	9.48		

4. 钢筋混凝土楼梯清单编制实例。

【背景资料】

某房屋现浇钢筋混凝土整体楼梯施工图如图 7.17 所示,墙厚 240mm,混凝土强度等级为 C30,施工组织设计规定采用预拌泵送混凝土。招标文件规定,现浇混凝土构件实体项目不包含模板工程。

【问题】

根据以上背景资料及现行国家标准《建设工程工程量清单计价规范》《房屋建筑与装饰工程工程量计算规范》,试编制一层钢筋混凝土楼梯的分部分项工程量清单。

解:(1) 分析与解答。

① 整体楼梯(包括直形楼梯、弧形楼梯)水平投影面积除楼梯段外,还包括休息平台、平台梁、斜梁和楼梯的连接梁。图 7.17 中 1320mm 宽的部分为楼层中间休息平台。

② 当整体楼梯与现浇楼板无梯梁连接时,以楼梯的最后一个踏步边缘加 300mm 为界。图 7.17 中未显示梯段与现浇楼板间有梯梁,整体楼梯工程量计算时需在最后一个踏步外加 300mm,见表 7-18。

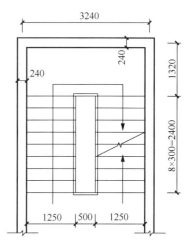

图 7.17 整体楼梯施工图

(2) 编制项目的分部分项工程量清单。

分部分项工程量清单与计价表见表 7-19。清单编制在表 7-18 已有正确列项的情况下,需按表 7-6 的提示,根据工程背景准确描述其项目特征。

表 7-18 清单工程量计算表

序号	项目编码	项目名称	计算式	计量单位	工程量合计
	010506001001	直形楼梯	楼梯宽:3.24−0.24=3.0(m) 楼梯长:2.4+1.32−0.12+0.3=3.9(m) 楼梯井宽 500mm,工程量计算时不应扣除。所以一层楼梯混凝土工程量为: 3.0×3.9=11.7(m²)	m²	11.70

5. 钢筋混凝土雨篷清单编制实例。

【背景资料】

某三类工程,其雨篷结构如图 7.18 所示,混凝土采用 C25 预拌非泵送混凝土,招标文件规定,现浇混凝土构件实体项目不包含模板工程。

表7-19 分部分项工程量清单与计价表

序号	项目编码	项目名称	项目特征描述	计量单位	工程量	金额/元	
						综合单价	合价
	010506001001	直形楼梯	1. 混凝土种类：预拌泵送混凝土 2. 混凝土强度等级：C30	m²	11.70		

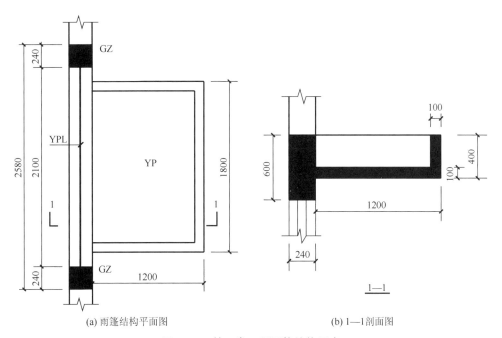

(a) 雨篷结构平面图　　(b) 1—1剖面图

图7.18 某三类工程雨篷结构示意

【问题】

根据以上背景资料及现行国家标准《建设工程工程量清单计价规范》《房屋建筑与装饰工程工程量计算规范》，试编制钢筋混凝土雨篷的分部分项工程量清单。

解：（1）分析与解答。

① 规则规定，现浇雨篷与圈梁（包括其他梁）连接时，以梁外边线为分界线，外边线以外为雨篷。

② 侧板混凝土计算时，侧板长度取中心线长度。

（2）编制项目的分部分项工程量清单。

分部分项工程量清单与计价表见表7-21。清单编制在表7-20已有正确列项的情况下，需按表7-5的提示，根据工程背景准确描述其项目特征。

167

表7-20 清单工程量计算表

序号	项目编码	项目名称	计算式	计量单位	工程量合计
	010505008001	雨篷	侧板混凝土： $[(1.2-0.05)\times 2+(1.8-0.1)]\times 0.1\times(0.4-0.1)=0.12$ 底板混凝土： $1.2\times 1.8\times 0.1\approx 0.22$ $V_{总}=0.12+0.22=0.34$	m^3	0.34

表7-21 分部分项工程量清单与计价表

序号	项目编码	项目名称	项目特征描述	计量单位	工程量	金额/元 综合单价	金额/元 合价
	010505008001	雨篷	1. 混凝土种类：预拌非泵送混凝土 2. 混凝土强度等级：C25	m^3	0.34		

✓ 典型训练

【工作任务1】编制独立基础及垫层的混凝土工程量清单。

【任务背景】

某三类工程，独立基础J-1详图如图7.19所示，同编号独立基础共有25个，基础混凝土采用C35预拌泵送混凝土，垫层采用C15预拌泵送混凝土。招标文件规定，现浇混凝土构件实体项目不包含模板工程。

【问题】

试编制独立基础及垫层的混凝土工程量清单，并将编制成果填于表7-22中。

【训练提示】

(1) 锥形基础可分成两部分，下部的四棱柱和上部的四棱台。四棱台的体积可按下式计算。

$$V=\frac{H}{6}[A\times B+a\times b+(A+a)\times(B+b)]$$

式中：H——四棱台的高度；A、B——四棱台底面的长和宽；a、b——四棱台顶面的长和宽。

(2) 四棱台底面的A和B即独立基础平面图中的长度和宽度；四棱台顶面的a和b在框架柱截面尺寸的基础上各加$2\times 50mm$（柱支模所需工作面）。

【分析与解答】

表 7-22　分部分项工程量清单与计价表

序号	项目编码	项目名称	项目特征描述	计量单位	工程量	金额/元	
						综合单价	合价
1							
2							

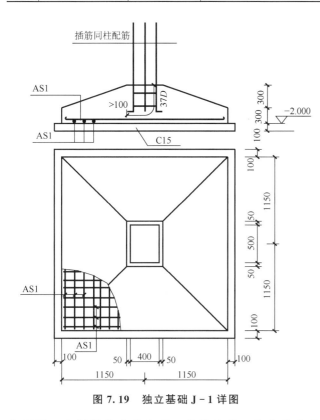

图 7.19　独立基础 J-1 详图

【工作任务 2】编制混凝土柱、矩形梁、有梁板的分部分项工程量清单。

【任务背景】

某加油库如图 7.20 所示，三类工程，全现浇框架结构，柱、梁、板混凝土均为非泵送现场搅拌，C25 混凝土，模板采用复合木模板。柱截面为 500mm×500mm；L1 梁截面为 250mm×550mm；L2 梁截面为 250mm×500mm；现浇板厚为 100mm。定位轴线与柱和梁中心线重合。招标文件规定，现浇混凝土构件实体项目不包含模板工程。

【问题】

根据以上背景资料及现行国家标准《建设工程工程量清单计价规范》《房屋建筑与装饰工程工程量计算规范》，试编制该工程混凝土柱、矩形梁、有梁板的分部分项工程量清单，并将清单编制成果填于表 7-23 中。

【训练提示】

(1) 根据规范，列出清单项目名称。

①对于框架柱，根据截面形状进行列项，矩形截面时，其项目名称应列为矩形柱，非矩形截面时，其项目名称应列为异形柱。

②对于现浇框架梁，如果位于楼面（屋面）板下时，其应与楼面（屋面）板合并列项为有梁板，如果是单梁，则要识读其具体的截面形状，矩形截面的单梁，其项目名称应列为矩形梁，非矩形截面的单梁，其项目名称应列为异形梁。

③对于框架结构板，当板下有梁时，其项目名称应列为有梁板，当板下无梁时，其项目名称应列为无梁板。

(2) 根据规范，计算工程量：对于柱、矩形梁、有梁板，按设计图示尺寸以体积计算。

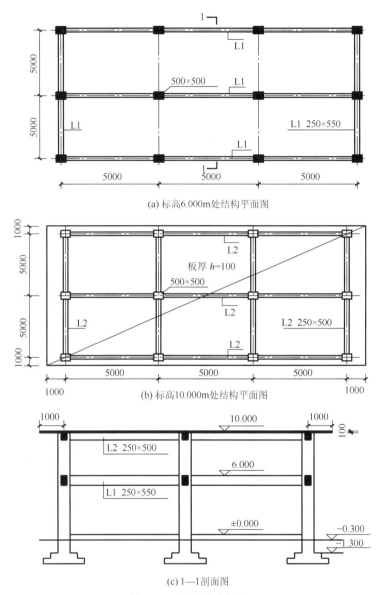

(a) 标高6.000m处结构平面图

(b) 标高10.000m处结构平面图

(c) 1—1剖面图

图 7.20 某加油库示意

【分析与解答】

表 7-23 分部分项工程量清单与计价表

序号	项目编码	项目名称	项目特征描述	计量单位	工程量	金额/元	
						综合单价	合价
1							
2							
3							

任务7 混凝土及钢筋混凝土工程计量与计价

【工作任务3】框架结构清单编制。

【任务背景】

查阅附录一常州市××小学食堂、风雨操场建筑及结构施工图,重点识读其基础平面布置图、基础详图、一层柱平法施工图、二层板配筋图和二层梁平法施工图。

【问题】

根据以上背景资料及现行国家标准《建设工程工程量清单计价规范》《房屋建筑与装饰工程工程量计算规范》,试编制该工程④~⑤轴线、Ⓜ+0.7m~Ⓟ+1.28m轴线区域范围内(位于轴线上的构件边界均考虑至其外侧边)桩承台基础、基础梁、混凝土柱(基础层及首层)、首层有梁板、现浇混凝土柱(基础层及首层)钢筋、首层有梁板钢筋的分部分项工程量清单,并将清单编制成果填于表7-24中。

【训练提示】

(1) 选择相应的结构施工图纸,明确编制清单的空间范围。
(2) 根据规范,列出清单项目名称。
(3) 强化施工图的综合应用,依据工程量计算规则,计算工程量。
(4) 混凝土均按预拌非泵送考虑。

【分析与解答】

表7-24 分部分项工程量清单与计价表

序号	项目编码	项目名称	项目特征描述	计量单位	工程量	金额/元	
						综合单价	合价
1							
2							
3							
4							

模块7.2 混凝土及钢筋混凝土工程计价

标准依据

7.2.1 钢筋及混凝土工程定额概况

1. 钢筋工程定额概况

钢筋工程包括现浇构件、预制构件、预应力构件及其他4节,共设置51个子目。其中,现浇构件8个子目,主要包括普通钢筋、冷轧带肋钢筋、成型冷轧扭钢筋、钢筋笼、桩内主筋与底板钢筋焊接;预制构件6个子目,主要包括现场预制混凝土构件钢筋、加工厂预制混凝土构件钢筋、点焊钢筋网片;预应力构件10个子目,主要包括先张法钢筋、后张法钢筋、后张法钢丝束、钢绞线束钢筋等;其他27个子目,主要包括砌体、板缝内加固钢筋、铁件制作安装、地脚螺栓制作、端头螺杆螺帽制作、电渣压力焊、锥螺纹、墩粗直螺纹、冷压套管接头、混凝土植筋、弯曲成型钢筋场外运输运距等。

2. 混凝土工程定额概况

混凝土工程包括自拌混凝土构件、预拌混凝土泵送构件和预拌混凝土非泵送构件3个部分，共设置431个子目。

自拌混凝土构件177个子目，主要包括现浇构件（基础、柱、梁、墙、板、其他），现场预制构件（桩、柱、梁、屋架、板、其他），加工厂预制构件，构筑物。

预拌混凝土泵送构件114个子目，主要包括泵送现浇构件（基础、柱、梁、墙、板、其他），泵送预制构件（桩、柱、梁），泵送构筑物。

预拌混凝土非泵送构件140个子目，主要包括非泵送现浇构件（基础、柱、梁、墙、板、其他），现场非泵送预制构件（桩、柱、梁、屋架、板、其他），非泵送构筑物。

泵送混凝土定额中已综合考虑了输送泵车台班，布拆管及清洗人工、泵送摊销费、冲洗费。当输送高度超过30m时，输送泵车台班（含30m以内）乘以系数1.10；输送高度超过50m时，输送泵车台班（含50m以内）乘以系数1.25；输送高度超过100m时，输送泵车台班（含100m以内）乘以系数1.35；输送高度超过150m时，输送泵车台班（含150m以内）乘以系数1.45；输送高度超过200m时，输送泵车台班（含200m以内）乘以系数1.55。此条规定说明，当混凝土的输送高度增加时，施工降效，单位体积混凝土的输送泵车台班消耗量增加。

7.2.2 定额使用注意事项

1. 钢筋工程的定额分类

单位工程钢筋以钢筋的不同规格、不同品种，按现浇构件钢筋、现场预制构件钢筋、加工厂预制构件钢筋、预应力构件钢筋、点焊网片分别编制定额项目。

2. 钢筋的定额工程量计算规则

钢筋工程应区别现浇构件、现场预制构件、加工厂预制构件、预应力构件、点焊网片等及不同规格，分别按设计展开长度（展开长度、保护层、搭接长度应符合规范规定）乘以单位理论质量计算。编制预算时，钢筋工程量可暂按构件体积（或水平投影面积、外围面积、延长米）×钢筋含量计算，钢筋含量表详见《江苏省计价定额》附录一。结算工程量计算应按设计图示、标准图集和规范要求计算。

7.2.3 工程量计算规则

1. 钢筋混凝土基础工程量计算

（1）混凝土垫层计算。

混凝土垫层是指砖、石、混凝土、钢筋混凝土等基础下的混凝土垫层，混凝土垫层厚度以15cm以内为准，厚度在15cm以上的按混凝土带形基础计算。

混凝土垫层工程量按图示尺寸以体积计算。

（2）钢筋混凝土带形基础工程的计算。

钢筋混凝土带形基础按图示尺寸以体积计算，不扣除伸入承台基础的桩头所占体积。

任务7　混凝土及钢筋混凝土工程计量与计价

钢筋混凝土带形基础在套用定额时要区分有梁式和无梁式。

无梁式带形基础(图7.21)基础底板上无肋；有梁式带形基础(图7.22)基础底板上有肋，且肋部配置纵向钢筋和箍筋。

有梁式钢筋混凝土带形基础，其梁高与梁宽之比在4∶1以内的，按有梁式带形基础计算(带形基础梁高是指梁底部到上部的高度)，如图7.23所示；超过4∶1时，其扩大面以下按无梁式带形基础计算，上部按墙计算。

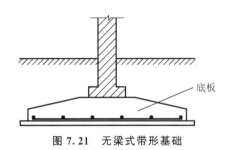

图7.21　无梁式带形基础　　　　图7.22　有梁式带形基础

带形基础外墙下按外墙中心线长度、内墙下按基底净长、有斜坡的按斜坡间的中心线长度、有梁部分按梁净长计算，独立柱基间带形基础按基底净长计算(图7.24)。

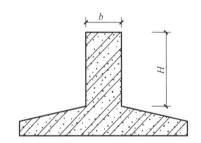

图7.23　有梁式带形基础计算示意

图7.24　带形基础内墙长度计算示意

(3) 钢筋混凝土独立基础工程的计算。

独立基础的平面一般多为长方形和正方形，此外还有圆锥及锥壳形基础，通常称柱基。按基础构造(几何形状)可将基础划分为独立基础和杯形基础。

独立基础是指基础扩大面顶面以下部分的实体，其工程量按图示尺寸以 m^3 计算。

2. 现浇钢筋混凝土柱工程量计算

(1) 现浇钢筋混凝土框架柱的混凝土工程量，按图示断面尺寸乘以柱高以体积计算，应扣除构件内型钢体积。依附于柱上的牛腿体积，按图示尺寸计算后并入柱的体积内，但依附于柱上的悬臂梁，则以柱的侧面为界，界线以外部分，悬臂梁的体积按实计算后执行梁的子目。

(2) 现浇钢筋混凝土劲性柱按矩形柱子目执行，型钢（工字钢、H 型钢等）所占混凝土体积不扣除。

(3) 柱的工程量按以下公式计算。

$$柱的工程量 = 柱的断面积 \times 柱高$$

计算现浇钢筋混凝土柱柱高时，应按照以下情况确定。

① 有梁板的柱高，应自柱基上表面(或楼板上表面)至上一层楼板上表面之间的高度计算，不扣除板厚。

② 无梁板的柱高，自柱基上表面(或楼板上表面)至柱帽下表面的高度计算。

③ 有预制板的框架柱柱高自柱基上表面至柱顶高度计算。

④ 构造柱按全高计算，与砖墙嵌接部分的混凝土体积并入柱身体积内计算。

⑤ 依附柱上的牛腿和升板的柱帽，并入相应柱身体积内计算。

⑥ L形、T形、十字形柱，按L形、T形、十字形柱相应定额执行。当两边之和超过 2000mm 时，按直形墙相应定额执行。

3. 现浇钢筋混凝土梁工程量计算

现浇钢筋混凝土梁按其形状、用途和特点，可分为基础梁、连续梁、圈梁、单梁或矩形梁和异形梁等分项工程项目。各类梁的工程量均按图示断面尺寸乘以梁长以体积计算，公式如下。

$$梁的工程量 V = 梁长 \times 梁断面积$$

计算时应注意以下几点。

(1) 梁与柱连接时，梁长算至柱侧面。

(2) 主梁与次梁连接时，次梁长算至主梁侧面。

(3) 圈梁、过梁应分别计算，过梁长度按图示尺寸，图纸无明确表示时，按门窗洞口外围宽另加 500mm 计算。平板与砖墙上混凝土圈梁相交时，圈梁高应算至板底面。

(4) 依附于梁、板、墙[包括阳台梁、圈(过)梁、挑檐板、混凝土栏板、混凝土墙外侧]上的混凝土线条(包括弧形线条)按小型构件定额执行(梁、板、墙宽算至线条内侧)。

(5) 现浇挑梁按挑梁计算，其压入墙身部分按圈梁计算；挑梁与单梁、框架梁连接时，其挑梁应并入相应梁内计算。

(6) 花篮梁二次浇捣部分执行圈梁子目。

4. 现浇混凝土板工程量计算

现浇混凝土板工程量计算按图示面积乘以板厚以体积计算(梁板交接处不得重复计算)，不扣除单个面积 0.3m² 以内的柱、垛及孔洞所占体积，应扣除构件中压形钢板所占体积。

(1) 有梁板又称肋形楼板，是由一个方向或两个方向的梁连成一体的板构成的。有梁板按梁(包括主、次梁)、板体积之和计算，有后浇带时，后浇板带(包括主、次梁)应扣除。厨房、卫生间墙下设计有素混凝土防水板且混凝土等级相同时，工程量并入板内，执行有梁板定额。

(2) 井式楼板也是由梁板组成的，没有主、次梁之分，梁的断面一致，因此是双向布置梁，形成井格。井格与墙垂直的称为正井式，井格与墙倾斜呈 45°布置的称为斜井式。

(3) 无梁板按板和柱帽体积之和计算。无梁板是将楼板直接支承在墙、柱上。为增加柱的支撑面积和减小板的跨度，通常在柱顶上加柱帽和托板，柱子一般按正方格布置。

(4) 平板按实体积计算。

5. 现浇混凝土墙工程量计算

现浇混凝土墙外墙按图示中心线（内墙按净长）乘以墙高、墙厚以体积计算，应扣除门、窗洞口及 $0.3m^2$ 以外的孔洞体积。单面墙垛其凸出部分并入墙体体积内计算，双面墙垛（包括墙）按柱计算。弧形墙按弧线长度乘以墙高、墙厚以体积计算。地下室墙有后浇墙带时，后浇墙带应扣除。梯形断面墙按上口与下口的平均宽度计算。

墙高按下列规定确定（图 7.25）。

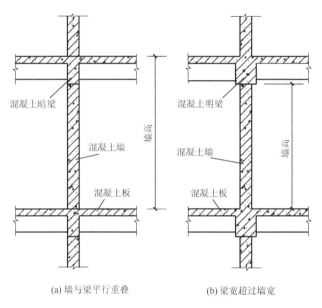

图 7.25 现浇混凝土墙高计算示意

（1）墙与梁平行重叠，墙高算至梁顶面；当设计梁宽超过墙宽时，梁、墙分别按相应定额计算。

（2）墙与板相交，墙高算至板底面。

（3）屋面混凝土女儿墙按直（圆）形墙以体积计算。

6. 雨篷、阳台工程量计算

雨篷、阳台工程量按伸出墙外的板底水平投影面积计算，伸出墙外的牛腿不另计算。

（1）混凝土雨篷、阳台、楼梯的混凝土含量设计与定额不符时要调整，按设计用量加1.5%损耗进行调整。

（2）雨篷分悬挑式和柱式。柱式雨篷，挑出超过 1.5m 者，不执行雨篷子目，另按有梁板和柱子目执行。

（3）当阳台挑出宽度 $B>1.80m$ 时，不执行阳台子目，另按相应有梁板子目执行。

7. 楼梯工程量计算

整体楼梯包括休息平台、平台梁、斜梁及楼梯梁，按水平投影面积计算，不扣除宽度在 500mm 以内的楼梯井，伸入墙内部分不另增加。楼梯与楼板连接时，楼梯算至楼梯梁外侧边。当现浇楼板无梯梁连接时，楼梯工程量计算范围以楼梯的最后一个踏步边缘加 300mm 为界。圆弧形楼梯包括圆弧形梯段、圆弧形边梁及与楼板连接的平台，按楼梯的水平投影面积计算。

典型实例

1. 混凝土垫层、独立基础清单计价。

某工业厂房，三类工程，其基础平面图、剖面图如图 7.26 所示。基础为 C20 钢筋混凝土独立基础，C10 素混凝土垫层，设计室外地坪为 -0.300m。基础底标高为 -2.000m，柱截面尺寸为 400mm×400mm。根据地质勘探报告，土壤类别为三类土，无地下水，该工程采用人工挖土，人工回填土夯填至设计室外地坪。人工挖土从垫层下表面起放坡，放坡系数为 1:0.33，工作面以垫层边至基坑边为 300m，本工程混凝土均采用预拌泵送混凝土。

请按以上施工方案及《房屋建筑与装饰工程工程量计算规范》《江苏省计价定额》计算混凝土垫层及独立基础的清单综合单价和合价。

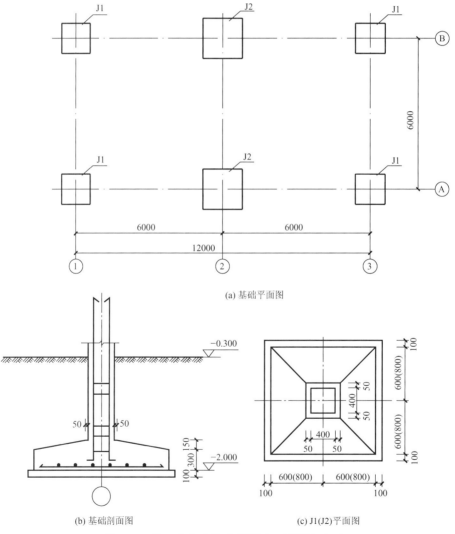

图 7.26 某工业厂房基础平面图、剖面图（一）

解：（1）计算项目的清单工程量。

项目的清单工程量计算见表7-25。

表7-25 清单工程量计算表

序号	项目名称	计算式	计量单位	工程量
1	垫层	J1：$(0.6\times2+0.1\times2)^2\times0.1\times4=0.784$ J2：$(0.8\times2+0.1\times2)^2\times0.1\times2=0.648$	m³	1.43
2	独立基础	J1：$[1.2\times1.2\times0.3+0.15/6\times(1.2^2+0.5^2+1.7^2)]\times4\approx2.19$ J2：$[1.6\times1.6\times0.3+0.15/6\times(1.6^2+0.5^2+2.1^2)]\times2\approx1.90$	m³	4.09

（2）编制项目的工程量清单。

分部分项工程量清单与计价表见表7-26。

表7-26 分部分项工程量清单与计价表

序号	项目编码	项目名称	项目特征描述	计量单位	工程量	综合单价/（元/m³）	合价/元
1	010501001001	垫层	1. 混凝土种类：预拌泵送 2. 混凝土强度等级：C10	m³	1.43		
2	010501003001	独立基础	1. 混凝土种类：预拌泵送 2. 混凝土强度等级：C20	m³	4.09		

（3）分析清单项目特征，明确定额工作内容，确定定额工程量。

根据项目特征，垫层清单的工作内容包括基坑原土打底夯和混凝土浇捣成型两项工作；独立基础只有混凝土浇捣成型一项工作。根据混凝土垫层、独立基础定额工程量计算规则可以得出，混凝土的定额工程量等于清单工程量。

（4）选择定额子目，确定分项合价。

定额子目选择及分项合价计算见表7-27。

表7-27 套用定额子目分项合价计算表

定额编号	子目名称	单位	工程量	综合单价（列过程）/元	合价
1-100	基坑原土打底夯	10m²	1.43	15.08	21.56
6-178	垫层（泵送）	m³	1.43	409.1	585.01
6-185	独立基础（泵送）	m³	4.09	405.83	1659.84

（5）确定清单综合单价，完善投标报价表。

清单综合单价=清单项目所对应的分项工程费用/清单工程量。完善表7-28所示的分部分项工程量清单与计价表。

表 7-28 分部分项工程量清单与计价表

序号	项目编码	项目名称	项目特征描述	计量单位	工程量	综合单价/（元/m³）	合价/元
1	010501001001	垫层	1. 混凝土种类：预拌泵送 2. 混凝土强度等级：C10	m³	1.43	424.18	606.57
2	010501003001	独立基础	1. 混凝土种类：预拌泵送 2. 混凝土强度等级：C20	m³	4.09	405.83	1659.84

混凝土垫层、筏板基础清单计价

2. 混凝土垫层、筏板基础清单计价。

某工业厂房，三类工程，其基础平面图、剖面图如图 7.27 所示。基础为 C30 钢筋混凝土筏板基础，C15 素混凝土垫层，本工程混凝土均采用预拌泵送混凝土。

请按以上施工方案及《房屋建筑与装饰工程工程量计算规范》《江苏省计价定额》，计算混凝土垫层及筏板基础的清单综合单价及合价。

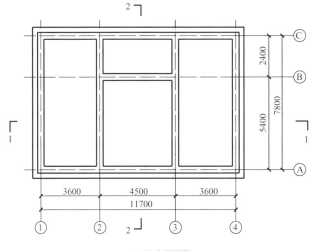

(a) 基础平面图

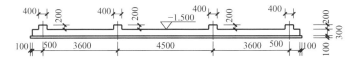

(b) 1—1 剖面图

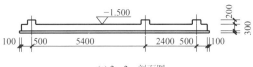

(c) 2—2 剖面图

图 7.27 某工业厂房基础平面图、剖面图（二）

任务7 混凝土及钢筋混凝土工程计量与计价

解：（1）图纸分析。

读基础平面图和剖面图，基础为满堂基础（有梁式）。

从1—1剖面图可见，筏板基础底长=3.6×2+4.5+0.5×2=12.7(m)；垫层长度=12.7+0.1×2=12.9(m)；筏板基础的梁肋高度为200mm、宽度400mm。

从2—2剖面图可见，筏板基础底宽=5.4+2.4+0.5×2=8.8(m)；垫层宽度=8.8+0.1×2=9(m)；筏板厚度、垫层厚度分别为300mm和100mm。

（2）计算清单工程量。

根据规则，梁肋工程量并入满堂基础工程量内。项目的清单工程量计算见表7-29。

表7-29 清单工程量计算表

序号	项目名称	计算式	计量单位	工程量
1	垫层	(3.6×2+4.5+0.5×2+0.1×2)×(5.4+2.4+0.5×2+0.1×2)×0.1=11.61	m^3	11.61
2	满堂基础	底板：(3.6×2+4.5+0.5×2)×(5.4+2.4+0.5×2)×0.3=33.528 反梁：0.4×0.2×[(3.6×2+4.5+5.4+2.4)×2+(7.8-0.4)×2+4.5-0.4]=4.632	m^3	38.16

（3）编制项目的工程量清单。

分部分项工程量清单与计价表见表7-30。

表7-30 分部分项工程量清单与计价表

序号	项目编码	项目名称	项目特征描述	计量单位	工程量	综合单价/（元/m^3）	合价/元
1	010501001001	垫层	1.混凝土种类：预拌泵送 2.混凝土强度等级：C15	m^3	11.61		
2	010501004001	满堂基础	1.混凝土种类：预拌泵送 2.混凝土强度等级：C30	m^3	38.16		

（4）分析清单项目特征，明确定额工作内容，确定定额工程量。

垫层清单的工作内容包括基坑原土打底夯和混凝土浇捣成型两项工作；满堂基础只对应混凝土浇捣成型一项工作。分析定额工程量计算规则可以得出，垫层和满堂基础的 $V_{定额}=V_{清单}$。

（5）选择定额子目，确定分项合价。

定额子目选择及分项合价计算见表7-31。

表 7-31　套用定额子目分项合价计算表

定额编号	子目名称	单位	工程量	综合单价（列过程）/元	合价/元
1-100	基坑原土打底夯	10m²	11.61	15.08	175.08
6-178换	垫层（预拌泵送）	m³	11.61	336.98－333.94＋409.10＝412.14	4784.95
6-184换	满堂基础（有梁式，预拌泵送）	m³	38.16	（362－342）×1.02＋404.7＝425.1	16221.82

（6）确定清单综合单价，完善投标报价表。

$\sum$ 分项工程费(垫层) ＝ 175.08 + 4784.95 ＝ 4960.03(元)。

垫层清单综合单价 ＝ $\sum$ 分项工程费(垫层)/清单工程量 ＝ 4960.03/11.61 ≈ 427.22(元/m³)。完善表 7-32 所示的分部分项工程量清单与计价表。

表 7-32　分部分项工程量清单与计价表

序号	项目编码	项目名称	项目特征描述	计量单位	工程量	综合单价/（元/m³）	合价/元
1	010501001001	垫层	1. 混凝土种类：预拌泵送 2. 混凝土强度等级：C15	m³	11.61	427.22	4960.03
2	010501004001	满堂基础	1. 混凝土种类：预拌泵送 2. 混凝土强度等级：C30	m³	38.16	425.1	16222.82

框架结构柱、梁、板清单计价

3. 框架结构柱、梁、板清单计价。

某加油库结构平面图、剖面图如图 7.28 所示，全现浇框架结构，柱、梁、板混凝土均为 C30 预拌非泵送混凝土。柱断面尺寸为 500mm×500mm；L1 梁断面尺寸为 250mm×550mm；L2 梁断面尺寸为 250mm×500mm；现浇板厚为 100mm。定位轴线与柱和梁中心线重合。请按以上施工方案及《房屋建筑与装饰工程工程量计算规范》《江苏省计价定额》，计算混凝土柱、梁、板的清单综合单价及合价。

解：（1）图纸分析。

综合读图可知，该房屋为框架结构，房屋层数为一层。由图 7.28(c)可见，屋面板顶标高为 10.000m，此处有梁有板，清单列项项目名称为有梁板；在标高 6.000m 处设有一道腰梁，平面布置见 7.28(a)，此处梁的清单列项项目名称为矩形梁。

由图7.28(a)、图7.28(b)可见,框架柱均为矩形柱,柱的断面尺寸为500mm×500mm,清单按矩形柱列项。

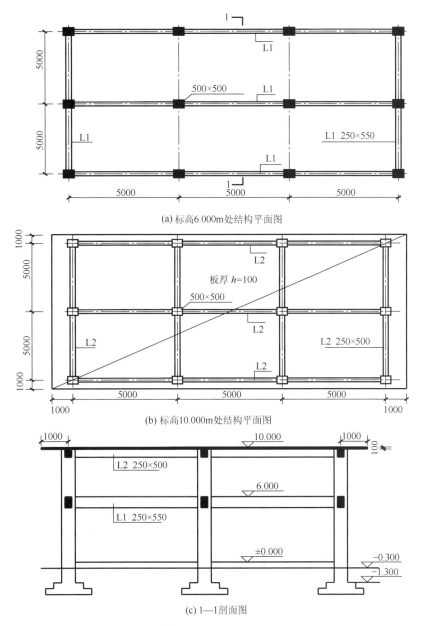

图7.28 某加油库结构平面图、剖面图

读图7.28(b)还可以发现,现浇板长度为17m,宽度为12m,板厚为100mm。

(2) 计算各构件清单工程量。

① 矩形柱。矩形柱的工程量按设计图示尺寸以体积计算,从图7.28(c)可见,柱高从基础顶-1.300m算至柱顶10m。由平面图可见,柱的总根数为12根,$V_{柱}=0.5^2 \times (1.3+10) \times 12 = 33.90 (m^3)$。

② 矩形梁。矩形梁的工程量按设计图示尺寸以体积计算，按规则规定，框架梁梁长算至柱侧面，对照图 7.28(a)，梁的断面尺寸均为 250mm×550mm，$V_{梁}=0.25×0.55×[(5×3-3×0.5)×3+(10-2×0.5)×2]≈8.04(m^3)$。

③ 有梁板。有梁板的工程量按设计图示尺寸以体积计算，按规则规定，有梁板按梁板体积之和计算，对照图 7.28(b)，梁的断面尺寸为 250mm×500mm。

$V_{梁}=0.25×(0.5-0.1)×[(5×3-3×0.5)×3+(10-2×0.5)×4]=7.65(m^3)$

$V_{板}=17×12×0.1=20.4(m^3)$（柱断面积 $0.25m^2 < 0.3m^2$，板混凝土体积中不扣除柱头体积）

$V_{有梁板}=7.65+20.4=28.05(m^3)$

(3) 编制项目的工程量清单。

分部分项工程量清单与计价表见表 7-33，注意根据项目背景准确描述各清单项目的项目特征。

表 7-33 分部分项工程量清单与计价表

序号	项目编码	项目名称	项目特征描述	计量单位	工程量	综合单价/(元/m³)	合价/元
1	010502001001	矩形柱	1. 混凝土种类：预拌非泵送 2. 混凝土强度等级：C30	m³	33.90		
2	010503002001	矩形梁	1. 混凝土种类：预拌非泵送 2. 混凝土强度等级：C30	m³	8.04		
3	010505001001	有梁板	1. 混凝土种类：预拌非泵送 2. 混凝土强度等级：C30	m³	28.05		

(4) 清单组价。

对比定额工程量计算规则与清单工程量计算规则可知，矩形柱、矩形梁、有梁板的定额工程量均等于其清单工程量。分析清单的项目特征，按照预拌非泵送的混凝土类型确定其相应的定额子目，见表 7-34。

表 7-34 套用定额子目综合单价计算表

定额编号	子目名称	单位	工程量	单价/元	合价/元
6-313	矩形柱	m³	33.90	498.23	16890.00
6-318	框架梁	m³	8.04	466.73	3752.51
6-331	有梁板	m³	28.05	452.21	12684.49

(5) 确定清单综合单价，完善清单投标报价表。

清单综合单价＝分部分项工程费/清单工程量。在表 7-35 中完善清单投标报价。

表 7-35　分部分项工程量清单与计价表

序号	项目编码	项目名称	项目特征描述	计量单位	工程量	综合单价/（元/m³）	合价/元
1	010502001001	矩形柱	1. 混凝土种类：预拌非泵送 2. 混凝土强度等级：C30	m³	33.90	498.23	16890.00
2	010503002001	矩形梁	1. 混凝土种类：预拌非泵送 2. 混凝土强度等级：C30	m³	8.04	466.73	3752.51
3	010505001001	有梁板	1. 混凝土种类：预拌非泵送 2. 混凝土强度等级：C30	m³	28.05	452.21	12684.49

4. 现浇钢筋混凝土楼梯清单计价。

某办公楼楼梯如图 7.29 所示，楼梯采用预拌非泵送混凝土，混凝土强度等级为 C20。墙厚 200mm，轴线与墙中心线重合，楼梯井宽 100mm，与楼梯相连的楼层平台梁断面尺寸为 250mm×400mm，楼梯起步处基础梁断面尺寸为 200mm×400mm，TL-1、TL-2 断面尺寸均为 200mm×350mm，TZ 断面尺寸为 200mm×300mm。要求按《房屋建筑与装饰工程工程量计算规范》《江苏省计价定额》计算混凝土楼梯项目的清单综合单价。

现浇钢筋混凝土楼梯清单计价

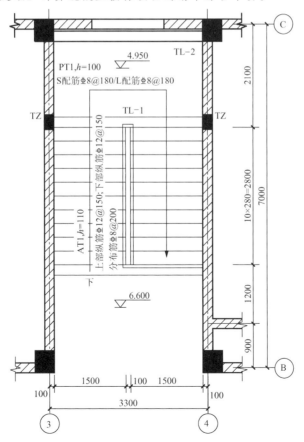

(a) 顶层楼梯平面图

图 7.29　某办公楼楼梯

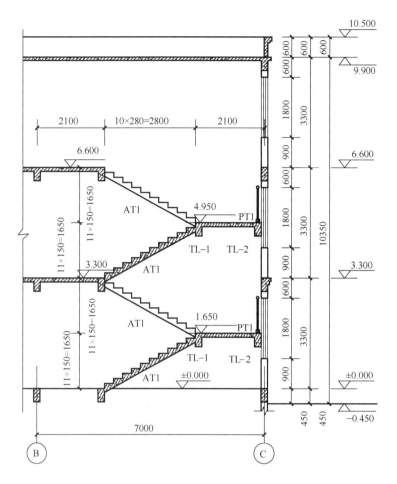

(b) 楼梯剖面图

图 7.29 某办公楼楼梯（续）

解：（1）计算楼梯的清单工程量并编制清单。

按工程量计算规则，楼梯工程量包括梯段、中间休息平台、平台梁及与楼梯相连接的楼层梁。读图 7.29(a)，楼梯计算范围内净宽＝3.3－0.1×2＝3.1(m)，净长＝2.8＋2.1－0.1＋0.25＝5.05(m)。

以 m^2 为计量单位，$S=3.1\times5.05\times2=31.31(m^2)$。在表 7-36 中编制清单。

表 7-36 分部分项工程量清单与计价表

序号	项目编码	项目名称	项目特征描述	计量单位	工程量	综合单价/（元/m^2）	合价/元
	010506001001	直形楼梯	1. 混凝土种类：预拌非泵送 2. 混凝土强度等级：C20	m^2	31.31		

（2）计算定额工程量。

① 按 m^2 计算混凝土工程量，楼梯定额工程量等于清单工程量，为 $31.31m^2$。

② 计算混凝土工程量,按 m³ 计算。

楼梯起步处基础梁:$0.20 \times 0.4 \times (3.3-0.2) = 0.248 (m^3)$

TL-1、TL-2:$0.2 \times 0.35 \times (3.3-0.2) \times 4 = 0.868 (m^3)$(按计算规则,梁长度计算到柱侧面)

楼层平台梁:$0.25 \times 0.40 \times (3.3-0.2) \times 2 = 0.62 (m^3)$

梯段板 AT1:$0.11 \times 1.5 \times \sqrt{2.8^2 + (1.65-0.15)^2} \times 4 \approx 2.097 (m^3)$

踏步:$0.15 \times 0.28 \times 0.50 \times 1.5 \times 10 \times 4 = 1.26 (m^3)$

混凝土实际用量:$(0.248+0.868+0.62+2.097+1.26+1.116) \times 1.015 \approx 6.30 (m^3)$
(见《江苏省计价定额》264页注解,楼梯混凝土按设计用量加1.5%损耗)

中间休息平台:$(2.1-0.1-0.2 \times 2) \times (3.3-0.2) \times 0.1 \times 2 = 0.992 (m^3)$

③ 选择定额子目,计算混凝土调整量。

计价时,预拌非泵送混凝土楼梯选择定额子目 6-337+6-342 进行组价。子目 6-337 混凝土定额含量为 2.07m³/10m²。

因此 6-342 中应调减混凝土用量:$31.31/10 \times 2.07 - 6.18 \approx 0.30 (m^3/10m^2)$。

(3) 清单组价。

定额混凝土强度等级 C20 与案例相同,因此定额综合单价无须调整。套用定额子目综合单价计算表见表 7-37。

表 7-37 套用定额子目综合单价计算表

定额编号	子目名称	单位	数量	单价/元	合价/元
6-337	直形楼梯	10m²	3.131	980.41	3069.66
6-342	楼梯混凝土含量每增减	m³	−0.30	473.53	−142.06

(4) 确定清单综合单价,完善清单投标报价表。

清单综合单价 = 分部分项工程费合计/清单工程量 = $(3069.66-142.06)/31.31 \approx 93.50 (元/m^2)$。完善表 7-38 所示的分部分项工程量清单与计价表。

表 7-38 分部分项工程量清单与计价表

序号	项目编码	项目名称	项目特征描述	计量单位	工程量	综合单价/(元/m²)	合价/元
	010506001001	直形楼梯	1. 混凝土种类:预拌非泵送 2. 混凝土强度等级:C20	m²	31.31	93.50	2927.49

5. 钢筋工程量清单计价。

某三类工程,框架结构,采用柱下独立基础。基础混凝土的工程量为 150m³,基础钢筋采用 HRB400 级钢筋,要求按《房屋建筑与装饰工程工程量计算规范》《江苏省计价定额》计算基础钢筋工程的清单综合单价。

解:(1) 计算钢筋清单工程量并编制清单。

钢筋工程量计量单位为 t,按照《江苏省计价定额》附录一混凝土及钢筋混凝土构件模板、钢筋含量表计算钢筋工程量。

查附录一含钢量表,普通柱基,$\phi 12$ 以内钢筋含量为 $0.012t/m^3$;$\phi 12$ 以外钢筋含量为 $0.028t/m^3$。因此,$\phi 12$ 以内钢筋工程量 $=150 \times 0.012 = 1.800(t)$;$\phi 12$ 以外钢筋工程量 $=150 \times 0.028 = 4.200(t)$。在表 7-39 中编制清单。

表 7-39 分部分项工程量清单与计价表

序号	项目编码	项目名称	项目特征描述	计量单位	工程量	综合单价/(元/t)	合价/元
1	010515001001	现浇构件钢筋	1. 钢筋种类:HRB400 级 2. 规格:$\phi 12$ 以内	t	1.800		
2	010515001002	现浇构件钢筋	1. 钢筋种类:HRB400 级 2. 规格:$\phi 12$ 以外	t	4.200		

(2) 项目特征分析及清单组价。

钢筋定额工程量计算规则同清单工程量计算规则,因此钢筋的定额工程量与清单工程量相同。套用定额子目综合单价计算表见表 7-40。

表 7-40 套用定额子目综合单价计算表

定额编号	子目名称	单位	数量	单价/元	合价/元
5-1	现浇构件钢筋 $\phi 12$ 以内	t	1.800	5470.72	9847.30
5-2	现浇构件钢筋 $\phi 25$ 以内	t	4.200	4998.87	20995.25

(3) 计算清单综合单价,完善投标报价表。

清单综合单价=分项工程费/清单工程量。完善表 7-41 所示的分部分项工程量清单与计价表。

表 7-41 分部分项工程量清单与计价表

序号	项目编码	项目名称	项目特征描述	计量单位	工程量	综合单价/(元/t)	合价/元
1	010515001001	现浇构件钢筋	1. 钢筋种类:HRB400 级 2. 规格:$\phi 12$ 以内	t	1.800	5470.72	9847.30
2	010515001002	现浇构件钢筋	1. 钢筋种类:HRB400 级 2. 规格:$\phi 12$ 以外	t	4.200	4998.87	20995.25

任务7 混凝土及钢筋混凝土工程计量与计价

☑ **典型训练**

【工作任务1】混凝土垫层、带形基础、钢筋定额计价。

【任务背景】

某接待室，三类工程，其基础平面图、剖面图如图 7.30 所示。基础及地圈梁均为 C30

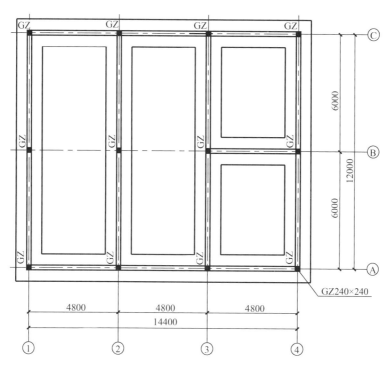

(a) 基础平面图

注：带形基础断面均为1—1。

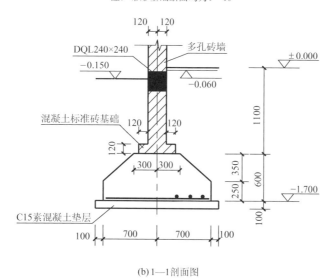

(b) 1—1剖面图

图 7.30 某接待室基础平面图、剖面图

187

混凝土，垫层为 C15 素混凝土，±0.000m 以下墙身采用混凝土标准砖，M7.5 水泥砂浆砌筑，设计室外地坪为－0.150m。混凝土采用预拌泵送混凝土(GZ 竖向钢筋锚于 DQL 内)。

根据地质勘探报告，土壤类别为三类土，无地下水。该工程采用人工挖土，从垫层下表面起放坡，放坡系数为 1∶0.25，工作面从基础边到池槽边为 300mm，双轮车运土，弃土距离 150m。

【问题】

请按以上施工方案及《江苏省计价定额》计算混凝土垫层、带形基础、钢筋的定额工程量和综合单价。钢筋工程量按《江苏省计价定额》的钢筋含量表确定。

【训练提示】

(1) 图纸分析，判断基础类型为带形基础，确定清单项目名称。

(2) 计算垫层、基础、钢筋工程的清单工程量。纵横带形基础交接处的楔形部分的混凝土工程量计算与内墙下带形基础长度计算是工程量计算的重点。

(3) 分析清单项目特征，明确定额工作内容，确定定额工程量。根据项目特征，垫层清单的工作内容包括基坑原土打底夯和混凝土浇捣成型两项工作；带形基础只有混凝土浇捣成型一项工作；钢筋工程包括钢筋制作、安装、焊接等。根据垫层、带形基础、钢筋工程的定额工程量计算规则，混凝土和钢筋的定额工程量等于各自的清单工程量。

【分析与解答】

(1) 完成表 7-42 清单及定额工程量计算。

表 7-42　计价定额工程量计算表

序号	项目名称	计算式	计量单位	工程量
1	混凝土垫层			
2	带形基础			
3	现浇构件钢筋			

(2) 完成表 7-43 清单项目所对应的定额子目分析。

表 7-43　套用定额子目综合单价计算表

定额编号	子目名称	单位	工程量	综合单价/元	合价/元

(3) 完成表 7-44 所示的分部分项工程量清单与计价表。

表 7-44　分部分项工程量清单与计价表

序号	项目编码	项目名称	项目特征描述	计量单位	工程量	综合单价	合价/元

任务7 混凝土及钢筋混凝土工程计量与计价

【工作任务2】钢筋混凝土后浇带清单计价。

【任务背景】

某工程楼盖中部设混凝土后浇带,位置如图7.31所示,现浇板的厚度为120mm,后浇带采用掺入水泥用量8%的UEA-H膨胀剂的C30混凝土,待后浇带两侧混凝土的龄期达到60天后,将其两侧的混凝土凿毛,再浇筑后浇带混凝土。施工组织设计规定,采用预拌非泵送混凝土。

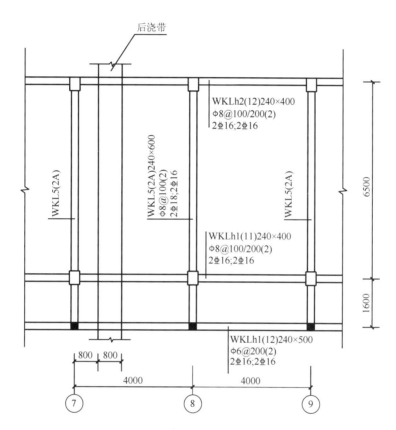

图7.31 某工程后浇带位置示意

【问题】

试按《江苏省计价定额》确定后浇带混凝土的清单综合单价。

【训练提示】

(1) 确定清单项目名称。

(2) 计算后浇带的清单工程量,由图7.31可见,后浇带的实体即0.8m宽的有梁板。

(3) 分析清单项目特征,明确定额工作内容,确定定额工程量。根据项目特征,后浇带清单的工作内容只有混凝土浇捣成型一项工作。根据后浇带的定额工程量计算规则,混凝土后浇带的定额工程量等于清单工程量。

(4) 选定定额子目,确定分项合价。

【分析与解答】

(1) 完成清单名称及清单工程量计算。

(2) 完成定额子目名称及定额工程量计算。

(3) 完成表 7-45 所示的分部分项工程量清单与计价表。

表 7-45 分部分项工程量清单与计价表

序号	项目编码	项目名称	项目特征描述	计量单位	工程量	综合单价	合价/元

【工作任务3】框架结构清单计价。

【任务背景】

阅读教材附录一常州市××小学食堂、风雨操场建筑及结构施工图,重点识读其一层柱平法施工图、二层板配筋图和二层梁平法施工图。

【问题】

根据以上背景资料及现行国家标准《建设工程工程量清单计价规范》《房屋建筑与装饰工程工程量计算规范》,试编制该工程④~⑤轴线、Ⓝ~Ⓟ+1.28m轴线区域范围内(位于轴线上的构件边界均考虑至其外侧边)基础、混凝土柱(基础层及首层)、首层有梁板、现浇混凝土柱(基础层及首层)钢筋及首层有梁板钢筋的工程量清单(钢筋按《江苏省计价定额》钢筋含量表计算),并按《江苏省计价定额》分析清单综合单价和合价,将编制成果填于表 7-46~表 7-51 中。

【分析与解答】

(1) 清单列项及工程量计算,见表 7-46。

表 7-46 清单工程量计算表

序号	项目名称	计算公式	计量单位	数量

(2) 编制分部分项工程量清单与计价表,见表 7-47。

任务7 混凝土及钢筋混凝土工程计量与计价

表 7-47 分部分项工程量清单与计价表

序号	项目编码	项目名称	项目特征描述	计量单位	工程量合计	金额/元	
						综合单价	合价
1							
2							
3							
4							

(3) 分析清单项目特征,选择定额子目进行清单组价,见表 7-48～表 7-51,并完成表 7-47 中的清单综合单价及合价。

表 7-48 清单综合单价计算表

	项目编码	项目名称	计量单位	工程量	综合单价	合价
清单综合单价组成	定额编号	子目名称	单位	数量	单价	合价

表 7-49 清单综合单价计算表

	项目编码	项目名称	计量单位	工程量	综合单价	合价
清单综合单价组成	定额编号	子目名称	单位	数量	单价	合价

表 7-50　清单综合单价计算表

项目编码		项目名称	计量单位	工程量	综合单价	合价
	定额编号	子目名称	单位	数量	单价	合价
清单综合单价组成						

表 7-51　清单综合单价计算表

项目编码		项目名称	计量单位	工程量	综合单价	合价
	定额编号	子目名称	单位	数量	单价	合价
清单综合单价组成						

任务小结

（1）混凝土及钢筋混凝土构件分类、混凝土及钢筋混凝土结构的平法施工图纸识读、平法图集应用、混凝土及钢筋混凝土工程的施工工艺。

（2）混凝土及钢筋混凝土工程量清单的项目特征分析。

（3）垫层、独立基础、带形基础、满堂基础、矩形柱、异形柱、构造柱、直形墙、矩形梁、有梁板、楼梯、雨篷、后浇带、钢筋等的工程量清单编制。

（4）混凝土及钢筋混凝土工程定额应用，包括垫层、独立基础、带形基础、满堂基础、矩形柱、异形柱、构造柱、直形墙、矩形梁、有梁板、楼梯、雨篷、后浇带、钢筋定额中的相关工程量计算规则、定额子目的套用及定额使用的注意事项。

（5）混凝土及钢筋混凝土工程量清单综合单价的分析。

任务 8 　金属结构、木结构工程计量与计价

教学目标

了解绿色建筑中金属结构、木结构的应用；会依据图纸、规范对项目的金属结构、木结构工程进行正确清单列项；掌握木结构构件、金属结构构件的清单及定额工程量计算规则；能够依据项目特征对金属结构、木结构工程量清单进行定额子目的正确套用，能够进行金属结构、木结构工程量清单综合单价的分析计算；能够进行金属结构、木结构工程费用计算。

思维导图

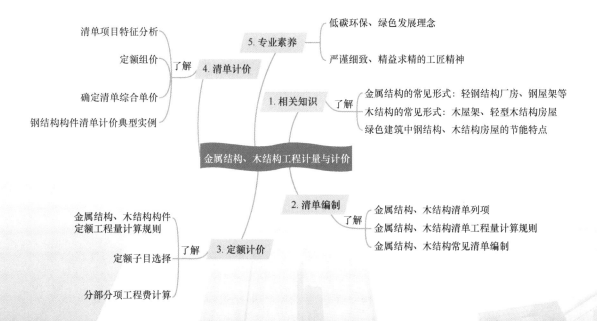

装配式建筑工程量清单计价

任务背景

金属结构工程主要指钢结构的房屋建筑工程。钢结构因其优越的力学性能及良好的装配性而得到广泛应用。在工业厂房中,有1/3左右的工程项目是用钢结构材料建造的房屋;大跨度的民用建筑如高铁车站、航空港的候机大厅、体育场馆及展览馆建筑多用钢结构建造而成;高层民用建筑中也有一部分房屋是用钢结构建造而成的。

而现代木结构工程技术经过几十年的长足发展,以其出色的低碳、绿色、节能和抗震等优势,成为许多发达国家公共和民用建筑的首选。我国的森林资源相对匮乏,木结构的使用局限在仿古建筑、园林建筑、旅游风景区建筑及少量别墅建筑中。木结构房屋的主要构件有木柱、木梁、木屋架及屋面木基层等。

任务8模块8.1主要介绍金属结构、木结构工程量清单编制;模块8.2主要介绍金属结构、木结构工程计价。

模块8.1 金属结构、木结构工程量清单编制

规范依据

8.1.1 钢网架

1. 清单项目设置

钢网架工程量清单项目设置、项目特征描述的内容、计量单位及工程量计算规则应按表8-1的规定执行。

表8-1 钢网架(编码:010601)

项目编码	项目名称	项目特征	计量单位	工程量计算规则	工作内容
010601001	钢网架	1. 钢材品种、规格 2. 网架节点形式、连接方式 3. 网架跨度、安装高度 4. 探伤要求 5. 防火要求	t	按设计图示尺寸以质量计算。不扣除孔眼的质量,焊条、铆钉等不另增加质量	1. 拼装 2. 安装 3. 探伤 4. 补刷油漆

2. 清单规则解读

(1)防火要求是指设计图纸中明确的耐火极限要求。表8-2~表8-7的项目特征中的防火要求均与此同义。

(2)钢网架属于空间网格结构,其节点的常用形式有焊接空心球节点、螺栓球节点(图8.1)、嵌入式毂节点和铸钢节点(图8.2)等。

（3）探伤要求。焊缝探伤分渗透、超声波和射线探伤等，焊缝探伤根据焊缝级别、设计要求进行。

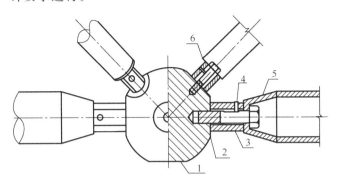

1—钢球；2—高强度螺栓；3—套筒；4—紧固螺钉；5—锥头；6—封板。

图 8.1　螺栓球节点

图 8.2　铸钢节点

8.1.2　钢屋架、钢托架、钢桁架、钢架桥

1. 清单项目设置

钢屋架、钢托架、钢桁架、钢架桥工程量清单项目设置、项目特征描述的内容、计量单位及工程量计算规则应按表 8-2 的规定执行。

表 8-2　钢屋架、钢托架、钢桁架、钢架桥（编码：010602）

项目编码	项目名称	项目特征	计量单位	工程量计算规则	工作内容
010602001	钢屋架	1. 钢材品种、规格 2. 单榀质量 3. 屋架跨度、安装高度 4. 螺栓种类 5. 探伤要求 6. 防火要求	1. 榀 2. t	1. 以榀计量，按设计图示数量计算 2. 以 t 计量，按设计图示尺寸以质量计算。不扣除孔眼的质量，焊条、铆钉、螺栓等不另增加质量	1. 拼装 2. 安装 3. 探伤 4. 补刷油漆
010602002	钢托架	1. 钢材品种、规格 2. 单榀质量 3. 安装高度 4. 螺栓种类 5. 探伤要求 6. 防火要求	t	按设计图示尺寸以质量计算。不扣除孔眼的质量，焊条、铆钉、螺栓等不另增加质量	
010602003	钢桁架				
010602004	钢架桥	1. 桥类型 2. 钢材品种、规格 3. 单榀质量 4. 安装高度 5. 螺栓种类 6. 探伤要求			

2. 清单规则解读

（1）螺栓种类是指普通螺栓或高强度螺栓。

（2）钢屋架以榀计量时，按标准图设计的应注明标准图代号；按非标准图设计的项目特征必须描述单榀屋架的质量。

8.1.3 钢柱

1. 清单项目设置

钢柱工程量清单项目设置、项目特征描述的内容、计量单位及工程量计算规则应按表8-3的规定执行。

表8-3 钢柱（编码：010603）

项目编码	项目名称	项目特征	计量单位	工程量计算规则	工作内容
010603001	实腹钢柱	1. 柱类型 2. 钢材品种、规格 3. 单根柱质量 4. 螺栓种类 5. 探伤要求 6. 防火要求	t	按设计图示尺寸以质量计算。不扣除孔眼的质量，焊条、铆钉、螺栓等不另增加质量，依附在钢柱上的牛腿及悬臂梁等并入钢柱工程量内	1. 拼装 2. 安装 3. 探伤 4. 补刷油漆
010603002	空腹钢柱				
010603003	钢管柱	1. 钢材品种、规格 2. 单根柱质量 3. 螺栓种类 4. 探伤要求 5. 防火要求		按设计图示尺寸以质量计算。不扣除孔眼的质量，焊条、铆钉、螺栓等不另增加质量，钢管柱上的节点板、加强环、内衬管、牛腿等并入钢管柱工程量内	

2. 清单规则解读

（1）螺栓种类是指普通螺栓或高强度螺栓。

（2）实腹钢柱类型指截面为H形、工字形、十字形、T形、L形等形式，其中H型钢柱、工字型钢柱在实腹式钢柱中较为常见。

（3）空腹钢柱类型指箱形、格构式钢柱等，其中格构式钢柱在建筑工程中应用相对较多。

（4）型钢混凝土柱浇筑钢筋混凝土，其混凝土和钢筋应按《房屋建筑与装饰工程工程量计算规范》中混凝土及钢筋混凝土工程中相关项目编码列项。

8.1.4 钢梁

1. 清单项目设置

钢梁工程量清单项目设置、项目特征描述的内容、计量单位及工程量计算规则应按表8-4的规定执行。

表 8-4　钢梁(编码：010604)

项目编码	项目名称	项目特征	计量单位	工程量计算规则	工作内容
010604001	钢梁	1. 梁类型 2. 钢材品种、规格 3. 单根质量 4. 螺栓种类 5. 安装高度 6. 探伤要求 7. 防火要求	t	按设计图示尺寸以质量计算。不扣除孔眼的质量，焊条、铆钉、螺栓等不另增加质量，制动梁、制动板、制动桁架、车挡并入钢吊车梁工程量内	1. 拼装 2. 安装 3. 探伤 4. 补刷油漆
010604002	钢吊车梁	1. 钢材品种、规格 2. 单根质量 3. 螺栓种类 4. 安装高度 5. 探伤要求 6. 防火要求			

2. 清单规则解读

(1) 梁类型指截面为 H 形、工字形、L 形、T 形、箱形、格构式等。其中，H 型钢梁和工字型钢梁较为常见。

(2) 型钢混凝土梁浇筑钢筋混凝土，其混凝土和钢筋应按《房屋建筑与装饰工程工程量计算规范》中混凝土及钢筋混凝土工程中相关项目编码列项。

8.1.5　钢板楼板、墙板

1. 清单项目设置

钢板楼板、墙板工程量清单项目设置、项目特征描述的内容、计量单位及工程量计算规则应按表 8-5 的规定执行。

表 8-5　钢板楼板、墙板(编码：010605)

项目编码	项目名称	项目特征	计量单位	工程量计算规则	工作内容
010605001	钢板楼板	1. 钢材品种、规格 2. 钢板厚度 3. 螺栓种类 4. 防火要求	m^2	按设计图示尺寸以铺设水平投影面积计算。不扣除单个面积≤$0.3m^2$柱、垛及孔洞所占面积	1. 拼装 2. 安装 3. 探伤 4. 补刷油漆
010605002	钢板墙板	1. 钢材品种、规格 2. 钢板厚度、复合板厚度 3. 螺栓种类 4. 复合板夹芯材料种类、层数、型号、规格 5. 防火要求		按设计图示尺寸以铺挂展开面积计算。不扣除单面面积≤$0.3m^2$的梁、孔洞所占面积，包角、包边、窗台泛水等不另加面积	

2. 清单规则解读

(1) 钢板楼板上浇筑钢筋混凝土，其混凝土和钢筋应按《房屋建筑与装饰工程工程量计算规范》中混凝土及钢筋混凝土工程中相关项目编码列项。

(2) 压型钢楼板按"钢板楼板"项目编码列项。

8.1.6 钢构件

1. 清单项目设置

钢构件工程量清单项目设置、项目特征描述的内容、计量单位及工程量计算规则应按表 8-6 的规定执行。

表 8-6 钢构件（编码：010606）节选

项目编码	项目名称	项目特征	计量单位	工程量计算规则	工作内容
010606001	钢支撑、钢拉条	1. 钢材品种、规格 2. 构件类型 3. 安装高度 4. 螺栓种类 5. 探伤要求 6. 防火要求	t	按设计图示尺寸以质量计算。不扣除孔眼的质量，焊条、铆钉、螺栓等不另增加质量	1. 拼装 2. 安装 3. 探伤 4. 补刷油漆
010606002	钢檩条	1. 钢材品种、规格 2. 构件类型 3. 单根质量 4. 安装高度 5. 螺栓种类 6. 探伤要求 7. 防火要求			
010606003	钢天窗架	1. 钢材品种、规格 2. 单榀质量 3. 安装高度 4. 螺栓种类 5. 探伤要求 6. 防火要求			
010606010	钢漏斗	1. 钢材品种、规格 2. 漏斗、天沟形式 3. 安装高度 4. 探伤要求		按设计图示尺寸以质量计算，不扣除孔眼的质量，焊条、铆钉、螺栓等不另增加质量，依附漏斗或天沟的型钢并入漏斗或天沟工程量内	
010606011	钢板天沟				

续表

项目编码	项目名称	项目特征	计量单位	工程量计算规则	工作内容
010606012	钢支架	1. 钢材品种、规格 2. 安装高度 3. 防火要求	t	按设计图示尺寸以质量计算，不扣除孔眼的质量，焊条、铆钉、螺栓等不另增加质量	1. 拼装 2. 安装 3. 探伤 4. 补刷油漆
010606013	零星钢构件	1. 构件名称 2. 钢材品种、规格			

2. 清单规则解读

（1）钢墙架项目包括墙架柱、墙架梁和连接杆件。

（2）钢支撑、钢拉条类型指单式、复式；钢檩条类型指型钢式、格构式；钢漏斗形式指方形、圆形；钢板天沟形式指矩形沟或半圆形沟。

（3）加工铁件等小型构件，应按"零星钢构件"项目编码列项。

8.1.7 金属制品

1. 清单项目设置

金属制品工程量清单项目设置、项目特征描述的内容、计量单位及工程量计算规则应按表8-7的规定执行。

表8-7 金属制品（编码：010607）

项目编码	项目名称	项目特征	计量单位	工程量计算规则	工作内容
010607001	成品空调金属百叶护栏	1. 材料品种、规格 2. 边框材质	m²	按设计图示尺寸以框外围展开面积计算	1. 安装 2. 校正 3. 预埋铁件及安螺栓
010607002	成品栅栏	1. 材料品种、规格 2. 边框及立柱型钢品种、规格	m²	按设计图示尺寸以框外围展开面积计算	1. 安装 2. 校正 3. 预埋铁件 4. 安螺栓及金属立柱
010607003	成品雨篷	1. 材料品种、规格 2. 雨篷宽度 3. 晾衣杆品种、规格	1. m 2. m²	1. 以m计量，按设计图示接触边以m计算 2. 以m²计量，按设计图示尺寸以展开面积计算	1. 安装 2. 校正 3. 预埋铁件及安螺栓

续表

项目编码	项目名称	项目特征	计量单位	工程量计算规则	工作内容
010607004	金属网栏	1. 材料品种、规格 2. 边框及立柱型钢品种、规格	m²	按设计图示尺寸以框外围展开面积计算	1. 安装 2. 校正 3. 安螺栓及金属立柱
010607005	砌块墙钢丝网加固	1. 材料品种、规格 2. 加固方式		按设计图示尺寸以面积计算	1. 铺贴 2. 铆固
010607006	后浇带金属网				

2. 清单规则解读

（1）砌块墙钢丝网加固。框架、框架剪力墙等结构中的后砌加气块与原有混凝土结构结合部位需要加铺一定宽度的钢丝网，其作用是防止不同材料交接处因材料干缩而开裂。

（2）后浇带金属网。为了减少混凝土漏浆，保证先浇部分的混凝土成型，需在后浇带的两侧铺设金属网。

8.1.8 木屋架

1. 清单规则设置

木屋架工程量清单项目设置、项目特征描述的内容、计量单位及工程量计算规则应按表 8-8 的规定执行。

表 8-8 木屋架(编码：010701)

项目编码	项目名称	项目特征	计量单位	工程量计算规则	工作内容
010701001	木屋架	1. 跨度 2. 材料品种、规格 3. 刨光要求 4. 拉杆及夹板种类 5. 防护材料种类	1. 榀 2. m³	1. 以榀计量，按设计图示数量计算 2. 以 m³ 计量，按设计图示的规格尺寸以体积计算	1. 制作 2. 运输 3. 安装 4. 刷防护材料
010701002	钢木屋架	1. 跨度 2. 木材品种、规格 3. 刨光要求 4. 钢材品种、规格 5. 防护材料种类	榀	以榀计量，按设计图示数量计算	

2. 清单规则解读

（1）屋架的跨度应以上、下弦中心线两交点之间的距离计算。

（2）带气楼的屋架和马尾、折角及正交部分的半屋架，按相关屋架项目编码列项。

（3）以榀计量，按标准图设计，项目特征必须标注标准图代号，按非标准图设计的项目特征必须按表8-8要求予以描述。

8.1.9 木构件

1. 清单项目设置

木构件工程量清单项目设置、项目特征描述的内容、计量单位及工程量计算规则应按表8-9的规定执行。

表8-9 木构件（编码：010702）

项目编码	项目名称	项目特征	计量单位	工程量计算规则	工作内容
010702001	木柱	1. 构件规格尺寸 2. 木材种类 3. 刨光要求 4. 防护材料种类	m^3	按设计图示尺寸以体积计算	1. 制作 2. 运输 3. 安装 4. 刷防护材料
010702002	木梁				
010702003	木檩		1. m^3 2. m	1. 以 m^3 计量，按设计图示尺寸以体积计算 2. 以 m 计量，按设计图示尺寸以长度计算	
010702004	木楼梯	1. 楼梯形式 2. 木材种类 3. 刨光要求 4. 防护材料种类	m^2	按设计图示尺寸以水平投影面积计算。不扣除宽度≤300mm的楼梯井，伸入墙内部分不计算	
010702005	其他木构件	1. 构件名称 2. 构件规格尺寸 3. 木材种类 4. 刨光要求 5. 防护材料种类	1. m^3 2. m	1. 以 m^3 计量，按设计图示尺寸以体积计算 2. 以 m 计量，按设计图示尺寸以长度计算	

2. 清单规则解读

（1）木楼梯的栏杆（栏板）、扶手，应按《房屋建筑与装饰工程工程量计算规范》附录Q其他装饰工程中的相关项目编码列项。

（2）以m计量，项目特征必须描述构件规格尺寸。

8.1.10 屋面木基层

1. 清单项目设置

屋面木基层工程量清单项目设置、项目特征描述的内容、计量单位及工程量计算规则应按表 8-10 的规定执行。

表 8-10 屋面木基层(编码:010703)

项目编码	项目名称	项目特征	计量单位	工程量计算规则	工作内容
010703001	屋面木基层	1. 椽子断面尺寸及椽距 2. 屋面板材料种类、厚度 3. 防护材料种类	m²	按设计图示尺寸以斜面积计算。不扣除房上烟囱、风帽底座、风道、小气窗、斜沟等所占面积。小气窗的出檐部分不增加面积	1. 椽子制作、安装 2. 屋面板制作、安装 3. 顺水条和挂瓦条制作、安装 4. 刷防护材料

2. 清单规则解读

屋面木基层包括檩条、椽子、屋面板、油毡、挂瓦条和顺水条等,如图 8.3 所示。屋面系统的木结构通常是由屋面木基层和木屋架(或钢木屋架)两部分组成的。

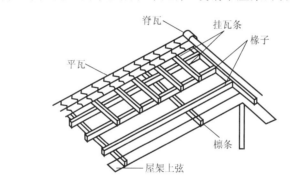

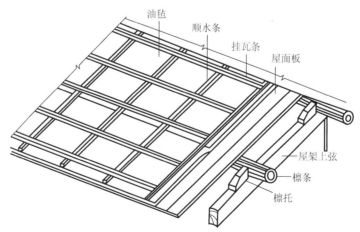

图 8.3 屋面木基层构造

项目8 金属结构、木结构工程计量与计价

典型实例

1. 钢结构工程量清单编制实例。

【背景资料】

某工程空腹钢柱如图 8.4 所示（最底层钢板为－12mm），共 2 根，加工厂制作，运输到现场拼装、安装，超声波探伤、耐火极限为二级。钢材单位理论质量见表 8-11。

钢结构工程量清单编制实例

【问题】

根据以上背景资料及现行国家标准《建设工程工程量清单计价规范》《房屋建筑与装饰工程工程量计算规范》，试编制该工程空腹钢柱的分部分项工程量清单。

表 8-11　钢材单位理论质量表

规格	单位质量	备注
[32b×(320×90)	43.25kg/m	槽钢
∠100×100×8	12.28kg/m	角钢
∠140×140×10	21.49kg/m	角钢
－12	94.20kg/m²	钢板

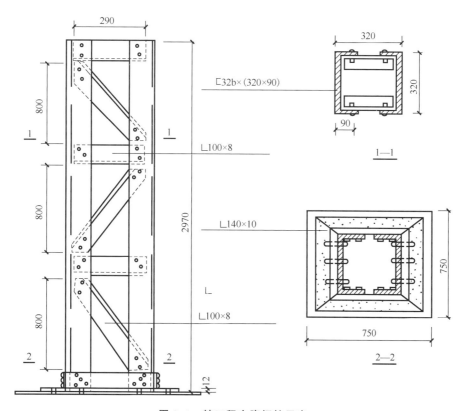

图 8.4　某工程空腹钢柱示意

203

解：(1) 分析与解答。

① 此例为格构式空腹钢柱，由双肢槽钢[32b×(320×90)通过角钢缀条形成，柱净高2.97m。

② 图8.4可见，单根空腹钢柱中连接双肢槽钢的规格为∟100×8的水平及斜缀条，内外两侧各有6根，单根水平缀条长度为290mm，单根斜缀条长度可根据勾股定理求得。

③ 图8.4可见，单根空腹钢柱的根部用4根∟140×10规格的角钢箍住，其工程量如表8-12中的G_3。

④ 图8.4可见，单根空腹钢柱的根部设置一块厚12mm的钢板，其面积为0.75m×0.75m。

⑤ 图8.4可见，缀条与槽钢间用螺栓连接，根据表8-3的空腹钢柱的工程量计算规则，空腹钢柱工程量不扣除孔眼的质量，焊条、铆钉、螺栓等也不另增加质量。

(2) 编制项目的分部分项工程量清单。

分部分项工程量清单与计价表见表8-13。清单编制在表8-12已有正确列项的情况下，需按表8-3的提示，根据工程背景准确描述其项目特征。

表8-12 清单工程量计算表

序号	项目编码	项目名称	计算式	计量单位	工程量合计
	010603002001	空腹钢柱	(1) [32b×(320×90)： $G_1=2.97\times2\times43.25\times2=513.81(kg)$ (2) ∟100×8： $G_2=(0.29\times6+\sqrt{0.8^2+0.29^2}\times6)\times12.28\times2$ $\approx168.13(kg)$ (3) ∟140×10： $G_3=0.32\times4\times21.49\times2\approx55.01(kg)$ (4) 厚12的钢板： $G_4=0.75\times0.75\times94.20\times2\approx105.98(kg)$ (5) 钢柱总质量： $G=G_1+G_2+G_3+G_4=513.81+168.13+55.01+105.98=842.93(kg)$	t	0.843

表8-13 分部分项工程量清单与计价表

序号	项目编码	项目名称	项目特征描述	计量单位	工程量	金额/元	
						综合单价	合价
	010603002001	空腹钢柱	1. 柱类型：双胶格构柱 2. 钢材品种、规格：槽钢、角钢、钢板，规格见详图 3. 单根柱质量：0.422t 4. 螺栓种类：普通螺栓 5. 探伤要求：超声波探伤 6. 防火要求：耐火极限为二级	t	0.843		

2. 木结构工程量清单编制实例。

【背景资料】

某厂房，方木屋架如图8.5所示，共4榀，现场制作，不刨光，拉杆为 $\phi 10$ 的圆钢，铁件刷防锈漆一遍，轮胎式起重机安装，安装高度为6m。

【问题】

根据以上背景资料及现行国家标准《建设工程工程量清单计价规范》《房屋建筑与装饰工程工程量计算规范》，试编制该工程方木屋架以 m^3 计量的分部分项工程量清单。

木结构工程量清单编制实例

解：(1) 分析与解答。

方木屋架以 m^3 计量，按设计图示的规格尺寸以体积计算。杆件的长度应以上、下弦中心线两交点(节点)之间的距离计算。

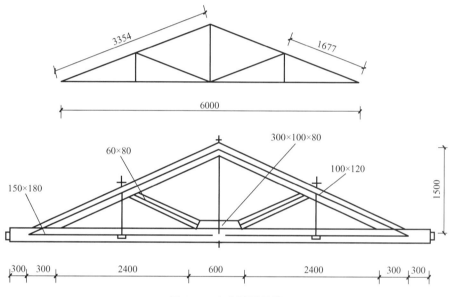

图 8.5 方木屋架示意

(2) 编制项目的分部分项工程量清单。

分部分项工程量清单与计价表见表 8-15。清单编制在表 8-14 已有正确列项的情况下，需按表 8-8 的提示，根据工程背景准确描述其项目特征。

表 8-14 清单工程量计算表

序号	项目编码	项目名称	计算式	计量单位	工程量合计
	010701001001	方木屋架	(1) 下弦杆体积=0.15×0.18×6.6×4≈0.713 (2) 上弦杆体积=0.10×0.12×3.354×2×4≈0.322 (3) 斜撑体积=0.06×0.08×1.677×2×4≈0.064 (4) 垫木体积=0.30×0.10×0.08×4≈0.01 (5) $V_{总}$=0.713+0.322+0.064+0.01≈1.11	m^3	1.11

表 8-15　分部分项工程量清单与计价表

序号	项目编码	项目名称	项目特征描述	计量单位	工程量	金额/元	
						综合单价	合价
	010701001001	方木屋架	1. 跨度：6.00m 2. 材料品种、规格：方木、规格见详图 3. 刨光要求：不刨光 4. 拉杆种类：φ10 圆钢 5. 防护材料种类：铁件刷防锈漆一遍	m³	1.11		

典型训练

【工作任务1】编制实腹钢梁、钢檩条的分部分项工程量清单。

【任务背景】

某钢结构厂房，采用 H 型钢梁和 Z 型钢檩条，钢梁采用 Q345B 钢，钢檩条采用 Q235B 钢，端部连接采用 10.9S 级高强度螺栓。梁端支座高度15m。钢梁中间一个区段如图 8.6 所示，该节的 H 型钢梁的规格为 H550×200×6×10，Z 型钢檩条的规格是 Z220×75×20×2.5，该节梁上共有 6 根 Z 型钢檩条，单根檩条长度为9m，檩条与钢梁之间采用性能等级为 4.6 级的 C 级六角头普通螺栓。

【问题】

根据以上背景资料及现行国家标准《建设工程工程量清单计价规范》《房屋建筑与装饰工程工程量计算规范》，试编制该段实腹钢梁（端板连接板计入其中）、钢檩条（只计一跨 6 根）的分部分项工程量清单，并将清单编制成果填于表 8-16 中。

【训练提示】

(1) 钢梁按设计图示尺寸以质量计算。不扣除孔眼的质量，焊条、铆钉、螺栓等不另增加质量。

(2) 檩条 Z220×75×20×2.5，是指冷弯斜卷边 Z 形檩条，单位长度质量按9.5kg/m 考虑。

(3) 钢材重度按 7800kg/m³ 计算。

【分析与解答】

表 8-16　分部分项工程量清单与计价表

序号	项目编码	项目名称	项目特征描述	计量单位	工程量	金额/元	
						综合单价	合价
1							
2							

【工作任务2】编制钢屋架的分部分项工程量清单。

【任务背景】

某钢结构工程钢屋架共 4 榀，屋架各部分用料如图 8.7 所示，∟100×8 角钢的线密度为

项目8 金属结构、木结构工程计量与计价

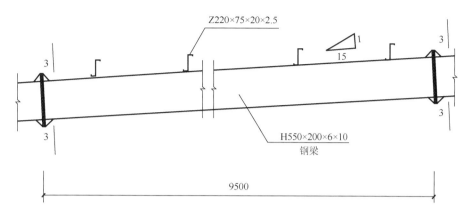

(a) 钢梁区段大样

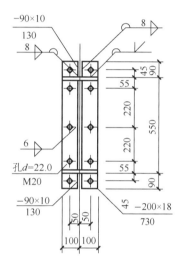

(b) 3—3断面图

图 8.6 钢梁中间一个区段

12.276 kg/m，∟70×7 角钢的线密度为 7.398 kg/m，Φ25（二级钢）钢筋的线密度为 3.85 kg/m，—12mm 连接板面密度为 94.20 kg/m²，刷防锈漆 3 遍，银粉 2 遍。

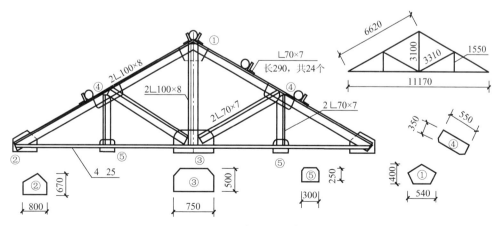

图 8.7 钢屋架示意

207

【问题】

根据以上背景资料及现行国家标准《建设工程工程量清单计价规范》《房屋建筑与装饰工程工程量计算规范》，试编制钢屋架的分部分项工程量清单，并将编制成果填于表 8-17 中。

【训练提示】

(1) 檩托∟70×7 沿屋架两侧对称布置（图 8.7 中未真实体现），4 榀屋架共 24 个檩托。

(2) 每榀屋架编号为①、③的节点板数量是一块，编号为②、④、⑤的节点板数量均为两块。

(3) 屋架上弦杆、下弦杆、腹杆所用角钢或圆钢在节点板内外均对称布置，如图 8.7 左侧上弦杆的标注为 2∟100×8，上弦杆长度由图可知，为 6.62m。屋架以中心腹杆为轴，杆件左右对称布置。

(4) 节点板面积按多边形的外接矩形面积确定。

【分析与解答】

依次计算上弦杆、下弦杆、腹杆、节点板的定额工程量，注意共有 4 榀屋架。

表 8-17 分部分项工程量清单与计价表

序号	项目编码	项目名称	项目特征描述	计量单位	工程量	金额/元	
						综合单价	合价

模块 8.2　金属结构、木结构工程计价

标准依据

8.2.1　金属结构工程定额概况

金属结构工程共设置 63 个子目，主要内容包括钢柱制作，钢屋架、钢桁架、钢网架制作；钢梁、钢吊车梁制作；钢制动梁、钢支撑制作；檩架、挡风架制作，钢平台、钢梯子、钢栏杆制作；钢拉杆制作、钢漏斗制安、型钢制作；钢屋架、钢托架、钢桁架现场制作平台摊销等。

8.2.2　使用金属结构定额注意事项

1. 一般性原则

(1) 金属构件不论在加工厂、附属企业加工厂或现场制作，均执行金属结构定额（现场

制作需搭设操作平台,其平台摊销费按《江苏省计价定额》中金属结构的相应项目执行)。

(2) 零星钢构件制作是指质量 50kg 以内的其他零星铁件制作。

(3) 定额的制作均按焊接编制,局部制作用螺栓或铆钉连接,也按定额执行。轻钢檩条拉杆安装用的螺帽、圆钢剪刀撑用的花篮螺栓,以及螺栓球网架的高强度螺栓、紧定钉,已列入相应定额中,执行时按设计用量调整。

(4) 金属构件制作项目中,均包括刷一遍防锈漆在内,安装后再刷防锈漆或其他油漆应另列项目计算。

2. 主要工程量计算规则

(1) 金属结构制作按图示钢材尺寸以质量计算,不扣除孔眼、切肢、切角、切边的质量,电焊条、铆钉、螺栓、紧定钉等质量不计入工程量。计算不规则或多边形钢板时,以其外接矩形面积乘以单位理论质量计算。

(2) 实腹钢柱、钢梁、钢吊车梁、H 型钢、T 型钢按图示尺寸计算,其中钢梁、钢吊车梁构件中的腹板、翼板宽度按图示尺寸每边增加 8mm 计算,主要是为确保重要受力构件钢材材质稳定、焊件边缘平整而进行边缘加工时的刨削量,以保证构件的焊缝质量和构件强度。

(3) 接桩角钢套的应用。有接桩的桩,在桩端头的钢筋上焊接了接桩角钢套(接桩角钢套是由型钢与钢板焊接而成的钢套,将此钢套再焊接到预制桩前的桩端头主钢筋上),角钢套的制作、安装按 7-57 子目人工、电焊机乘以系数 0.7 调整综合单价后执行。角钢套与桩端头主钢筋焊接的人、材、机已包括在内,不得另列项目计算。综合单价调整如下:$8944.78-(2125.44+747.24) \times 0.3 \times 1.37 \approx 7764.11$(元/t)。

接桩角钢套的接头方式常用的有电焊法和胶泥法,电焊法又有包角钢焊接接头和包钢板焊接接头之分。

(4) C、Z 轻钢檩条内的拉杆按钢檩条、钢拉杆制作子目执行。

(5) 定额各子目均未包括焊缝无损探伤(如 X 射线探伤、超声波探伤、磁粉探伤、着色探伤等),也未包括探伤固定支架制作和被检工件的退磁。设计或建设单位有要求者,该费用应另按实结算。

8.2.3 木结构工程定额概况

本节定额内容共分 3 个部分,即厂库房大门、特种门、木结构,附表(厂库房大门、特种门五金、铁件配件表),共编制有 81 个子目。

8.2.4 使用木结构工程定额注意事项

(1) 金属防火、冷藏、保温门等由于建安工程管理相关规定,必须由专业生产厂家负责,承包企业不得制作安装,仅作为预算、标底和投标报价的参考,决算时按市场价格另行计算,不再套用定额计算。

(2) 木结构工程定额均以一类、二类木种为准。

(3) 木材规格是按已成型的两个切断面规格料编制的,两个切断面以前的锯缝损耗按总说明规定应另外计算。

（4）定额中注明的木材断面或厚度均以毛料为准，如设计图纸注明的断面或厚度为净料时，应增加断面刨光损耗：一面刨光加3mm，两面刨光加5mm。

（5）定额中所有铁件含量与设计不符时，均应调整。

（6）木屋架制安项目中的型钢、钢拉杆、铁件设计与定额不符时，应调整。

（7）各种门的五金应单独列项计算，当设计使用《江苏省计价定额》第十五章第五节中的五金与门五金表中五金重复时，重复的五金应扣除；但成品门扇安装定额中已包括五金费的，其五金费不得再按附表计算，也不得调整。

8.2.5 木结构定额名词释义

（1）马尾。马尾指四坡水屋顶建筑物的两端屋面的端头坡面部分，如图8.8所示。

（2）折角。折角指构成L形的坡屋顶建筑物横向和竖向相交的部分，如图8.8所示。

（3）正交部分。正交部分指构成丁字形的坡屋顶建筑物横向和竖向相交的部分，如图8.8所示。屋架的马尾、折角和正交部分半屋架，应并入相连接屋架的体积内计算。屋架的马尾、折角和正交部分半屋架在计算其体积时不单独列项套定额，而应并入屋架的体积内计算，按屋架定额子目计算。

（4）封檐板。在平瓦屋面的檐口部分，往往将附木挑出（挑檐木），各挑檐木间钉上檐口檩条，在檐口檩条外侧钉有通长的封檐板，封檐板可用宽200～250mm、厚20mm的木板，如图8.9所示。瓦屋面的檐口部分一般是将椽子伸出，在椽子端头处也可钉通长的封檐板。

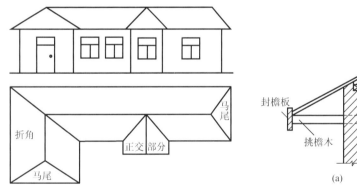

图8.8 屋架的马尾、折角和正交部分示意

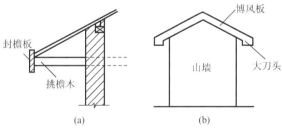

图8.9 封檐板与博风板

（5）博风板。在房屋端部，有些是将檩条端部挑出山墙，为了美观，可在檩条端部处钉通长的博风板（又称封山板）。博风板的规格与封檐板相同。

8.2.6 木结构工程量计算规则

1. 封檐板和博风板

封檐板按檐口外围长度计算，博风板按水平投影长度乘以屋面坡度系数后，单坡加300mm，双坡加500mm计算。

2. 屋面木基层

屋面木基层的檩条、椽子、屋面板等构件，有的起承重作用，有的起围护及承重作用。屋面木基层的构造要根据屋面防水材料种类而定。

平瓦屋面木基层的基本构造是在屋架上铺设檩条，檩条上铺屋面板（或钉椽子），屋面板上铺油毡、椽子、顺水条、挂瓦条等（图8.3）。

典型实例

1. 某钢板如图8.10所示，底边长1520mm，顶边长1360mm，底边垂直最大宽度为800mm，最大长度1650mm，钢板厚度8mm，试计算该钢板定额工程量。

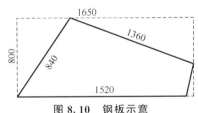

图8.10 钢板示意

解：钢板面积按钢板外接矩形即互相垂直的最大长度与其最大宽度之积求得。

钢板面积：$1.65 \times 0.80 = 1.32 (m^2)$

钢板质量：$1.32 \times 0.08 \times 7.85 \approx 0.083 (t)$

2. 试计算钢屋架水平支撑（图8.11）的定额工程量并按照《江苏省计价定额》计算钢支撑的费用。钢材密度按7850kg/m³计，∟75×6的线密度 u 为6.91 kg/m。

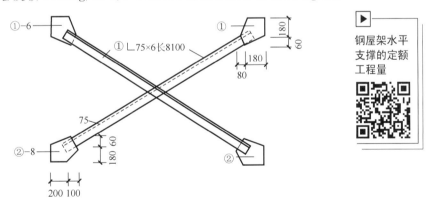

图8.11 钢屋架水平支撑示意

解：（1）定额工程量计算。

$W_{-6钢板} = S \times \delta \times 7850 \times n = (0.08 + 0.18) \times (0.06 + 0.18) \times 0.006 \times 7850 \times 2 \approx 5.878 (kg)$

$W_{-8钢板} = S \times \delta \times 7850 \times n = (0.1 + 0.2) \times (0.06 + 0.18) \times 0.008 \times 7850 \times 2 \approx 9.043 (kg)$

$W_{\llcorner 75 \times 6} = L \times u \times n = 8.1 \times 6.91 \times 2 = 111.942 (kg)$

$W_{水平支撑} = 5.878 + 9.043 + 111.942 = 126.863 (kg)$

（2）选择子目7-29；子目名称：屋架钢支撑；综合单价：6913.84 元/t。

（3）分项工程的费用合计：$0.127 \times 6913.84 \approx 878.06$（元）。

钢屋架的综合单价

3. 某单层工业厂房为三类工程。屋面钢屋架12榀,现场制作,该屋架每榀2.76t,刷红丹防锈漆一遍,薄型防火涂料(耐火1.5h),构件安装场内运输650m,履带式起重机安装高度5.4m,跨外安装,招标人编制的分部分项工程量清单见表8-18,请按《江苏省计价定额》计算钢屋架的综合单价。钢屋架表面积按$38m^2/t$折算考虑。

表8-18 招标人编制的分部分项工程量清单

序号	项目编码	项目名称	项目特征	计量单位	工程量
	010602001001	钢屋架	1. 钢材品种规格:∟50×4 2. 单榀屋架质量:2.76t 3. 屋架跨度9m,安装高度5.4m 4. 屋架无探伤要求 5. 屋架刷防火漆2遍 6. 屋架刷薄型防火涂料(1.5h)	榀	12

解:(1)分析表8-18的清单及题目已知条件。

① 选择子目7-11,子目名称为钢屋架制作,分项费用为$2.76×6695.58≈18479.8$(元),钢屋架刷红丹防锈漆一遍,钢屋架制作已经包含,不再另计。

② 选择子目17-146,子目名称为钢屋架刷防火涂料(1.5h),分项费用为$2.76×38/10×612.23≈6421$(元)。

③ 选择子目17-132+17-133,子目名称为钢屋架刷防火漆2遍,分项费用为$2.76×38/10×(45.21+41.19)≈906.16$(元)。

④ 选择子目8-25,子目名称为钢屋架运输,分项费用为$2.76×52.71≈145.48$(元)。

⑤ 跨外安装的费用。根据《江苏省计价定额》中的相关规则规定,单层厂房屋盖系统如在跨外安装,按相应构件安装定额中的人工、吊装机械台班乘以系数1.18。

选择子目8-124换,子目名称为钢屋架安装(跨外),分项费用为$2.76×879.11≈2426.34$(元)。

其中单价换算如下。

人工费:$214.84×1.18≈253.51$(元)

材料费:42.5元

施工机具使用费:$313.08+244.85×0.18≈357.15$(元)

管理费:$(253.51+357.15)×25\%≈152.67$(元)

利润:$(253.51+357.15)×12\%≈73.28$(元)

单价合计:879.11元/t

⑥ 钢屋架综合单价:$18479.8+6421+906.16+145.48+2426.34=28378.78$(元/榀)。

(2)填写分部分项工程量清单与计价表(表8-19)。

表8-19 分部分项工程量清单与计价表

序号	项目编码	项目名称	计量单位	工程量	金额/元	
					综合单价	合价
	010602001001	钢屋架	榀	12	28378.78	340545.36

4. 黏土瓦屋面 1500m², 在檩木上钉方椽子和挂瓦条, 方椽子规格为 50mm×63mm, 中距为 450mm, 挂瓦条规格为 30mm×25mm, 方椽子三面刨光。请按《江苏省计价定额》计算该屋面木基层的定额综合单价。

屋面木基层的定额综合单价

解：根据题意，选择子目 9-52，子目名称为檩木上钉椽子及挂瓦条，按《江苏省计价定额》中该子目的注释，子目 9-52 椽子规格为 40mm×50mm，中距为 400mm，其中椽子料为 0.059m³，挂瓦条为 0.019m³，规格为 25mm×20mm。题意与该子目有不相符的地方，应按比例换算椽子料。

(1) 方椽子断面不同的换算。
$$(40 \times 50) : 0.059 = (50 \times 63) : x$$
$$x \approx 0.0929 (\mathrm{m}^3)$$

(2) 中距为 450mm 时椽子木材用量换算。
$$y = 400 \times 0.0929 / 450 \approx 0.0826 (\mathrm{m}^3)$$

(3) 挂瓦条断面不同的换算。
$$(25 \times 20) : 0.019 = (30 \times 25) : z$$
$$z = 0.0285 (\mathrm{m}^3)$$

(4) 换算后普通成材用量。
$$0.0826 + 0.0285 \approx 0.111 (\mathrm{m}^3)$$

(5) 计算定额综合单价。

根据 9-52 的注解规定，椽子如刨光，每 10m² 增加人工 0.12 工日。综上可有

9-52 换综合单价 = 174.09 + 0.12×82×(1+25%+12%) + (0.111−0.078)×1600
≈ 240.37 [元/(10m²)]

分项工程合价 = 1500/10 × 240.37 = 36055.50 (元)

5. 计算 15m 跨度方木屋架(图 8.12)的工程量并按照《江苏省计价定额》计算屋架的合价。

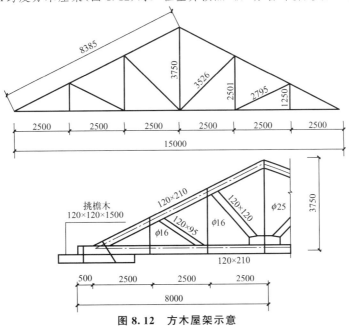

图 8.12 方木屋架示意

解：(1) 定额工程量计算。

上弦工程量：$8.385 \times 0.12 \times 0.21 \times 2 \approx 0.423 (m^3)$

下弦工程量：$(15 + 0.5 \times 2) \times 0.12 \times 0.21 \approx 0.403 (m^3)$

斜撑（断面120mm×120mm）工程量：$3.526 \times 0.12 \times 0.12 \times 2 \approx 0.102 (m^3)$

斜撑（断面120mm×95mm）工程量：$2.795 \times 0.12 \times 0.095 \times 2 \approx 0.064 (m^3)$

挑檐木工程量：$1.5 \times 0.12 \times 0.12 \times 2 \approx 0.043 (m^3)$

方木屋架工程量：$0.423 + 0.403 + 0.102 + 0.064 + 0.043 = 1.035 (m^3)$

(2) 选择子目9-39；子目名称：方木屋架；综合单价：4516.99元/m^3。

(3) 计算分项工程费用合计为 $1.035 \times 4516.99 \approx 4675.08$(元)。

典型训练

【工作任务1】 计算钢屋架的制作费用。

【任务背景】

某工程钢屋架如图8.13所示，同类型屋架共有2榀。∟70×7角钢线密度为7.398kg/m，∟50×5角钢线密度为3.77kg/m，Φ16（二级钢）钢筋线密度为1.58kg/m，—8mm连接板面密度为62.8kg/m^2，刷防锈漆3遍，银粉2遍。

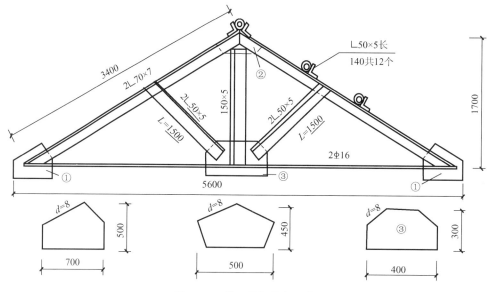

图8.13 某工程钢屋架示意

【问题】

按照《江苏省计价定额》，计算钢屋架的定额工程量，确定钢屋架的制作费用。

【训练提示】

(1) 檩托∟50×5沿屋架两侧对称布置，2榀屋架共12个檩托。

(2) 每榀屋架编号为②、③的节点板数量各一块，编号为①的节点板数量为两块。

(3) 屋架上弦杆、下弦杆、腹杆所用角钢或圆钢在节点板内外均对称布置。屋架以中心腹杆为轴，杆件左右对称布置。

(4) 节点板面积按多边形的外接矩形面积确定。

【分析与解答】

依次计算上弦杆、下弦杆、腹杆、节点板的定额工程量,注意共有 2 榀屋架。选择计价定额的钢屋架子目进行费用计算。

【工作任务 2】计算实腹钢柱的综合单价和合价。

【任务背景】

参见表 8-20 提供的工程量清单,按《江苏省计价定额》组价。

【问题】

要求填写清单综合单价、合价和工程量清单综合单价分析表,定额综合单价有换算的须列出简要计算过程并编制表 8-21,其他未说明的,按《江苏省计价定额》执行(材料需换算单价的按照《江苏省计价定额》附录中对应材料单价换算)。

表 8-20　分部分项工程量清单与计价表

序号	项目编码	项目名称	项目特征描述	计量单位	工程量	金额/元	
						综合单价	合价
	010603001001	实腹钢柱	1. 普通碳素钢板制作,截面 H500×300×14×16,安装在混凝土柱上,安装点高度在 20m 以内 2. 单根质量 1t 以内 3. 探伤费用不计入 4. 防锈漆(铁红)1 遍 5. 刷薄型防火涂料(1.5h) 6. 场外运输距离 24.5km	t	8.090		

【训练提示】

(1) 钢柱制作定额工程量及其计价。

(2) 钢柱安装(在混凝土柱上)定额工程量及其计价。按定额说明,钢柱安装在混凝土柱上,人工、机械应进行调整。

(3) 刷防锈漆定额工程量及其计价。

钢柱总表面积=钢柱截面展开长度×钢柱总长度

钢柱总长度=钢柱总质量/单位长度钢柱质量

单位长度钢柱质量=钢材重度×钢柱截面面积=$7.8 \times (0.3 \times 0.016 \times 2 + 0.468 \times 0.014) \approx 0.126(t/m)$

(4) 刷薄型防火涂料定额工程量及其计价。

(5) 场外运输定额工程量及其计价。按定额说明,确定钢柱所属金属构件类型。

【分析与解答】

表 8-21 工程量清单综合单价分析表

项目编码	010603001001	项目名称		实腹钢柱	计量单位		t
清单综合单价组成明细							
定额编号	定额名称	计量单位	工程量	综合单价(有换算的列简要计算过程)		综合单价	合价

【工作任务3】计算木楼梯的综合单价和合价。

【任务背景】

某跃层住宅室内木楼梯,共1套,楼梯斜梁截面为80mm×150mm,踏步板为900mm×300mm×25mm,踢脚板为900mm×150mm×20mm,楼梯栏杆为ϕ50mm,硬木扶手为ϕ60mm,除扶手材质为桦木外,其余材质为杉木。根据《房屋建筑与装饰工程工程量计算规范》计算出的木楼梯(三类工程)工程量如下:(1)楼梯斜梁体积为 $0.256m^3$;(2)楼梯面积为 $6.21m^2$(水平投影面积);(3)楼梯栏杆为8.67m(垂直投影面积为 $7.31m^2$);(4)硬木扶手为8.89m。招标人编制的分部分项工程量清单与计价表见表8-22。

【问题】

根据以上条件,按《江苏省计价定额》计算该室内木楼梯分部分项工程综合单价。

【训练提示】

(1) 木楼梯定额子目包括木楼梯制作与安装等工作内容。

(2) 两个清单项目均需考虑刷防火漆定额子目。

(3) 考虑楼梯刷地板清漆,栏杆、扶手刷聚氨酯清漆子目。

(4) 注意定额说明,定额编制以一、二类木种为准,采用三、四类木种时,定额子目人工、机械应予以调整。按木种划分规定,杉木属二类木种,桦木为四类木种。

【分析与解答】

表 8-22 分部分项工程量清单与计价表

序号	项目编码	项目名称	项目特征描述	计量单位	工程量	金额/元	
						综合单价	合价
1	010702004001	木楼梯	1. 木材种类:杉木 2. 刨光要求:露面部分刨光 3. 踏步板:900mm×300mm×25mm 4. 踢脚板:900mm×150mm×20mm 5. 斜梁截面:80mm×150mm 6. 刷防火漆2遍 7. 刷地板清漆2遍	m²	6.21		

续表

序号	项目编码	项目名称	项目特征描述	计量单位	工程量	金额/元	
						综合单价	合价
2	011503002001	木栏杆（硬木扶手）	1. 木材种类：栏杆杉木，扶手桦木 2. 刨光要求：刨光 3. 栏杆截面：φ50mm 4. 扶手截面：φ60mm 5. 刷防火漆2遍 6. 扶手、栏杆刷聚氨酯清漆2遍	m	8.67（8.89硬木）		

任务小结

（1）门式刚架中钢柱、钢梁、节点连接施工图纸识读。木结构房屋施工图纸识读。

（2）金属结构、木结构工程量清单的列项。

（3）金属结构、木结构工程量清单的项目特征分析。

（4）金属结构、木结构的工程量清单编制。

（5）金属结构、木结构工程定额应用，包括钢网架、钢柱、钢梁、钢檩条、木柱、木梁、木楼梯等项目的定额工程量计算规则、定额子目的套用及定额使用的注意事项。

（6）金属结构、木结构工程量清单综合单价的分析。

任务9 门窗工程计量与计价

教学目标

了解绿色建筑中节能门窗的应用；会依据图纸、规范对项目的门窗工程进行正确清单列项；掌握木门、金属门、木窗、金属窗等项目的清单及定额工程量计算规则；能够依据项目特征对金属门窗、木质门窗工程量清单进行定额子目的正确套用，能够进行金属门窗、木质门窗工程量清单综合单价的分析计算；能够进行金属门窗、木质门窗工程费用计算。

思维导图

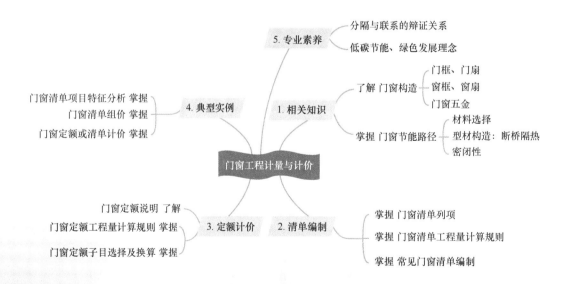

任务9 门窗工程计量与计价

任务背景

门窗按其所处的位置不同分为围护构件与分隔构件,各自有不同的设计功能要求,主要包括保温、隔热、隔声、防水、防火和节能等功能。门窗的密闭性要求是节能设计的重要内容。门和窗是建筑物围护结构系统中的重要组成部分。

任务9模块9.1主要介绍门窗工程量清单编制;模块9.2主要介绍门窗工程计价。

模块9.1 门窗工程量清单编制

规范依据

9.1.1 木门

1. 清单项目设置

木门工程量清单项目设置、项目特征描述的内容、计量单位及工程量计算规则应按表9-1的规定执行。

表9-1 木门(编码:010801)

项目编码	项目名称	项目特征	计量单位	工程量计算规则	工作内容
010801001	木质门	1. 门代号及洞口尺寸 2. 镶嵌玻璃品种、厚度	1. 樘 2. m^2	1. 以樘计量,按设计图示数量计算 2. 以m^2计量,按设计图示洞口尺寸以面积计算	1. 门安装 2. 玻璃安装 3. 五金安装
010801002	木质门带套				
010801003	木质连窗门				
010801004	木质防火门				
010801005	木门框	1. 门代号及洞口尺寸 2. 框截面尺寸 3. 防护材料种类	1. 樘 2. m	1. 以樘计量,按设计图示数量计算 2. 以m计量,按设计图示框的中心线以延长米计算	1. 木门框制作、安装 2. 运输 3. 刷防护材料
010801006	门锁安装	1. 锁品种 2. 锁规格	个(套)	按设计图示数量计算	安装

2. 清单规则解读

(1) 木质门应区分镶板木门、企口木板门、实木装饰门、胶合板门、夹板装饰门、木纱门、全玻门(带木质扇框)、木质半玻门(带木质扇框)等项目,分别编码列项。

(2) 木门五金应包括折页、插销、门碰珠、弓背拉手、搭机、木螺丝、弹簧折页(自动门)、管子拉手(自由门、地弹门)、地弹簧(地弹门)、角铁、门轧头(地弹门、自由门)等。

(3) 木质门带套计量按洞口尺寸以面积计算，不包括门套的面积，但门套应计算在综合单价中。

(4) 以樘计量，项目特征必须描述洞口尺寸；以 m^2 计量，项目特征可不描述洞口尺寸。

(5) 单独制作安装木门框按"木门框"项目编码列项。

(6) 木质防火门是指用木材或木材制品制作门框、门扇骨架、门扇面板，耐火极限达到现行《建筑设计防火规范(2018年版)》(GB 50016—2014)规定的门。

9.1.2 金属门

1. 清单项目设置

金属门工程量清单项目设置、项目特征描述的内容、计量单位及工程量计算规则应按表 9-2 的规定执行。

表 9-2 金属门(编码：010802)

项目编码	项目名称	项目特征	计量单位	工程量计算规则	工作内容
010802001	金属(塑钢)门	1. 门代号及洞口尺寸 2. 门框或扇外围尺寸 3. 门框、扇材质 4. 玻璃品种、厚度	1. 樘 2. m^2	1. 以樘计量，按设计图示数量计算 2. 以 m^2 计量，按设计图示洞口尺寸以面积计算	1. 门安装 2. 五金安装 3. 玻璃安装
010802002	彩板门	1. 门代号及洞口尺寸 2. 门框或扇外围尺寸			
010802003	钢质防火门	1. 门代号及洞口尺寸 2. 门框或扇外围尺寸 3. 门框、扇材质			1. 门安装 2. 五金安装
010802004	防盗门				

2. 清单规则解读

(1) 金属门应区分金属平开门、金属推拉门、金属地弹门、全玻门(带金属扇框)、金属半玻门(带扇框)等项目，分别编码列项。

(2) 铝合金门五金包括地弹簧、门锁、拉手、门插、门铰、螺丝等。

(3) 其他金属门五金包括 L 型执手插锁(双舌)、执手锁(单舌)、门轨头、地锁、防盗门机、门眼(猫眼)、门碰珠、电子锁(磁卡锁)、闭门器、装饰拉手等。

(4) 以樘计量，项目特征必须描述洞口尺寸，没有洞口尺寸必须描述门框或扇外围尺寸；以 m^2 计量，项目特征可不描述洞口尺寸及框、扇的外围尺寸。

(5) 以 m^2 计量，无设计图示洞口尺寸，按门框、扇外围以面积计算。

(6) 防盗门是配有防盗锁，在一定时间内(15min)可以抵抗一定条件下非正常开启(利用凿子、螺丝刀、撬棍等普通手工工具和手电钻等便携式电动工具)，具有一定安全防护性能并符合相应防盗安全级别的门。

9.1.3 金属卷帘（闸）门

1. 清单项目设置

金属卷帘（闸）门工程量清单项目设置、项目特征描述的内容、计量单位及工程量计算规则应按表9-3的规定执行。

表9-3 金属卷帘（闸）门（编码：010803）

项目编码	项目名称	项目特征	计量单位	工程量计算规则	工作内容
010803001	金属卷帘（闸）门	1. 门代号及洞口尺寸 2. 门材质 3. 启动装置品种、规格	1. 樘 2. m²	1. 以樘计量，按设计图示数量计算 2. 以m²计量，按设计图示洞口尺寸以面积计算	1. 门运输、安装 2. 启动装置、活动小门、五金安装
010803002	防火卷帘（闸）门				

2. 清单规则解读

（1）以樘计量，项目特征必须描述洞口尺寸，没有洞口尺寸必须描述门框或扇外围尺寸；以m²计量，项目特征可不描述洞口尺寸及框、扇的外围尺寸。

（2）防火卷帘门是一种适用于建筑物较大洞口处的防火、隔热设施，广泛应用于工业与民用建筑的防火区间的隔断，能有效地阻止火势蔓延，保障生命财产安全，是现代建筑中不可缺少的防火设施。

9.1.4 厂库房大门、特种门

1. 清单项目设置

厂库房大门、特种门工程量清单项目设置、项目特征描述的内容、计量单位及工程量计算规则应按表9-4的规定执行。

表9-4 厂库房大门、特种门（编码：010804）

项目编码	项目名称	项目特征	计量单位	工程量计算规则	工作内容
010804001	木板大门	1. 门代号及洞口尺寸 2. 门框或扇外围尺寸 3. 门框、扇材质 4. 五金种类、规格 5. 防护材料种类	1. 樘 2. m²	1. 以樘计量，按设计图示数量计算 2. 以m²计量，按设计图示洞口尺寸以面积计算 1. 以樘计量，按设计图示数量计算 2. 以m²计量，按设计图示门框或扇以面积计算	1. 门（骨架）制作、运输 2. 门、五金配件安装 3. 刷防护材料
010804002	钢木大门				
010804003	全钢板大门				
010804004	防护铁丝门				

续表

项目编码	项目名称	项目特征	计量单位	工程量计算规则	工作内容
010804005	金属格栅门	1. 门代号及洞口尺寸 2. 门框或扇外围尺寸 3. 门框、扇材质 4. 启动装置的品种、规格	1. 樘 2. m²	1. 以樘计量，按设计图示数量计算 2. 以 m² 计量，按设计图示洞口尺寸以面积计算	1. 门安装 2. 启动装置、五金配件安装
010804006	钢质花饰大门	1. 门代号及洞口尺寸 2. 门框或扇外围尺寸 3. 门框、扇材质		1. 以樘计量，按设计图示数量计算 2. 以 m² 计量，按设计图示门框或扇以面积计算	1. 门安装 2. 五金配件安装
010804007	特种门			1. 以樘计量，按设计图示数量计算 2. 以 m² 计量，按设计图示洞口尺寸以面积计算	

2. 清单规则解读

（1）特种门应区分冷藏门、冷冻间门、保温门、变电室门、隔音门、防射线门、人防门、金库门等项目，分别编码列项。

（2）以樘计量，项目特征必须描述洞口尺寸，没有洞口尺寸必须描述门框或扇外围尺寸；以 m² 计量，项目特征可不描述洞口尺寸及框、扇的外围尺寸。

（3）以 m² 计量，无设计图示洞口尺寸，按门框、扇外围以面积计算。

（4）门开启方式指推拉或平开。

9.1.5 其他门

1. 清单项目设置

其他门工程量清单项目设置、项目特征描述的内容、计量单位及工程量计算规则应按表 9-5 的规定执行。

表 9-5 其他门（编码：010805）

项目编码	项目名称	项目特征	计量单位	工程量计算规则	工作内容
010805001	电子感应门	1. 门代号及洞口尺寸 2. 门框或扇外围尺寸 3. 门框、扇材质 4. 玻璃品种、厚度 5. 启动装置的品种、规格 6. 电子配件品种、规格	1. 樘 2. m²	1. 以樘计量，按设计图示数量计算 2. 以 m² 计量，按设计图示洞口尺寸以面积计算	1. 门安装 2. 启动装置、五金、电子配件安装
010805002	旋转门				

续表

项目编码	项目名称	项目特征	计量单位	工程量计算规则	工作内容
010805003	电子对讲门	1. 门代号及洞口尺寸 2. 门框或扇外围尺寸 3. 门材质 4. 玻璃品种、厚度 5. 启动装置的品种、规格 6. 电子配件品种、规格	1. 樘 2. m²	1. 以樘计量,按设计图示数量计算 2. 以 m² 计量,按设计图示洞口尺寸以面积计算	1. 门安装 2. 启动装置、五金、电子配件安装
010805004	电动伸缩门				
010805005	全玻自由门	1. 门代号及洞口尺寸 2. 门框或扇外围尺寸 3. 框材质 4. 玻璃品种、厚度			1. 门安装 2. 五金安装
010805006	镜面不锈钢饰面门	1. 门代号及洞口尺寸 2. 门框或扇外围尺寸 3. 框、扇材质 4. 玻璃品种、厚度			
010805007	复合材料门				

2. 清单规则解读

(1) 以樘计量,项目特征必须描述洞口尺寸,没有洞口尺寸必须描述门框或扇外围尺寸;以 m² 计量,项目特征可不描述洞口尺寸及框、扇的外围尺寸。

(2) 以 m² 计量,无设计图示洞口尺寸,按门框、扇外围以面积计算。

9.1.6 木窗

1. 清单项目设置

木窗工程量清单项目设置、项目特征描述的内容、计量单位及工程量计算规则应按表 9-6 的规定执行。

2. 清单规则解读

(1) 木质窗应区分木百叶窗、木组合窗、木天窗、木固定窗、木装饰空花窗等项目,分别编码列项。

(2) 以樘计量,项目特征必须描述洞口尺寸,没有洞口尺寸必须描述窗框外围尺寸;以 m² 计量,项目特征可不描述洞口尺寸及框的外围尺寸。

(3) 以 m² 计量,无设计图示洞口尺寸,按窗框外围以面积计算。

(4) 木橱窗、木飘(凸)窗以樘计量,项目特征必须描述框截面及外围展开面积。

(5) 木窗五金包括折页、插销、风钩、木螺丝、滑轮滑轨(推拉窗)等。

(6) 窗开启方式指平开、推拉、上悬或中悬。

(7) 窗形状指矩形或异形。

表9-6 木窗(编码:010806)

项目编码	项目名称	项目特征	计量单位	工程量计算规则	工作内容
010806001	木质窗	1. 窗代号及洞口尺寸 2. 玻璃品种、厚度	1. 樘 2. m²	1. 以樘计量,按设计图示数量计算 2. 以m²计量,按设计图示洞口尺寸以面积计算	1. 窗安装 2. 五金、玻璃安装
010806002	木飘(凸)窗				
010806003	木橱窗	1. 窗代号 2. 框截面及外围展开面积 3. 玻璃品种、厚度 4. 防护材料种类		1. 以樘计量,按设计图示数量计算 2. 以m²计量,按设计图示尺寸以框外围展开面积计算	1. 窗制作、运输、安装 2. 五金、玻璃安装 3. 刷防护材料
010806004	木纱窗	1. 窗代号及框的外围尺寸 2. 窗纱材料品种、规格	1. 樘 2. m²	1. 以樘计量,按设计图示数量计算 2. 以m²计量,按框外围尺寸以面积计算	1. 窗安装 2. 五金、玻璃安装

9.1.7 金属窗

1. 清单项目设置

金属窗工程量清单项目设置、项目特征描述的内容、计量单位及工程量计算规则应按表9-7的规定执行。

2. 清单规则解读

(1) 金属窗应区分金属组合窗、防盗窗等项目,分别编码列项。

(2) 以樘计量,项目特征必须描述洞口尺寸,没有洞口尺寸必须描述窗框外围尺寸;以m²计量,项目特征可不描述洞口尺寸及框的外围尺寸。

(3) 以m²计量,无设计图示洞口尺寸,按窗框外围以面积计算。

(4) 金属橱窗、金属飘(凸)窗以樘计量,项目特征必须描述框外围展开面积。

(5) 金属窗中铝合金窗五金应包括卡锁、滑轮、铰拉、执手、拉把、拉手、风撑、角码、牛角制等。

(6) 其他金属窗五金包括折页、螺丝、执手、卡锁、风撑、滑轮滑轨(推拉窗)等。

(7) 断桥窗是将铝合金窗框从中间断开,采用硬塑将断开的铝合金连为一体的金属窗。由于塑料导热明显要比金属慢,这样热量就不容易通过整个材料,材料的隔热性能变好。

表 9-7　金属窗(编码：010807)

项目编码	项目名称	项目特征	计量单位	工程量计算规则	工作内容
010807001	金属(塑钢、断桥)窗	1. 窗代号及洞口尺寸 2. 框、扇材质 3. 玻璃品种、厚度	1. 樘 2. m²	1. 以樘计量，按设计图示数量计算 2. 以 m² 计量，按设计图示洞口尺寸以面积计算	1. 窗安装 2. 五金、玻璃安装
010807002	金属防火窗				
010807003	金属百叶窗				
010807004	金属纱窗	1. 窗代号及框的外围尺寸 2. 框材质 3. 窗纱材料品种、规格		1. 以樘计量，按设计图示数量计算 2. 以 m² 计量，按框的外围尺寸以面积计算	1. 窗安装 2. 五金安装
010807005	金属格栅窗	1. 窗代号及洞口尺寸 2. 框外围尺寸 3. 框、扇材质		1. 以樘计量，按设计图示数量计算 2. 以 m² 计量，按设计图示洞口尺寸以面积计算	
010807006	金属(塑钢、断桥)橱窗	1. 窗代号 2. 框外围展开面积 3. 框、扇材质 4. 玻璃品种、厚度 5. 防护材料种类		1. 以樘计量，按设计图示数量计算 2. 以 m² 计量，按设计图示尺寸以框外围展开面积计算	1. 窗制作、运输、安装 2. 五金、玻璃安装 3. 刷防护材料
010807007	金属(塑钢、断桥)飘(凸)窗	1. 窗代号 2. 框外围展开面积 3. 框、扇材质 4. 玻璃品种、厚度			1. 窗安装 2. 五金、玻璃安装
010807008	彩板窗	1. 窗代号及洞口尺寸 2. 框外围尺寸 3. 框、扇材质 4. 玻璃品种、厚度		1. 以樘计量，按设计图示数量计算 2. 以 m² 计量，按设计图示洞口尺寸或框外围以面积计算	
010807009	复合材料窗				

9.1.8　门窗套

1. 清单项目设置

门窗套工程量清单项目设置、项目特征描述的内容、计量单位及工程量计算规则应按

表 9-8 的规定执行。

表 9-8 门窗套(编码：010808)

项目编码	项目名称	项目特征	计量单位	工程量计算规则	工作内容
010808001	木门窗套	1. 窗代号及洞口尺寸 2. 门窗套展开宽度 3. 基层材料种类 4. 面层材料品种、规格 5. 线条品种、规格 6. 防护材料种类	1. 樘 2. m² 3. m	1. 以樘计量，按设计图示数量计算 2. 以 m² 计量，按设计图示尺寸以展开面积计算 3. 以 m 计量，按设计图示中心以延长米计算	1. 清理基层 2. 立筋制作、安装 3. 基层板安装 4. 面层铺贴 5. 线条安装 6. 刷防护材料
010808002	木筒子板	1. 筒子板宽度 2. 基层材料种类 3. 面层材料品种、规格 4. 线条品种、规格 5. 防护材料种类			
010808003	饰面夹板筒子板				
010808004	金属门窗套	1. 窗代号及洞口尺寸 2. 门窗套展开宽度 3. 基层材料种类 4. 面层材料品种、规格 5. 防护材料种类			1. 清理基层 2. 立筋制作、安装 3. 基层板安装 4. 面层铺贴 5. 刷防护材料
010808005	石材门窗套	1. 窗代号及洞口尺寸 2. 门窗套展开宽度 3. 黏结层厚度、砂浆配合比 4. 面层材料品种、规格 5. 线条品种、规格			1. 清理基层 2. 立筋制作、安装 3. 基层抹灰 4. 面层铺贴 5. 线条安装
010808006	门窗木贴脸	1. 门窗代号及洞口尺寸 2. 贴脸板宽度 3. 防护材料种类	1. 樘 2. m	1. 以樘计量，按设计图示数量计算 2. 以 m 计量，按设计图示尺寸以延长米计算	贴脸板安装

续表

项目编码	项目名称	项目特征	计量单位	工程量计算规则	工作内容
010808007	成品木门窗套	1. 门窗代号及洞口尺寸 2. 门窗套展开宽度 3. 门窗套材料品种、规格	1. 樘 2. m² 3. m	1. 以樘计量,按设计图示数量计算 2. 以 m² 计量,按设计图示尺寸以展开面积计算 3. 以 m 计量,按设计图示中心以延长米计算	1. 清理基层 2. 立筋制作、安装 3. 板安装

2. 清单规则解读

(1) 以樘计量,项目特征必须描述洞口尺寸、门窗套展开宽度。

(2) 以 m² 计量,项目特征可不描述洞口尺寸、门窗套展开宽度。

(3) 以 m 计量,项目特征必须描述门窗套展开宽度、筒子板及门贴脸宽度。

(4) 门窗套包括筒子板和门贴脸,与墙连接在一起,如图 9.1 所示。

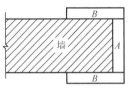

A—筒子板;B—门贴脸。

图 9.1 门窗套构造

9.1.9 窗台板

1. 清单项目设置

窗台板工程量清单项目设置、项目特征描述的内容、计量单位及工程量计算规则应按表 9-9 的规定执行。

表 9-9 窗台板(编码:010809)

项目编码	项目名称	项目特征	计量单位	工程量计算规则	工作内容
010809001	木窗台板	1. 基层材料种类 2. 窗台面板材质、规格、颜色 3. 防护材料种类	m²	按设计图示尺寸以展开面积计算	1. 基层清理 2. 基层制作、安装 3. 窗台板制作、安装 4. 刷防护材料
010809002	铝塑窗台板				
010809003	金属窗台板				
010809004	石材窗台板	1. 黏结层厚度、砂浆配合比 2. 窗台板材质、规格、颜色			1. 基层清理 2. 抹找平层 3. 窗台板制作、安装

2. 清单规则解读

窗台板就是装饰窗台用的板，可以是木工用夹板、饰面板做成木饰面的形式，也可以是用人造石材、天然石材及金属板材做的窗台板。

9.1.10 窗帘、窗帘盒、轨

1. 清单项目设置

窗帘、窗帘盒、轨工程量清单项目设置、项目特征描述的内容、计量单位及工程量计算规则应按表9-10的规定执行。

表9-10 窗帘、窗帘盒、轨(编码：010810)

项目编码	项目名称	项目特征	计量单位	工程量计算规则	工作内容
010810001	窗帘	1. 窗帘材质 2. 窗帘高度、宽度 3. 窗帘层数 4. 带幔要求	1. m 2. m²	1. 以 m 计量，按设计图示尺寸以长度计算 2. 以 m² 计量，按图示尺寸以展开面积计算	1. 制作、运输 2. 安装
010810002	木窗帘盒	1. 窗帘盒材质、规格 2. 防护材料种类	m	按设计图示尺寸以长度计算	1. 制作、运输、安装 2. 刷防护材料
010810003	饰面夹板、塑料窗帘盒				
010810004	铝合金窗帘盒				
010810005	窗帘轨	1. 窗帘轨材质、规格 2. 防护材料种类			

2. 清单规则解读

(1) 窗帘若是双层，项目特征必须描述每层材质。
(2) 窗帘以 m 计量，项目特征必须描述窗帘高度和宽度。

✓ 典型实例

门窗工程量清单编制实例

门窗工程量清单编制实例

【背景资料】

某户居室门窗平面布置图如图9.2所示，分户门为成品钢质防盗门，室内门为成品实木门带套，⑥轴上Ⓑ～Ⓒ轴间为成品塑钢门带窗(无门套)，①轴上Ⓒ～Ⓔ轴间为成品塑钢门，框边安装成品门套，展开宽度为350mm；所有窗为成品塑钢窗，具体尺寸详见表9-11。

【问题】

根据以上背景资料及现行国家标准《建设工程工程量清单计价规

任务9 门窗工程计量与计价

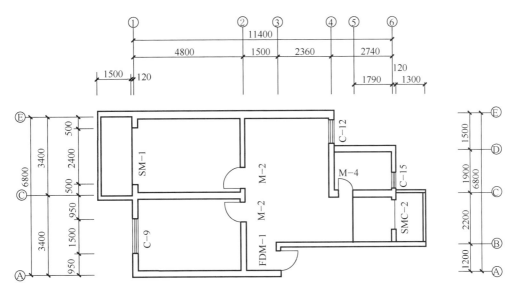

图 9.2 某户居室门窗平面布置图

范》《房屋建筑与装饰工程工程量计算规范》，试编制该户居室的门窗、门窗套的分部分项工程量清单。

表 9-11 某户居室门窗表

名称	代号	洞口尺寸/(mm×mm)	备注
成品钢质防盗门	FDM-1	800×2100	含锁、五金
成品实木门带套	M-2	800×2100	含锁、普通五金
	M-4	700×2100	
成品平开塑钢窗	C-9	1500×1500	夹胶玻璃(6+2.5+6)，型材为塑钢90系列，普通五金
	C-12	1000×1500	
	C-15	600×1500	
成品塑钢门带窗	SMC-2	门(700×2100) 窗(600×1500)	
成品塑钢门	SM-1	2400×2100	

解：（1）分析与提示。

门窗的工程量可以选择以 m^2 计算工程量，计算时按设计图示洞口尺寸以面积计算。

根据题意，①轴上ⓒ～ⓔ轴间为成品塑钢门，框边安装成品门套，如图9.2所示，此门为SM-1。表9-12中的项目"成品门套"即为此门的门套。

（2）编制项目的分部分项工程量清单。

分部分项工程量清单与计价表见表9-13。清单编制在表9-12已有正确列项的情况下，需按表9-1～表9-8的提示，根据工程背景准确描述其项目特征。

229

表 9-12 清单工程量计算表

序号	清单项目编码	清单项目名称	计算式	计量单位	工程量合计
1	010802004001	成品钢质防盗门	$S=0.8\times 2.1=1.68(m^2)$	m²	1.68
2	010801002001	成品实木门带套	$S=0.8\times 2.1\times 2+0.7\times 2.1\times 1=4.83(m^2)$	m²	4.83
3	010807001001	成品平开塑钢窗	$S=1.5\times 1.5+1\times 1.5+0.6\times 1.5\times 2=5.55(m^2)$	m²	5.55
4	010802001001	成品塑钢门	$S=0.7\times 2.1+2.4\times 2.1=6.51(m^2)$	m²	6.51
5	010808007001	成品门套	$n=1$ 樘	樘	1

表 9-13 分部分项工程量清单与计价表

序号	项目编码	项目名称	项目特征描述	计量单位	工程量	金额/元	
						综合单价	合价
1	010802004001	成品钢质防盗门	1. 门代号及洞口尺寸：FDM-1(800mm×2100mm) 2. 门框、扇材质：钢质	m²	1.68		
2	010801002001	成品实木门带套	门代号及洞口尺寸：M-2(800mm×2100mm)；M-4(700mm×2100mm)	m²	4.83		
3	010807001001	成品平开塑钢窗	1. 窗代号及洞口尺寸：C-9(1500mm×1500mm)；C-12(1000mm×1500mm)；C-15(600mm×1500mm) 2. 框扇材质：塑钢 90 系列 3. 玻璃品种、厚度：夹胶玻璃(6+2.5+6)	m²	5.55		
4	010802001001	成品塑钢门	1. 门代号及洞口尺寸：SM-1、SMC-2，洞口尺寸详见表 9-11 2. 门框、扇材质：塑钢 90 系列 3. 玻璃品种、厚度：夹胶玻璃(6+2.5+6)	m²	6.51		
5	010808007001	成品门套	1. 门代号及洞口尺寸：SM-1(2400mm×2100mm) 2. 门套展开宽度：350mm 3. 门套材料品种：成品实木门套	樘	1		

任务9 门窗工程计量与计价

✓ **典型训练**

【工作任务】编制门窗的分部分项工程量清单。

【任务背景】

某工程门窗表见表9-14,门窗大样图如图9.3所示。门窗均采用断桥铝合金型材做框。

【问题】

根据相关背景资料及现行国家标准《建设工程工程量清单计价规范》《房屋建筑与装饰工程工程量计算规范》,试编制该幢房屋的门窗的分部分项工程量清单,并将清单编制成果填于表9-15中。

【训练提示】

门窗按规格尺寸、开启方式、可能对组价产生影响的材质等进行列项及工程量计算。

表9-14 门窗表

类型	编号	洞口尺寸/mm		数量	材料	开启方式	备注
		宽度	高度				
金属断桥铝窗	C1	2600	1790	2×2	双玻内充氩气	不开启	(8高透光Low-E在线+12氩气+8透明)中空玻璃
	C2	5100	1790	1×2		平开	(8高透光Low-E在线+12氩气+8透明)中空玻璃,开启处设纱扇
塑钢门	MC1	5100	2640	1×2		平开	(8高透光Low-E在线+12氩气+8透明)中空玻璃,开启处设纱扇

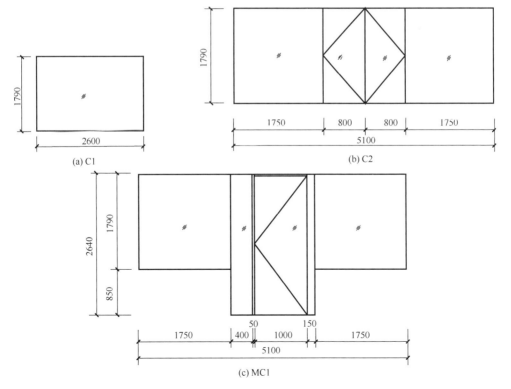

图9.3 门窗大样图

231

【分析与解答】

表 9-15 分部分项工程量清单与计价表

序号	项目编码	项目名称	项目特征描述	计量单位	工程量	金额/元	
						综合单价	合价
1							
2							

模块 9.2 门窗工程计价

标准依据

9.2.1 门窗工程定额概况

1. 名词解释

（1）亮子、侧亮。侧亮设于门窗的两侧，而不是设在上部。设在上面的常称为亮子或上亮。

（2）门连窗指门的一侧与一樘窗户相连，常用于阳台门，也称阳台连窗门。

（3）半玻璃门一般是指在门扇上部约 1/3 高度范围内嵌入玻璃，在下部 2/3 范围内以木质板或纤维板作门芯板，并双面贴平的门。若为铝合金半玻璃门，下部则用银白色或古铜色铝合金扣板。

（4）全玻璃门是指门扇芯全部安装玻璃制作的门。若为木质全玻璃门，其门框比一般门的门框要宽厚，且应用硬杂木制成。铝合金全玻璃门的框扇均用铝型材制作。全玻璃门常用于办公楼、宾馆、公共建筑的大门。

（5）单层窗、双层窗、一玻一纱窗。单层窗是指窗扇上只安装一层玻璃的窗户；双层窗是指窗扇上安装两层玻璃的窗户，分外窗和内窗；一玻一纱窗是指窗框上安设两层窗扇，分外扇和内扇，一般情况外扇为玻璃窗，内扇为纱窗。

2. 铝合金门窗

铝合金门按开启方式可分为地弹门、平开门、推拉门、电子感应门和卷帘门等几种主要类型。铝合金门窗的构造组成包括门窗框扇料、玻璃、附件及密封材料等部分。有节能保温要求的建筑物的门窗框扇料通常采用断桥隔热铝合金型材。常用的外框型材规格有 38 系列、60 系列、70 系列、90 系列。玻璃一般有钢化玻璃、中空玻璃，厚 6～19mm 不等。附件及密封材料包括闭门器、门弹簧、铝拉铆钉、螺钉(丝)、滑轮组、连接件(如镀锌铁脚，也称地脚、膨胀螺栓等)、软填料、密封胶条和玻璃胶等。铝合金门窗外框按规定不得插入墙体，外框与墙洞口应为弹性连接，定额所用弹性材料称软填料，如聚氨酯 PU 发泡剂等。

3. 木门窗

（1）镶板门又称冒头门、框档门，是指由边梃、上冒头、中冒头、下冒头组成门扇骨架，内镶门芯板构成的门。门芯板通常用数块木板拼合而成，拼合时可用胶粘合或做成企口，或在相邻板间嵌入竹签拉接。

（2）胶合板门也称夹板门，是指门芯板用整块胶合板置于边梃双面裁口内，并在门扇的双面用胶粘贴平整而成的门。

（3）切片板木门分为双扇切片板装饰门和单扇木骨架木板装饰门。双扇切片板装饰门的木骨架上夹板衬底，双面切片板面，实木收边。单扇木骨架木板装饰门双面做木装饰线，实木收边。

（4）推拉门是目前装修中使用较多的一种门。推拉门有单扇、双扇和多扇，可以藏在夹墙内，或贴在墙面上，占用空间较少。按构成推拉门的材料，推拉门主要分为有铝合金推拉门和木推拉门。

9.2.2 计价定额说明

1. 计价定额概况

本章定额内容共分 5 节，即购入构件成品安装，铝合金门窗制作、安装，木门、窗框扇制作、安装，装饰木门扇，门、窗五金配件安装，共计 346 个子目。

2. 定额使用注意事项

（1）本章定额购入成品铝合金窗的五金费已包括在铝合金窗单价中，套用单独"安装"子目时，不得另外再套用 16-321 至 16-324 子目。该子目适用于铝合金窗制作兼安装。购入铝合金成品门单价中未包括地弹簧、管子、拉手、锁等特殊五金，实际发生时另按"门、窗五金配件安装"相应子目执行。木门窗安装项目中未包括五金费，门窗五金费应另列项目按"门、窗五金配件安装"有关子目执行。"门、窗五金配件安装"的子目中，五金规格、品种与设计不符均应调整。

（2）铝合金门窗制作型材分为普通铝合金型材和断桥隔热铝合金型材两种，应按设计分别套用定额。各种铝合金型材规格、含量的取定定额仅为暂定。设计型材的规格与定额不符，应按设计规格或设计用量加 6% 制作损耗调整。

（3）铝合金门窗工程量按其洞口面积以 $10m^2$ 计算。门带窗者，门的工程量算至门框外边线。平面为圆弧形或异形者按展开面积计算。

（4）各种卷帘门按实际制作面积计算，卷帘门上有小门时，其卷帘门工程量应扣除小门面积。卷帘门上的小门按扇计算，卷帘门上电动提升装置以套计算，手动装置的材料、安装人工已包括在定额内，不另增加。

（5）门窗框包不锈钢板均按不锈钢板的展开面积以 $10m^2$ 计算，16-53 及 16-56 子目中均已综合了木框料及基层衬板所需消耗的工料，设计框料断面与定额不符时，按设计用量加 5% 损耗调整含量。若仅单独包门窗框不锈钢板，应按 14-202 子目套用。

（6）木门窗框、扇制安定额是按机械和手工操作综合编制的，实际施工不论采用何种操作方法，均按定额执行，不调整。

(7) 现场木门窗框、扇制作及安装按门窗洞口面积计算。购入成品的木门扇安装，按购入门扇的净面积计算。

(8) 定额木门窗制作所需的人工及机械除定额注明者外均以一类、二类木种为准，设计采用三类、四类木种时，分别乘以下列系数：木门窗制作按相应人工和机械乘以系数 1.30，木门窗安装按相应项目人工乘以系数 1.15。

(9) 木门窗制作、安装是按现场制作编制的，若在构件厂制作，也按本定额执行，但构件厂至现场的运输费用应当按当地交通部门规定的运输价格执行(运费不进入取费基价)。

(10) 定额中木门窗框、扇已注明了木材断面。定额中的断面均以毛料为准，设计图纸注明的断面为净料时，应增加刨光损耗，单面刨光加 3mm，双面刨光加 5mm。框料断面以边立框为准，扇断面以扇立梃断面为准，设计断面不同时，按下列公式换算：设计(断面)材积($m^3/10m^2$)＝设计断面(cm^2，净料加刨光损耗)×定额材积(m^3)÷定额取定断面(cm^2)；调整材积($m^3/10m^2$)＝设计(断面)材积－定额取定材积。

(11) 木门窗子目按有腰、无腰、纱扇并根据工艺顺序分框制作、框安装、扇制作、扇安装编制，使用时应注意木材断面的换算规定，同时还应注意相应定额附注带纱扇的框料所需双裁口增加工、料的规定。

(12) 胶合板门定额中的胶合板含量是根据当前市场材料供应情况，以四八尺规格编制为主，三七尺规格为辅，四八尺规格定额中剩余边角料残值已考虑回收。

(13) 相关子目如涉及钢骨架或者铁件的制作、安装，另行套用相关子目。

(14) 木质送风口、回风口的制作、安装按木质百叶窗定额执行。

9.2.3　主要项目工程量计算规则

(1) 购入成品的各种铝合金门窗安装，按门窗洞口面积以 m^2 计算；购入成品的木门扇安装，按购入门扇的净面积计算。

(2) 现场铝合金门窗扇制作、安装按门窗洞口面积以 m^2 计算。

(3) 各种卷帘门按实际制作面积计算。

(4) 无框玻璃门按其洞口面积计算。无框玻璃门中，部分为固定门扇、部分为开启门扇时，工程量应分开计算。无框门上带亮子时，其亮子与固定门扇合并计算。

(5) 门窗框上包不锈钢板均按不锈钢板的展开面积以 m^2 计算。木门扇上包金属面或软包面均以门扇净面积计算。无框玻璃门上亮子与门扇之间的钢骨架横撑(外包不锈钢板)，按横撑包不锈钢板的展开面积计算。

(6) 门窗扇包镀锌铁皮，按门窗洞口面积以 m^2 计算；门窗框包镀锌铁皮、钉橡皮条、钉毛毡按图示门窗洞口尺寸以延长米计算。

(7) 木门窗框、扇制作、安装工程量按以下规定计算。

① 各类木门窗(包括纱门、纱窗)制作、安装工程量均按门窗洞口面积以 m^2 计算。

② 连门窗的工程量应分别计算，套用相应门、窗定额，窗的宽度算至门框外侧。

③ 普通窗上部带有半圆窗的工程量应按普通窗和半圆窗分别计算，其分界线以普通窗和半圆窗之间的横框上边线为分界线。

④ 无框窗扇按扇的外围面积计算。

典型实例

1. 某住宅卫生间胶合板门,每扇均安装通风小百叶,刷底油 1 遍,设计尺寸如图 9.4 所示,共 45 樘。计算带小百叶胶合板门制作、安装定额工程量,按照《江苏省计价定额》确定定额子目及分项工程合价。

胶合板门

解:(1) 根据计价定额的计算规则规定,现场木门窗框、扇制作及安装按门窗洞口面积计算。

胶合板门门框制作、安装工程量:$0.7 \times 2.4 \times 45 = 75.60 (m^2)$

无纱胶合板门门框(单扇带亮子)制作,套定额子目 16-197,定额基价为 428.62 元/$10m^2$,门框制作费用 $= 75.6/10 \times 428.62 \approx 3240.37$(元)。

无纱胶合板门门框(单扇带亮子)安装,套定额子目 16-199,定额基价为 68.01 元/$10m^2$,门框安装费用 $= 75.6/10 \times 68.01 \approx 514.16$(元)。

(2) 胶合板门门扇制作、安装工程量:$0.7 \times 2.4 \times 45 = 75.60 (m^2)$。

无纱胶合板门门扇(单扇带亮子)制作,套定额子目 16-198 换,定额基价为 $981.28 + 0.94 \times 85 \times 1.37 + 0.027 \times 1600 \approx 1133.94$(元/$10m^2$),门扇制作费用 $= 75.6/10 \times 1133.94 \approx 8572.59$(元)。

无纱胶合板门门扇(单扇带亮子)安装,套定额子目 16-200,定额基价为 201.38 元/$10m^2$,门扇安装费用 $= 75.6/10 \times 201.38 \approx 1522.43$(元)。

2. 某宿舍采用断桥隔热铝合金型材制作的铝合金推拉窗,如图 9.5 所示,共 80 樘,双扇推拉窗采用 5+6A+5 成品中空玻璃,一侧带纱窗,尺寸为 860mm×1150mm。计算铝合金推拉窗制作、安装及配件工程量,并按照《江苏省计价定额》确定分项工程合价。

铝合金推拉窗

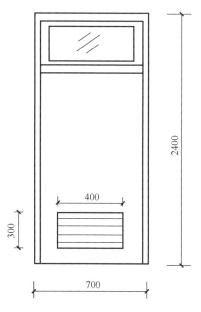

图 9.4 设计尺寸

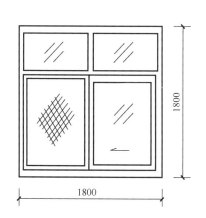

图 9.5 铝合金推拉窗

解：(1) 铝合金推拉窗制作、安装工程量为 $1.8 \times 1.8 \times 80 = 259.20(m^2)$。

双扇推拉窗(带亮子)，套定额子目 16-46，断桥隔热铝合金型材铝合金推拉窗，综合单价为 4593.2 元/$10m^2$，铝合金推拉窗制作、安装合价为 $259.20/10 \times 4593.2 \approx 119055.74$(元)。

(2) 铝合金窗纱扇制作、安装工程量为 $0.86 \times 1.15 \times 80 = 79.12(m^2)$。

铝合金窗纱扇制作、安装，套定额子目 16-14，综合单价 886.34 元/$10m^2$，铝合金窗纱扇制作、安装合价为 $79.12/10 \times 886.34 \approx 7012.72$(元)。

(3) 铝合金推拉窗配件工程量：80 樘。套定额子目 16-321，双扇推拉窗，综合单价 46.1 元/樘，合价为 $80 \times 46.1 = 3688$(元)。

铝合金门连窗

3. 某工程铝合金门连窗，如图 9.6 所示，门为平开门，窗为推拉窗，中空成品玻璃 5+6A+5，共 35 樘，计算铝合金门连窗制作、安装工程量并按照《江苏省计价定额》确定分项工程合价。

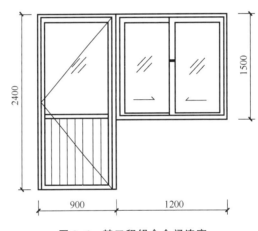

图 9.6　某工程铝合金门连窗

解：(1) 铝合金平开门制作、安装工程量为 $0.9 \times 2.4 \times 35 = 75.60(m^2)$。

单扇平开门(无亮子)制作、安装，套定额子目 16-39，普通铝合金型材平开门，综合单价为 4157 元/$10m^2$，合价为 $75.6/10 \times 4157 = 31426.92$(元)。

(2) 铝合金推拉窗制作、安装工程量为 $1.2 \times 1.5 \times 35 = 63.00(m^2)$。

双扇推拉窗(不带亮子)制作、安装，套定额子目 16-45，普通铝合金型材铝合金推拉窗，综合单价为 3659.97 元/$10m^2$，合价为 $63/10 \times 3659.97 \approx 23057.81$(元)。

典型训练

【工作任务1】计算铝合金双扇地弹门的分项工程费用。

【任务背景】

某商店铝合金双扇地弹门如图 9.7 所示，型材采用断桥隔热铝合金型材，门上中空玻璃为 5+6A+5 白玻璃，共 2 樘。

【问题】

计算铝合金门制作、安装及配件工程量，并按照《江苏省计价定额》确定分项工程的费用。综合考虑弹簧安装、执手锁安装、插销、铰链、门吸等配件。

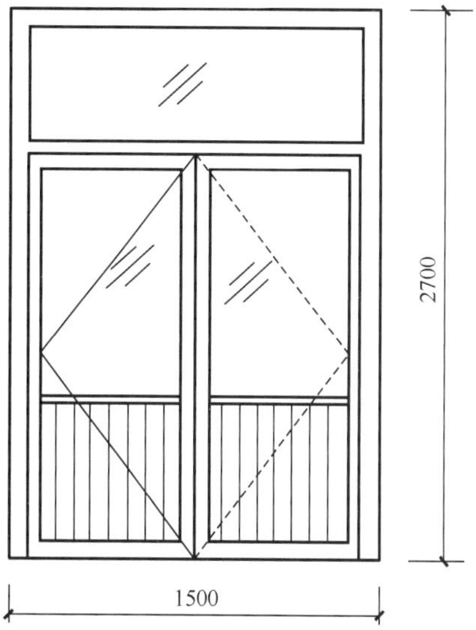

任务9 门窗工程计量与计价

【训练提示】

门窗按规格尺寸、开启方式、可能对组价产生影响的材质等进行列项及工程量计算。

【分析与解答】

【工作任务2】计算成品塑钢防盗门的分项工程费用。

【任务背景】

某计算机房，安装门扇尺寸为1200mm×2700mm的成品塑钢防盗门，共2樘。

【问题】

计算钢防盗门安装工程量，并按照《江苏省计价定额》确定分项工程的费用。

图9.7 某商店铝合金双扇地弹门

【训练提示】

（1）成品门计价子目选取按以下顺序，购入构件成品安装→塑钢门窗→塑钢门→确定定额子目。

（2）不考虑特殊五金的费用。

【分析与解答】

任务小结

（1）建筑施工图中有关门窗的施工图纸识读。

（2）金属门窗、木质门窗工程量清单的列项。

（3）金属门窗、木质门窗工程量清单的项目特征分析。

（4）金属门窗、木质门窗的工程量清单编制。

（5）金属门窗、木质门窗定额应用，包括金属(塑钢)门、钢质防火门、防盗门、金属卷帘(闸)门、电子感应门、金属(塑钢、断桥)窗、金属(塑钢、断桥)飘(凸)窗等项目的定额工程量计算规则、定额子目的套用及定额使用的注意事项。

（6）金属门窗、木质门窗工程量清单综合单价的分析。

任务10 屋面及防水工程计量与计价

教学目标

了解平屋面、坡屋面的屋面构造及防水做法；会依据图纸、规范对项目的屋面及防水工程进行正确清单列项；掌握瓦屋面、屋面卷材防水、屋面刚性层、墙面防水防潮、楼面防水防潮等项目的清单及定额工程量计算规则；能够依据项目特征对屋面及防水工程量清单进行定额子目的正确套用，能够进行瓦屋面、屋面卷材防水、屋面刚性层等项目的工程量清单综合单价的分析计算；能够进行屋面及防水工程费用计算。

思维导图

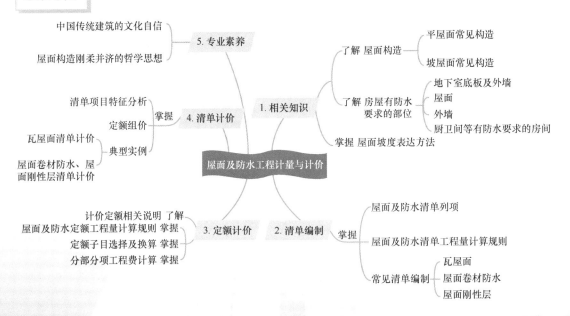

任务10 屋面及防水工程计量与计价

任务背景

房屋的屋面，地下室的外墙面、地面，厨房、卫生间的楼地面及其他与水接触的房间的楼地面都是需要进行防水的部位。从防水材料的种类来分，屋面有瓦屋面、型材屋面、阳光板屋面、玻璃钢屋面和膜结构屋面等；从屋面防水层的做法分，有卷材防水、涂膜防水、防水砂浆防水和细石混凝土刚性层防水等多种防水做法。

任务10模块10.1主要介绍屋面及防水工程量清单编制；模块10.2主要介绍屋面及防水工程计价。

模块10.1 屋面及防水工程量清单编制

规范依据

10.1.1 瓦、型材及其他屋面

1. 清单项目设置

瓦、型材及其他屋面工程量清单项目设置、项目特征描述的内容、计量单位及工程量计算规则应按表10-1的规定执行。

表10-1 瓦、型材及其他屋面（编码：010901）

项目编码	项目名称	项目特征	计量单位	工程量计算规则	工作内容
010901001	瓦屋面	1. 瓦品种、规格 2. 黏结层砂浆的配合比	m²	按设计图示尺寸以斜面积计算 不扣除房上烟囱、风帽底座、风道、小气窗、斜沟等所占面积。小气窗的出檐部分不增加面积	1. 砂浆制作、运输、摊铺、养护 2. 安瓦、作瓦脊
010901002	型材屋面	1. 型材品种、规格 2. 金属檩条材料品种、规格 3. 接缝、嵌缝材料种类			1. 檩条制作、运输、安装 2. 屋面型材安装 3. 接缝、嵌缝
010901003	阳光板屋面	1. 阳光板品种、规格 2. 骨架材料品种、规格 3. 接缝、嵌缝材料种类 4. 油漆品种、刷漆遍数		按设计图示尺寸以斜面积计算 不扣除屋面面积≤0.3m² 孔洞所占面积	1. 骨架制作、运输、安装、刷防护材料、油漆 2. 阳光板安装 3. 接缝、嵌缝
010901004	玻璃钢屋面	1. 玻璃钢品种、规格 2. 骨架材料品种、规格 3. 玻璃钢固定方式 4. 接缝、嵌缝材料种类 5. 油漆品种、刷漆遍数			1. 骨架制作、运输、安装、刷防护材料、油漆 2. 玻璃钢制作、安装 3. 接缝、嵌缝

续表

项目编码	项目名称	项目特征	计量单位	工程量计算规则	工作内容
010901005	膜结构屋面	1. 膜布品种、规格 2. 支柱(网架)钢材品种、规格 3. 钢丝绳品种、规格 4. 锚固基座做法 5. 油漆品种、刷漆遍数	m²	按设计图示尺寸以需要覆盖的水平投影面积计算	1. 膜布热压胶接 2. 支柱(网架)制作、安装 3. 膜布安装 4. 穿钢丝绳、锚头锚固 5. 锚固基座挖土、回填 6. 刷防护材料、油漆

2. 清单规则解读

(1) 瓦屋面若是在木基层上铺瓦,项目特征不必描述黏结层砂浆的配合比;瓦屋面铺其他防水层,按《房屋建筑与装饰工程工程量计算规范》中屋面防水及其他的相关项目编码列项。

(2) 型材屋面、阳光板屋面、玻璃钢屋面的柱、梁、屋架,按《房屋建筑与装饰工程工程量计算规范》中金属结构工程、木结构工程的相关项目编码列项。

(3) 与坡屋顶相关的参数。屋面坡度系数各参数释义图如图 10.1 所示,参数的具体应用如下。

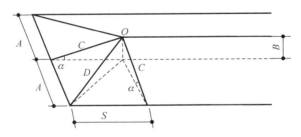

图 10.1 屋面坡度系数各参数释义图

① 屋顶斜面积。四坡水屋面(图中 α 角相等)斜面积为屋面水平投影面积乘以延长系数 C。
② 屋面斜脊长度。屋面斜脊长度 $=A \times D$(图中 $S=A$),D 为隅延长系数。
③ 山墙泛水长度。山墙泛水长度 $=A \times C$。

不同屋面坡度的延长系数 C 和隅延长系数 D 见表 10-2。

表 10-2 不同屋面坡度的延长系数 C 和隅延长系数 D

坡度比例 B/A	角度	延长系数 C	隅延长系数 D
1:1	45°	1.4142	1.7321
1:1.5	33°40′	1.2015	1.5620
1:2	26°34′	1.1180	1.5000
1:2.5	21°48′	1.0770	1.4697
1:3	18°26′	1.0541	1.4530

10.1.2 屋面防水及其他

1. 清单项目设置

屋面防水及其他工程量清单项目设置、项目特征描述的内容、计量单位及工程量计算规则应按表10-3的规定执行。

表10-3 屋面防水及其他(编码：010902)

项目编码	项目名称	项目特征	计量单位	工程量计算规则	工作内容
010902001	屋面卷材防水	1. 卷材品种、规格、厚度 2. 防水层数 3. 防水层做法	m^2	按设计图示尺寸以面积计算 1. 斜屋顶(不包括平屋顶找坡)按斜面积计算，平屋顶按水平投影面积计算 2. 不扣除房上烟囱、风帽底座、风道、屋面小气窗和斜沟所占面积 3. 屋面的女儿墙、伸缩缝和天窗等处的弯起部分，并入屋面工程量内	1. 基层处理 2. 刷底油 3. 铺油毡卷材、接缝
010902002	屋面涂膜防水	1. 防水膜品种 2. 涂膜厚度、遍数 3. 增强材料种类			1. 基层处理 2. 刷基层处理剂 3. 铺布、喷涂防水层
010902003	屋面刚性层	1. 刚性层厚度 2. 混凝土种类 3. 混凝土强度等级 4. 嵌缝材料种类 5. 钢筋规格、型号	m^2	按设计图示尺寸以面积计算。不扣除房上烟囱、风帽底座、风道等所占面积	1. 基层处理 2. 混凝土制作、运输、铺筑、养护 3. 钢筋制作安装
010902004	屋面排水管	1. 排水管品种、规格 2. 雨水斗、山墙出水口品种、规格 3. 接缝、嵌缝材料种类 4. 油漆品种、刷漆遍数	m	按设计图示尺寸以长度计算。如设计未标注尺寸，以檐口至设计室外散水上表面垂直距离计算	1. 排水管及配件安装、固定 2. 雨水斗、山墙出水口、雨水篦子安装 3. 接缝、嵌缝 4. 刷漆
010902005	屋面排(透)气管	1. 排(透)气管品种、规格 2. 接缝、嵌缝材料种类 3. 油漆品种、刷漆遍数		按设计图示尺寸以长度计算	1. 排(透)气管及配件安装、固定 2. 铁件制作、安装 3. 接缝、嵌缝 4. 刷漆

续表

项目编码	项目名称	项目特征	计量单位	工程量计算规则	工作内容
010902006	屋面(廊、阳台)泄(吐)水管	1. 泄(吐)水管品种、规格 2. 接缝、嵌缝材料种类 3. 泄(吐)水管长度 4. 油漆品种、刷漆遍数	根(个)	按设计图示数量计算	1. 泄(吐)水管及配件安装、固定 2. 接缝、嵌缝 3. 刷漆
010902007	屋面天沟、檐沟	1. 材料品种、规格 2. 接缝、嵌缝材料种类	m²	按设计图示尺寸以展开面积计算	1. 天沟材料铺设 2. 天沟配件安装 3. 接缝、嵌缝 4. 刷防护材料
010902008	屋面变形缝	1. 嵌缝材料种类 2. 止水带材料种类 3. 盖缝材料 4. 防护材料种类	m	按设计图示以长度计算	1. 清缝 2. 填塞防水材料 3. 止水带安装 4. 盖缝制作、安装 5. 刷防护材料

2. 清单规则解读

（1）屋面刚性层防水、屋面卷材防水、屋面涂膜防水项目分别编码列项；屋面刚性层无钢筋，其钢筋项目特征不必描述。

（2）屋面找平层按《房屋建筑与装饰工程工程量计算规范》中楼地面装饰工程"平面砂浆找平层"项目编码列项。

（3）屋面防水搭接及附加层用量不另行计算，在综合单价中考虑。

10.1.3 墙面防水、防潮

1. 清单项目设置

墙面防水、防潮工程量清单项目设置、项目特征描述的内容、计量单位及工程量计算规则应按表10-4的规定执行。

2. 清单规则解读

（1）墙面防水搭接及附加层用量不另行计算，在综合单价中考虑。

表 10-4　墙面防水、防潮(编码：010903)

项目编码	项目名称	项目特征	计量单位	工程量计算规则	工作内容
010903001	墙面卷材防水	1. 卷材品种、规格、厚度 2. 防水层数 3. 防水层做法	m²	按设计图示尺寸以面积计算	1. 基层处理 2. 刷黏结剂 3. 铺防水卷材 4. 接缝、嵌缝
010903002	墙面涂膜防水	1. 防水膜品种 2. 涂膜厚度、遍数 3. 增强材料种类	m²	按设计图示尺寸以面积计算	1. 基层处理 2. 刷基层处理剂 3. 铺布、喷涂防水层
010903003	墙面砂浆防水（防潮）	1. 防水层做法 2. 砂浆厚度、配合比 3. 钢丝网规格	m²	按设计图示尺寸以面积计算	1. 基层处理 2. 挂钢丝网片 3. 设置分格缝 4. 砂浆制作、运输、摊铺、养护
010903004	墙面变形缝	1. 嵌缝材料种类 2. 止水带材料种类 3. 盖缝材料 4. 防护材料种类	m	按设计图示以长度计算	1. 清缝 2. 填塞防水材料 3. 止水带安装 4. 盖缝制作、安装 5. 刷防护材料

(2) 墙面变形缝，若做双面，工程量乘以系数 2。

(3) 墙面找平层按《房屋建筑与装饰工程工程量计算规范》中墙、柱面装饰与隔断、幕墙工程"立面砂浆找平层"项目编码列项。

10.1.4　楼（地）面防水、防潮

1. 清单项目设置

楼(地)面防水、防潮工程量清单项目设置、项目特征描述的内容、计量单位及工程量计算规则应按表 10-5 的规定执行。

2. 清单规则解读

(1) 楼(地)面防水找平层按《房屋建筑与装饰工程工程量计算规范》中楼地面装饰工程"平面砂浆找平层"项目编码列项。

(2) 楼(地)面防水搭接及附加层用量不另行计算，在综合单价中考虑。

表 10-5 楼(地)面防水、防潮(编码:010904)

项目编码	项目名称	项目特征	计量单位	工程量计算规则	工作内容
010904001	楼(地)面卷材防水	1. 卷材品种、规格、厚度 2. 防水层数 3. 防水层做法 4. 反边高度	m²	按设计图示尺寸以面积计算 1. 楼(地)面防水：按主墙间净空面积计算，扣除凸出地面的构筑物、设备基础等所占面积，不扣除间壁墙及单个面积≤0.3m² 柱、垛、烟囱和孔洞所占面积 2. 楼(地)面防水反边高度≤300mm 算作地面防水，反边高度>300mm 算作墙面防水	1. 基层处理 2. 刷黏结剂 3. 铺防水卷材 4. 接缝、嵌缝
010904002	楼(地)面涂膜防水	1. 防水膜品种 2. 涂膜厚度、遍数 3. 增强材料种类 4. 反边高度			1. 基层处理 2. 刷基层处理剂 3. 铺布、喷涂防水层
010904003	楼(地)面砂浆防水(防潮)	1. 防水层做法 2. 砂浆厚度、配合比 3. 反边高度			1. 基层处理 2. 砂浆制作、运输、摊铺、养护
010904004	楼(地)面变形缝	1. 嵌缝材料种类 2. 止水带材料种类 3. 盖缝材料 4. 防护材料种类	m	按设计图示以长度计算	1. 清缝 2. 填塞防水材料 3. 止水带安装 4. 盖缝制作、安装 5. 刷防护材料

典型实例

屋面卷材防水等工程量清单编制实例

屋面卷材防水等工程量清单编制实例

【背景资料】

某工程 SBS 改性沥青卷材防水屋面平面、剖面图如图 10.2 所示，其自结构层由下向上的屋面构造做法为：钢筋混凝土板用 1:12 水泥珍珠岩找坡，坡度 2%，最薄处 60mm；保温隔热层上 1:3 水泥砂浆找平层反边高 300mm；在找平层上刷冷底子油，加热烤铺，贴 3mm 厚 SBS 改性沥青防水卷材一道，反边高 300mm；在防水卷材上抹 1:2.5 水泥砂浆找平层，反边高 300mm。不考虑嵌缝，使用中砂作为砂浆拌和料，女儿墙不计算，未列项目不补充。

【问题】

根据以上背景资料及现行国家标准《建设工程工程量清单计价规范》《房屋建筑与装

饰工程工程量计算规范》，试编制该屋面找平层、保温及卷材防水分部分项工程量清单。

解：（1）分析与解答。

① 按表 11-1，保温隔热屋面的工程量按设计图示尺寸以面积计算。

② 按表 10-3，屋面卷材防水的工程量按设计图示尺寸以面积计算，四周女儿墙等弯起部分，并入屋面工程量内。根据题意，女儿墙反边高 300mm，四周反边的工程量为 $(16+9)\times 2\times 0.3=15.00(m^2)$。

③ 根据屋面防水及其他清单规则解读，按表 12-1，屋面找平层的工程量按设计图示尺寸以面积计算。根据题意，屋面找平层同样设置反边 300mm。

④ 从图 10.2 及相关背景资料可知，屋面共设两道找平层，均设反边，厚度分别是 25mm 和 20mm，水泥砂浆的配合比不同，分别为 1∶2.5 和 1∶3，因此清单列项时，两道找平层应分开列项，见表 10-7。

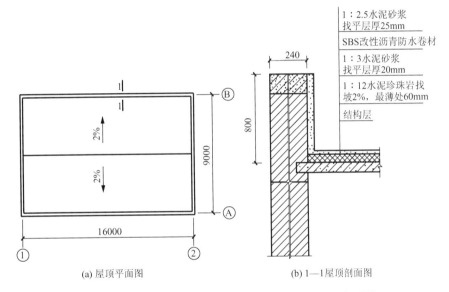

(a) 屋顶平面图　　　　(b) 1—1 屋顶剖面图

图 10.2　某工程 SBS 改性沥青卷材防水屋面平面、剖面图

（2）编制项目的分部分项工程量清单。

分部分项工程量清单与计价表见表 10-7。清单编制在表 10-6 已有相关列项的情况下，需按规范的提示，根据工程背景准确描述其项目特征。

表 10-6　清单工程量计算表

序号	项目编码	项目名称	计算式	计量单位	工程量合计
1	011001001001	保温隔热屋面	$S=(16-0.24)\times(9-0.24)$	m²	138.06
2	010902001001	屋面卷材防水	$S=138.06+(16-0.24+9-0.24)\times 2\times 0.3$	m²	152.77
3	011101006001	屋面找平层	$S=138.06(16-0.24+9-0.24)\times 2\times 0.3$	m²	152.77

表 10-7 分部分项工程量清单与计价表

序号	项目编码	项目名称	项目特征描述	计量单位	工程量	金额/元 综合单价	合价
1	011001001001	保温隔热屋面	1. 材料品种：1∶12 水泥珍珠岩 2. 保温厚度：最薄处 60mm	m^2	138.06		
2	010902001001	屋面卷材防水	1. 卷材品种、规格、厚度：3mm 厚 SBS 改性沥青防水卷材 2. 防水层数：一道 3. 防水层做法：卷材底刷冷底子油、加热烤铺	m^2	152.77		
3	011101006001	屋面找平层	找平层厚度、砂浆配合比：20mm 厚 1∶3 水泥砂浆找平层（防水底层）	m^2	152.77		
4	011101006002	屋面找平层	找平层厚度、砂浆配合比：25mm 厚 1∶2.5 水泥砂浆找平层（防水面层）	m^2	152.77		

典型训练

【工作任务】编制屋面找平层、瓦屋面的分部分项工程量清单。

【任务背景】

某工程的坡屋顶结构图如图 10.3 所示，屋面坡度为 1∶2，现浇钢筋混凝土屋面板从下至上的构造做法为：15mm 厚 1∶2 防水砂浆找平层；1∶2 水泥砂浆粉挂瓦条，间距 315mm，断面 20mm×30mm；420mm×332mm 樱红色水泥彩瓦。

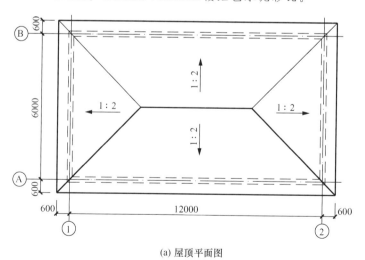

(a) 屋顶平面图

图 10.3 某工程的坡屋顶结构图

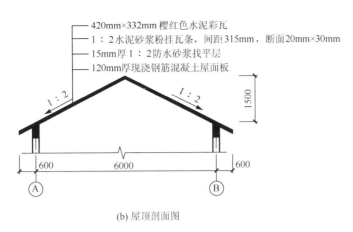

(b) 屋顶剖面图

图 10.3　某工程的坡屋顶结构图(续)

【问题】

根据以上背景资料及现行国家标准《建设工程工程量清单计价规范》《房屋建筑与装饰工程工程量计算规范》，试编制该屋面找平层、瓦屋面的分部分项工程量清单，并将清单编制成果填于表10-8中。

【训练提示】

(1) 按设计图示尺寸以面积计算。斜屋顶按斜面积计算。斜面积＝对应坡度的延长系数×屋面水平投影面积。

(2) 挂瓦条不单独列项，瓦屋面组价时考虑。

【分析与解答】

表 10-8　分部分项工程量清单与计价表

序号	项目编码	项目名称	项目特征描述	计量单位	工程量	综合单价/(元/m²)	合价/元
1							
2							

模块 10.2　屋面及防水工程计价

标准依据

10.2.1　屋面及防水工程定额概况

本节定额分4个部分共327个子目，即屋面防水；平面、立面及其他防水；伸缩缝、止水带；屋面排水。

(1) 屋面防水：定额分瓦屋面及彩钢板屋面、卷材屋面、屋面找平层、刚性防水屋面和屋面涂膜防水 5 个部分，共 98 个子目。

（2）平面、立面及其他防水：定额分涂刷油类、防水砂浆和粘贴卷材纤维 3 个部分，共 165 个子目。

（3）伸缩缝、止水带：定额分伸缩缝、盖缝和止水带 3 个部分，共 37 个子目。

（4）屋面排水：定额分 PVC 管排水、铸铁管排水和玻璃钢管排水 3 个部分，共 27 个子目。

10.2.2 定额使用注意事项

油毡卷材屋面包括刷冷底子油 1 遍，但不包括天沟、泛水、屋脊、檐口等处的附加层在内，其附加层应另附算。其他卷材屋面均包括附加层。高聚物、高分子防水卷材粘贴，实际使用的黏结剂与定额不同时，单价可以换算，其他不变。

平面、立面及其他防水是指楼地面及墙面的防水，既适用于建筑物（包括地下室）又适用于构筑物。

各种卷材的防水层均已包括刷冷底子油 1 遍和平面、立面交界处的附加层工料在内。

伸缩缝、盖缝项目中，除已注明规格可调整外，其余项目均不调整。无分格缝的屋面找平层按《江苏省计价定额》第十三章楼地面工程相应子目执行。

10.2.3 工程量计算规则

1. 瓦屋面计算规则

瓦屋面按图示尺寸的水平投影面积乘以屋面坡度延长系数 C 以 m^2 计算（瓦出线已包括在内），不扣除房上烟囱、风帽底座、风道、屋面小气窗、斜沟等所占面积，屋面小气窗出檐与屋面重叠部分的面积不增加，但天窗出檐部分重叠的面积应并入所在屋面工程量内（图 10.4），瓦屋面的脊瓦以 10 延长米为计量单位，单列项目计算。

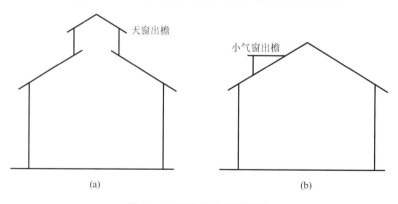

图 10.4 天窗与小气窗出檐

瓦材规格与定额不同时，瓦的数量可以换算，其他不变。换算公式如下。

每 $10m^2$ 用瓦数量＝[$10m^2$/（瓦有效长度×有效宽度）]×1.025（操作损耗）

2. 瓦屋面的屋脊、蝴蝶瓦的檐口花边、滴水计算规则

瓦屋面的屋脊、蝴蝶瓦的檐口花边、滴水另列项目按延长米计算；四坡屋面斜脊长度、山墙泛水长度计算同清单工程量；瓦穿铁丝、钉铁钉、水泥砂浆粉挂瓦条按每 $10m^2$ 斜面积计算。

3. 卷材屋面计算规则

（1）SBS、APP 改性沥青防水卷材根据现行《屋面工程技术规范》（GB 50345—2012）的规定，卷材铺贴方式有下列几种。

① 满铺：即为满粘法（全粘法），铺贴防水卷材时，卷材与基层采用全部黏结的施工方法。

② 空铺：铺贴防水卷材时，卷材与基层仅在四周一定宽度内黏结，其余部分不黏结的施工方法。

③ 条铺：铺贴防水卷材时，卷材与基层采用条状黏结的施工方法，每幅卷材与基层黏结面不少于两条，每条宽度不小于 150mm。

④ 点铺：铺贴防水卷材时，卷材与基层采用点状黏结的施工方法，每平方米黏结不少于 5 个点，每个点面积为 100mm×100mm。

（2）卷材屋面工程量按以下规定计算：卷材屋面按图示尺寸的水平投影面积乘以规定的坡度系数计算，但不扣除房上烟囱、风帽底座、风道、屋面小气窗和斜沟所占面积；女儿墙、伸缩缝、天窗等处的弯起高度按图示尺寸计算并入屋面工程量内；若图纸无规定，伸缩缝、女儿墙的弯起高度按 250mm 计算，天窗弯起高度按 500mm 计算并入屋面工程量内；檐沟、天沟按展开面积并入屋面工程量内。

（3）聚乙烯丙纶复合卷材屋面水泥 901 胶粘贴，10-59、10-60 子目是相应做在水泥 901 胶、1:2 水泥砂浆找平层上的。

4. 刚性防水屋面计算规则

（1）刚性防水屋面定额项目中防水砂浆、细石混凝土、水泥砂浆有分格缝项目的均已包括分格缝及嵌缝油膏在内，细石混凝土项目中还包括了干铺油毡滑动层，设计要求与图集不符时应按定额规定换算。

（2）刚性防水屋面按设计图示尺寸以面积计算，不扣除房上烟囱、风帽底座、风道等所占面积，即按实铺水平投影面积计算。

5. 屋面涂膜防水工程量计算规则

屋面涂膜防水工程量计算同卷材屋面。

6. 伸缩缝、盖缝、止水带工程量计算规则

伸缩缝、盖缝、止水带按延长米计算，外墙伸缩缝在墙内、外双面填缝者，工程量应按双面计算。止水带定额均比较具体地注明了材料规格、缝断面，并规定了定额与设计不同应换算，使用时应注意定额附注说明及换算方法。

7. 屋面排水工程量计算规则

玻璃钢、PVC 塑料水落管、铸铁水落管、檐沟，均按图示尺寸以延长米计算。水斗、女儿墙弯头、铸铁落水口（带罩），均按只计算。阳台 PVC 管通水落管按只计算。每只阳台出水口至水落管中心线斜长按 1m 计算（内含 2 只 135°弯头，1 只异径三通），设计斜长不同，调整定额中 PVC 管的用料，规格不同应调整，使用只数应与阳台只数配套。

✓ 典型实例

1. 根据题意，解答下列问题：（1）水泥瓦规格为 420mm×332mm，如长向搭接

75mm，宽向搭接32mm，试计算每10m² 瓦的定额消耗量；（2）脊瓦规格为432mm×228mm，长向搭接75mm，试计算每10m 脊瓦的定额消耗量。操作损耗均按2.5%计算。

瓦材的定额消耗量

解：每10m² 瓦数量＝[10/(0.42－0.075)×(0.332－0.032)]×1.025≈99.03≈99(块)

每10m 脊瓦数量＝[10/(0.432－0.075)]×1.025≈28.71≈29(块)

2. 如图10.5所示四坡水的坡形瓦屋面，水泥彩瓦规格420mm×332mm，黏结层采用1∶2.5水泥砂浆。房屋外墙中心线长为24m，宽为8m。四面出檐距外墙外边线0.5m(从轴线向外0.62m)，屋面坡度为1∶2，外墙为240mm砖墙，水泥砂浆粉挂瓦条20mm×30mm，间距345mm。小气窗出檐与屋面重叠为0.75m²，请按《房屋建筑与装饰工程工程量计算规范》和《江苏省计价定额》确定瓦屋面的清单综合单价。

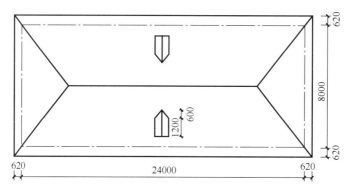

图10.5 坡形瓦屋面

解：(1) 确定清单工程量，编制瓦屋面的工程量清单。

规则规定，瓦屋面清单工程量按设计图示尺寸以斜面积计算，不扣除小气窗等所占面积，小气窗出檐部分不增加面积。

查表10-2，屋面坡度为1∶2时，屋面坡度延长系数为1.118。

$$S_{清单}＝(24＋0.62×2)×(8＋0.62×2)×1.118≈260.74(m^2)$$

瓦屋面的清单见表10-9，编制时需根据规范和题意准确描述其项目特征。

表10-9 分部分项工程量清单与计价表

序号	项目编码	项目名称	项目特征描述	计量单位	工程量	综合单价/(元/m²)	合价/元
	010901001001	瓦屋面	1. 瓦品种、规格：420mm×332mm，水泥彩瓦 2. 黏结层砂浆的配合比：1∶2.5水泥砂浆	m²	260.74		

(2) 分析项目特征，选择定额子目，进行清单组价。

① 计算瓦屋面铺瓦定额工程量，选择定额子目。

$$S_{定额}＝S_{清单}＝260.74m^2$$

选择定额子目 10-7,综合单价为 368.70 元/10m²。

$$\text{分项工程的费用} = 260.74/10 \times 368.70 \approx 9613.48 (\text{元})$$

② 计算瓦屋面脊瓦定额工程量,选择定额子目。

查表 10-2,屋面坡度为 1:2 时,屋面隅延长系数为 1.50。

$$\text{脊瓦工程量} = 4 \times (8/2 + 0.62) \times 1.50 + (24 - 8) + 1.8 \times 2 = 47.32 (\text{m})$$

选择定额子目 10-8,综合单价为 298.36 元/10m。

$$\text{分项工程的费用} = 47.32/10 \times 298.36 \approx 1411.84 (\text{元})$$

③ 计算挂瓦条定额工程量,选择定额子目。

挂瓦条工程量:同铺瓦,为 260.74 m²。

选择定额子目 10-5,综合单价为 68.93 元/10m²。

$$\text{分项工程的费用} = 260.74/10 \times 68.93 \approx 1797.28 (\text{元})$$

④ 上述三项合计:

$$9613.48 + 1411.84 + 1797.28 = 12822.60 (\text{元})$$

(3) 计算清单综合单价,完善清单投标报价表。

清单综合单价 = ∑分部分项工程费/清单工程量 = 12822.60/260.74 ≈ 49.18(元/m²)

完善表 10-10 所示的分部分项工程量清单与计价表。

表 10-10 分部分项工程量清单与计价表

序号	项目编码	项目名称	项目特征描述	计量单位	工程量	综合单价/(元/m²)	合价/元
	010901001001	瓦屋面	1. 瓦品种、规格:420mm×332mm,水泥彩瓦 2. 黏结层砂浆的配合比:1:2.5 水泥砂浆	m²	260.74	49.18	12822.60

3. 某工程平屋顶如图 10.6 所示,墙厚 240mm,轴线居中。屋面防水采用 3mm APP 改性沥青卷材单层热熔满铺与 40mm 厚 C20 细石混凝土刚性防水层(有分格缝)相结合的防水方式,混凝土采用现场搅拌,请按《房屋建筑与装饰工程工程量计算规范》《江苏省计价定额》计算相关防水层清单综合单价(屋面其他构造层次不考虑)。屋面卷材防水层在女儿墙上的泛水高度按 300mm 考虑。

防水层清单综合单价

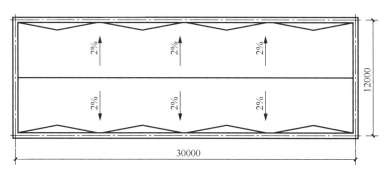

图 10.6 某工程平屋顶

解：(1) 计算分项工程的清单工程量并编制清单。

根据题意，对照规范，本题共有屋面卷材防水、屋面刚性层两个清单项目。

屋面卷材防水工程量：根据计算规则规定，女儿墙等处的弯起高度并入屋面工程量内计算，$S_{清单} = S_{定额} = (33 - 0.24) \times (12 - 0.24) + [(33 - 0.24) + (12 - 0.24)] \times 2 \times 0.3 \approx 385.26 + 26.71 = 411.97 (m^2)$。

屋面刚性层工程量：$S_{清单} = S_{定额} = (33 - 0.24) \times (12 - 0.24) \approx 385.26 (m^2)$

分部分项工程量清单与计价表见表 10 - 11，需根据题意准确描述项目特征。

表 10 - 11　分部分项工程量清单与计价表

序号	项目编码	项目名称	项目特征描述	计量单位	工程量	综合单价/(元/m²)	合价/元
1	010902001001	屋面卷材防水	1. 卷材品种、规格、厚度：3mm APP 改性沥青卷材 2. 防水层数：单层 3. 防水层做法：热熔满铺	m²	411.97		
2	010902003001	屋面刚性层	1. 刚性层厚度：40mm 2. 混凝土种类：现场搅拌细石混凝土 3. 混凝土强度等级：C20	m²	385.26		

(2) 分析清单项目特征，选择定额子目进行组价。

3mm APP 改性沥青卷材单层热熔满铺，选择定额子目 10 - 40，综合单价为 431.59 元/10m²。屋面卷材防水层分项工程的费用 = 411.97/10 × 431.59 ≈ 17780.21(元)。

屋面刚性层采用 40mm 厚 C20 细石混凝土（有分格缝），选择定额子目 10 - 77，综合单价为 417.07 元/10m²。屋面细石混凝土刚性防水层分项工程的费用 = 385.26/10 × 417.07 ≈ 16068.04(元)。

(3) 计算清单综合单价，完善项目的投标报价表。

清单综合单价 = ∑分部分项工程费/清单工程量。完善后的分部分项工程量清单与计价表见表 10 - 12。

表 10 - 12　分部分项工程量清单与计价表

序号	项目编码	项目名称	项目特征描述	计量单位	工程量	综合单价/(元/m²)	合价/元
1	010902001001	屋面卷材防水	1. 卷材品种、规格、厚度：3mm APP 改性沥青卷材 2. 防水层数：单层 3. 防水层做法：热熔满铺	m²	411.97	43.16	17780.21
2	010902003001	屋面刚性层	1. 刚性层厚度：40mm 2. 混凝土种类：现场搅拌细石混凝土 3. 混凝土强度等级：C20	m²	385.26	41.71	16068.04

4. 试计算 3 根 PVC 塑料水落管（图 10.7）的工程量（檐口标高为 20.800m），并按《江苏省计价定额》选择定额子目。

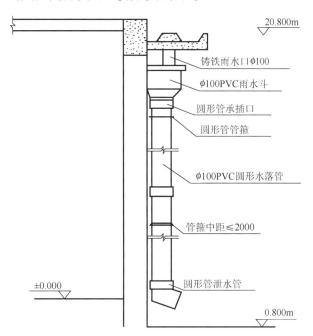

图 10.7 PVC 塑料水落管

解：(1) PVC 塑料水落管定额工程量计算及定额子目选择。
管径 $\phi 100$，工程量：$(20.800+0.800)\times 3 = 64.80(m)$
选择子目 10-202，综合单价为 364.58 元/10m。
分项工程的费用：$64.8/10\times 364.58 \approx 2362.48$（元）
(2) 铸铁雨水口定额工程量计算及定额子目选择。
屋面铸铁雨水口 $\phi 100$，工程量为 3 只。
选择子目 10-214，综合单价为 458.09 元/10 只。
分项工程的费用：$0.3\times 458.09 \approx 137.43$（元）
(3) PVC 雨水斗定额工程量计算及定额子目选择。
PVC 雨水斗 $\phi 100$，工程量为 3 只。
选择子目 10-206，综合单价为 422.04 元/10 只。
分项工程的费用：$0.3\times 422.04 \approx 126.61$（元）
(4) 上述三项合计：$2362.48+137.43+126.61=2626.52$（元）。

典型训练

【工作任务 1】 确定瓦屋面及找平层的清单综合单价。

【任务背景】

某砖混结构住宅楼屋顶平面图如图 10.8 所示，屋面做法为 1:2.5 水泥砂浆铺水泥彩瓦、脊瓦，20mm×30mm 水泥砂浆粉挂瓦条间距 315mm，20mm 厚 1:2.5 防水砂浆找平层（有分格缝），小气窗出檐面积为 $0.84m^2$。

【问题】

请按《房屋建筑与装饰工程工程量计算规范》《江苏省计价定额》确定瓦屋面及找平层的清单综合单价。

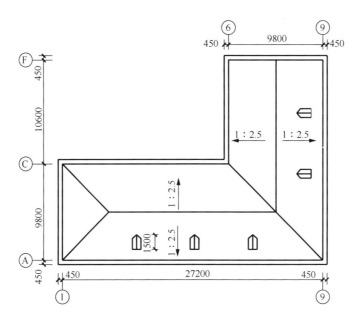

图 10.8 某砖混结构住宅楼屋顶平面图

【训练提示】

(1) 编制瓦屋面及找平层的分部分项工程量清单,屋面坡度为1:2.5,工程量均按斜面积计算。工程量不扣除小气窗所占面积,屋面小气窗的出檐部分也不增加工程量。

(2) 瓦屋面组价时,注意定额子目选择水泥彩瓦对应的子目,同时考虑铺瓦和脊瓦两个定额子目。

(3) 找平层应选择楼地面工程的平面砂浆找平层进行组价。

【分析与解答】

【工作任务2】确定细石混凝土刚性防水层的清单综合单价。

【任务背景】

施工图纸见附录一常州市××小学食堂、风雨操场建筑施工图中的"三层上空平面图",以标高12.700m上人保温平屋面为分析对象。屋面防水中的30mm厚C20细石混凝土(有分格缝)采用预拌非泵送的方式。屋面设备基础对屋面防水工程量计算的影响均不考虑。

【问题】

请按《房屋建筑与装饰工程工程量计算规范》《江苏省计价定额》确定防水层的分部分项工程量清单,并确定其中的细石混凝土刚性防水层的清单综合单价。

【训练提示】

(1) 编制屋面卷材防水和屋面刚性层的工程量清单。屋面卷材防水层在女儿墙上的泛水高度按 250mm 考虑。

(2) 组价时，刚性防水层的材料为预拌非泵送细石混凝土 C20，厚度为 30mm。

【分析与解答】

任务小结

(1) 建筑施工图中有关屋面、楼面、墙面防水的施工图纸识读。

(2) 屋面、楼面、墙面防水工程清单的列项。

(3) 屋面、楼面、墙面防水工程量清单的项目特征分析。

(4) 屋面、楼面、墙面防水的工程量清单编制。

(5) 屋面、楼面、墙面防水定额应用，包括瓦屋面、屋面卷材防水、屋面涂膜防水、屋面刚性层、屋面变形缝、墙面卷材防水、墙面涂膜防水、楼（地）面卷材防水、楼（地）面涂膜防水的定额工程量计算规则、定额子目的套用及定额使用的注意事项。

(6) 屋面、楼面、墙面防水工程量清单综合单价的分析。

任务11 保温、隔热、防腐工程计量与计价

教学目标

了解绿色建筑中墙体保温构造、屋面保温构造；会依据图纸、规范对项目的保温、隔热、防腐工程进行正确清单列项；掌握保温、隔热、防腐的清单及定额工程量计算规则；能够依据项目特征对保温、隔热、防腐工程量清单进行定额子目的正确套用，能够进行保温、隔热、防腐工程量清单综合单价的分析计算；能够进行保温、隔热、防腐工程费用计算。

思维导图

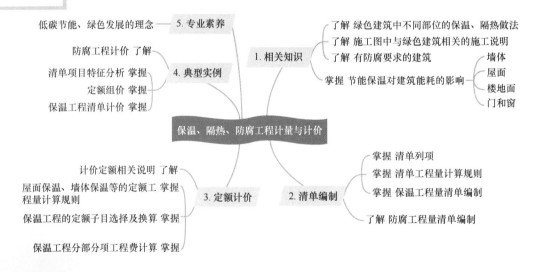

任务11 保温、隔热、防腐工程计量与计价

任务背景

随着绿色建筑的推广，节能建筑的应用越来越广泛。建筑节能的途径之一是减少建筑围护结构的能量损失。建筑围护结构的能量损失主要来自外墙、门窗、屋顶等部位，这3个部位的节能技术各国建筑界都非常关注。绿色建筑主要发展方向是采用保温、隔热材料和切实可行的构造技术，以提高围护结构的保温、隔热性能和密闭性能。建筑用保温、隔热材料主要有岩棉、矿渣棉、玻璃棉、聚苯乙烯泡沫、膨胀珍珠岩、膨胀蛭石、加气混凝土等。

任务11模块11.1主要介绍保温、隔热、防腐工程量清单编制；模块11.2主要介绍保温、隔热、防腐工程计价。

模块 11.1 保温、隔热、防腐工程量清单编制

规范依据

11.1.1 保温、隔热

1. 清单项目设置

保温、隔热工程量清单项目设置、项目特征描述的内容、计量单位及工程量计算规则应按表11-1的规定执行。

表11-1 保温、隔热(编码：011001)

项目编码	项目名称	项目特征	计量单位	工程量计算规则	工作内容
011001001	保温隔热屋面	1. 保温隔热材料品种、规格、厚度 2. 隔气层材料品种、厚度 3. 黏结材料种类、做法 4. 防护材料种类、做法	m^2	按设计图示尺寸以面积计算。扣除面积$>0.3m^2$孔洞及占位面积	1. 基层清理 2. 刷黏结材料 3. 铺粘保温层 4. 铺、刷(喷)防护材料
011001002	保温隔热天棚	1. 保温隔热面层材料品种、规格、性能 2. 保温隔热材料品种、规格及厚度 3. 黏结材料种类及做法 4. 防护材料种类及做法		按设计图示尺寸以面积计算。扣除面积$>0.3m^2$上柱、垛、孔洞所占面积，与天棚相连的梁按展开面积计算，并入天棚工程量内	

续表

项目编码	项目名称	项目特征	计量单位	工程量计算规则	工作内容
011001003	保温隔热墙面	1. 保温隔热部位 2. 保温隔热方式 3. 踢脚线、勒脚线保温做法 4. 龙骨材料品种、规格 5. 保温隔热面层材料品种、规格、性能 6. 保温隔热材料品种、规格及厚度 7. 增强网及抗裂防水砂浆种类 8. 黏结材料种类及做法 9. 防护材料种类及做法	m²	按设计图示尺寸以面积计算。扣除门窗洞口及面积>0.3m²梁、孔洞所占面积；门窗洞口侧壁需做保温时，并入保温墙体工程量内	1. 基层清理 2. 刷界面剂 3. 安装龙骨 4. 填贴保温材料 5. 保温板安装 6. 粘贴面层 7. 铺设增强格网、抹抗裂防水砂浆面层 8. 嵌缝 9. 铺、刷(喷)防护材料
011001004	保温柱、梁			按设计图示尺寸以面积计算。 1. 柱按设计图示柱断面保温层中心线展开长度乘以保温层高度以面积计算，扣除面积>0.3m²梁所占面积 2. 梁按设计图示梁断面保温层中心线展开长度乘以保温层长度以面积计算	
011001005	保温隔热楼地面	1. 保温隔热部位 2. 保温隔热材料品种、规格、厚度 3. 隔气层材料品种、厚度 4. 黏结材料种类、做法 5. 防护材料种类、做法		按设计图示尺寸以面积计算。扣除面积>0.3m²柱、垛、孔洞所占面积。门洞、空圈、暖气包槽、壁龛的开口部分不增加面积	1. 基层清理 2. 刷黏结材料 3. 铺粘保温层 4. 铺、刷(喷)防护材料
011001006	其他保温隔热	1. 保温隔热部位 2. 保温隔热方式 3. 隔气层材料品种、厚度 4. 保温隔热面层材料品种、规格、性能 5. 保温隔热材料品种、规格及厚度 6. 黏结材料种类及做法 7. 增强网及抗裂防水砂浆种类 8. 防护材料种类及做法		按设计图示尺寸以展开面积计算。扣除面积>0.3m²孔洞及占位面积	1. 基层清理 2. 刷界面剂 3. 安装龙骨 4. 填贴保温材料 5. 保温板安装 6. 粘贴面层 7. 铺设增强格网、抹抗裂防水砂浆面层 8. 嵌缝 9. 铺、刷(喷)防护材料

2. 清单规则解读

（1）保温隔热装饰面层，按《房屋建筑与装饰工程工程量计算规范》相关项目编码列项；仅做找平层，按《房屋建筑与装饰工程工程量计算规范》中"平面砂浆找平层"或"立面砂浆找平层"项目编码列项。

（2）柱帽保温隔热应并入保温隔热天棚工程量内。

（3）池槽保温隔热应按"其他保温隔热"项目编码列项。

（4）保温隔热方式：指内保温、外保温、夹心保温。

（5）保温柱、梁适用于不与墙、天棚相连的独立柱、梁。

11.1.2 防腐面层

1. 清单项目设置

防腐面层工程量清单项目设置、项目特征描述的内容、计量单位及工程量计算规则应按表11-2的规定执行。

表11-2　防腐面层（编码：011002）

项目编码	项目名称	项目特征	计量单位	工程量计算规则	工作内容
011002001	防腐混凝土面层	1. 防腐部位 2. 面层厚度 3. 混凝土种类 4. 胶泥种类、配合比	m²	按设计图示尺寸以面积计算 1. 平面防腐：扣除凸出地面的构筑物、设备基础等及面积＞0.3m²孔洞、柱、垛所占面积 2. 立面防腐：扣除门、窗、洞口及面积＞0.3m²孔洞、梁所占面积，门、窗、洞口侧壁、垛凸出部分按展开面积并入墙面积内	1. 基层清理 2. 基层刷稀胶泥 3. 混凝土制作、运输、摊铺、养护
011002002	防腐砂浆面层	1. 防腐部位 2. 面层厚度 3. 砂浆、胶泥种类、配合比			1. 基层清理 2. 基层刷稀胶泥 3. 砂浆制作、运输、摊铺、养护
011002003	防腐胶泥面层	1. 防腐部位 2. 面层厚度 3. 胶泥种类、配合比			1. 基层清理 2. 胶泥调制、摊铺
011002004	玻璃钢防腐面层	1. 防腐部位 2. 玻璃钢种类 3. 贴布材料的种类、层数 4. 面层材料品种			1. 基层清理 2. 刷底漆、刮腻子 3. 胶浆配制、涂刷 4. 粘布、涂刷面层
011002005	聚氯乙烯板面层	1. 防腐部位 2. 面层材料品种、厚度 3. 黏结材料种类			1. 基层清理 2. 配料、涂胶 3. 聚氯乙烯板铺设
011002006	块料防腐面层	1. 防腐部位 2. 块料品种、规格 3. 黏结材料种类 4. 勾缝材料种类			1. 基层清理 2. 铺贴块料 3. 胶泥调制、勾缝

续表

项目编码	项目名称	项目特征	计量单位	工程量计算规则	工作内容
011002007	池、槽块料防腐面层	1. 防腐池、槽名称、代号 2. 块料品种、规格 3. 黏结材料种类 4. 勾缝材料种类	m²	按设计图示尺寸以展开面积计算	1. 基层清理 2. 铺贴块料 3. 胶泥调制、勾缝

2. 清单规则解读

（1）防腐面层，可经受叉车、卡车长期碾压，使地面重度耐腐蚀、耐强酸碱、耐化学溶剂、耐冲击、防地面龟裂。防腐面层适用于电镀厂、电池厂、化工厂、电解池、制药厂、酸碱中和池等场所的地面、墙面及设备表面。

（2）防腐踢脚线，应按《房屋建筑与装饰工程工程量计算规范》中"踢脚线"项目编码列项。

（3）"防腐混凝土面层""防腐砂浆面层""防腐胶泥面层"项目适用于平面或立面的水玻璃混凝土、水玻璃砂浆、水玻璃胶泥、沥青混凝土、沥青砂浆、沥青胶泥、树脂混凝土、树脂砂浆、树脂胶泥及聚合物水泥砂浆等防腐工程。

（4）"玻璃钢防腐面层"项目适用于树脂胶料与增强材料复合塑制而成的玻璃钢防腐工程。

（5）"聚氯乙烯板面层"项目适用于地面、墙面的软、硬聚氯乙烯板防腐工程。

（6）"块料防腐面层"项目适用于地面、沟槽、基础的各类块料防腐工程。

11.1.3 其他防腐

1. 清单项目设置

其他防腐工程量清单项目设置、项目特征描述的内容、计量单位及工程量计算规则应按表11-3的规定执行。

表11-3 其他防腐（编码：011003）

项目编码	项目名称	项目特征	计量单位	工程量计算规则	工作内容
011003001	隔离层	1. 隔离层部位 2. 隔离层材料品种 3. 隔离层做法 4. 粘贴材料种类	m²	按设计图示尺寸以面积计算 1. 平面防腐：扣除凸出地面的构筑物、设备基础等及面积>0.3m²孔洞、柱、垛所占面积，门洞、空圈、暖气包槽、壁龛的开口部分不增加面积 2. 立面防腐：扣除门、窗、洞口及面积>0.3m²孔洞、梁所占面积，门、窗、洞口侧壁、垛凸出部分按展开面积并入墙面积内	1. 基层清理、刷油 2. 煮沥青 3. 胶泥调制 4. 隔离层铺设

任务11 保温、隔热、防腐工程计量与计价

续表

项目编码	项目名称	项目特征	计量单位	工程量计算规则	工作内容
011003002	砌筑沥青浸渍砖	1. 砌筑部位 2. 浸渍砖规格 3. 胶泥种类 4. 浸渍砖砌法	m³	按设计图示尺寸以体积计算	1. 基层清理 2. 胶泥调制 3. 浸渍砖铺砌
011003003	防腐涂料	1. 涂刷部位 2. 基层材料类型 3. 刮腻子的种类、遍数 4. 涂料品种、刷涂遍数	m²	按设计图示尺寸以面积计算 1. 平面防腐：扣除凸出地面的构筑物、设备基础等及面积>0.3m²孔洞、柱、垛所占面积，门洞、空圈、暖气包槽、壁龛的开口部分不增加面积 2. 立面防腐：扣除门、窗、洞口及面积>0.3m²孔洞、梁所占面积，门、窗、洞口侧壁、垛凸出部分按展开面积并入墙面积内	1. 基层清理 2. 刮腻子 3. 刷涂料

2. 清单规则解读

（1）浸渍砖砌法指平砌、立砌。

（2）"隔离层"项目适用于楼地面的沥青类、树脂玻璃钢类防腐工程隔离层。

（3）"砌筑沥青浸渍砖"项目适用于浸渍标准砖的铺砌。

（4）"防腐涂料"项目适用于建筑物、构筑物及钢结构的防腐。

典型实例

1. 防腐面层及踢脚线的分部分项工程量清单编制实例。

【背景资料】

某库房地面做 1∶0.533∶0.533∶3.121 不发火沥青砂浆防腐面层，踢脚线抹 1∶0.3∶1.5∶4 铁屑砂浆，厚度均为 20mm，踢脚线高度 200mm，如图 11.1 所示。墙厚均为 240mm，门洞地面做防腐面层，侧边不做踢脚线。

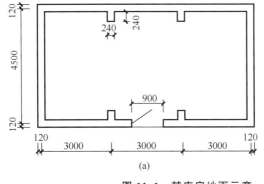

图 11.1 某库房地面示意

【问题】

根据以上背景资料及现行国家标准《建设工程工程量清单计价规范》《房屋建筑与装

饰工程工程量计算规范》，试编制该库房防腐面层及踢脚线的分部分项工程量清单。

解：（1）分析与解答。

① 防腐砂浆面层。按设计图示尺寸以房间的净面积计算，扣除凸出地面的构筑物、设备基础等及面积>0.3m² 柱、垛所占面积。本工程中单个柱、垛的面积为 $0.24\times0.24\approx0.058(m^2)<0.3m^2$，工程量计算中无须扣除柱、垛所占面积，门洞开口部分也不增加面积。

② 砂浆踢脚线。按本书任务 12 中"踢脚线"项目编码列项，可用"m²"或"m"作为计量单位。本案例选择"m"为单位计算工程量。按照工程量计算规则规定，不扣除门洞口工程量，柱、垛侧壁的工程量也不增加。

（2）编制项目的分部分项工程量清单。

分部分项工程量清单与计价表见表 11-5。清单编制在表 11-4 已有正确列项的情况下，需按表 11-2、表 12-3 的提示，根据工程背景准确描述其项目特征。

表 11-4　清单工程量计算表

序号	项目编码	项目名称	计算式	计量单位	工程量合计
1	011002002001	防腐砂浆面层	$S=(9.00-0.24)\times(4.50-0.24)\approx37.32$	m²	37.32
2	011105001001	砂浆踢脚线	$L=(9.00-0.24+0.24\times4+4.5-0.24)\times2-0.9=27.06$	m	27.06

表 11-5　分部分项工程量清单与计价表

序号	项目编码	项目名称	项目特征描述	计量单位	工程量	金额/元 综合单价	金额/元 合价
1	011002002001	防腐砂浆面层	1. 防腐部位：地面 2. 厚度：20mm 3. 砂浆种类、配合比：不发火沥青砂浆，1∶0.533∶0.533∶3.121	m²	37.32		
2	011105001001	砂浆踢脚线	1. 踢脚线高度：200mm 2. 厚度、砂浆配合比：20mm，铁屑砂浆 1∶0.3∶1.5∶4	m	27.06		

2. 外墙外保温的分部分项工程量清单编制实例。

【背景资料】

某房屋建筑如图 11.2 所示，内外墙厚均为 240mm，采用加气混凝土砌块砌筑，轴线与墙中心线重合，图中门窗规格为 M-1：1200mm×2400mm；M-2：900mm×2400mm；C-1：2100mm×1800mm；C-2：1200mm×1800mm。该工程外墙外保温做法：（1）基层表面清理；（2）刷界面砂浆 5mm；（3）刷 30mm 厚胶粉聚苯颗粒；（4）门窗边做保温宽度为 120mm。

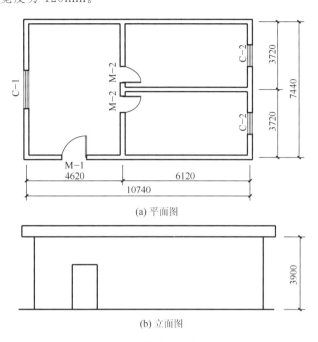

外墙外保温

图 11.2 某房屋建筑示意

【问题】

根据以上背景资料及现行国家标准《建设工程工程量清单计价规范》《房屋建筑与装饰工程工程量计算规范》，试编制该工程外墙外保温的分部分项工程量清单。

解：（1）分析与解答。

外墙保温墙面工程量按设计图示尺寸以面积计算，扣除门窗洞口所占面积；门窗洞口侧壁需做保温时，并入保温墙体工程量内。

（2）编制项目的分部分项工程量清单。

分部分项工程量清单与计价表见表 11-7。清单编制在表 11-6 已有正确列项的情况下，需按表 11-1 的提示，根据工程背景准确描述其项目特征。

表 11-6 清单工程量计算表

序号	项目编码	项目名称	计算式	计量单位	工程量合计
	011001003001	保温墙面	墙面工程量： $S_1 = [(10.74+0.24)+(7.44+0.24)] \times 2 \times 3.90 - (1.2 \times 2.4 + 2.1 \times 1.8 + 1.2 \times 1.8 \times 2) \approx 134.57$ 门窗侧边工程量： $S_2 = [(2.1+1.8) \times 2 + (1.2+1.8) \times 4 + (2.4 \times 2+1.2)] \times 0.12 \approx 3.10$	m²	137.67

263

表 11-7　分部分项工程量清单与计价表

序号	项目编码	项目名称	项目特征描述	计量单位	工程量	金额/元	
						综合单价	合价
	011001003001	保温墙面	1. 保温隔热部位：外墙外表面 2. 保温隔热方式：外保温 3. 保温隔热材料品种、厚度：30mm厚胶粉聚苯颗粒 4. 基层材料：5mm厚界面砂浆	m²	137.67		

典型训练

【工作任务1】 编制外墙外保温的分部分项工程量清单。

【任务背景】

某一层接待室为三类工程，砖混结构，其平面图、剖面图分别如图 11.3、图 11.4 所示。设计室外地坪标高为 −0.300m，设计室内地坪标高为 ±0.000m，平屋面板面标高为 3.500m。外墙 −0.060m 处设水泥砂浆防潮层，防潮层以上墙体为 240mm×115mm×90mm KP1 多孔砖，M5 混合砂浆砌筑，防潮层以下为混凝土标准砖，门窗洞口尺寸见表 11-8。外墙采用 50mm 厚 FTC 自调温相变蓄能材料做外保温，自设计室外地坪贴至檐口标高。门窗洞口侧壁保温的宽度统一按 100mm 考虑。

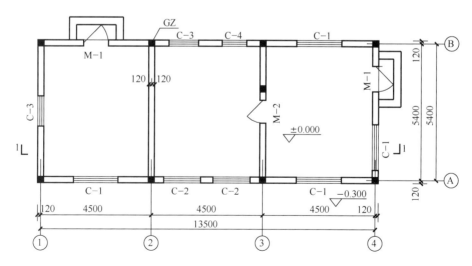

图 11.3　一层接待室平面图

【问题】

根据以上背景资料及现行国家标准《建设工程工程量清单计价规范》《房屋建筑与装饰工程工程量计算规范》，试编制该工程外墙外保温的分部分项工程量清单。

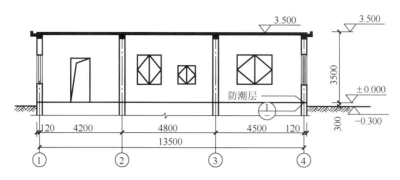

图 11.4 一层接待室 1—1 剖面图

表 11-8 门窗表

编号	洞口尺寸/(mm×mm)	数量	编号	洞口尺寸/(mm×mm)	数量
M-1	1000×2200	2	C-1	1800×1500	4
M-2	900×2200	1	C-2	1500×900	2
			C-3	1200×1500	2
			C-4	1000×900	1

【训练提示】

(1) 按一层平面图明确外墙外保温工程量的计算长度。

(2) 外墙外保温的计算高度从室外地坪标高算至檐口标高。

(3) 门窗洞口侧壁的保温并入保温墙体工程量内。

【分析与解答】

请将编制成果填于表 11-9 中。注意根据规范提示，准确描述其项目特征。

表 11-9 分部分项工程量清单与计价表

序号	项目编码	项目名称	项目特征描述	计量单位	工程量	金额/元	
						综合单价	合价

【工作任务 2】编制层面保温的分部分项工程量清单。

【任务背景】

施工图纸见附录一常州市××小学食堂、风雨操场建筑施工图中的"三层上空平面图"，以标高 12.700m 上人保温平屋面为分析对象。不考虑屋面设备基础对屋面保温工程量计算的影响。

【问题】

请按《房屋建筑与装饰工程工程量计算规范》编制屋面保温的分部分项工程量清单。

【训练提示】

(1) 上人保温平屋面构造做法见附录一常州市××小学食堂、风雨操场建筑施工图中的"工程做法列表"。

(2) 保温板采用水泥砂浆粘贴。

(3) 清单项目内容包括 60mm 厚挤塑聚苯板和最薄处 20mm 厚泡沫混凝土(2%找坡)。

(4) 注意墙的中心线与定位轴线之间的位置关系。

【分析与解答】

请将编制成果填于表 11-10 中。注意根据规范提示,准确描述项目特征。

表 11-10 分部分项工程量清单与计价表

序号	项目编码	项目名称	项目特征描述	计量单位	工程量	金额/元	
						综合单价	合价
1							
2							
3							
4							

模块 11.2 保温、隔热、防腐工程计价

标准依据

11.2.1 保温、隔热、防腐工程定额概况

定额内容共两个部分,第一部分保温、隔热工程设置 51 个子目,第二部分防腐工程设置 195 个子目。定额主要内容如下。

(1) 保温、隔热工程:屋面、楼地面保温隔热,计 25 个子目;墙、柱、天棚及其他,计 26 个子目。

(2) 防腐工程:①整体面层,内容共分砂浆、混凝土、胶泥面层,玻璃钢面层,隔离

层3部分，计61个子目，②平面砌块料面层，定额按各种耐酸黏结材料和不同耐酸板材分别编制，计52个子目；③池、沟槽砌块料，计16个子目；④耐酸防腐涂料，计61个子目；⑤烟囱、烟道内涂刷隔绝层，计5个子目。

11.2.2 定额使用注意事项

（1）整体面层和平面砌块料面层，适用于楼地面、平台的防腐面层。整体面层厚度，砌块料面层的规格，结合层厚度，灰缝宽度，各种胶泥、砂浆、混凝土的配合比，设计与定额不符应换算，但人工、机械不变。

（2）块料面层的计算。

每 $10m^2$ 块料用量＝[10/(块料长＋缝宽)×(块料宽＋缝宽)]×(1＋损耗率)

（3）黏结层、缝道用胶泥的计算。

每 $10m^2$ 黏结层用量＝10×黏结厚度×(1＋损耗率)

每 $10m^2$ 缝道用胶泥＝(10－块料净面积)×缝深×(1＋损耗率)

块料面层以平面铺砌为准，立面铺砌人工乘以系数1.38，踢脚板人工乘以系数1.56，块料乘以系数1.01，其他不变。

11.2.3 工程量计算规则

（1）保温隔热层按隔热材料净厚度(不包括黏结材料厚度)乘以设计图示面积按体积计算。

（2）地墙隔热层，按围护结构墙体内净面积计算，不扣除 $0.3m^2$ 以内孔洞所占的面积。

（3）软木、聚苯乙烯泡沫板铺贴平顶以图示长乘以宽乘以厚度以体积计算。

（4）外墙聚苯乙烯挤塑板外保温、外墙聚苯颗粒保温砂浆、屋面架空隔热板、保温隔热砖、瓦、天棚保温(沥青贴软木除外)层，按设计图示尺寸以面积计算。

（5）墙体隔热：外墙按隔热层中心线，内墙按隔热层净长乘以图示尺寸的高度(若图纸未注明高度，则下部由地坪隔热层起算，带阁楼时算至阁楼板顶面；无阁楼时则算至檐口)及厚度以体积计算，应扣除冷藏门洞口和管道穿墙洞口所占的体积。

（6）门口周围的隔热部分，按图示部位，分别套用墙体或地坪的相应子目以体积计算。

（7）软木、泡沫塑料板铺贴柱帽、梁面，以设计图示尺寸按体积计算。

（8）梁头、管道周围及其他零星隔热工程，均按设计尺寸以体积计算，套用柱帽、梁面定额。

（9）池槽隔热层按设计图示池槽保温隔热层的长、宽及厚度以体积计算，其中池壁按墙面计算，池底按地面计算。

（10）包柱隔热层按设计图示柱的隔热层中心线的展开长度乘以图示尺寸高度及厚度以体积计算。

（11）防腐工程项目应区分不同防腐材料种类及厚度，按设计图示尺寸以面积计算，应扣除凸出地面的构筑物、设备基础所占的面积。砖垛等凸出墙面部分按展开面积计算，并入墙面防腐工程量内。

（12）踢脚板按设计图示尺寸以面积计算，应扣除门洞所占面积，并相应增加侧壁展开面积。

(13) 平面砌筑双层耐酸块料时，按单层面积乘以系数2.0计算。

(14) 防腐卷材接缝附加层收头等工料，已计入定额中，不另行计算。

(15) 烟囱内表面涂抹隔绝层，按筒身内壁的面积计算，并扣除孔洞面积。

典型实例

耐酸池

1. 如图11.5所示耐酸池贴耐酸瓷砖，耐酸沥青胶泥结合层，树脂胶泥勾缝，瓷砖规格230mm×113mm×65mm，胶泥结合层6mm，灰缝宽度3mm。请计算定额工程量和定额综合单价(人工工资单价、管理费费率、利润率按《江苏省计价定额》取定)。

解：(1) 计算定额工程量。

① 池底、池壁25mm厚耐酸沥青砂浆：$4.0 \times 1.80 + (4.00 + 1.80) \times 2 \times (2.40 - 0.025) = 34.75 (m^2)$。

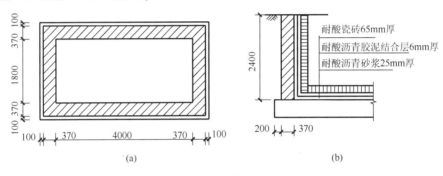

图 11.5 耐酸池示意

② 池底贴耐酸瓷砖：定额中块料面层以平面铺贴为准，立面铺贴时按平面铺贴的相应子目人工乘以系数1.38，因此池底与池壁的耐酸瓷砖工程量应分开计算。按照工程量计算规则规定，工程量按设计图示尺寸以实铺面积计算，即 $(4 - 0.096 \times 2) \times (1.80 - 0.096 \times 2) \approx 6.12 (m^2)$。

③ 池壁贴耐酸瓷砖(立面)：$(4.00 - 0.096 \times 2 + 1.80 - 0.096 \times 2) \times 2 \times (2.40 - 0.096) \approx 24.96 (m^2)$。

(2) 计算耐酸池贴耐酸瓷砖的综合单价，见表11-11。

表 11-11 耐酸池贴耐酸瓷砖的综合单价

序号	定额编号	项目名称	单位	工程量	综合单价/元	合计/元
1	11-64	耐酸沥青砂浆 30mm	10m²	3.475	1078.06	3746.26
2	11-65	耐酸沥青砂浆增减 5mm	10m²	-3.475	151.31	-525.80
3	11-159	池底贴耐酸瓷砖	10m²	0.612	3607.25	2207.64
4	11-159换	池壁贴耐酸瓷砖(立面)	10m²	2.496	4037.56	10077.75

注：子目11-159换(立面人工乘以1.38系数)综合单价=3607.25+826.56×0.38×(1+25%+12%)≈4037.56 (元/10m²)。

任务11 保温、隔热、防腐工程计量与计价

2. 清单同表 11-7，试按照《江苏省计价定额》计算清单综合单价。

解：（1）定额工程量＝清单工程量＝137.67m²。

（2）依据项目特征，保温层选择定额子目 11-50＋11-51，项目名称分别为砌块墙面聚苯颗粒保温砂浆 25mm 厚和保温砂浆每增减 5mm，定额综合单价分别为 414.52 元/10m² 和 54.19 元/10m²。

墙体保温层分项工程的费用：137.67/10×(414.52＋54.19)≈6452.73(元)。

依据项目特征，界面砂浆层选择定额子目 14-34，项目名称为加气混凝土砌块墙面专用界面砂浆，定额综合单价为 64.56 元/10m²，界面砂浆层的费用：137.67/10×64.56≈888.80(元)。

（3）清单项目费用小计：6452.73＋888.80＝7341.53(元)。

（4）清单综合单价：7341.53/137.67≈53.33(元/m²)。

典型训练

【工作任务】 确定屋面保温的分项工程量清单综合单价。

【任务背景】

施工图纸见附录一常州市××小学食堂、风雨操场建筑施工图中的"三层上空平面图"，以标高 12.700m 上人保温平屋面为分析对象。不考虑屋面设备基础对屋面保温工程量计算的影响。

【问题】

请按《房屋建筑与装饰工程工程量计算规范》《江苏省计价定额》确定屋面挤塑聚苯板保温的分项工程量清单综合单价。

【训练提示】

（1）上人保温平屋面构造做法见附录一常州市××小学食堂、风雨操场建筑施工图中的"工程做法列表"。

（2）清单项目内容只包括 60mm 厚挤塑聚苯板，保温板采用水泥砂浆粘贴。

（3）注意墙的中心线与定位轴线之间的位置关系。

【分析与解答】

请将编制成果填于表 11-12 中。

表 11-12 分部分项工程量清单与计价表

序号	项目编码	项目名称	项目特征描述	计量单位	工程量	金额/元	
						综合单价	合价

任务小结

(1) 保温、隔热、防腐工程的施工图纸识读。

(2) 保温、隔热、防腐工程量清单的列项。

(3) 保温、隔热、防腐的工程量清单的项目特征分析。

(4) 保温、隔热、防腐工程量清单编制。

(5) 保温、隔热、防腐工程定额应用,包括保温隔热屋面、保温隔热墙面、防腐砂浆面层等项目的定额工程量计算规则、定额子目的套用及定额使用的注意事项。

(6) 保温、隔热、防腐工程量清单综合单价的分析。

任务12 楼地面装饰工程计量与计价

教学目标

熟悉楼地面常见构造；会依据图纸、规范对项目的楼地面装饰工程进行正确清单列项；掌握整体面层楼地面、块料面层楼地面的清单及定额工程量计算规则；能够依据项目特征对楼地面装饰工程量清单进行定额子目的正确套用，能够进行整体面层楼地面、块料面层楼地面工程量清单综合单价的分析计算；能够进行楼地面装饰工程费用的计算。

思维导图

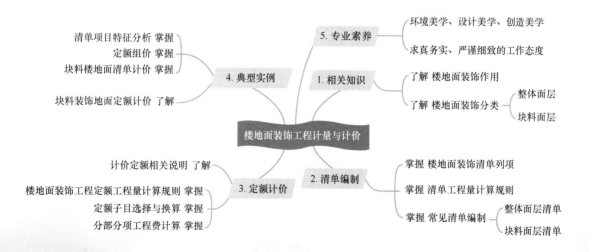

装配式建筑工程量清单计价

任务背景

建筑装饰工程是完善建筑物使用功能，美化环境和提高环境质量的一种建筑修饰。建筑装饰工程通常包括楼地面装饰、墙柱面装饰、天棚装饰等多个分项工程。其中楼地面是建筑物底层地面和楼层地面的总称，一般由基层、垫层和面层3部分组成。按工程做法或面层材料不同，楼地面可分为整体面层、块料面层、木地面、地毯地面和特殊地面等。整体面层主要是指水泥砂浆面层、混凝土面层、现浇水磨石面层、自流平地面及抗静电地面等；块料面层则主要是指陶瓷锦砖、地砖、花岗石、大理石及人造石材等做的楼地面铺装。

任务12模块12.1主要介绍楼地面装饰工程量清单编制；模块12.2主要介绍楼地面装饰工程计价。

模块12.1　楼地面装饰工程量清单编制

规范依据

12.1.1　整体面层及找平层

1. 清单项目设置

整体面层及找平层工程量清单项目的设置、项目特征描述的内容、计量单位、工程量计算规则应按表12-1的规定执行。

表12-1　整体面层及找平层（编码：011101）

项目编码	项目名称	项目特征	计量单位	工程量计算规则	工作内容
011101001	水泥砂浆楼地面	1. 找平层厚度、砂浆配合比 2. 素水泥浆遍数 3. 面层厚度、砂浆配合比 4. 面层做法要求	m²	按设计图示尺寸以面积计算。扣除凸出地面构筑物、设备基础、室内管道、地沟等所占面积，不扣除间壁墙及≤0.3m²柱、垛、附墙烟囱及孔洞所占面积。门洞、空圈、暖气包槽、壁龛的开口部分不增加面积	1. 基层清理 2. 抹找平层 3. 抹面层 4. 材料运输
011101002	现浇水磨石楼地面	1. 找平层厚度、砂浆配合比 2. 面层厚度、水泥石子浆配合比 3. 嵌条材料种类、规格 4. 石子种类、规格、颜色 5. 颜料种类、颜色 6. 图案要求 7. 磨光、酸洗、打蜡要求			1. 基层清理 2. 抹找平层 3. 面层铺设 4. 嵌缝条安装 5. 磨光、酸洗打蜡 6. 材料运输

续表

项目编码	项目名称	项目特征	计量单位	工程量计算规则	工作内容
011101003	细石混凝土楼地面	1. 找平层厚度、砂浆配合比 2. 面层厚度、混凝土强度等级	m^2	按设计图示尺寸以面积计算。扣除凸出地面构筑物、设备基础、室内管道、地沟等所占面积，不扣除间壁墙及≤0.3m^2柱、垛、附墙烟囱及孔洞所占面积。门洞、空圈、暖气包槽、壁龛的开口部分不增加面积	1. 基层清理 2. 抹找平层 3. 面层铺设 4. 材料运输
011101004	菱苦土楼地面	1. 找平层厚度、砂浆配合比 2. 面层厚度 3. 打蜡要求			1. 基层清理 2. 抹找平层 3. 面层铺设 4. 打蜡 5. 材料运输
011101005	自流平楼地面	1. 找平层砂浆配合比、厚度 2. 界面剂材料种类 3. 中层漆材料种类、厚度 4. 面漆材料种类、厚度 5. 面层材料种类			1. 基层处理 2. 抹找平层 3. 涂界面剂 4. 涂刷中层漆 5. 打磨、吸尘 6. 镘自流平面漆（浆） 7. 拌和自流平浆料 8. 铺面层
011101006	平面砂浆找平层	找平层厚度、砂浆配合比		按设计图示尺寸以面积计算	1. 基层清理 2. 抹找平层 3. 材料运输

2. 清单规则解读

（1）水泥砂浆面层处理是拉毛还是提浆压光应在面层做法要求中描述。

（2）平面砂浆找平层只适用于仅做找平层的平面抹灰。

（3）间壁墙指墙厚≤120mm 的墙。

12.1.2 块料面层

1. 清单项目设置

块料面层工程量清单项目的设置、项目特征描述的内容、计量单位、工程量计算规则应按表12-2 的规定执行。

2. 清单规则解读

（1）在描述碎石材项目的面层材料特征时可不用描述规格、颜色。

(2) 石材、块料与黏结材料的结合面刷防渗材料的种类在防护层材料种类中描述。

(3) 表12-2工作内容中的磨边指施工现场磨边，后面章节工作内容中涉及的磨边含义同此条。

表12-2 块料面层（编码：011102）

项目编码	项目名称	项目特征	计量单位	工程量计算规则	工作内容
011102001	石材楼地面	1. 找平层厚度、砂浆配合比 2. 结合层厚度、砂浆配合比 3. 面层材料品种、规格、颜色 4. 嵌缝材料种类 5. 防护层材料种类 6. 酸洗、打蜡要求	m^2	按设计图示尺寸以面积计算。门洞、空圈、暖气包槽、壁龛的开口部分并入相应的工程量内	1. 基层清理 2. 抹找平层 3. 面层铺设、磨边 4. 嵌缝 5. 刷防护材料 6. 酸洗、打蜡 7. 材料运输
011102002	碎石材楼地面				
011102003	块料楼地面				

12.1.3 踢脚线

1. 清单项目设置

踢脚线工程量清单项目的设置、项目特征描述的内容、计量单位、工程量计算规则应按表12-3的规定执行。

表12-3 踢脚线（编码：011105）

项目编码	项目名称	项目特征	计量单位	工程量计算规则	工作内容
011105001	水泥砂浆踢脚线	1. 踢脚线高度 2. 底层厚度、砂浆配合比 3. 面层厚度、砂浆配合比	1. m^2 2. m	1. 以 m^2 计算，按设计图示长度乘以高度以面积计算 2. 以 m 计算，按延长米计算	1. 基层清理 2. 底层和面层抹灰 3. 材料运输
011105002	石材踢脚线	1. 踢脚线高度 2. 黏结层厚度、材料种类 3. 面层材料品种、规格、颜色 4. 防护材料种类			1. 基层清理 2. 底层抹灰 3. 面层铺贴、磨边 4. 擦缝 5. 磨光、酸洗、打蜡 6. 刷防护材料 7. 材料运输
011105003	块料踢脚线				
011105004	塑料板踢脚线	1. 踢脚线高度 2. 黏结层厚度、材料种类 3. 面层材料种类、规格、颜色			1. 基层清理 2. 基层铺贴 3. 面层铺贴 4. 材料运输
011105005	木质踢脚线	1. 踢脚线高度 2. 基层材料种类、规格 3. 面层材料品种、规格、颜色			
011105006	金属踢脚线				
011105007	防静电踢脚线				

2. 清单规则解读

（1）石材、块料与黏结材料的结合面刷防渗材料的种类在防护材料种类中描述。

（2）踢脚线是指室内房间四周靠近楼地面处设置的装饰构造。踢脚线，顾名思义，就是脚踢得着的墙面区域，所以较易受到冲击。做踢脚线可以更好地使墙体和地面之间结合，减少墙体变形，避免外力碰撞造成破坏。

12.1.4 楼梯面层

1. 清单项目设置

楼梯面层工程量清单项目的设置、项目特征描述的内容、计量单位、工程量计算规则应按表12-4的规定执行。

表 12-4 楼梯面层（编码：011106）节选

项目编码	项目名称	项目特征	计量单位	工程量计算规则	工作内容
011106001	石材楼梯面层	1. 找平层厚度、砂浆配合比 2. 黏结层厚度、材料种类 3. 面层材料品种、规格、颜色 4. 防滑条材料种类、规格 5. 勾缝材料种类 6. 防护材料种类 7. 酸洗、打蜡要求	m²	按设计图示尺寸以楼梯（包括踏步、休息平台及≤500mm的楼梯井）水平投影面积计算。楼梯与楼地面相连时，算至梯口梁内侧边沿；无梯口梁者，算至最上一层踏步边沿加300mm	1. 基层清理 2. 抹找平层 3. 面层铺贴、磨边 4. 贴嵌防滑条 5. 勾缝 6. 刷防护材料 7. 酸洗、打蜡 8. 材料运输
011106002	块料楼梯面层				
011106003	拼碎块料面层				
011106004	水泥砂浆楼梯面层	1. 找平层厚度、砂浆配合比 2. 面层厚度、砂浆配合比 3. 防滑条材料种类、规格			1. 基层清理 2. 抹找平层 3. 抹面层 4. 抹防滑条 5. 材料运输
011106005	现浇水磨石楼梯面层	1. 找平层厚度、砂浆配合比 2. 面层厚度、水泥石子浆配合比 3. 防滑条材料种类、规格 4. 石子种类、规格、颜色 5. 颜料种类、颜色 6. 磨光、酸洗打蜡要求			1. 基层清理 2. 抹找平层 3. 抹面层 4. 贴嵌防滑条 5. 磨光、酸洗、打蜡 6. 材料运输

2. 清单规则解读

（1）楼梯面层工程量按规定范围的水平投影面积计算。

(2) 楼梯面层的项目特征描述中包括防滑条的做法。

12.1.5 台阶装饰

1. 清单项目设置

台阶装饰工程量清单项目的设置、项目特征描述的内容、计量单位、工程量计算规则应按表 12-5 的规定执行。

表 12-5　台阶装饰（编码：011107）

项目编码	项目名称	项目特征	计量单位	工程量计算规则	工作内容
011107001	石材台阶面	1. 找平层厚度、砂浆配合比 2. 黏结层材料种类 3. 面层材料品种、规格、颜色 4. 勾缝材料种类 5. 防滑条材料种类、规格 6. 防护材料种类	m²	按设计图示尺寸以台阶（包括最上层踏步边沿加300mm）水平投影面积计算	1. 基层清理 2. 抹找平层 3. 面层铺贴 4. 贴嵌防滑条 5. 勾缝 6. 刷防护材料 7. 材料运输
011107002	块料台阶面				
011107003	拼碎块料台阶面				
011107004	水泥砂浆台阶面	1. 找平层厚度、砂浆配合比 2. 面层厚度、砂浆配合比 3. 防滑条材料种类			1. 基层清理 2. 抹找平层 3. 抹面层 4. 抹防滑条 5. 材料运输
011107005	现浇水磨石台阶面	1. 找平层厚度、砂浆配合比 2. 面层厚度、水泥石子浆配合比 3. 防滑条材料种类、规格 4. 石子种类、规格、颜色 5. 颜料种类、颜色 6. 磨光、酸洗、打蜡要求			1. 清理基层 2. 抹找平层 3. 抹面层 4. 贴嵌防滑条 5. 打磨、酸洗、打蜡 6. 材料运输
011107006	剁假石台阶面	1. 找平层厚度、砂浆配合比 2. 面层厚度、砂浆配合比 3. 剁假石要求			1. 清理基层 2. 抹找平层 3. 抹面层 4. 剁假石

2. 清单规则解读

（1）在描述碎石材项目的面层材料特征时可不用描述规格、颜色。

（2）石材、块料与黏结材料的结合面刷防渗材料的种类在防护材料种类中描述。

12.1.6 零星装饰项目

1. 清单项目设置

零星装饰项目工程量清单项目的设置、项目特征描述的内容、计量单位、工程量计算规则应按表 12-6 的规定执行。

表 12-6 零星装饰项目(编码:011108)

项目编码	项目名称	项目特征	计量单位	工程量计算规则	工作内容
011108001	石材零星项目	1. 工程部位 2. 找平层厚度、砂浆配合比 3. 贴结合层厚度、材料种类 4. 面层材料品种、规格、颜色 5. 勾缝材料种类 6. 防护材料种类 7. 酸洗、打蜡要求	m²	按设计图示尺寸以面积计算	1. 清理基层 2. 抹找平层 3. 面层铺贴、磨边 4. 勾缝 5. 刷防护材料 6. 酸洗、打蜡 7. 材料运输
011108002	拼碎石材零星项目				
011108003	块料零星项目				
011108004	水泥砂浆零星项目	1. 工程部位 2. 找平层厚度、砂浆配合比 3. 面层厚度、砂浆厚度			1. 清理基层 2. 抹找平层 3. 抹面层 4. 材料运输

2. 清单规则解读

(1) 楼梯、台阶牵边和侧面镶贴块料面层,≤0.5m² 的少量分散的楼地面镶贴块料面层,应按表 12-6 执行。

(2) 石材、块料与黏结材料的结合面刷防渗材料的种类在防护材料种类中描述。

✓ 典型实例

1. 室内地面大理石地面、踢脚线的工程量清单编制实例。

【背景资料】

某建筑平面图如图 12.1 所示,门窗尺寸见表 12-7。墙厚(垛宽) 240mm,室内铺设 500mm×500mm 中国红大理石,厚度 10mm,5mm 厚 1:1 水泥细砂浆结合层,20mm 厚 1:3 水泥砂浆找平层。踢脚线高度 150mm。

大理石地面、踢脚线

表 12-7 门窗表

类型	规格(宽×高)/(mm×mm)	类型	规格(宽×高)/(mm×mm)
M-1	1000×2000	C-1	1500×1500
M-2	1200×2000	C-2	1800×1500
M-3	900×2400	C-3	3000×1500

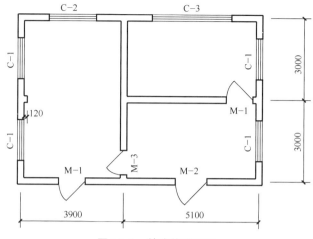

图 12.1 某建筑平面图

【问题】

根据以上背景资料及现行国家标准《建设工程工程量清单计价规范》《房屋建筑与装饰工程工程量计算规范》，试编制该工程大理石地面、踢脚线的分部分项工程量清单。

解：(1) 分析与提示。

① 大理石地面工程量。根据计算规则，石材楼地面的工程量按设计图示尺寸以面积计算，门洞等的开口部分并入相应的工程量内。简言之，块料面层的工程量按实铺面积计算。

② 大理石踢脚线工程量。根据计算规则，以 m 为单位计算时，按延长米计算，扣除门洞、空圈部分的相关尺寸，室内门侧壁的踢脚线工程量并入计算。

(2) 编制项目的分部分项工程量清单。

分部分项工程量清单与计价表见表 12-9。清单编制在表 12-8 已有正确列项的情况下，需按规范的相关规定，根据工程背景准确描述其项目特征。

表 12-8 清单工程量计算表

序号	项目编码	项目名称	计算式	计量单位	工程量合计
1	011102001001	石材楼地面	$(3.9-0.24)\times(3+3-0.24)+(5.1-0.24)\times(3-0.24)\times2+(2\times1.0+1.2+0.9)\times0.24-0.12\times0.24\approx48.70$	m²	48.70
2	011105002001	石材踢脚线	$(3.9-0.24+3\times2-0.24)\times2+(5.1-0.24+3-0.24)\times2\times2-(0.9+1)\times2-(1.2+1)+0.24\times8+0.12\times2=46.48$	m	46.48

石材台阶面

2. 石材台阶面工程量清单编制实例。

【背景资料】

某办公楼入口台阶大样图如图 12.2 所示，12mm 厚黑色花岗石贴面干水泥擦缝，5mm 厚 1∶1 水泥细砂浆结合层，20mm 厚 1∶3 水泥砂浆找平层。

表 12-9　分部分项工程量清单与计价表

序号	项目编码	项目名称	项目特征描述	计量单位	工程量	金额/元	
						综合单价	合价
1	011102001001	石材楼地面	1. 找平层厚度、砂浆配合比：20mm 厚，1∶3 水泥砂浆找平层 2. 结合层厚度、砂浆配合比：5mm 厚，1∶1 水泥细砂浆结合层 3. 面层材料品种、规格、颜色：500mm×500mm 中国红大理石，厚度 10mm	m²	48.70		
2	011105002001	石材踢脚线	1. 踢脚线高度：150mm 2. 面层品种：中国红大理石	m	46.48		

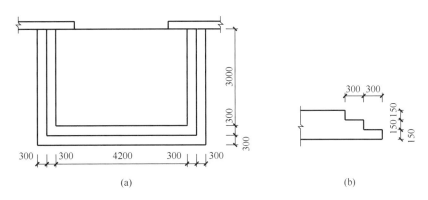

图 12.2　某办公楼入口台阶大样图

【问题】

根据以上背景资料及现行国家标准《建设工程工程量清单计价规范》《房屋建筑与装饰工程工程量计算规范》，试编制石材台阶面的分部分项工程量清单。

解：（1）分析与提示。

石材台阶面按设计图示尺寸以台阶（包括最上层踏步边沿加 300mm）水平投影面积计算。

（2）编制项目的分部分项工程量清单。

分部分项工程量清单与计价表见表 12-11。清单编制在表 12-10 已有正确列项的情况下，需按规范的相关规定，根据工程背景准确描述其项目特征。

表 12-10　清单工程量计算表

序号	项目编码	项目名称	计算式	计量单位	工程量合计
	011107001001	石材台阶面	(4.2+0.3×4)×(3+0.3×2)−(4.2−0.3×2)×(3−0.3)=9.72	m²	9.72

表 12-11 分部分项工程量清单与计价表

序号	项目编码	项目名称	项目特征描述	计量单位	工程量	金额/元	
						综合单价	合价
	011107001001	石材台阶面	1. 找平层厚度、砂浆配合比：20mm厚，1：3水泥砂浆找平层 2. 结合层厚度、砂浆配合比：5mm厚，1：1水泥细砂浆结合层 3. 面层材料品种、规格、颜色：黑色花岗石，厚度12mm	m²	9.72		

典型训练

【工作任务1】编制室内自流平楼地面工程量清单。

【任务背景】

某建筑平面图如图12.3所示，门窗尺寸见表12-12。墙厚(垛宽)240mm，地面做法从现浇钢筋混凝土板向上依次为，水泥浆1道(内掺建筑胶)→50mm厚C30细石混凝土随打随抹光→环氧底料1道→4~5mm厚环氧砂浆自流平面层。

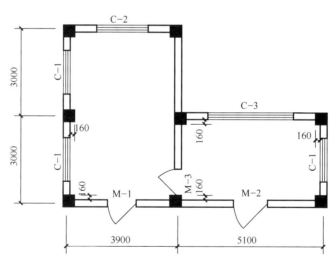

图 12.3 某建筑平面图

【问题】

根据以上背景资料及现行国家标准《建设工程工程量清单计价规范》《房屋建筑与装饰工程工程量计算规范》，试编制自流平楼地面的分部分项工程量清单。

【训练提示】

自流平楼地面的工程量按设计图示尺寸以面积计算，不扣除间壁墙和≤0.3m²柱、垛、附墙烟囱及孔洞所占面积。门洞、空圈等开口部分不增加面积。

任务12 楼地面装饰工程计量与计价

表 12-12 门窗表

类型	规格(宽×高)/(mm×mm)	类型	规格(宽×高)/(mm×mm)
M-1	1000×2000	C-1	1500×1500
M-2	1200×2000	C-2	1800×1500
M-3	900×2400	C-3	3000×1500

【分析与解答】

请将编制成果填于表 12-13 中,注意根据工程背景准确描述其项目特征。

表 12-13 分部分项工程量清单与计价表

序号	项目编码	项目名称	项目特征描述	计量单位	工程量	金额/元	
						综合单价	合价

【工作任务2】室内地砖地面工程量清单编制。

【任务背景】

项目图纸见附录一。以建筑施工图一层平面图中的副食库房间为分析对象,地面做法参照项目工程做法列表中的"地面3(D3)防滑面砖地面"。

【问题】

根据以上背景资料及现行国家标准《建设工程工程量清单计价规范》《房屋建筑与装饰工程工程量计算规范》,试编制地砖地面的分部分项工程量清单。

【训练提示】

(1) 地砖地面的工程量按设计图示尺寸以面积计算,扣除柱、垛所占面积,门洞等开口部分的面积并入地面工程量内。

(2) 柱、垛凸出墙面的尺寸可以通过分析,从附录一结构施工图的"一层柱平法施工图"与建筑施工图的"一层平面图"中得到。

【分析与解答】

请将编制成果填于表 12-14 中,注意根据工程背景准确描述其项目特征。

表 12-14 分部分项工程量清单与计价表

序号	项目编码	项目名称	项目特征描述	计量单位	工程量	金额/元	
						综合单价	合价

模块 12.2 楼地面装饰工程计价

标准依据

12.2.1 楼地面工程定额概况

楼地面定额内容共分 6 节,即垫层,找平层,整体面层,块料面层,木地板、栏杆、扶手,散水、斜坡、明沟,共计 168 个子目。

垫层:项目仅适用于地面工程相关项目,不再与基础工程混用,共计 14 个子目。

找平层:分水泥砂浆、细石混凝土、沥青砂浆 3 个小节,共计 7 个子目。

整体面层:分水泥砂浆,水磨石,自流平地面及抗静电地面 3 小节,共计 22 个子目。

块料面层:分石材块料面层,石材块料面板多色简单图案拼贴,缸砖、马赛克、凹凸假麻石块,地砖、橡胶塑料板,玻璃,镶嵌铜条,镶贴面酸洗打蜡 7 小节,共计 68 个子目。

木地板、栏杆、扶手:分木地板,踢脚线,抗静电活动地板,地毯,栏杆、扶手 5 小节,共计 51 个子目。

散水、斜坡、明沟:共计 6 个子目。

12.2.2 定额使用注意事项

(1) 抹灰楼梯按水平投影面积计算,包括踏步、踢脚板、踢脚线、平台、堵头抹面。其余整体、块料面层均不包括踢脚线工料,踢脚线应另列项目计算。楼地面定额中的踢脚线项目均按 150mm 高度编制,设计高度若不同,材料用量应调整,但人工不变。除楼梯底抹灰另执行《江苏省计价定额》第十五章天棚抹灰相应项目外,其他抹灰均不得另立项目计算。

(2) 螺旋形、圆弧形楼梯整体面层、贴块料面层按相应项目人工乘以系数 1.2,块料面层材料乘以系数 1.1,粘贴砂浆数量不变。

(3) 细石混凝土找平层中若设计有钢筋,钢筋按《江苏省计价定额》第五章钢筋工程相应项目执行。

(4) 拱形楼板上表面粉面按地面相应定额人工乘以系数 2。

(5) 看台台阶、阶楼教室地面整体面层按展开后的净面积计算,执行地面面层相应项目,人工乘以系数 1.6。

(6) 定额中彩色镜面水磨石按高级工艺施工,除质量要求达到规范外,其工艺还必须按 "五浆五磨" "七抛光" 施工。

水磨石整体面层项目定额按玻璃嵌条计算,设计若用金属嵌条,应扣除定额中的玻璃嵌条材料,金属嵌条按设计长度以 10 延长米执行楼地面工程定额 13 - 105 子目(13 - 105

子目内人工费按金属嵌条与玻璃嵌条补差方法编制),金属嵌条品种、规格不同时,其材料单价应换算。

(7) 定额中石材块料面板镶贴地面分为普通镶贴、简单镶贴和复杂镶贴 3 种形式,计算时要掌握下列 4 点。

① 普通镶贴的工程量按主墙间的净面积计算。

② 简单、复杂镶贴按简单、复杂图案的矩形面积计算,在计算该图案之外的面积时,也按矩形面积扣除。

③ 楼梯、台阶按展开面积计算,应将楼梯踏步板、踢脚板、休息平台、端头踢脚线、端部两个三角形堵头工程量合并计算,套用楼梯相应定额。台阶应将水平面、垂直面合并计算,套用台阶相应定额。

④ 石材块料面板普通镶贴地面时,若遇有弧形贴面,其弧形部分的石材损耗按实调整,并注意按相应子目附注增加切割人工、机械。

(8) 木地板安装项目中的木龙骨设计采用水泥砂浆坞龙骨时,按相应木龙骨子目下面的附注换算执行。铺设楞木应掌握以下 3 点。

① 若楞木设计与定额不符,应按设计用量加 6% 损耗与定额进行调整,将该用量代进定额,其他不变即可。

② 若楞木不是用预埋铅丝绑扎固定,而是用膨胀螺栓连接,则膨胀螺栓用量按设计另增,电锤按每 $10m^2$ 需 0.4 台班计算。

③ 基层上需铺设油毡或沥青防潮层,按《江苏省计价定额》第十章屋面及防水工程相应项目执行。

(9) 地毯铺设按实铺面积计算,但标准客房铺设地毯设计不拼接时,其定额含量应按主墙间净面积的含量来调整。例如,标准客房的计算如下。

轴线面积:$4.50 \times 3.60 = 16.20 (m^2)$;主墙间净面积:$4.26 \times 3.36 \approx 14.31 (m^2)$,其中盥洗间面积(外包)为 $2.0 \times 1.4 = 2.80 (m^2)$;该房间铺地毯不允许拼接,则房间地毯损耗应为 $14.31/(14.31-2.80) = 14.31/11.51 \approx 1.243$,$1.243 \times 1.1 \approx 1.367$(其中 10% 为损耗率,按《江苏省计价定额》附录八取定)。定额中的地毯含量应调整为 $13.67m^2$。其中,超出的 $3.67m^2$ 中的 10% 为裁剪损耗,26.7% 为剩余损耗。

(10) 不锈钢管扶手分半玻栏板、全玻栏板、靠墙扶手,均采用钢化玻璃,玻璃材料不同时可以换算,定额中不锈钢管和钢化玻璃可以换算调整。13-143 子目是有机玻璃半玻栏板,有机玻璃全玻栏板也执行本定额,仅把 $6.37m^2$ 含量调整为 $8.24m^2$ 即可,其余不变。

在《江苏省计价定额》的"栏杆、扶手"子目中有对"铝合金型材、玻璃的含量按设计用量调整"的注解。型材调整如下。

① 设计图纸计算长度×1.06(余头损耗)=设计长度。

② 按《建筑装饰五金手册》,查出理论质量。

③ 设计长度×理论质量=总质量。

④ 总质量/按规定计算的长度×10m 调整定额含量,按规定计算的长度见定额计算规则。

⑤ 将定额的含量换算成调整定额含量,即可组成换算定额。人工、其他材料、机械

不变。

(11) 定额中硬木扶手的取定：硬木扶手制作定额净料按 150mm×50mm 编制(弯头材积已包括在内)，木扶手每 10m 按 0.095m³ 计算，与设计断面不符时，材积按比例换算；扁铁按 40mm×4mm 编制，与设计不符时按设计用量加 6% 的损耗调整。

(12) 定额中水磨石面层已包括酸洗打蜡，其余项目均不包括酸洗打蜡，发生时应另立项目计算。楼梯、地面施工完成以后，在交工之前若要对产品进行保护，则成品保护费用按《江苏省计价定额》第十八章成品保护相应项目执行。

(13) 酸洗打蜡工程量计算同块料面层的相应项目(即展开面积)。

(14) 楼地面工程定额均不含铁件，铁件制作安装另套相应子目。

12.2.3 主要项目工程量计算规则

(1) 地面垫层按室内主墙间净面积乘以设计厚度以 m³ 计算，应扣除凸出地面的构筑物、设备基础、室内铁道、地沟等所占体积，不扣除柱、垛、间壁墙、附墙烟囱及面积在 0.3m² 以内孔洞所占体积，门洞、空圈、暖气包槽、壁龛的开口部分亦不增加。

(2) 整体面层、找平层均按主墙间净空面积以 m² 计算，应扣除凸出地面建筑物、设备基础、地沟等所占面积，不扣除柱、垛、间壁墙、附墙烟囱及面积在 0.3m² 以内的孔洞所占面积，门洞、空圈、暖气包槽、壁龛的开口部分亦不增加。看台台阶、阶梯教室地面整体面层按展开后的净面积计算。

(3) 地板及块料面层按图示尺寸实铺面积以 m² 计算，应扣除凸出地面的构筑物、设备基础、柱、间壁墙等不做面层的部分，不扣除 0.3m² 以内的孔洞面积，门洞、空圈、暖气包槽、壁龛的开口部分的工程量另增，并入相应的面层内计算。

(4) 楼梯整体面层按楼梯的水平投影面积以 m² 计算，包括踏步板、踢脚板、中间休息平台、踢脚线、梯板侧面及堵头。楼梯井宽在 200mm 以内者不扣除，超过 200mm 者应扣除其面积，楼梯间与走廊连接者应算至楼梯梁的外侧。

(5) 楼梯块料面层按展开实铺面积以 m² 计算，踏步板、踢脚板、中间休息平台、踢脚线、堵头工程量应合并计算。

(6) 台阶(包括踏步及最上一步踏步口外延 300mm)整体面层按水平投影面积以 m² 计算；块料面层按展开(包括两侧)实铺面积以 m² 计算。

(7) 水泥砂浆、水磨石踢脚线按延长米计算，其洞口、门口长度不予扣除，但洞口、门口、垛、附墙烟囱等侧壁不增加；块料面层踢脚线按图示尺寸以实贴延长米计算，门洞扣除，侧壁另加。

(8) 多色简单、复杂镶贴石材块料面板，按镶贴图案的矩形面积计算。成品拼花石材铺贴按设计图案的面积计算。计算简单、复杂图案之外的面积，在扣除简单、复杂图案面积时，也按矩形面积扣除。

(9) 楼地面铺设木地板、地毯以实铺面积计算。

(10) 其他。栏杆、扶手、扶手下托板均按扶手的延长米计算，楼梯踏步部分的栏杆与扶手应按水平投影长度乘以系数 1.18；斜坡、散水、槎牙均按水平投影面积以 m² 计算，明沟与散水连在一起，明沟按宽 300mm 计算，其余为散水，散水、明沟应分开计算。

散水、明沟应扣除踏步、斜坡、花台等的长度；明沟按图示尺寸以延长米计算；地面、石材面金属嵌条和楼梯防滑条均按延长米计算。

典型实例

1. 根据表12-15提供的地砖楼面的工程量清单，按《江苏省计价定额》组价，要求填写清单综合单价、合价和工程量清单综合单价分析表，定额综合单价有换算的须列出简要换算过程，其他未说明的，按《江苏省计价定额》执行(材料需换算单价的按照《江苏省计价定额》附录中对应材料单价换算)。已知本题工程量清单综合单价分析表中定额数量均为0.1。

表12-15 分部分项工程量清单与计价表

序号	项目编码	项目名称	项目特征描述	计量单位	工程量	金额/元	
						综合单价	合价
	011102003001	块料楼地面	1. 素水泥砂浆1道 2. 20mm厚，1:2.5水泥砂浆找平层 3. 20mm厚，聚氨酯防水层(两涂) 4. 30mm厚，1:3干硬性水泥砂浆找平层 5. 300mm×300mm地砖，白水泥擦缝	m²	228.00		

解：根据块料楼地面的清单项目特征分析可知，该项目包括3个主要的工作内容，分别是20mm厚1:2.5水泥砂浆找平层、20mm厚聚氨酯防水层(两涂)和30mm厚1:3干硬性水泥砂浆找平层铺贴300mm×300mm地砖。工程量清单综合单价分析表见表12-16。

表12-16 工程量清单综合单价分析表

项目编码	011102003001	项目名称	块料楼地面	计量单位	m²	综合单价	186.26元/m²
清单综合单价组成明细							
定额编号	定额名称	计量单位	数量	综合单价（有换算的列简要计算过程）			综合单价	合价
13-15换	20mm厚1:2.5水泥砂浆找平层	10m²	0.1	130.68−48.41+0.202×265.07			135.81	13.58
10-116	20mm厚聚氨酯防水层	10m²	0.1				719.06	71.91
13-81	30mm厚干硬性水泥砂浆找平层铺贴300mm×300mm地砖	10m²	0.1				1007.7	100.77

大理石板

2. 某服务大厅内地面垫层上水泥砂浆铺贴大理石板，20mm厚1:3水泥砂浆找平层，8mm厚1:1水泥砂浆结合层。具体做法如图12.4所示，1200mm×1200mm大花白大理石板，四周做两道各宽200mm的中国黑大理石镶边，转弯处采用45°对角，大厅内有4根直径为1200mm的圆柱，圆柱四周地面铺贴1200mm×1200mm中国黑大理石板，大理石板现场切割，门槛处不贴大理石板；铺贴结束后酸洗打蜡，并进行成品保护。材料市场价格：中国黑大理石260元/m²，大花白大理石320元/m²。不考虑其他材料的调差，不计算踢脚线。人工工资单价为110元/工日，管理费费率为42%，利润率为15%，请用《江苏省计价定额》对该地面装饰列项并计算各项工程量及子目单价。

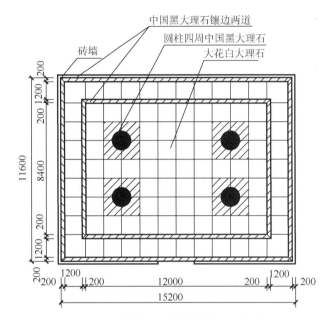

图12.4 某服务大厅地面铺贴大理石板

解：(1) 计算时注意要点。

① 该地面装饰应套用《江苏省计价定额》中一般石材块料面板子目，在计算工程量时应注意分别计算四周镶边、大花白大理石及圆柱四周大理石。

② 圆柱四周中国黑大理石为弧形，损耗率按实计算。

③ 大理石地面酸洗打蜡未含在石材块料面板计价子目内，另套相应的计价子目。

④ 调价时，要注意各大理石价格的区分，人工工日一类工为110元/工日，管理费、利润均按单独装饰工程考虑，分别为管理费费率42%，利润率15%，计价定额是按三类工程编制的(管理费费率25%，利润率12%)，要注意调整。

(2) 计算定额工程量。

① 中国黑大理石镶边两道的面积。

$[15.2×2+(11.6-0.2×2)×2+12×2+(8.4+0.2×2)×2]×0.2=18.88(m^2)$

(注意工程量按实铺面积)

② 大花白大理石镶贴的面积。

$$15.2 \times 11.6 - 1.2 \times 1.2 \times 4 \times 4 - 18.88 = 134.40 (m^2)$$

③ 圆柱四周中国黑大理石镶贴的面积。

$$1.2 \times 1.2 \times 4 \times 4 - 3.14 \times 0.6^2 \times 4 \approx 18.52 (m^2)$$

④ 大理石酸洗打蜡、成品保护的面积。

$$15.2 \times 11.6 - 3.14 \times 0.6^2 \times 4 \approx 171.80 (m^2)$$

(3) 套用《江苏省计价定额》计算各子目单价。

① 13-47换,中国黑大理石镶边3479.78元/10m^2,按《江苏省计价定额》的相关规定,石材块料面板镶贴有两条及两条以上镶边者,按相应子目人工乘以系数1.1,因此,子目13-47增加人工3.8×0.1=0.38(工日)。

人工费:(3.8+0.38)×110=459.80(元)(注意人工工资单价标准调整)

材料费:2642.35+10.20×(260.00-250.00)=2744.35(元)(注意材料费中的石材价格调整)

施工机具使用费:8.63元

管理费:(459.80+8.63)×42%≈196.74(元)(注意管理费费率、利润率调整)

利润:(459.80+8.63)×15%≈70.26(元)

小计:3479.78元/10 m^2

② 13-47换,大花白大理石镶贴4026.15元/10m^2。

人工费:323.00+3.8×(110.00-85.00)=418.00(元)(注意只需调整人工工资标准)

材料费:2642.35+10.20×(320.00-250.00)=3356.35(元)

施工机具使用费:8.63元

管理费:(418.00+8.63)×42%≈179.18(元)

利润:(418.00+8.63)×15%≈63.99(元)

小计:4026.15元/10m^2

③ 13-47换,圆柱四周中国黑大理石镶贴,4101.25元/10m^2,按《江苏省计价定额》13-47等子目的注解,当地面遇到弧形贴面时,其弧形部分的石材损耗可按实调整,并按弧形图示尺寸每10m另外增加,切割人工0.60工日,合金钢切割锯片0.14片,石料切割机0.60台班。

计算大理石实际损耗:1.2×1.2×4×4=23.04(m^2),23.04/18.52≈1.244,定额中石材块料面板的含量应调整为12.44。

大理石切割弧长:3.14×1.2×4≈15.07(m)

定额每10m^2增加如下。

人工费:0.6×110×1.507/18.52×10≈53.71(元)

材料费:0.14×80×1.507/1.852≈9.11(元)

施工机具使用费:0.6×14.69×1.507/1.852≈7.17(元)

计算单价如下。

人工费:323.00+3.8×(110-85)+53.71=471.71(元)

材料费：2642.35+9.11+260×12.44-2550=3335.86（元）（注意石材含量及石材单价的调整）

施工机具使用费：8.63+7.17=15.80（元）

管理费：(471.71+15.80)×42%≈204.75（元）

利润：(471.71+15.80)×12%≈73.13（元）

小计：4101.25 元/10m²

④ 13-110 换，大理石面层酸洗打蜡 81.21 元/10m²。

人工费：0.43×110=47.3（元）

材料费：6.94 元

管理费：47.3×42%≈19.87（元）

利润：47.3×15%≈7.1（元）

小计：81.21 元/10m²

⑤ 18-75 换，大理石成品保护 21.14 元/10m²。

人工费：0.05×110=5.5（元）

材料费：12.50 元

管理费：5.5×42%≈2.31（元）

利润：5.5×15%≈0.83（元）

小计：21.14 元/10m²

(4) 地面装饰的综合单价及合价见表 12-17。

表 12-17 地面装饰的综合单价及合价

序号	定额编号	项目名称	单位	工程量	综合单价/元	合计/元
1	13-47 换	中国黑大理石镶边	10m²	1.89	3479.78	6576.78
2	13-47 换	大花白大理石镶贴	10m²	13.44	4026.15	54111.46
3	13-47 换	圆柱四周 中国黑大理石镶贴	10m²	1.85	4101.25	7587.31
4	13-110 换	大理石面层酸洗打蜡	10m²	17.18	81.21	1395.19
5	18-75 换	大理石成品保护	10m²	17.18	21.14	363.19

典型训练

【工作任务】确定块料楼地面分项工程的清单综合单价与合价。

【任务背景】

项目施工图纸见附录一，以二层包间为分析对象。

【问题】

请按《房屋建筑与装饰工程工程量计算规范》《江苏省计价定额》计算块料楼地面分项工程的清单综合单价与合价。

【训练提示】

(1) 工程类别按三类工程考虑。

(2) 定额工程量=清单工程量。

(3) 面砖规格按 900mm×900mm 考虑。

【分析与解答】

任务小结

(1) 整体面层楼地面、块料面层楼地面的施工图纸识读。

(2) 整体面层楼地面、块料面层楼地面工程量清单的列项。

(3) 整体面层楼地面、块料面层楼地面工程量清单的项目特征分析。

(4) 整体面层楼地面、块料面层楼地面的工程量清单编制。

(5) 楼地面装饰工程定额应用,包括整体面层楼地面、块料面层楼地面等项目的定额工程量计算规则、定额子目的套用及定额使用的注意事项。

(6) 整体面层楼地面、块料面层楼地面工程量清单综合单价的分析。

任务 13 墙、柱面装饰工程与隔断工程计量与计价

教学目标

熟悉墙、柱面一般抹灰构造，墙、柱面块料面层构造，墙、柱面干挂石材构造；会依据图纸、规范对项目的墙、柱面装饰工程进行正确清单列项；掌握墙、柱面一般抹灰，墙、柱面块料面层，墙、柱面干挂石材的清单及定额工程量计算规则；能够依据项目特征对墙、柱面装饰工程量清单进行定额子目的正确套用，能够进行常见墙、柱面装饰工程量清单综合单价的分析计算；能够进行墙、柱面装饰工程费用的计算。

思维导图

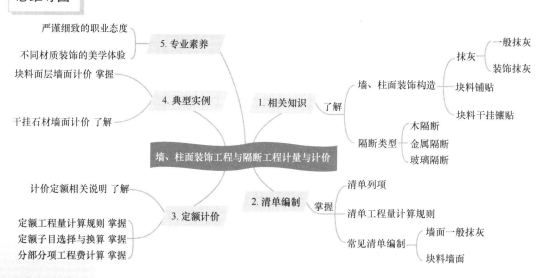

任务13 墙、柱面装饰工程与隔断工程计量与计价

任务背景

墙、柱面装饰的主要目的是保护墙体与柱,让被装饰的墙、柱清新环保,美化建筑环境。墙、柱面装饰从构造上分为抹灰类、贴面类和镶贴类等多种做法。

隔断是指专门分隔室内空间的不到顶的半截立面,有固定隔断和移动隔断等形式,主要适用于办公楼、写字楼、机场、院校、银行、会展中心、酒店、商场、多功能厅、宴会厅、会议室、培训室等场所的空间分隔。

任务13模块13.1主要介绍墙、柱面装饰与隔断工程量清单编制;模块13.2主要介绍墙、柱面装饰与隔断工程计价。

模块 13.1　墙、柱面装饰与隔断工程量清单编制

规范依据

13.1.1　墙面抹灰

1. 清单项目设置

墙面抹灰工程量清单项目的设置、项目特征描述的内容、计量单位、工程量计算规则应按表13-1的规定执行。

表 13-1　墙面抹灰(编码:011201)

项目编码	项目名称	项目特征	计量单位	工程量计算规则	工作内容
011201001	墙面一般抹灰	1. 墙体类型 2. 底层厚度、砂浆配合比 3. 面层厚度、砂浆配合比 4. 装饰面材料种类 5. 分格缝宽度、材料种类	m²	按设计图示尺寸以面积计算。扣除墙裙、门窗洞口及单个>0.3 m²的孔洞面积,不扣除踢脚线、挂镜线和墙与构件交接处的面积,门窗洞口和孔洞的侧壁及顶面不增加面积。附墙柱、梁、垛、烟囱侧壁并入相应的墙面面积内 1. 外墙抹灰面积按外墙垂直投影面积计算 2. 外墙裙抹灰面积按其长度乘以高度计算 3. 内墙抹灰面积按主墙间的净长乘以高度计算 (1) 无墙裙的,高度按室内楼地面至天棚底面计算 (2) 有墙裙的,高度按墙裙顶至天棚底面计算 (3) 有吊顶天棚抹灰,高度算至天棚底 4. 内墙裙抹灰面按内墙净长乘以高度计算	1. 基层清理 2. 砂浆制作、运输 3. 底层抹灰 4. 抹面层 5. 抹装饰面 6. 勾分格缝
011201002	墙面装饰抹灰				
011201003	墙面勾缝	1. 勾缝类型 2. 勾缝材料种类			1. 基层清理 2. 砂浆制作、运输 3. 勾缝
011201004	立面砂浆找平层	1. 基层类型 2. 找平层砂浆厚度、配合比			1. 基层清理 2. 砂浆制作、运输 3. 抹灰找平

2. 清单规则解读

(1) 立面砂浆找平项目适用于仅做找平层的立面抹灰。

(2) 墙面抹石灰砂浆、水泥砂浆、混合砂浆、聚合物水泥砂浆、麻刀石灰浆、石膏灰浆等按表 13-1 中"墙面一般抹灰"列项,墙面水刷石、斩假石、干粘石、假面砖等按表 13-1 中"墙面装饰抹灰"列项。

(3) 飘窗凸出外墙面增加的抹灰并入外墙工程量内。

(4) 有吊顶天棚的内墙面抹灰,抹至吊顶以上部分在综合单价中考虑。

13.1.2 柱(梁)面抹灰

1. 清单项目设置

柱(梁)面抹灰工程量清单项目的设置、项目特征描述的内容、计量单位、工程量计算规则应按表 13-2 的规定执行。

表 13-2 柱(梁)面抹灰(编码:011202)

项目编码	项目名称	项目特征	计量单位	工程量计算规则	工作内容
011202001	柱(梁)面一般抹灰	1. 柱(梁)体类型 2. 底层厚度、砂浆配合比 3. 面层厚度、砂浆配合比	m²	1. 柱面抹灰:按设计图示柱断面周长乘以高度以面积计算 2. 梁面抹灰:按设计图示梁断面周长乘以长度以面积计算	1. 基层清理 2. 砂浆制作、运输 3. 底层抹灰 4. 抹面层 5. 勾分格缝
011202002	柱(梁)面装饰抹灰	4. 装饰面材料种类 5. 分格缝宽度、材料种类			
011202003	柱(梁)面砂浆找平	1. 柱(梁)体类型 2. 找平的砂浆厚度、配合比			1. 基层清理 2. 砂浆制作、运输 3. 抹灰找平
011202004	柱面勾缝	1. 勾缝类型 2. 勾缝材料种类		按设计图示柱断面周长乘以高度以面积计算	1. 基层清理 2. 砂浆制作、运输 3. 勾缝

2. 清单规则解读

(1) 砂浆找平项目适用于仅做找平层的柱(梁)面抹灰。

(2) 柱(梁)面抹石灰砂浆、水泥砂浆、混合砂浆、聚合物水泥砂浆、麻刀石灰浆和石膏灰浆等按表 13-2 中"柱(梁)面一般抹灰"编码列项,柱(梁)面水刷石、斩假石、干粘石和假面砖等按表 13-2 中"柱(梁)面装饰抹灰"编码列项。

13.1.3 零星抹灰

1. 清单项目设置

零星抹灰工程量清单项目的设置、项目特征描述的内容、计量单位、工程量计算规则应按表 13-3 的规定执行。

表 13-3 零星抹灰(编码:011203)

项目编码	项目名称	项目特征	计量单位	工程量计算规则	工作内容
011203001	零星项目一般抹灰	1. 基层类型、部位 2. 底层厚度、砂浆配合比 3. 面层厚度、砂浆配合比 4. 装饰面材料种类 5. 分格缝宽度、材料种类	m^2	按设计图示尺寸以面积计算	1. 基层清理 2. 砂浆制作、运输 3. 底层抹灰 4. 抹面层 5. 抹装饰面 6. 勾分格缝
011203002	零星项目装饰抹灰	1. 基层类型、部位 2. 底层厚度、砂浆配合比 3. 面层厚度、砂浆配合比 4. 装饰面材料种类 5. 分格缝宽度、材料种类	m^2	按设计图示尺寸以面积计算	
011203003	零星项目砂浆找平	1. 基层类型、部位 2. 找平的砂浆厚度、配合比			1. 基层清理 2. 砂浆制作、运输 3. 抹灰找平

2. 清单规则解读

(1) 零星项目抹石灰砂浆、水泥砂浆、混合砂浆、聚合物水泥砂浆、麻刀石灰浆和石膏灰浆等按表 13-3 中"零星项目一般抹灰"编码列项,水刷石、斩假石、干粘石、假面砖等按表 13-3 中"零星项目装饰抹灰"编码列项。

(2) 墙、柱(梁)面≤0.5m² 的少量分散的抹灰按表 13-3 中零星抹灰项目编码列项。

13.1.4 墙面块料面层

1. 清单项目设置

墙面块料面层工程量清单项目的设置、项目特征描述的内容、计量单位、工程量计算规则应按表 13-4 的规定执行。

2. 清单规则解读

(1) 在描述碎块项目的面层材料特征时可不用描述规格、颜色。

(2) 石材、块料与黏结材料的结合面刷防渗材料的种类在防护材料种类中描述。

表 13-4 墙面块料面层(编码：011204)

项目编码	项目名称	项目特征	计量单位	工程量计算规则	工作内容
011204001	石材墙面	1. 墙体类型 2. 安装方式 3. 面层材料品种、规格、颜色 4. 缝宽、嵌缝材料种类 5. 防护材料种类 6. 磨光、酸洗、打蜡要求	m²	按镶贴表面积计算	1. 基层清理 2. 砂浆制作、运输 3. 黏结层铺贴 4. 面层安装 5. 嵌缝 6. 刷防护材料 7. 磨光、酸洗、打蜡
011204002	拼碎石材墙面				
011204003	块料墙面				
011204004	干挂石材钢骨架	1. 骨架种类、规格 2. 防锈漆品种遍数	t	按设计图示以质量计算	1. 骨架制作、运输、安装 2. 刷漆

（3）安装方式可描述为砂浆或黏结剂粘贴、挂贴、干挂等，不论哪种安装方式，都要详细描述与组价相关的内容。

（4）按镶贴表面积计算工程量时，应包括块料及黏结层的厚度。

13.1.5 柱（梁）面镶贴块料

1. 清单项目设置

柱（梁）面镶贴块料工程量清单项目的设置、项目特征描述的内容、计量单位、工程量计算规则应按表 13-5 的规定执行。

表 13-5 柱(梁)面镶贴块料(编码：011205)

项目编码	项目名称	项目特征	计量单位	工程量计算规则	工作内容
011205001	石材柱面	1. 柱截面类型、尺寸 2. 安装方式 3. 面层材料品种、规格、颜色 4. 缝宽、嵌缝材料种类 5. 防护材料种类 6. 磨光、酸洗、打蜡要求	m²	按镶贴表面积计算	1. 基层清理 2. 砂浆制作、运输 3. 黏结层铺贴 4. 面层安装 5. 嵌缝 6. 刷防护材料 7. 磨光、酸洗、打蜡
011205002	块料柱面				
011205003	拼碎块柱面				
011205004	石材梁面	1. 安装方式 2. 面层材料品种、规格、颜色 3. 缝宽、嵌缝材料种类 4. 防护材料种类 5. 磨光、酸洗、打蜡要求			
011205005	块料梁面				

2. 清单规则解读

(1) 在描述碎块项目的面层材料特征时可不用描述规格、颜色。
(2) 石材、块料与黏结材料的结合面刷防渗材料的种类在防护材料种类中描述。
(3) 柱(梁)面干挂石材的钢骨架按表 13-4 的相应项目编码列项。

13.1.6 镶贴零星块料

1. 清单项目设置

镶贴零星块料工程量清单项目的设置、项目特征描述的内容、计量单位、工程量计算规则应按表 13-6 的规定执行。

表 13-6 镶贴零星块料(编码:011206)

项目编码	项目名称	项目特征	计量单位	工程量计算规则	工作内容
011206001	石材零星项目	1. 基层类型、部位 2. 安装方式 3. 面层材料品种、规格、颜色 4. 缝宽、嵌缝材料种类 5. 防护材料种类 6. 磨光、酸洗、打蜡要求	m^2	按镶贴表面积计算	1. 基层清理 2. 砂浆制作、运输 3. 面层安装 4. 嵌缝 5. 刷防护材料 6. 磨光、酸洗、打蜡
011206002	块料零星项目				
011206003	拼碎块零星项目				

2. 清单规则解读

(1) 在描述碎块项目的面层材料特征时可不用描述规格、颜色。
(2) 石材、块料与黏结材料的结合面刷防渗材料的种类在防护材料种类中描述。
(3) 零星项目干挂石材的钢骨架按表 13-4 相应项目编码列项。
(4) 墙、柱面≤0.5m^2 的少量分散的镶贴块料面层应按表 13-6 执行。

13.1.7 墙饰面

1. 清单项目设置

墙饰面工程量清单项目的设置、项目特征描述的内容、计量单位、工程量计算规则应按表 13-7 的规定执行。

表 13-7 墙饰面(编码:011207)节选

项目编码	项目名称	项目特征	计量单位	工程量计算规则	工作内容
011207001	墙面装饰板	1. 龙骨材料种类、规格、中距 2. 隔离层材料种类、规格 3. 基层材料种类、规格 4. 面层材料品种、规格、颜色 5. 压条材料种类、规格	m^2	按设计图示墙净长乘以净高以面积计算。扣除门窗洞口及单个>0.3m^2 的孔洞所占面积	1. 基层清理 2. 龙骨制作、运输、安装 3. 钉隔离层 4. 基层铺钉 5. 面层铺贴

2. 清单规则解读

墙面装饰板主要有各种吸音板、防火板、波浪板，包括软包吸音板、聚酯纤维吸音板、雕花板、槽板、镂空板、木丝吸音板、生态木板、浮雕板、木质吸音板、装饰背景板、密度板雕花、百叶波浪板、阻燃吸音板和铝塑板等多种类型。

13.1.8 柱（梁）饰面

1. 清单项目设置

柱（梁）饰面工程量清单项目的设置、项目特征描述的内容、计量单位、工程量计算规则应按表13-8的规定执行。

表13-8 柱（梁）饰面（编码：011208）节选

项目编码	项目名称	项目特征	计量单位	工程量计算规则	工作内容
011208001	柱（梁）面装饰	1. 龙骨材料种类、规格、中距 2. 隔离层材料种类 3. 基层材料种类、规格 4. 面层材料品种、规格、颜色 5. 压条材料种类、规格	m²	按设计图示饰面外围尺寸以面积计算。柱帽、柱墩并入相应柱饰面工程量内	1. 基层清理 2. 龙骨制作、运输、安装 3. 钉隔离层 4. 基层铺钉 5. 面层铺贴

2. 清单规则解读

柱（梁）面采用铝塑板、石材干挂时按柱（梁）面装饰列项。

13.1.9 隔断

1. 清单项目设置

隔断工程量清单项目的设置、项目特征描述的内容、计量单位、工程量计算规则应按表13-9的规定执行。

表13-9 隔断（编码：011210）

项目编码	项目名称	项目特征	计量单位	工程量计算规则	工作内容
011210001	木隔断	1. 骨架、边框材料种类、规格 2. 隔板材料品种、规格、颜色 3. 嵌缝、塞口材料品种 4. 压条材料种类	m²	按设计图示框外围尺寸以面积计算。不扣除单个≤0.3m²的孔洞所占面积；浴厕门的材质与隔断相同时，门的面积并入隔断面积内	1. 骨架及边框制作、运输、安装 2. 隔板制作、运输、安装 3. 嵌缝、塞口 4. 装钉压条

续表

项目编码	项目名称	项目特征	计量单位	工程量计算规则	工作内容
011210002	金属隔断	1. 骨架、边框材料种类、规格 2. 隔板材料品种、规格、颜色 3. 嵌缝、塞口材料品种	m²	按设计图示框外围尺寸以面积计算。不扣除单个≤0.3 m²的孔洞所占面积；浴厕门的材质与隔断相同时，门的面积并入隔断面积内	1. 骨架及边框制作、运输、安装 2. 隔板制作、运输、安装 3. 嵌缝、塞口
011210003	玻璃隔断	1. 边框材料种类、规格 2. 玻璃品种、规格、颜色 3. 嵌缝、塞口材料品种	m²	按设计图示框外围尺寸以面积计算。不扣除单个≤0.3m²的孔洞所占面积	1. 边框制作、运输、安装 2. 玻璃制作、运输、安装 3. 嵌缝、塞口
011210004	塑料隔断	1. 边框材料种类、规格 2. 隔板材料品种、规格、颜色 3. 嵌缝、塞口材料品种			1. 骨架及边框制作、运输、安装 2. 隔板制作、运输、安装 3. 嵌缝、塞口
011210005	成品隔断	1. 隔断材料品种、规格、颜色 2. 配件品种、规格	1. m² 2. 间	1. 以m²计算，按设计图示框外围尺寸以面积计算 2. 以间计算，按设计间的数量计算	1. 隔断运输、安装 2. 嵌缝、塞口
011210006	其他隔断	1. 骨架、边框材料种类、规格 2. 隔板材料品种、规格、颜色 3. 嵌缝、塞口材料品种	m²	按设计图示框外围尺寸以面积计算。不扣除单个≤0.3m²的孔洞所占面积	1. 骨架及边框安装 2. 隔板安装 3. 嵌缝、塞口

2. 清单规则解读

（1）隔断按材料分有金属隔断、玻璃隔断、塑料隔断和木隔断等；按用途分有办公隔断、卫生间隔断、客厅隔断和橱窗隔断等；按可移动性分有固定隔断和移动隔断等。

（2）固定隔断通常由饰面板材、骨架材料、密封材料和五金件组成。

典型实例

1. 墙面一般抹灰、墙面装饰板工程量清单编制实例。

【背景资料】

图13.1所示建筑,内墙面做法:基层墙体→刷素水泥浆1道,内掺10%的801胶水→12mm厚1∶1∶6水泥石灰膏砂浆打底→8mm厚1∶1∶4水泥石灰砂浆粉面→面层刷白色内墙涂料2遍。外墙面做法:基层墙体→20mm厚1∶2水泥砂浆找平→20mm厚挤塑聚苯板保温层阻燃型(燃烧性能达到B_2级)→8mm厚聚合物抗裂砂浆抹面(布格网)→6mm厚1∶2.5水泥砂浆粉面→60mm×60mm×4mm铝方型材龙骨,横向间距同金属板面宽度,纵向间距同金属板材长度,用螺栓与角钢连接,角钢用膨胀螺栓固定在墙体上→12mm厚银灰色铝板墙面。室内净高3.6m,门窗尺寸见表13-10。

表13-10 门窗表

类型	规格(宽×高)/(mm×mm)	类型	规格(宽×高)/(mm×mm)
M-1	1000×2000	C-1	1500×1500
M-2	1200×2000	C-2	1800×1500
M-3	900×2400	C-3	3000×1500

【问题】

根据以上背景资料及现行国家标准《建设工程工程量清单计价规范》《房屋建筑与装饰工程工程量计算规范》,试编制内墙面一般抹灰、外墙面装饰板等的分部分项工程量清单。

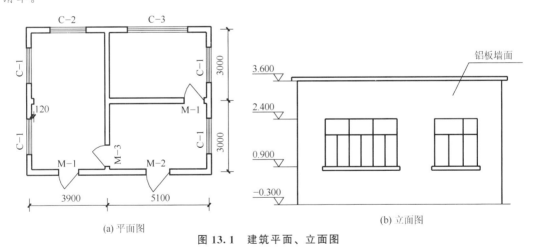

图13.1 建筑平面、立面图

解:(1) 分析与提示。

① 内墙面抹灰工程量,按设计图示尺寸以面积计算,扣除墙裙、门窗洞口及单个>0.3m² 的孔洞面积,不扣除踢脚线的面积,门窗洞口的侧壁及顶面不增加面积。附墙柱、垛侧壁并入相应的墙面面积内。

② 外墙面装饰板工程量,按设计图示墙净长乘以净高以面积计算,扣除门窗洞口及

任务13 墙、柱面装饰工程与隔断工程计量与计价

单个>0.3m² 的孔洞所占面积。注意墙高为室外地坪至檐口标高的距离。

（2）编制项目的分部分项工程量清单。

分部分项工程量清单与计价表见表 13-12。清单编制在表 13-11 已有正确列项的情况下，需按规范的相关规定，根据工程背景准确描述其项目特征。

表 13-11　清单工程量计算表

序号	项目编码	项目名称	计算式	计量单位	工程量合计
1	011201001001	墙面一般抹灰	$(3.9-0.24+3\times2-0.24)\times2\times3.6+(5.1-0.24+3-0.24)\times2\times3.6\times2+0.12\times2\times3.6-(1.5\times1.5\times4+1.8\times1.5+3\times1.5+1.0\times2\times3+1.2\times2+0.9\times2.4\times2)=9.42\times7.2+7.62\times14.4+0.864-(9+2.7+4.5+6.0+2.4+4.32)\approx178.42-28.92=149.50$	m²	149.50
2	011207001001	墙面装饰板	$(3.9+5.1+0.24+3\times2+0.24)\times2\times(3.6+0.3)-(1.5\times1.5\times4+1.8\times1.5+3\times1.5+1.0\times2+1.2\times2)=15.48\times7.8-(9+2.7+4.5+2.0+2.4)\approx100.14$	m²	100.14

表 13-12　分部分项工程量清单与计价表

序号	项目编码	项目名称	项目特征描述	计量单位	工程量	金额/元 综合单价	合价
1	011201001001	墙面一般抹灰	1. 墙体类型：砖墙 2. 底层厚度、砂浆配合比：12mm 厚，1:1:6 水泥石灰膏砂浆打底 3. 面层厚度、砂浆配合比：8mm 厚，1:1:4 水泥石灰砂浆粉面 4. 装饰面材料种类：白色内墙涂料 2 遍	m²	149.50		
2	011207001001	墙面装饰板	1. 龙骨材料种类、规格、中距：60mm×60mm×4mm 铝方型材龙骨，横向间距同金属板面宽度，纵向间距同金属板材长度 2. 基层材料种类、规格：螺栓与角钢连接，砖墙 3. 面层材料品种、规格、颜色：12mm 厚银灰色铝板	m²	100.14		

2.块料墙面、块料柱面工程量清单编制实例。

【背景资料】

某建筑平面图如图 13.2 所示，墙厚 240mm，方柱尺寸为 400mm×400mm。房屋净高

3.5m。内墙面(柱面)饰面的做法：刷界面处理剂1道(砖墙时取消)；12mm厚1∶3水泥砂浆打底；6mm厚1∶0.1∶2.5水泥石灰膏砂浆结合层；200mm×300mm×5mm釉面砖白水泥擦缝(做法详见苏J01—2005—19/5)。门窗洞口侧壁面砖铺贴宽度均按80mm考虑。M1524表示门洞口尺寸为1500mm×2400mm(宽×高)；C1521表示窗洞口尺寸为1500mm×2100mm(宽×高)。

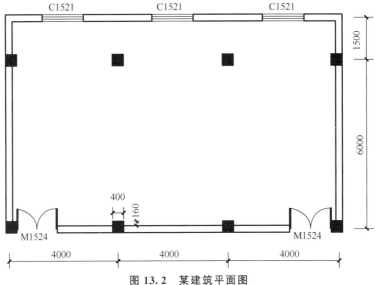

图 13.2　某建筑平面图

【问题】

根据以上背景资料及现行国家标准《建设工程工程量清单计价规范》《房屋建筑与装饰工程工程量计算规范》，试编制该工程室内块料墙面、块料柱面、块料零星项目的分部分项工程量清单。

解：(1) 分析与解答。

块料墙面、柱面工程量，按镶贴表面积计算，即按墙、柱面镶贴完成后构件的表面积计算。根据题意，块料黏结层总厚度为18mm，白色面砖厚5mm，计装饰层总厚度为23mm。

(2) 编制项目的分部分项工程量清单。

分部分项工程量清单与计价表见表13-14。清单编制在表13-13已有正确列项的情况下，需按规范的相关规定，根据工程背景准确描述其项目特征。

表 13-13　清单工程量计算表

序号	项目编码	项目名称	计算式	计量单位	工程量合计
1	011204003001	块料墙面	$S=[(12.00-0.24-0.023\times2)\times2+(7.50-0.24-0.023\times2)\times2-(0.4+0.023\times2)\times4-(0.16+0.023)\times4]\times3.5-(1.5-0.023\times2)\times(2.4-0.023)\times2-(1.5-0.023\times2)\times(2.1-0.023\times2)\times3\approx123.69-15.87=107.82$	m²	107.82
2	011205002001	块料柱面	$S=(0.4+0.023\times2)\times4\times3.5\times2+(0.4+0.023\times2)\times4\times3.5+(0.16+0.023)\times3.5\times12\approx12.49+6.24+7.69=26.42$	m²	26.42

续表

序号	项目编码	项目名称	计算式	计量单位	工程量合计
3	011206002001	块料零星项目	$[(1.5-0.023\times2)+(2.4-0.023)\times2)]\times0.08\times2+[(1.5-0.023\times2)+(2.1-0.023\times2)]\times2\times0.08\times3\approx1.0+1.68=2.68$	m²	2.68

表 13-14 分部分项工程量清单与计价表

序号	项目编码	项目名称	项目特征描述	计量单位	工程量	金额/元 综合单价	合价
1	011204003001	块料墙面	1. 墙体类型：砖墙 2. 底层厚度、砂浆配合比：12mm 厚，1:3 水泥砂浆打底 3. 面层厚度、砂浆配合比：6mm 厚，1:0.1:2.5 水泥石灰膏砂浆结合层 4. 装饰面材料种类：200mm×300mm×5mm 釉面砖白水泥擦缝	m²	107.82		
2	011205002001	块料柱面	1. 柱截面类型、尺寸：方柱、400mm×400mm 2. 安装方式：湿贴，柱面刷界面处理剂 1 道；12mm 厚，1:3 水泥砂浆打底；6mm 厚，1:0.1:2.5 水泥石灰膏砂浆结合层 3. 面层材料品种、规格、颜色：200mm×300mm×5mm 釉面砖白水泥擦缝	m²	26.42		
3	011206002001	块料零星项目	1. 基层类型、部位：墙体，门窗侧壁 2. 安装方式：湿贴；12mm 厚，1:3 水泥砂浆打底；6mm 厚，1:0.1:2.5 水泥石灰膏砂浆结合层 3. 面层材料品种、规格、颜色：200mm×300mm×5mm 釉面砖白水泥擦缝	m²	2.68		

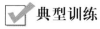 典型训练

【工作任务 1】编制内墙面一般抹灰的工程量清单。

【任务背景】

某工程建筑平面图如图 13.3 所示，门窗尺寸见表 13-15。墙厚(垛宽)240mm，一层房屋净高 3.3m。内墙面做法为基层墙体→刷素水泥浆 1 道，内掺 10% 的 801 胶水→12mm 厚 1∶1∶6 水泥石灰膏砂浆打底→8mm 厚 1∶1∶4 水泥石灰砂浆粉面→面层刷白色内墙涂料 2 遍。

【问题】

根据以上背景资料及现行国家标准《建设工程工程量清单计价规范》《房屋建筑与装饰工程工程量计算规范》，试编制内墙面一般抹灰的分部分项工程量清单。

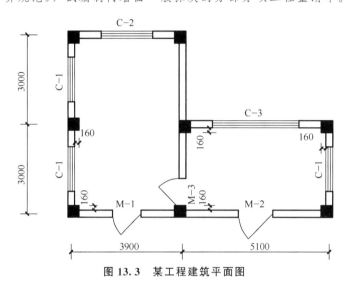

图 13.3　某工程建筑平面图

表 13-15　门窗表

类型	规格(宽×高)/(mm×mm)	类型	规格(宽×高)/(mm×mm)
M-1	1000×2000	C-1	1500×1500
M-2	1200×2000	C-2	1800×1500
M-3	900×2400	C-3	3000×1500

【训练提示】

(1) 内墙面抹灰工程量应扣除门窗洞口所占面积，不扣除踢脚线等所占面积，但其洞口侧壁和顶面抹灰亦不增加面积。

(2) 内墙面抹灰长度，以主墙间的图示净长计算，其高度按实际抹灰高度确定。

【分析与解答】

请将清单编制成果填于表 13-16 中，注意根据工程背景准确描述其项目特征。

表 13-16　分部分项工程量清单与计价表

序号	项目编码	项目名称	项目特征描述	计量单位	工程量	金额/元	
						综合单价	合价

【工作任务2】编制块料墙面分部分项工程量清单。

【任务背景】

工程项目图纸见附录一，以一层卫生间墙面装饰为分析对象。内墙面做法见工程做法列表。

【问题】

根据以上背景资料及现行国家标准《建设工程工程量清单计价规范》《房屋建筑与装饰工程工程量计算规范》，试编制一层卫生间内墙面块料铺贴、块料零星项目的分部分项工程量清单。

【训练提示】

（1）工程做法列表可知，卫生间内墙面做法为"内墙2"。
（2）卫生间内墙面面砖铺贴高度见卫生间详图中的"卫生间及前室做法说明"。
（3）工程量计算以面砖铺贴施工完成后的墙面尺寸计量。门窗洞口侧壁工程量按块料零星项目考虑。洞口侧壁铺贴块材的宽度按80mm考虑。

【分析与解答】

请将清单编制成果填于表13-17中，注意根据工程背景准确描述其项目特征。

表13-17 分部分项工程量清单与计价表

序号	项目编码	项目名称	项目特征描述	计量单位	工程量	金额/元	
						综合单价	合价
1							
2							

模块13.2 墙、柱面装饰与隔断工程计价

标准依据

13.2.1 墙、柱面工程定额概况

墙、柱面工程定额内容共分4节，即一般抹灰、装饰抹灰、镶贴块料面层及幕墙、木装修及其他，共计228个子目。

一般抹灰部分按砂浆品种分沥青砂浆、水泥砂浆、保温砂浆及抗裂基层、混合砂浆、其他砂浆、砖石墙面勾缝6个小节，计60个子目。

装饰抹灰部分分水刷石、干粘石、斩假石、嵌缝及其他4小节，计19个子目。

镶贴块料面层及幕墙部分分瓷砖、外墙釉面砖、金属面砖、陶瓷锦砖、凹凸假麻石、波形面砖、劈离砖、文化石、石材块料面板、幕墙及封边 8 小节，计 88 个子目。

木装修及其他部分分墙面、梁柱面木龙骨骨架，金属龙骨，墙、柱梁面夹板基层，墙、柱梁面各种面层、网塑夹芯板墙、GRC 板、彩钢夹芯板墙 6 小节，计 61 个子目。

13.2.2 定额使用注意事项

(1) 外墙 1∶3 水泥砂浆找平层，不另增子目，定额相应子目材料中 1∶3 水泥砂浆就是找平层，设计厚度不同可按比例调整，其他不变。

(2) 墙、柱的抹灰及镶贴块料面层所取定的砂浆品种、厚度详见《江苏省计价定额》附录七。设计砂浆品种、厚度与定额不同均应调整。砂浆用量按比例调整。外墙面砖基层刮糙处理。如基层处理设计采用保温砂浆时，此部分砂浆做相应换算，其他不变。

内墙面贴瓷砖、外墙面贴釉面砖黏结层定额是按混合砂浆编制的，也编制了用素水泥浆做黏结层的定额，可根据实际情况分别套用定额。

(3) 一般抹灰阳台、雨篷项目为单项定额中的综合子目，定额内容已包括平面、侧面、底面及挑出墙面的梁抹灰。

(4) 门窗洞口侧边、附墙垛等小面粘贴块料面层时，门窗洞口侧边、附墙垛等小面排版规格小于块料原规格并需要裁剪的块料面层项目，可套用柱、梁、零星项目。

(5) 墙、柱、梁面的砂浆抹灰工程量按结构尺寸计算。挂、贴块料面层按实贴面积计算。

(6) 混凝土墙、柱、梁面的抹灰底层已包括刷 1 道素水泥浆在内。设计刷 2 道，每增 1 道按相应子目执行。设计采用专用黏结剂时，可套用相应干粉型黏结剂粘贴子目，换算干粉型黏结剂材料为相应专用黏结剂。设计采用聚合物砂浆粉刷的，可套用相应子目，材料换算，其他不变。

(7) 14-19 子目、14-120 子目仅适用于干粉型黏结剂粘贴石材块料面板。石材块料面板的钻孔成槽已经包括在相应定额中，若供货商已将钻孔成槽完成，则定额中应扣除 10% 的人工费和 10 元/10m² 的施工机具使用费。干挂石材块料面板中的不锈钢连接件、连接螺栓、插棍数量按设计用量加 2% 的损耗进行调整。墙、柱面挂、贴石材块料面板的定额中，不包括酸洗、打蜡费用，块料面层、石材墙面等子目中相应清洗费用，合并为其他材料费 10 元/10m²。

(8) 石材幕墙名称统一为钢骨架上干挂石材块料面板，按安装位置设置了墙面、柱面、圆柱面、零星、腰线、柱帽、柱脚等子目，同时按做法密封、勾缝、背栓开放式分别设置了相应子目。子目中的面板为加工好的成品石材，安装损耗按 2% 考虑，密封胶用量按 6mm 缝宽考虑，超过者按比例调整用量；其余材料应按设计用量并考虑损耗量进行换算。

(9) 花岗岩、大理石板的磨边，墙、柱面设计贴石材线条应按《江苏省计价定额》第十八章其他零星工程的相应项目执行。

(10) 一般的玻璃幕墙需要计算 3 个项目：一是幕墙；二是幕墙与自然楼层的连接；三是幕墙与建筑物的顶端、侧面封边。要注意定额中规定的换算和工程量计算规则，设计隐框、明框玻璃幕墙铝合金骨架型材的规格、用量与定额不符，应按定额相关规则调整。

（11）铝合金玻璃幕墙项目中的避雷焊接，已在安装定额中考虑，故本项目中不含避雷焊接的人工费及材料费。幕墙材料品种、含量，设计要求与定额不同时应调整，但人工费、施工机具使用费不变。

（12）定额中各种隔断、墙裙的龙骨、衬板基层、面层是按一般常用做法编制的。其防潮层、龙骨、基层、面层均应分开列项。

（13）金属龙骨分为隔墙轻钢龙骨、附墙卡式轻钢龙骨、铝合金龙骨及钢骨架安装4个子目，使用时应分别套用定额并注意龙骨规格、断面、间距，与定额不符应按定额规定调整含量。

（14）墙、柱、梁面夹板基层是指在龙骨与面层之间设置的一层基层，夹板基层直接钉在木龙骨上还是钉在承重墙面的木砖上，应按设计图纸判断，有的木装饰墙面、墙裙有凹凸起伏的立体感，它是由于在夹板基层上局部再钉或多次再钉一层或多层夹板形成的。故凡有凹凸面的木装饰墙面、墙裙，按凸出面的面积计算，每 $10m^2$ 另加 1.9 工日，夹板按 $10.5m^2$ 计算，其他均不再增加。

（15）墙、柱、梁面木装饰的各种面层，应按设计图纸要求列项，并分别套用定额。在使用定额时，应注意定额项目内容及注解要求。

（16）不锈钢、铝单板等装饰板块折边加工费及成品铝单板折边面积应计入材料单价中，不另计算。

（17）成品装饰面板现场安装，需做龙骨、基层板时，可套用墙面现有定额相应子目进行换算调整。如实际采用密封胶品种不同，可换算玻璃胶材料，胶缝形式不一样，可按 5% 损耗换算含量。

（18）墙面和门窗侧面进行同标准的木装饰，则墙面和门窗侧面的工程量合并计算，执行墙面定额。

13.2.3 主要项目工程量计算规则

1. 内墙面抹灰

（1）内墙面抹灰面积应扣除门窗洞口和空圈所占的面积，不扣除踢脚线、挂镜线、$0.3m^2$ 以内的孔洞和墙与构件交接处的面积，但其洞口侧壁和顶面抹灰不增加。垛的侧面抹灰面积应并入内墙面工程量内计算。

内墙面抹灰长度，以主墙间的图示净长计算，其高度按实际抹灰高度确定，不扣除间壁墙所占的面积。

（2）石灰砂浆、混合砂浆粉刷中已包括水泥护角线，不另行计算。

（3）柱和单梁的抹灰按结构展开面积计算，柱与梁或梁与梁接头的面积不予扣除。砖墙中平墙面的混凝土柱、梁等的抹灰(包括侧壁)应并入墙面抹灰工程量内计算。凸出墙面的混凝土柱、梁面(包括侧壁)抹灰工程量应单独计算，按相应子目执行。

（4）厕所、浴室隔断抹灰工程量，按单面垂直投影面积乘以系数 2.3 计算。

2. 外墙面抹灰

（1）外墙面抹灰面积按外墙面的垂直投影面积计算，应扣除门窗洞口和空圈所占的面积，不扣除 $0.3m^2$ 以内的孔洞面积。但门窗洞口、空圈的侧壁、顶面及垛等抹灰，应按结构展开面积并入墙面抹灰中计算。外墙面不同品种砂浆抹灰，应分别计算按相应子目执行。

(2) 外墙窗间墙与窗下墙均抹灰者，以展开面积计算。

(3) 阳台、雨篷抹灰按水平投影面积计算。定额中已包括顶面、底面、侧面及牛腿的全部抹灰面积。阳台栏杆、栏板、垂直遮阳板抹灰另列项目计算。栏板以单面垂直投影面积乘以系数 2.1 计算。

(4) 水平遮阳板顶面、侧面抹灰按其水平投影面积乘以系数 1.5 计算，板底面积并入天棚抹灰内计算。

3. 挂、贴块料面层

(1) 内(外)墙面、柱梁面、零星项目镶贴块料面层均按块料面层的建筑尺寸(各块料面层＋粘贴砂浆厚度＝25mm)面积计算。门窗洞口面积扣除，侧壁、附垛贴面应并入墙面工程量中。内墙面腰线花砖按延长米计算。

(2) 窗台、腰线、门窗套、天沟、挑檐、盥洗槽、池脚等块料面层镶贴，均以建筑尺寸的展开面积(包括砂浆及块料面层厚度)按零星项目计算。

(3) 石材块料面板挂、贴均按面层的建筑尺寸(包括干挂空间、砂浆、板厚度)展开面积计算。

(4) 石材圆柱面按石材面外围周长乘以柱高(应扣除柱墩、帽高度)以 m^2 计算。石材柱墩、柱帽按石材圆柱面外围周长乘以其高度以 m^2 计算。圆柱腰线按石材圆柱面外围周长计算。

4. 墙、柱木装饰及柱包不锈钢镜面

(1) 墙、墙裙、柱(梁)面：木装饰龙骨、衬板、面层及粘贴切片板按净面积计算，并扣除门、窗洞口及 $0.3m^2$ 以上的孔洞所占的面积，附墙垛及门、窗侧壁并入墙面工程量内计算，单独门、窗套按相应子目计算。柱、梁按展开宽度乘以净长计算。

(2) 不锈钢镜面、各种装饰板面均按展开面积计算。若地面天棚面有柱帽、柱脚，则高度应从柱脚上表面至柱帽下表面计算。柱帽、柱脚按面层的展开面积以 m^2 计算，套柱帽、柱脚子目。

(3) 幕墙以框外围面积计算。幕墙与建筑顶端、两端的封边按图示尺寸以 m^2 计算，自然层的水平隔离与建筑物的连接按延长米计算(连接层包括上、下镀锌钢板在内)。

✔ 典型实例

卫生间墙面装饰

1. 某居民家庭室内卫生间墙面装饰如图 13.4 所示，12mm 厚 1∶2.5 防水砂浆底层，5mm 厚的素水泥浆结合层贴瓷砖，瓷砖规格为 200mm×300mm×8mm，瓷砖价格为 8 元/块，其余材料价格按《江苏省计价定额》不变。窗侧四周需贴瓷砖、阳角 45°磨边对缝；门洞处不贴瓷砖，门洞口尺寸为 800mm×2000mm、窗洞口尺寸为 1200mm×1400mm；图示尺寸除大样图外均为结构净尺寸。人工工资单价 90 元/工日；管理费费率 42%、利润率 15%，其余未做说明的均按《江苏省计价定额》的规定执行。请用《江苏省计价定额》对该墙面装饰列项并计算各项定额工程量及子目单价。

解：(1) 计算时注意要点。

① 居民家庭室内装饰，按《江苏省计价定额》总说明规定，人工消耗量应做调整。

任务13 墙、柱面装饰工程与隔断工程计量与计价

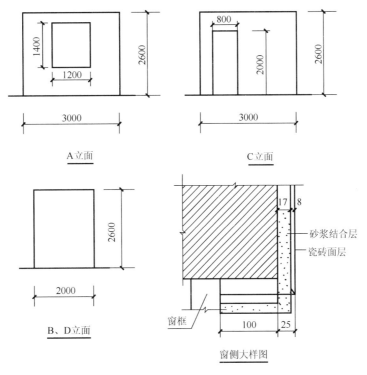

图 13.4 某居民家庭室内卫生间墙面装饰

② 块料面板子目内均不包括磨边，应另套相应的计价子目。

③ 计算镶贴块料面层均按块料面层铺贴完成后的尺寸计算面积。

（2）计算定额工程量。

① A 立面：$(3-0.05)\times2.6-(1.4-0.05)\times(1.2-0.05)+0.125\times[(1.4-0.05)\times2+(1.2-0.05)\times2]\approx6.75(m^2)$。

② B、D 立面：$(2-0.05)\times2.6\times2=10.14(m^2)$。

③ C 立面：$2.95\times2.6-0.8\times2=6.07(m^2)$（注意门洞侧边不贴瓷砖）。

④ 墙面瓷砖合计：$6.75+10.14+6.07=22.96(m^2)$。

⑤ 线条磨边：$[(1.4-0.05)\times2+(1.2-0.05)\times2]=5.00(m)$。

（3）套用《江苏省计价定额》计算各子目单价。

① 选择子目 14-80 换，墙面素水泥浆粘贴综合单价 2170.63 元/10m²，居民家庭室内装修使用计价定额，增加人工，人工乘以系数 1.15。

人工费：$4.39\times90\times1.15\approx454.37$（元）

材料费：$2101.66-2050+10.25\times133.36-15.94+24.11-32.59+0.136\times387.57\approx1446.89$（元）

换算时，一要考虑按题意，瓷砖 8 元/块，$1m^2$ 理论需瓷砖块数 $=1/(0.2\times0.3)\approx16.67$（块），每 m² 瓷砖的单价为 $16.67\times8=133.36$（元）；二要考虑按子目 14-80 的相关注解的规定，贴面砂浆用素水泥浆，基价中应扣除混合砂浆（15.94 元），增加素水泥浆的价格（24.11 元）；三要考虑子目 14-80 采用的底层砂浆是 1:3 水泥砂浆，而该工程项目采用的是 1:2.5 防水砂浆打底，因此，子目换算中应扣除 1:3 水泥砂浆的费用（32.59

元),换算以1:2.5防水砂浆的费用(0.136×387.57)。

施工机具使用费:6.61元

管理费:(454.37+6.61)×42%≈193.61(元)(注意管理费、利润的费率按题意确定的费率调整)

利润:(454.37+6.61)×15%≈69.15(元)

小计:2170.63元/10m²

② 18-34换,线条磨边,97.71元/10m。

人工费:0.55×90×1.15≈56.93(元)(注意1.15考虑居民家庭装修对人工的系数调整)

材料费:4.58元

施工机具使用费:2.39元

管理费:(56.93+2.39)×42%≈24.91(元)

利润:(56.93+2.39)×15%≈8.9(元)

小计:97.71元/10m

(4) 分部分项工程的费用。

在表13-18中填入该工程的分部分项工程费用。

表13-18 墙面装饰的综合单价及合价

序号	定额编号	项目名称	单位	工程量	综合单价/元	合计/元
1	14-80换	素水泥浆粘贴墙面砖	10m²	2.296	2170.63	4983.77
2	18-34换	墙砖45°倒角磨边	10m	0.5	97.71	48.86

2. 某酒店大堂一侧墙面在钢骨架上干挂西班牙米黄花岗岩(密缝),花岗岩表面刷防护剂2遍,板材规格为600mm×1200mm,供应商已完成钻孔成槽;3.2~3.6m高处做吊顶,具体做法如图13.5所示。西班牙米黄花岗岩单价为650元/m²;不锈钢连接件按5.5套/m²考虑(总用量取整),配同等数量的M10×40不锈钢六角螺栓;钢骨架、铁件(后置)用量按图示(其中顶端固定钢骨架的铁件用量为7.27kg);其余材料用量按《江苏省计价定额》不做调整,措施费仅考虑脚手架费用[10#槽钢理论质量为10.01kg/m;∟56×5角钢质量为4.25kg/m;200mm×150mm×12mm钢板(铁件)质量为94.2kg/m²]。

石材干挂

根据《江苏省计价定额》规定,对该干挂花岗岩项目列项并计算相应工程量;计算干挂花岗岩子目的各材料用量(只列需要换算的材料用量)及每10m²的含量;套用定额计算各子目综合单价。

解:(1) 计算定额工程量。

① 钢骨架上干挂花岗岩:3.2×9.6+0.4×(9.6-0.8×2-1.2)=33.44(m²)。

② 干挂花岗岩单项脚手架:4.2×9.6=40.32(m²)(按安装骨架区域的墙面垂直投影面积计算)。

③ 花岗岩表面刷防护剂2遍:33.44m²。

④ 钢骨架。10#槽钢:(4.2×7+3.2×2)×10.01≈358.36(kg);∟56×5角钢:[7×

任务13　墙、柱面装饰工程与隔断工程计量与计价

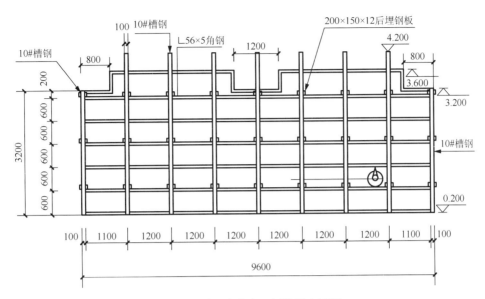

图13.5　某酒店大堂一侧墙面立面图

$(9.4-0.1\times7)+0.4\times4]\times4.25\approx265.63(\mathrm{kg})$；小计：$358.36+265.63=623.99(\mathrm{kg})$。

⑤ 铁件。200mm×150mm×12mm钢板，由图13.5可见，为27件，工程量：$0.2\times0.15\times27\times94.2\approx76.30(\mathrm{kg})$；顶端固定钢骨架铁件：7.27kg；小计：$76.30+7.27=83.57(\mathrm{kg})$。

(2) 干挂花岗岩子目的各材料用量（只列需要换算的材料用量）及每10m²的含量。

① 不锈钢连接件：$33.44\times5.5=183.92$（套），取整184套；每10m²的含量：$184/33.44\times10\approx55.02$（套），取整55套。

② M10×40不锈钢六角螺栓：184套；每10m²的含量：55套。

(3) 套用《江苏省计价定额》计算分部分项工程费。

① 选择14-136换，子目名称为钢骨架上干挂石材块料面板（密缝），综合单价8300.87元/10m²。

供应商已完成钻孔成槽，按《江苏省计价定额》墙柱面工程章节的说明应扣除基价中人工的10%和其他施工机具使用费。

人工费：$732.7\times0.9=659.43$（元）

材料费：$3124.76-2550+10.2\times650-202.5+55\times4.5-85.5+55\times1.9=7268.76$（元）（注意材料费中石材单价的调整，不锈钢连接件的含量调整和不锈钢六角螺栓的含量调整）

施工机具使用费：$103.94-10=93.94$（元）（按说明扣除其他施工机具使用费）

管理费：$(659.43+93.94)\times25\%\approx188.34$（元）

利润：$(659.43+93.94)\times12\%\approx90.40$（元）

小计：8300.87元/10m²

② 根据《江苏省计价定额》第860页的相关注解，单独用于内墙粘贴、干挂花岗岩（大理石）的脚手架按抹灰脚手架执行，其中材料费柱面项目乘以系数0.6，其他项目乘以系数0.3。因此该工程内墙干挂石材选择子目20-24换，干挂花岗岩脚手架（单价措施项目费），综合单价83.26元/10m²。其中换算表达为$(47.56+9.52)\times1.37+16.88\times0.3\approx$

309

83.26(元/10m²)。

③ 分部分项工程的费用。在表 13-19 中填入该工程的分部分项工程费用。

表 13-19 墙面装饰的综合单价及合价

序号	定额编号	项目名称	单位	工程量	综合单价/元	合计/元
1	14-136 换	钢骨架上干挂石材块料面板(密缝)	10m²	3.344	8300.87	27758.11
2	18-74	石材面刷防护剂	10m²	3.344	95.8	320.36
3	7-61	龙骨钢骨架制作	t	0.624	6400.37	3993.83
4	14-183	钢骨架安装	t	0.624	1459.36	910.64
5	7-57	零星铁件制作	t	0.084	8944.78	751.36
6	5-28	铁件安装	t	0.084	3463.13	290.90
7	20-24 换	干挂花岗岩脚手架	10m²	4.032	83.26	335.70

典型训练

【工作任务】计算内墙面抹灰、油漆的分项工程费用。

【任务背景】

某单层建筑物一层平面图如图 13.6 所示，室内外高差 0.3m，平屋面，现浇钢筋混凝土屋面板厚 0.12m，除Ⓑ轴线上墙厚为 120mm 外，其余均为 240mm 砖墙，轴线均居于墙中心。内墙面均做混合砂浆一般抹灰，构造为基层墙体上刷界面剂 1 道→12mm 厚 1:1:6 水泥石灰膏打底扫毛→5mm 厚 1:0.3:3 水泥石灰膏砂浆抹平→901 胶白水泥批腻子、刷乳胶漆各 3 遍。

【问题】

试计算室内净高 3.6m 时内墙面抹灰、油漆的定额工程量和相关分项工程费用。其中，C1515(宽×高)表示：1500mm×1500mm；M1521(宽×高)表示：1500mm×2100mm；M0921(宽×高)表示：900mm×2100mm。

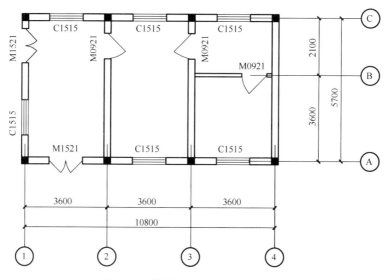

图 13.6 某单层建筑物一层平面图

【训练提示】

(1) 内墙面抹灰工程量＝内墙面油漆工程量。

(2) 工程量计算时扣除门窗洞口所占面积,不扣除踢脚线等所占工程量,门窗洞口侧壁工程量亦不增加。

【分析与解答】

(1) 定额工程量计算。

(2) 选择定额子目,计算分部分项工程费用。

任务小结

(1) 墙、柱面一般抹灰,墙、柱面块料面层饰面,墙、柱面干挂石材等的施工图纸识读。

(2) 常见墙、柱面装饰工程量清单的列项。

(3) 墙、柱面一般抹灰,墙、柱面块料面层饰面,墙、柱面干挂石材工程量清单的项目特征分析。

(4) 常见墙、柱面装饰的工程量清单编制。

(5) 常见墙、柱面装饰工程定额应用,包括墙、柱面一般抹灰,墙、柱面块料面层饰面,墙、柱面干挂石材等项目的定额工程量计算规则、定额子目的套用及定额使用的注意事项。

(6) 墙、柱面一般抹灰,墙、柱面块料面层饰面,墙、柱面干挂石材工程量清单综合单价的分析。

任务14 天棚装饰、油漆、涂料、裱糊及其他装饰工程计量与计价

教学目标

熟悉天棚装饰常见构造；会依据图纸、规范对项目的天棚装饰、油漆、涂料等装饰工程进行正确清单列项；掌握天棚装饰、油漆、涂料的清单及定额工程量计算规则；能够依据项目特征对天棚装饰、油漆、涂料工程量清单进行定额子目的正确套用，能够进行天棚装饰、油漆、涂料工程量清单综合单价的分析计算；能够进行天棚装饰、油漆、涂料等项目的工程费用计算。

思维导图

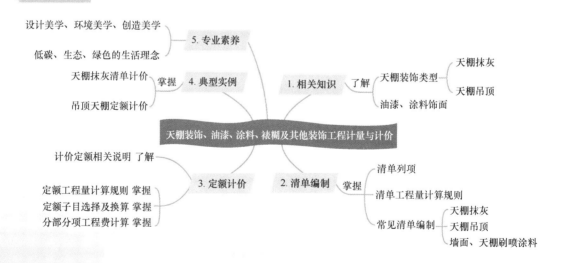

任务背景

天棚抹灰、吊顶是天棚常见的装修方式。简单装饰工程中,无论是墙面抹灰、柱面抹灰还是天棚抹灰,吊顶表面最后一道工序基本上都是油漆或涂料。在高档会议室、高档酒店的客房中,墙面还通常采用墙布裱糊。

任务14模块14.1主要介绍天棚装饰、油漆、涂料、裱糊及其他装饰工程量清单编制;模块14.2主要介绍天棚工程计价。

模块14.1 天棚装饰、油漆、涂料、裱糊及其他装饰工程量清单编制

规范依据

14.1.1 天棚抹灰

1. 清单项目设置

天棚抹灰工程量清单项目的设置、项目特征描述的内容、计量单位、工程量计算规则应按表14-1的规定执行。

表14-1 天棚抹灰(编码:011301)

项目编码	项目名称	项目特征	计量单位	工程量计算规则	工作内容
011301001	天棚抹灰	1. 基层类型 2. 抹灰厚度、材料种类 3. 砂浆配合比	m²	按设计图示尺寸以水平投影面积计算。不扣除间壁墙、垛、柱、附墙烟囱、检查口和管道所占的面积,带梁天棚、梁两侧抹灰面积并入天棚面积内,板式楼梯底面抹灰按斜面积计算,锯齿形楼梯底板抹灰按展开面积计算	1. 基层清理 2. 底层抹灰 3. 抹面层

2. 清单规则解读

(1)如果梁下有墙体,梁的抹灰并入墙体抹灰计算,此时梁的底面抹灰不计算;当梁下没有墙体时,梁的抹灰才能并入天棚抹灰工程量内计算。

(2)板式楼梯底面抹灰按斜面积计算,板式楼梯底面的抹灰工程量按水平投影面积乘以系数(可由勾股定理求得)即得到斜面积。

14.1.2 天棚吊顶

1. 清单项目设置

天棚吊顶工程量清单项目的设置、项目特征描述的内容、计量单位、工程量计算规则

应按表 14-2 的规定执行。

表 14-2 天棚吊顶(编码：011302)

项目编码	项目名称	项目特征	计量单位	工程量计算规则	工作内容
011302001	吊顶天棚	1. 吊顶形式、吊杆规格、高度 2. 龙骨材料种类、规格、中距 3. 基层材料种类、规格 4. 面层材料品种、规格 5. 压条材料种类、规格 6. 嵌缝材料种类 7. 防护材料种类	m²	按设计图示尺寸以水平投影面积计算。天棚面中的灯槽及跌级、锯齿形、吊挂式、藻井式天棚面积不展开计算。不扣除间壁墙、检查口、附墙烟囱、柱垛和管道所占面积，扣除单个＞0.3m²的孔洞、独立柱及与天棚相连的窗帘盒所占的面积	1. 基层清理、吊杆安装 2. 龙骨安装 3. 基层板铺贴 4. 面层铺贴 5. 嵌缝 6. 刷防护材料
011302002	格栅吊顶	1. 龙骨材料种类、规格、中距 2. 基层材料种类、规格 3. 面层材料品种、规格 4. 防护材料种类	m²	按设计图示尺寸以水平投影面积计算	1. 基层清理 2. 龙骨安装 3. 基层板铺贴 4. 面层铺贴 5. 刷防护材料
011302003	吊筒吊顶	1. 吊筒形状、规格 2. 吊筒材料种类 3. 防护材料种类			1. 基层清理 2. 吊筒制作、安装 3. 刷防护材料
011302004	藤条造型悬挂吊顶	1. 骨架材料种类、规格 2. 面层材料品种、规格			1. 基层清理 2. 龙骨安装 3. 面层铺贴
011302005	织物软雕吊顶				
011302006	装饰网架吊顶	网架材料品种、规格			1. 基层清理 2. 网架制作、安装

2. 清单规则解读

（1）吊顶工程的构造通常由支承、基层和面层 3 部分组成。

支承部分由吊杆和主龙骨组成。吊杆又称吊筋，是主龙骨与结构层（楼板或屋架）连接的构件，一般预埋在结构层内，也可以采用后置埋件，建筑装饰装修多采用后置埋件；主龙骨又称承载龙骨或大龙骨，主龙骨与吊杆相连接。

基层由次龙骨组成，是固定顶棚面层的主要构件，并将承受面层的重力传递给支承部分。

面层是顶棚的装饰层，使顶棚达到吸声、隔热、保温、防火、美化空间等功能。

（2）平面天棚：天棚面层在同一标高。跌级天棚：不在同一平面的降标高吊顶，类似阶梯的形式。

（3）藻井式天棚是在房间的四周进行局部吊顶，可设计成 1 层或 2 层，装修后的效果有增加空间高度的感觉，同时可以改变室内的灯光照明效果。

（4）格栅吊顶是由平行的各种材料栅条吊在顶棚上制成的，广泛应用于大型商场、酒吧、候车室、机场、地铁站等公共场所。

14.1.3 门油漆

1. 清单项目设置

门油漆工程量清单项目设置、项目特征描述的内容、计量单位、工程量计算规则应按表 14-3 的规定执行。

表 14-3　门油漆（编号：011401）

项目编码	项目名称	项目特征	计量单位	工程量计算规则	工作内容
011401001	木门油漆	1. 门类型 2. 门代号及洞口尺寸 3. 腻子种类 4. 刮腻子遍数 5. 防护材料种类 6. 油漆品种、刷漆遍数	1. 樘 2. m²	1. 以樘计量，按设计图示数量计量 2. 以 m² 计量，按设计图示洞口尺寸以面积计算	1. 基层清理 2. 刮腻子 3. 刷防护材料、油漆
011401002	金属门油漆				1. 除锈、基层清理 2. 刮腻子 3. 刷防护材料、油漆

2. 清单规则解读

（1）木门油漆应区分木大门、单层木门、双层（一玻一纱）木门、双层（单裁口）木门、全玻自由门、半玻自由门、装饰门及有框门或无框门等项目，分别编码列项。

（2）金属门油漆应区分平开门、推拉门、钢制防火门等项目，分别编码列项。

（3）以 m² 计量，项目特征可不必描述洞口尺寸。

14.1.4 窗油漆

1. 清单项目设置

窗油漆工程量清单项目设置、项目特征描述的内容、计量单位、工程量计算规则应按表 14-4 的规定执行。

2. 清单规则解读

（1）木窗油漆应区分单层木门、双层（一玻一纱）木窗、双层框扇（单裁口）木窗、双层框三层（二玻一纱）木窗、单层组合窗、双层组合窗、木百叶窗、木推拉窗等项目，分别编码列项。

表 14-4 窗油漆(编号：011402)

项目编码	项目名称	项目特征	计量单位	工程量计算规则	工作内容
011402001	木窗油漆	1. 窗类型 2. 窗代号及洞口尺寸 3. 腻子种类 4. 刮腻子遍数 5. 防护材料种类 6. 油漆品种、刷漆遍数	1. 樘 2. m²	1. 以樘计量，按设计图示数量计算 2. 以 m² 计量，按设计图示洞口尺寸以面积计算	1. 基层清理 2. 刮腻子 3. 刷防护材料、油漆
011402002	金属窗油漆				1. 除锈、基层清理 2. 刮腻子 3. 刷防护材料、油漆

（2）金属窗油漆应区分平开窗、推拉窗、固定窗、组合窗、金属格栅窗等项目，分别编码列项。

（3）以 m² 计量，项目特征可不必描述洞口尺寸。

14.1.5 木扶手及其他板条、线条油漆

1. 清单项目设置

木扶手及其他板条、线条油漆工程量清单项目设置、项目特征描述的内容、计量单位、工程量计算规则应按表 14-5 的规定执行。

表 14-5 木扶手及其他板条、线条油漆(编号：011403)

项目编码	项目名称	项目特征	计量单位	工程量计算规则	工作内容
011403001	木扶手油漆	1. 断面尺寸 2. 腻子种类 3. 刮腻子遍数 4. 防护材料种类 5. 油漆品种、刷漆遍数	m	按设计图示尺寸以长度计算	1. 基层清理 2. 刮腻子 3. 刷防护材料、油漆
011403002	窗帘盒油漆				
011403003	封檐板、顺水板油漆				
011403004	挂衣板、黑板框油漆				
011403005	挂镜线、窗帘棍、单独木线油漆				

2. 清单规则解读

木扶手应区分带托板与不带托板，分别编码列项；若是木栏杆带扶手，木扶手不应单独列项，应包含在木栏杆油漆中。

14.1.6 木材面油漆

1. 清单项目设置

木材面油漆工程量清单项目设置、项目特征描述的内容、计量单位、工程量计算规则

应按表 14-6 的规定执行。

表 14-6　木材面油漆（编号：011404）

项目编码	项目名称	项目特征	计量单位	工程量计算规则	工作内容
011404001	木护墙、木墙裙油漆	1. 腻子种类 2. 刮腻子遍数 3. 防护材料种类 4. 油漆品种、刷漆遍数	m²	按设计图示尺寸以面积计算	1. 基层清理 2. 刮腻子 3. 刷防护材料、油漆
011404002	窗台板、筒子板、盖板、门窗套、踢脚线油漆				
011404003	清水板条天棚、檐口油漆				
011404004	木方格吊顶天棚油漆				
011404005	吸音板墙面、天棚面油漆				
011404006	暖气罩油漆				
011404007	其他木材面				
011404008	木间壁、木隔断油漆				
011404009	玻璃间壁露明墙筋油漆			按设计图示尺寸以单面外围面积计算	
011404010	木栅栏、木栏杆（带扶手）油漆				
011404011	衣柜、壁柜油漆			按设计图示尺寸以油漆部分展开面积计算	
011404012	梁柱饰面油漆				
011404013	零星木装修油漆				
011404014	木地板油漆			按设计图示尺寸以面积计算。空洞、空圈、暖气包槽、壁龛的开口部分并入相应的工程量内	
011404015	木地板烫硬蜡面	1. 硬蜡品种 2. 面层处理要求			1. 基层清理 2. 烫蜡

2. 清单规则解读

木材面油漆施工首先清理木器表面，然后用磨砂纸进行打光，上润油粉，打磨砂纸，满刮第 1 遍腻子；砂纸磨光，满刮第 2 遍腻子；再用细砂纸磨光，涂刷油色，刷第 1 遍清漆；拼找颜色，复补腻子，细砂纸磨光，刷第 2 遍清漆；细砂纸磨光，刷第 3 遍清漆；磨光，水砂纸打磨退光，打蜡，擦亮。

14.1.7 金属面油漆

1. 清单项目设置

金属面油漆工程量清单项目设置、项目特征描述的内容、计量单位、工程量计算规则应按表14-7的规定执行。

表14-7 金属面油漆(编号:011405)

项目编码	项目名称	项目特征	计量单位	工程量计算规则	工作内容
011405001	金属面油漆	1. 构件名称 2. 腻子种类 3. 刮腻子要求 4. 防护材料种类 5. 油漆品种、刷漆遍数	1. t 2. m²	1. 以t计量,按设计图示尺寸以质量计算 2. 以m²计量,按设计展开面积计算	1. 基层清理 2. 刮腻子 3. 刷防护材料、油漆

2. 清单规则解读

金属面油漆的工程量以被刷油漆的构件质量或构件表面积来计算。

14.1.8 抹灰面油漆

1. 清单项目设置

抹灰面油漆工程量清单项目设置、项目特征描述的内容、计量单位、工程量计算规则应按表14-8的规定执行。

表14-8 抹灰面油漆(编号:011406)

项目编码	项目名称	项目特征	计量单位	工程量计算规则	工作内容
011406001	抹灰面油漆	1. 基层类型 2. 腻子种类 3. 刮腻子遍数 4. 防护材料种类 5. 油漆品种、刷漆遍数	m²	按设计图示尺寸以面积计算	1. 基层清理 2. 刮腻子 3. 刷防护材料、油漆
011406002	抹灰线条油漆	1. 线条宽度、道数 2. 腻子种类 3. 刮腻子遍数 4. 防护材料种类 5. 油漆品种、刷漆遍数	m	按设计图示尺寸以长度计算	
011406003	满刮腻子	1. 基层类型 2. 腻子种类 3. 刮腻子遍数	m²	按设计图示尺寸以面积计算	1. 基层清理 2. 刮腻子

2. 清单规则解读

腻子是平整墙体或构件表面的一种装饰型材料,是一种厚浆状涂料,是涂料和油漆施工前必不可少的一种工序产品,通常涂施于底漆上或直接涂施于物体上,用以清除被涂物表面上高低不平的缺陷。腻子采用少量漆基、助剂,大量填料及适量的着色颜料配制而成,所用颜料主要是铁红、炭黑、铬黄等,填料主要是重碳酸钙、滑石粉等。腻子可填补局部有凹陷的工作表面,也可在全部表面刮涂,通常是在底漆层干透后,涂施于底漆层表面,要求附着性好、烘烤过程中不产生裂纹。

14.1.9 喷刷涂料

1. 清单项目设置

喷刷涂料工程量清单项目设置、项目特征描述的内容、计量单位、工程量计算规则应按表 14-9 的规定执行。

表 14-9 喷刷涂料(编号:011407)

项目编码	项目名称	项目特征	计量单位	工程量计算规则	工作内容
011407001	墙面喷刷涂料	1. 基层类型 2. 喷刷涂料部位 3. 腻子种类 4. 刮腻子要求 5. 涂料品种、喷刷遍数	m²	按设计图示尺寸以面积计算	1. 基层清理 2. 刮腻子 3. 刷、喷涂料
011407002	天棚喷刷涂料		m²		
011407003	空花格、栏杆刷涂料	1. 腻子种类 2. 刮腻子遍数 3. 涂料品种、刷喷遍数	m²	按设计图示尺寸以单面外围面积计算	1. 基层清理 2. 刮腻子 3. 刷、喷涂料
011407004	线条刷涂料	1. 基层清理 2. 线条宽度 3. 刮腻子遍数 4. 刷防护材料、油漆	m	按设计图示尺寸以长度计算	
011407005	金属构件刷防火涂料	1. 喷刷防火涂料构件名称 2. 防火等级要求 3. 涂料品种、喷刷遍数	1. t 2. m²	1. 以 t 计量,按设计图示尺寸以质量计算 2. 以 m² 计量,按设计展开面积计算	1. 基层清理 2. 刷防护材料、油漆
011407006	木材构件喷刷防火涂料		m²	以 m² 计量,按设计图示尺寸以面积计算	1. 基层清理 2. 刷防火材料

2. 清单规则解读

（1）喷刷墙面涂料部位要注明内墙或外墙。

（2）涂料和油漆的区别。涂料包括固体的粉末涂料和液体的油漆，油漆只能是液体的油漆，不能等同于涂料。涂料可分为三大类：油（性）漆、水性漆、粉末涂料。漆（可流动的液体涂料）包括油（性）漆及水性漆。

14.1.10 裱糊

1. 清单项目设置

裱糊工程量清单项目设置、项目特征描述的内容、计量单位、工程量计算规则应按表 14-10 的规定执行。

表 14-10　裱糊（编号：011408）

项目编码	项目名称	项目特征	计量单位	工程量计算规则	工作内容
011408001	墙纸裱糊	1. 基层类型 2. 裱糊部位 3. 腻子种类 4. 刮腻子遍数 5. 黏结材料种类 6. 防护材料种类 7. 面层材料品种、规格、颜色	m²	按设计图示尺寸以面积计算	1. 基层清理 2. 刮腻子 3. 面层铺粘 4. 刷防护材料
011408002	织锦缎裱糊				

2. 清单规则解读

墙纸裱糊指将墙纸用胶黏剂裱糊在建筑结构基层的表面上。由于墙纸的图案、花纹丰富，色彩鲜艳，故更显得室内装饰豪华、美观、艺术、雅致。同时，墙纸裱糊还对墙壁起到一定的保护作用。

墙纸裱糊可以减少现场湿作业，基层处理也比刷油漆、涂料简便。多数墙纸表面可耐水擦洗；有的有一定的透气性，可使墙体基层中的水分向外散，不致引起开胶、起鼓、变色等现象；有的有一定的延伸性；有的品种遇火自熄或完全不燃烧。

14.1.11 压条、装饰线

1. 清单项目设置

压条、装饰线工程量清单项目设置、项目特征描述的内容、计量单位、工程量计算规则应按表 14-11 的规定执行。

2. 清单规则解读

（1）线条主要用作建筑物室内墙面的腰饰线、墙面洞口装饰线、护壁和勒脚的压条饰线、门框装饰线、顶棚装饰角线、栏杆扶手镶边、门窗及家具的镶边等。

表 14-11 压条、装饰线(编号：011502)

项目编码	项目名称	项目特征	计量单位	工程量计算规则	工作内容
011502001	金属装饰线	1. 基层类型 2. 线条材料品种、规格、颜色 3. 防护材料种类	m	按设计图示尺寸以长度计算	1. 线条制作、安装 2. 刷防护材料
011502002	木质装饰线				
011502003	石材装饰线				
011502004	石膏装饰线				
011502005	镜面玻璃线				
011502006	铝塑装饰线				
011502007	塑料装饰线				
011502008	GRC装饰线条	1. 基层类型 2. 线条规格 3. 线条安装部位 4. 填充材料种类			线条制作、安装

（2）GRC是一种以耐碱玻璃纤维为增强材料，以水泥砂浆为基体材料的纤维水泥复合材料。它的突出特点是具有很好的抗拉和抗折强度，尤其是较好的韧性，特别适合制作装饰造型和用来表现强烈的质感。

14.1.12 扶手、栏杆、栏板装饰

1. 清单项目设置

扶手、栏杆、栏板装饰工程量清单项目的设置、项目特征描述的内容、计量单位、工程量计算规则应按表14-12的规定执行。

表 14-12 扶手、栏杆、栏板装饰(编码：011503)

项目编码	项目名称	项目特征	计量单位	工程量计算规则	工作内容
011503001	金属扶手、栏杆、栏板	1. 扶手材料种类、规格 2. 栏杆材料种类、规格 3. 栏板材料种类、规格、颜色 4. 固定配件种类 5. 防护材料种类	m	按设计图示以扶手中心线长度（包括弯头长度）计算	1. 制作 2. 运输 3. 安装 4. 刷防护材料
011503002	硬木扶手、栏杆、栏板				
011503003	塑料扶手、栏杆、栏板				

续表

项目编码	项目名称	项目特征	计量单位	工程量计算规则	工作内容
011503004	GRC栏杆、扶手	1. 栏杆的规格 2. 安装间距 3. 扶手类型规格 4. 填充材料种类	m	按设计图示以扶手中心线长度（包括弯头长度）计算	1. 制作 2. 运输 3. 安装 4. 刷防护材料
011503005	金属靠墙扶手	1. 扶手材料种类、规格 2. 固定配件种类 3. 防护材料种类			
011503006	硬木靠墙扶手				
011503007	塑料靠墙扶手				
011503008	玻璃栏板	1. 栏杆玻璃的种类、规格、颜色 2. 固定方式 3. 固定配件种类			

2. 清单规则解读

（1）栏板是在建筑物中起到围护作用的一种构件，是使人们在正常使用建筑物时防止坠落的防护措施。栏板是一种板状护栏设施，封闭连续，一般用在阳台或屋面女儿墙部位，高度一般在1m左右。

（2）栏杆在建筑物中主要用在楼梯部位，与扶手一起作为楼梯使用中的安全防护设施。在女儿墙的部位有时也用栏杆与扶手作为防护。

14.1.13 雨篷、旗杆

1. 清单项目设置

雨篷、旗杆工程量清单项目设置、项目特征描述的内容、计量单位、工程量计算规则应按表14-13的规定执行。

表14-13 雨篷、旗杆（编号：011506）

项目编码	项目名称	项目特征	计量单位	工程量计算规则	工作内容
011506001	雨篷吊挂饰面	1. 基层类型 2. 龙骨材料种类、规格、中距 3. 面层材料品种、规格 4. 吊顶（天棚）材料品种、规格 5. 嵌缝材料种类 6. 防护材料种类	m^2	按设计图示尺寸以水平投影面积计算	1. 底层抹灰 2. 龙骨基层安装 3. 面层安装 4. 刷防护材料、油漆

续表

项目编码	项目名称	项目特征	计量单位	工程量计算规则	工作内容
011506002	金属旗杆	1. 旗杆材料、种类、规格 2. 旗杆高度 3. 基础材料种类 4. 基座材料种类 5. 基座面层材料、种类、规格	根	按设计图示数量计算	1. 土石挖、填、运 2. 基础混凝土浇筑 3. 旗杆制作、安装 4. 旗杆台座制作、饰面
011506003	玻璃雨篷	1. 玻璃雨篷固定方式 2. 龙骨材料种类、规格、中距 3. 玻璃材料品种、规格 4. 嵌缝材料种类 5. 防护材料种类	m²	按设计图示尺寸以水平投影面积计算	1. 龙骨基层安装 2. 面层安装 3. 刷防护材料、油漆

2. 清单规则解读

玻璃雨篷以钢结构框架为主要结构，选用优质 Q235 材质的系列钢管，包括钢柱、钢主梁、次梁等作为雨篷的承重结构。大多玻璃雨篷为了安全保障，会使用钢化玻璃。

天棚抹灰工程量清单编制实例

典型实例

1. 天棚抹灰工程量清单编制实例。

【背景资料】

某建筑平面图和楼层梁平法施工图如图 14.1 所示，墙厚 240mm，天棚基层类型为现浇混凝土板（板厚 120mm），楼板层向下的做法依次为刷界面处理剂 1 道→8mm 厚 1∶1∶6 水泥石灰砂浆打底→5mm 厚 1∶2 水泥砂浆抹面→刷白色内墙涂料 2 遍。框架柱尺寸均为 400mm×400mm。

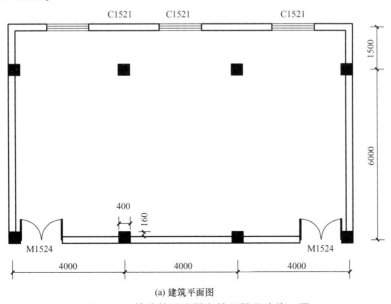

(a) 建筑平面图

图 14.1 某建筑平面图和楼层梁平法施工图

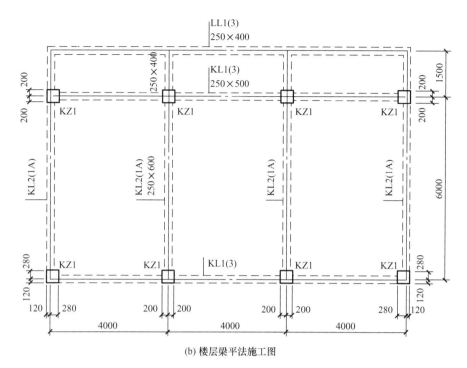

(b) 楼层梁平法施工图

图 14.1 某建筑平面图和楼层梁平法施工图(续)

【问题】

根据以上背景资料及现行国家标准《建设工程工程量清单计价规范》《房屋建筑与装饰工程工程量计算规范》，试编制该天棚抹灰、天棚喷刷涂料的分部分项工程量清单。

解：(1) 分析与解答。

天棚抹灰工程量按设计图示尺寸以水平投影面积计算。不扣除间壁墙、垛、柱所占的面积。不与墙相连的框架梁梁侧抹灰并入天棚抹灰工程量内。

(2) 编制项目的分部分项工程量清单。

分部分项工程量清单与计价表见表 14-15。清单编制在表 14-14 已有正确列项的情况下，需按表 14-1、表 14-9 的提示，根据工程背景准确描述其项目特征。

表 14-14 清单工程量计算表

序号	项目编码	项目名称	计算式	计量单位	工程量合计
1	011301001001	天棚抹灰	$S = (12-0.24) \times (7.5-0.24) + (0.6-0.12) \times (6-0.28-0.2) \times 2 + (0.4-0.12) \times (1.5-0.2-0.13) \times 2 \times 2 + (0.5-0.12) \times (12-0.28 \times 2-0.4 \times 2) \times 2$	m²	105.38
2	011407002001	天棚喷刷涂料	同天棚抹灰工程量	m²	105.38

任务14　天棚装饰、油漆、涂料、裱糊及其他装饰工程计量与计价

表 14-15　分部分项工程量清单与计价表

序号	项目编码	项目名称	项目特征描述	计量单位	工程量	金额/元	
						综合单价	合价
1	011301001001	天棚抹灰	1. 基层类型：现浇钢筋混凝土板 2. 抹灰厚度、材料种类、砂浆配合比：8mm 厚 1∶1∶6 水泥石灰砂浆打底；5mm 厚 1∶2 水泥砂浆抹面	m²	105.38		
2	011407002001	天棚喷刷涂料	1. 基层类型：水泥砂浆抹灰层 2. 喷刷部位：天棚抹灰面 3. 涂料品种、喷涂遍数：白色内墙涂料 2 遍	m²	105.38		

2. 吊顶天棚工程量清单编制实例。

【背景资料】

预制钢筋混凝土板底吊不上人型装配式 U 形轻钢龙骨，间距 400mm×400mm，龙骨上铺钉中密度板，面层粘贴 6mm 厚铝塑板，尺寸如图 14.2 所示，铝塑板吊顶构造详见图集 05J1—72—顶 20。墙厚 240mm。

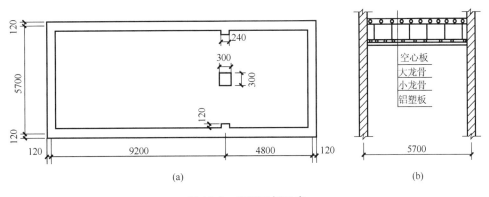

图 14.2　吊顶天棚示意

【问题】

根据以上背景资料及现行国家标准《建设工程工程量清单计价规范》《房屋建筑与装饰工程工程量计算规范》，试编制吊顶天棚的分部分项工程量清单。

解：(1) 分析与解答。

吊顶天棚工程量按设计图示尺寸以水平投影面积计算。不扣除间壁墙、柱垛、管道所占的面积。扣除单个＞0.3m² 的孔洞、独立柱及与天棚相连的窗帘盒所占的面积。

(2) 编制项目的分部分项工程量清单。

分部分项工程量清单与计价表见表 14-17。清单编制在表 14-16 已有正确列项的情况下，需按表 14-2 的提示，根据工程背景准确描述其项目特征。

表 14-16 清单工程量计算表

序号	项目编码	项目名称	计算式	计量单位	工程量合计
	011302001001	吊顶天棚	$S=(14.00-0.24)\times(5.70-0.24)$ ≈ 75.13	m²	75.13

表 14-17 分部分项工程量清单与计价表

序号	项目编码	项目名称	项目特征描述	计量单位	工程量	金额/元 综合单价	合价
	011302001001	吊顶天棚	1. 吊顶形式、吊杆规格、高度：预制钢筋混凝土板底吊不上人型 2. 龙骨材料种类、规格、中距：U 形轻钢龙骨，间距 400mm×400mm 3. 基层材料种类、规格：龙骨上铺钉中密度板 4. 面层材料品种、规格：面层粘贴 6mm 厚铝塑板	m²	75.13		

综合实例

3. 地面、内墙面、天棚等项目的工程量清单编制综合实例。

【背景资料】

某装饰工程施工图如图 14.3～图 14.6 所示，外墙厚度 240mm，房间净尺寸为 12m×18m，800mm×800mm 独立柱 4 根，内墙抹灰厚度 20mm，吊顶高度 3.6m（窗帘盒占位面积 7m²），门窗占位面积 80m²，门窗洞口侧壁抹灰 15m²，柱垛展开面积 11m²。地砖地面施工完成后尺寸如图 14.4 所示。构造做法：地面 20mm 厚 1∶3 水泥砂浆找平、20mm 厚 1∶2 干性水泥砂浆粘贴米色玻化砖，玻化砖踢脚线高度 150mm（门洞宽度合计 4m），内墙面乳胶漆一底两面。天棚轻钢龙骨石膏板面刮成品腻子面罩乳胶漆一底两面。柱面挂贴 30mm 厚花岗石板，花岗石板和柱结构面之间空隙填灌 50mm 厚的 1∶3 水泥砂浆。

【问题】

根据以上背景资料及现行国家标准《建设工程工程量清单计价规范》《房屋建筑与装饰工程工程量计算规范》，试编制该装饰工程地面、内墙面、天棚等项目的分部分项工程量清单。

任务14　天棚装饰、油漆、涂料、裱糊及其他装饰工程计量与计价

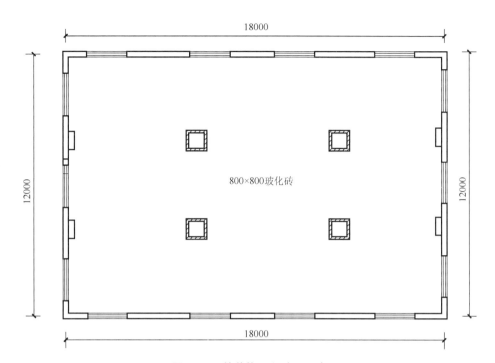

图 14.3　某装饰工程地面示意

立面剖面图　　S1∶40

注：图中尺寸为设计尺寸(以实际放样为准)

图 14.4　某装饰工程大厅立面图

解：(1) 分析与解答。

① 玻化砖地面为块料地面，根据工程量计算规则，其清单工程量按设计图示尺寸以面积计算。门洞、空圈、暖气包槽、壁龛的开口部分并入相应的工程量内。表 14-18 中玻化砖地面工程量计算中扣除了内墙面抹灰厚所占面积(长、宽各扣除尺寸 40mm，实铺面积的扣减符合先墙面抹灰施工再地面施工的常规施工工艺)，且扣除了房间中 4 根独立

327

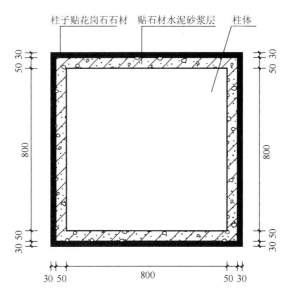

图 14.5 某装饰工程大厅立柱剖面图

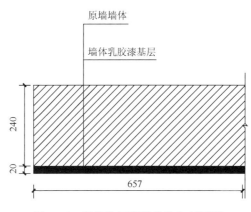

图 14.6 某装饰工程墙体抹灰剖面图

柱(>0.3m²)所占面积。

② 玻化砖踢脚线为块料踢脚线,根据工程量计算规则,可以用 m² 作为计量单位,按设计图示尺寸乘以高度以面积计算。由题意,踢脚线高 150mm,门洞宽合计 4m,在踢脚线工程量计算中需扣除门洞宽所占面积。

③ 墙面混合砂浆抹灰为墙面一般抹灰,根据计算规则,其工程量按设计图示尺寸以面积计算,扣除门窗洞口所占面积,不扣除踢脚线所占面积(取房间净高 3.6m 计算),门窗洞口侧壁及顶面不增加面积,因此题中门窗洞口侧壁抹灰 15m² 不能并入工程量;附墙柱、梁、垛侧壁并入相应工程量内,题中附墙垛抹灰 11m² 需并入墙面抹灰工程量。

④ 花岗石柱面为石材柱面,根据计算规则,其工程量按镶贴表面积计算。如图 14.5 所示,镶贴石材后柱表周长为 [0.8+(0.05+0.03)×2]×4=3.84(m)。

⑤ 轻钢龙骨石膏板吊顶天棚。根据计算规则,吊顶天棚工程量按设计图示尺寸以水平投影面积计算,扣除单个>0.3m² 的独立柱(0.8m×0.8m,共 4 根)所占面积,扣除与

任务14 天棚装饰、油漆、涂料、裱糊及其他装饰工程计量与计价

天棚相连窗帘盒所占面积(题意条件7m²)。

⑥ 墙面喷刷乳胶漆为抹灰面油漆，根据计算规则，其工程量按设计图示尺寸以面积计算，与墙面抹灰的工程量相等。

⑦ 天棚喷刷乳胶漆为抹灰面油漆，工程量计算规则同墙面喷刷乳胶漆。工程量按施工的净面积计算。

（2）编制项目的分部分项工程量清单。

分部分项工程量清单与计价表见表14-19。清单编制在表14-18已有正确列项的情况下，需按相关项目的规范提示，根据工程背景准确描述其项目特征。

表 14-18 清单工程量计算表

序号	项目编码	项目名称	计算式	计量单位	工程量合计
1	011102001001	玻化砖地面	$S=(12-0.24-0.04)\times(18-0.24-0.04)\approx 207.68(m^2)$ 扣除柱占位面积：$(0.8\times 0.8)\times 4=2.56(m^2)$ 小计：$207.68-2.56=205.12(m^2)$	m²	205.12
2	011105003001	玻化砖踢脚线	$L=[(12-0.24-0.04)+(18-0.24-0.04)]\times 2-4(门洞宽度)=54.88(m)$ $S=54.88\times 0.15\approx 8.23(m^2)$	m²	8.23
3	011201001001	墙面混合砂浆抹灰	$S=[(12-0.24)+(18-0.24)]\times 2\times 3.6$（高度）$-80$（门窗洞口占位面积）$+11$（柱垛展开面积）$\approx 143.54(m^2)$	m²	143.54
4	011205001001	花岗石柱面	柱周长：$[0.8+(0.05+0.03)\times 2]\times 4=3.84(m)$ $S=3.84\times 3.6$（高度）$\times 4$（根）$\approx 55.30(m^2)$	m²	55.30
5	011302001001	轻钢龙骨石膏板吊顶天棚	同地面面积 $S=207.68-0.8\times 0.8\times 4-7$（窗帘盒占位面积）$=198.12(m^2)$	m²	198.12
6	011407001001	墙面喷刷乳胶漆	同墙面抹灰 143.54m²	m²	143.54
7	011407002001	天棚喷刷乳胶漆	$S=207.68-(0.8+0.05\times 2+0.03\times 2)^2\times 4-7$（窗帘盒占位面积）$\approx 196.99(m^2)$	m²	196.99

表 14-19　分部分项工程量清单与计价表

序号	项目编码	项目名称	项目特征描述	计量单位	工程量	金额/元	
						综合单价	合价
1	011102001001	玻化砖地面	1. 找平层厚度、砂浆配合比：20mm 厚 1∶3 水泥砂浆 2. 结合层、砂浆配合比：20mm 厚 1∶2 干性水泥砂浆 3. 面层品种、规格、颜色：米色玻化砖（详见设计图纸）	m²	205.12		
2	011105003001	玻化砖踢脚线	1. 踢脚线高度：150mm 2. 黏结层厚度、材料种类：4mm 厚纯水泥浆（42.5 级水泥中掺 20% 白乳胶） 3. 面层材料种类：玻化砖面层，白水泥擦缝	m²	8.23		
3	011201001001	墙面混合砂浆抹灰	1. 墙体类型：综合 2. 底层厚度、砂浆配合比：9mm 厚 1∶1∶6 混合砂浆打底，7mm 厚 1∶1∶6 混合砂浆垫层 3. 面层厚度、砂浆配合比：5mm 厚 1∶0.3∶2.5 混合砂浆	m²	143.54		
4	011205001001	花岗石柱面	1. 柱截面类型、尺寸：800mm×800mm 矩形柱 2. 安装方式：挂贴，石材与柱结构面之间空隙填灌 50mm 厚的 1∶3 水泥砂浆 3. 缝宽、嵌缝材料种类：密缝、白水泥擦缝	m²	55.30		
5	011302001001	轻钢龙骨石膏板吊顶天棚	1. 吊顶形式、吊杆规格、高度：Φ6.5 一级钢筋吊杆，高度 900mm 2. 龙骨材料种类、规格、中距：轻钢龙骨规格、中距详见设计图纸 3. 面层材料种类、规格：厚纸面石膏板 1200mm×2400mm×12mm	m²	198.12		

任务14　天棚装饰、油漆、涂料、裱糊及其他装饰工程计量与计价

续表

序号	项目编码	项目名称	项目特征描述	计量单位	工程量	金额/元	
						综合单价	合价
6	011407001001	墙面喷刷乳胶漆	1. 基层类型：抹灰面 2. 喷刷涂料部位：内墙面 3. 腻子种类：成品腻子 4. 刮腻子要求：符合施工及验收规范的平整度 5. 涂料品种、喷刷遍数：乳胶漆底漆1遍、面漆2遍	m²	143.54		
7	011407002001	天棚喷刷乳胶漆	1. 基层类型：石膏板面 2. 喷刷涂料部位：天棚 3. 腻子种类：成品腻子 4. 刮腻子要求：符合施工及验收规范的平整度 5. 涂料品种、喷刷遍数：乳胶漆底漆1遍、面漆2遍	m²	196.99		

典型训练

【工作任务1】完成天棚抹灰、涂料清单工程量计算。

【任务背景】

工程项目图纸见附录一，以建筑施工图"一层平面图"中副食库为分析对象。天棚抹灰、涂料做法参见工程做法列表。

【问题】

根据以上背景资料及现行国家标准《建设工程工程量清单计价规范》《房屋建筑与装饰工程工程量计算规范》，试完成副食库房间天棚抹灰、涂料等项目的清单工程量计算。

【训练提示】

（1）天棚抹灰工程量以房间净面积计算，注意梁侧抹灰工程量并入天棚抹灰工程量内。

（2）结合结构施工图"二层梁平法施工图"与"二层板配筋图"确定梁侧抹灰高度，结合结构施工图"一层柱平法施工图"与建筑施工图"一层平面图"确定梁侧抹灰长度。

【分析与解答】

使用表14-20计算分部分项清单工程量。

表 14-20 清单工程量计算表

序号	项目编码	项目名称	计算式	工程量合计	计量单位
1					
2					

【工作任务 2】完成吊顶天棚清单工程量计算。

【任务背景】

工程项目图纸见附录一,以建筑施工图"一层平面图"中男卫、女卫为分析对象。吊顶天棚构造参见工程做法列表。

【问题】

根据以上背景资料及现行国家标准《建设工程工程量清单计价规范》《房屋建筑与装饰工程工程量计算规范》,试完成一层卫生间吊顶天棚项目的清单工程量计算。

【训练提示】

(1) 根据计算规则,吊顶天棚工程量按设计图示尺寸以水平投影面积计算,不扣除间壁墙、检查口、柱垛等所占面积,应扣除单个 $>0.3m^2$ 的孔洞、独立柱及与天棚相连的窗帘盒所占的面积。

(2) 卫生间吊顶做法参见建筑施工图"工程做法列表"中的"平顶1"。

【分析与解答】

使用表 14-21 计算分部分项清单工程量。

表 14-21 清单工程量计算表

序号	项目编码	项目名称	计算式	工程量合计	计量单位
1					
2					

模块 14.2 天棚工程计价

标准依据

14.2.1 天棚工程定额概况

天棚工程定额内容共分 6 节，即天棚龙骨、天棚面层及饰面、雨篷、采光天棚、天棚检修道、天棚抹灰，共计 95 个子目。

天棚龙骨：分方木龙骨、轻钢龙骨、铝合金轻钢龙骨、铝合金方板龙骨、铝合金条板龙骨、天棚吊筋 6 小节，共计 41 个子目。

天棚面层及饰面：分夹板面层、纸面石膏板面层、切片板面层、铝合金方板面层、铝合金条板面层、铝塑板面层、矿棉板面层和其他面层 8 小节，共计 32 个子目。

雨篷：分铝合金扣板雨篷、钢化夹胶玻璃雨篷 2 小节，共计 4 个子目。

采光天棚：分铝结构、钢结构玻璃采光天棚 2 个子目。

天棚检修道：分天棚固定检修道、活动走道板等 3 个子目。

天棚抹灰：分抹灰面层、贴缝及装饰线 2 小节，共计 13 个子目。

14.2.2 定额使用注意事项

1. 木龙骨间距、断面问题

主、次龙骨在定额子目中没有交代规格，但在《江苏省计价定额》天棚工程的总说明中有具体规格。

15-1 子目、15-2 子目中大龙骨断面按 50mm×70mm@500mm 考虑，中龙骨断面按 50mm×50mm@500mm 考虑。15-3 子目中大龙骨断面按 50mm×40mm@600mm 考虑，中龙骨断面按 50mm×40mm@300mm 考虑。15-4 子目中大龙骨断面按 50mm×40mm@800mm 考虑，中龙骨断面按 50mm×40mm@400mm 考虑。

设计断面不同，按设计用量加 6% 损耗调整龙骨含量，木吊筋按定额比例调整。当吊筋设计为钢筋吊筋时，钢吊筋按天棚吊筋子目执行，定额中的木吊筋及木大龙骨含量扣除。

15-1 子目至 15-4 子目中未包括刨光人工及机械，若龙骨需要单面刨光，每 10m² 增加人工 0.06 个工日，机械单面压刨机 0.074 个台班。

定额中各种大、中、小龙骨的含量是按面层龙骨的方格尺寸取定的，因此，套用定额时应按设计面层的龙骨方格选用，当设计面层的龙骨方格尺寸在无法套用定额的情况下，可按下列方法调整定额中龙骨含量，其他不变。《江苏省计价定额》将不上人型 U 形轻钢大龙骨规格由 45mm×15mm×1.2mm 调整为 50mm×15mm×1.2mm。

2. 木龙骨含量调整

(1) 按设计图纸计算出大、中、小龙骨(含横撑)的普通成材材积。
(2) 按工程量计算规则计算出该天棚的龙骨面积。
(3) 计算每 $10m^2$ 天棚的龙骨含量。
(4) 将计算出的大、中、小龙骨每 $10m^2$ 的含量代入相应定额,重新组合天棚龙骨的综合单价。

3. U形轻钢龙骨及T形铝合金龙骨的调整问题

定额中,U形轻钢龙骨及T形铝合金龙骨的规格在各子目中未交代,但在天棚工程的总说明中已交代,不需要间距,只要设计规格与定额不符,按设计长度另加轻钢龙骨6%,铝合金龙骨7%的余头损耗调整定额含量。下面以铝合金龙骨为例调整含量。

(1) 按房间号计算出主墙间的水平投影面积。
(2) 按图纸和规范要求,计算出相应房间号内大、中、小龙骨的长度用量。
(3) 计算每 $10m^2$ 的大、中、小铝合金龙骨含量。
(4) 大龙骨含量 $=b$(计算的大龙骨长度)$/a$(计算的房间面积)$\times 1.07 \times 10$,中、小龙骨含量计算方法同大龙骨。

4. 天棚钢吊筋

天棚钢吊筋按 13 根/$10m^2$ 计算,定额吊筋高度按 1m(面层至混凝土板底表面)计算,高度不同按每增减 10cm(不足 10cm 四舍五入)进行调整,但吊筋根数不得调整,吊筋规格的取定应按设计图纸选用。不论吊筋与事先预埋好的铁件是焊接还是用膨胀螺栓打洞连接,均按天棚吊筋定额执行。钢吊筋的安装人工 0.7 工日/$10m^2$ 已经包括在相应定额的龙骨安装人工中。

5. 天棚的骨架(龙骨)基层

天棚的骨架(龙骨)基层分为简单型、复杂型两种,龙骨基层按主墙间水平投影面积计算。

简单型的每间面层在同一标高平面上。

复杂型的每间面层不在同一标高平面上,但必须同时满足两个条件:①高差在 100mm 或 100mm 以上;②少数面积占该间面积 15% 以上。满足这两个条件,其天棚龙骨就按复杂型定额执行。

6. 天棚面层

天棚面层按净面积计算,净面积有两种含义:①主墙间的净面积;②有叠线、折线、假梁等特殊艺术形式的天棚饰面按展开面积计算。计算规则中的第五条应理解为天棚面层设计有圆弧形、拱形时,其圆弧形、拱形部分的面积在套用天棚面层定额时人工应增加系数,圆弧形人工增加 15%、拱形(双曲弧形)人工增加 50%,在使用三夹、五夹、切片板凹凸面层定额时,应将凹凸部分(按展开面积)与平面部分工程量合并执行凹凸定额。

7. 定额中轻钢、铝合金龙骨基层

定额中轻钢、铝合金龙骨基层的主、次龙骨是按双层编制的,设计大、中龙骨均在同一高度上,执行定额时,人工乘以系数 0.87,小龙骨及小接件应扣除,其他不变。小龙骨用中龙骨代替时,其单价应换算。

8. 方板、条板铝合金龙骨的使用

凡方板天棚,应配套使用方板铝合金龙骨,龙骨项目以面板的尺寸确定;凡条板天

棚，面层就配套使用条板铝合金龙骨。

9. 天棚面抹灰

天棚面抹灰按中级抹灰考虑，所取定的砂浆品种、厚度详见《江苏省计价定额》附录七。设计砂浆品种（纸筋灰浆除外）厚度与定额不同应按比例调整，但人工数量不变。

14.2.3 主要项目工程量计算规则

（1）定额天棚饰面的工程量按净面积计算，不扣除间壁墙、检修孔、附墙烟囱、柱、垛和管道所占面积，但应扣除独立柱、$0.3m^2$ 以上的灯饰面积（石膏板、夹板天棚面层的灯饰面积不扣除）与天棚相连接的窗帘盒面积，整体金属板中间开孔的灯饰面积不扣除。

（2）天棚中假梁、折线、叠线等圆弧形、拱形、特殊艺术形式的天棚饰面，均按展开面积计算。

（3）天棚龙骨的面积按主墙间的水平投影面积计算。天棚龙骨的吊筋按每 $10m^2$ 龙骨面积套相应子目计算，全丝杆的天棚吊筋按主墙间的水平投影面积计算。

（4）圆弧形、拱形的天棚龙骨应按其圆弧形或拱形部分的水平投影面积计算套用复杂型子目，龙骨用量按设计进行调整，人工和机械按复杂型天棚子目乘以系数 1.8 计算。

（5）定额中天棚每间以在同一平面上为准，设计有圆弧形、拱形时，按其圆弧形、拱形部分的面积：圆弧形面层人工按其相应子目乘以系数 1.15 计算，拱形面层的人工按相应子目乘以系数 1.5 计算。

（6）铝合金扣板雨篷、钢化夹胶玻璃雨篷均按水平投影面积计算。

（7）天棚面抹灰。

① 天棚面抹灰按主墙间天棚水平面积计算，不扣除间壁墙、垛、柱、附墙烟囱、检查洞、通风洞、管道等所占的面积。

② 密肋梁、井字梁、带梁天棚抹灰面积，按展开面积计算，并入天棚抹灰工程量内。斜天棚抹灰按斜面积计算。

③ 天棚抹面如抹小圆角者，人工已包括在定额中，材料、机械按定额的相关附注增加。若带装饰线，其线分别按 3 道线以内或 5 道线以内，以延长米计算（线角的道数以每一个凸出的阳角为 1 道线）。

④ 楼梯底面、水平遮阳板底面和檐口天棚，并入相应的天棚抹灰工程量内计算。混凝土楼梯、螺旋楼梯的底板为斜板时，按其水平投影面积（包括休息平台）乘以系数 1.18 计算；底板为锯齿形时（包括预制踏步板），按其水平投影面积乘以系数 1.5 计算。

☑ 典型实例

计算天棚吊顶分部分项工程费。某综合楼的二楼会议室装饰天棚吊顶，室内净高 4.0m，钢筋混凝土柱断面为 300mm×500mm，200mm 厚空心砖墙，天棚布置如图 14.7 所示，采用 φ10mm 吊筋（理论质量 0.617 kg/m）。双层不上人型装配式 U 形轻钢龙骨，规格 500mm×500mm，纸面石膏板面层（9.5mm 厚）；天棚面批 901 胶白水泥腻子 3 遍、刷乳胶漆 3 遍，回光灯槽按《江苏省计价定额》执行（内侧不考虑批腻子、刷乳胶漆）。天棚与主墙相连处做断面为 120mm×60mm 的石膏装饰线，石膏装饰线的单价为 12 元/m，回光灯槽阳角处贴自粘胶

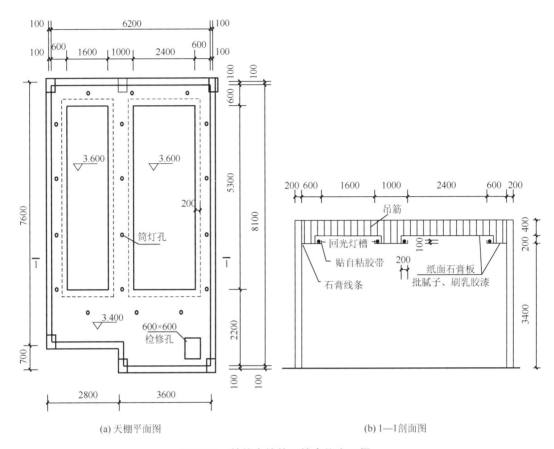

(a) 天棚平面图　　　　　　　　　　(b) 1—1剖面图

图 14.7　某综合楼的二楼会议室天棚

带。人工工资单价按85元/工日，管理费费率按42%，利润率按15%，乳胶漆按20元/kg计算，其余按《江苏省计价定额》不做调整。请按《江苏省计价定额》的有关规定和已知条件，计算该天棚吊顶的分部分项工程费。

解：(1) 工程量计算。

① ϕ10mm 吊筋：0.4m 高天棚吊筋工程量＝[(1.6＋0.2×2)＋(2.4＋0.2×2)]×(5.3＋0.2×2)＝27.36(m²)；0.6m 高天棚吊筋工程量＝(6.2×8.1－2.8×0.7)－27.36＝20.90(m²)。

② 复杂天棚龙骨：6.2×8.1－2.8×0.7＝48.26(m²)。

③ 纸面石膏板：48.26m²。

④ 回光灯槽：[(1.6＋0.2)＋(5.3＋0.2)]×2＋[(2.4＋0.2)＋(5.3＋0.2)]×2＝30.8(m)。

⑤ 阳角处贴自粘胶带：(2.4＋5.3)×2＋(1.6＋5.3)×2＝29.2(m)。

⑥ 120mm×60mm 石膏阴角线：(6.2＋8.1)×2＋0.3×2＝29.2(m)。

⑦ 天棚批腻子3遍、刷乳胶漆3遍：48.26＋[(5.3＋2.8)×2＋(5.3＋2)×2]×0.2＋[(5.3＋2.4)×2＋(5.3＋1.6)×2]×0.1＝57.34(m²)。

⑧ 600mm×600mm 检修孔：1个。

⑨ 筒灯孔：18个。

(2) 计算分部分项工程费(表14－22)。

任务14 天棚装饰、油漆、涂料、裱糊及其他装饰工程计量与计价

表 14-22 分部分项工程费表

定额编号	子目名称	单位	工程量	综合单价/元	合计/元
15-35 换	0.4m 高天棚吊筋	10m²	2.74	$10.52 \times 1.57 + (90.65 - 400/750 \times 24.6) \approx 94.05$	257.70
15-35 换	0.6m 高天棚吊筋	10m²	2.09	$10.52 \times 1.57 + (90.65 - 600/750 \times 24.6) \approx 87.49$	182.85
15-8 换	复杂天棚龙骨	10m²	4.83	$(178.5 + 3.4) \times 1.57 + 390.66 \approx 676.24$	3266.24
15-46 换	纸面石膏板	10m²	4.83	$113.9 \times 1.57 + 150.42 \approx 329.24$	1590.23
18-65 换	回光灯槽	10m	3.08	$(134.3 + 5.33) \times 1.57 + 270.57 \approx 489.79$	1508.55
17-175 换	阳角处贴自粘胶带	10m	2.92	$17.85 \times 1.57 + 52.66 \approx 80.68$	235.59
18-26 换	120mm×60mm 石膏阴角线	100m	0.29	$(279.65 + 15) \times 1.57 + 1051.68 + 110 \times (12 - 9.5) \approx 1789.28$	518.89
17-179 换	批腻子、刷乳胶漆各 3 遍	10m²	5.73	$161.5 \times 1.57 + 75.57 + 4.86 \times (20 - 12) \approx 368.01$	2108.70
18-60 换	600mm×600mm 检修孔	10 个	0.1	$363.8 \times 1.57 + 249.36 \approx 820.53$	82.05
18-63 换	筒灯孔	10 个	1.8	$14.45 \times 1.57 + 9.2 \approx 31.89$	57.40
	小计				9808.20

典型训练

【工作任务1】确定天棚抹灰、涂料等项目的清单综合单价和合价。

【任务背景】

工程项目图纸见附录一,以建筑施工图"一层平面图"中副食库为分析对象。天棚抹灰、涂料做法参见工程做法列表。

【问题】

根据以上背景资料及现行标准《建设工程工程量清单计价规范》《房屋建筑与装饰工程工程量计算规范》《江苏省计价定额》,确定副食库房间天棚抹灰、涂料等项目的清单综合单价和合价。

【训练提示】

(1) 工程量清单编制结果参见任务14.1典型训练【工作任务1】操作训练成果。

(2) 天棚抹灰定额选取时注意结构板为预制叠合板,非现浇板。

(3) 根据计价定额"天棚工程"章节的总说明,天棚面抹灰按中级抹灰考虑,设计砂浆品种、厚度与定额不同应按比例调整,但人工数量不变。定额子目选取时,需仔细分析各抹灰层设计厚度与定额含量是否相符,如不同,则应按比例换算。定额中天棚抹灰分层厚度见《江苏省计价定额》附录七"抹灰分层厚度及砂浆种类表",材料消耗量确定时损耗率取定见《江苏省计价定额》附录八"主要材料、半成品损耗率取定表"。

(4) 工程类别按三类工程考虑。

【分析与解答】

完成天棚抹灰定额综合单价换算并完成表 14-23 的填写。

表 14-23 分部分项工程量清单与计价表

序号	项目编码	项目名称	项目特征描述	计量单位	工程量	金额/元	
						综合单价	合价
1							
2							

【工作任务2】确定吊顶天棚项目的清单综合单价和合价。

【任务背景】

工程项目图纸见附录一,以建筑施工图"一层平面图"中男卫、女卫为分析对象。吊顶天棚构造参见工程做法列表。

【问题】

根据以上背景资料及现行标准《建设工程工程量清单计价规范》《房屋建筑与装饰工程工程量计算规范》《江苏省计价定额》,确定一层卫生间吊顶天棚项目的清单综合单价和合价。

【训练提示】

(1) 工程量清单编制结果参见任务 14.1 典型训练【工作任务2】操作训练成果。根据项目特征分析清单所对应的定额子目。

(2) 吊筋长度由卫生间净高可以推算得到。一层层高 4.5m,根据卫生间详图的"卫生间及前室设计说明"可知,吊塑扣板平顶净高 3m。吊筋消耗量应按实际长度调整。天棚吊筋定额子目中,天棚面层至板底按 1m 考虑(螺杆 $L=250$mm,吊筋 $H=750$mm)。根据定额子目说明,每 $10m^2$ 天棚面积按 13 根吊筋考虑。

(3) 铝塑板规格按 500mm×500mm 考虑。

【分析与解答】

确定清单项目所对应的定额子目,完成表 14-24 的工程量清单与计价表。

表 14-24 分部分项工程量清单与计价表

序号	项目编码	项目名称	项目特征描述	计量单位	工程量	金额/元	
						综合单价	合价
1							

任务小结

（1）天棚装饰、油漆、涂料、裱糊及其他装饰工程项目的施工图纸识读。

（2）天棚装饰、油漆、涂料、裱糊及其他装饰工程量清单的列项。

（3）天棚装饰、油漆、涂料、裱糊及其他装饰工程量清单的项目特征分析。

（4）天棚装饰、油漆、涂料、裱糊及其他装饰的工程量清单编制。

（5）天棚工程定额应用，包括天棚抹灰、天棚吊顶等项目的定额工程量计算规则、定额子目的套用及定额使用的注意事项。

（6）天棚装饰、油漆、涂料工程量清单综合单价的分析。

任务15 装配式混凝土工程计量与计价

教学目标

会依据图纸、规范对装配式混凝土工程进行正确的清单列项；掌握装配式混凝土叠合板、装配式内隔墙板和预制楼梯等构件的清单及定额工程量计算规则；能够应用计算规则进行装配式混凝土叠合板、装配式内隔墙板和预制楼梯的清单及定额工程量的计算；能够依据项目特征对装配式混凝土分部分项工程量清单进行定额子目的正确套用，能够进行清单综合单价的分析计算；能够进行装配式混凝土工程费用计算。

思维导图

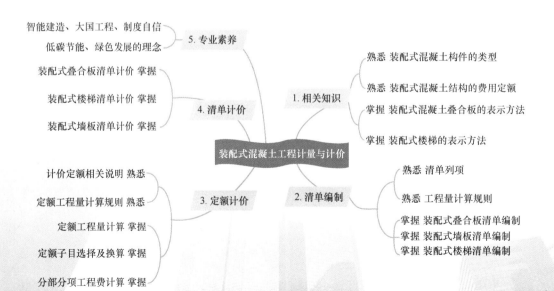

任务15 装配式混凝土工程计量与计价

任务背景

装配式混凝土结构包括多种类型，其中由预制混凝土构件通过可靠方式进行连接并于现场后浇混凝土、水泥基灌浆料形成整体的混凝土结构，称为装配整体式混凝土结构，是我国目前装配式混凝土结构主要采用的结构形式。装配整体式混凝土结构体系主要包括装配整体式框架结构体系、装配整体式剪力墙结构体系、装配整体式框架-现浇剪力墙结构体系、装配整体式框架-现浇核心筒结构体系、装配整体式部分框支剪力墙结构体系等。装配式混凝土结构中的预制构件主要包括叠合板、叠合梁、预制柱、预制剪力墙、预制内隔墙、预制楼梯、预制阳台、预制外墙板等。叠合板、预制内隔墙、预制楼梯三种预制构件应用较普遍。

任务15模块15.1介绍装配式混凝土工程量清单编制，模块15.2介绍装配式混凝土工程量清单计价。

模块 15.1 装配式混凝土工程量清单编制

规范依据

本项目清单所用规范源自《江苏省装配式混凝土建筑工程定额（试行）》附录二"装配式混凝土建筑工程补充分部分项工程量清单"。

15.1.1 装配式混凝土叠合梁、叠合板

1. 清单项目设置

装配式混凝土叠合梁、叠合板工程量清单见表15-1。

表15-1 装配式混凝土叠合梁、叠合板工程量清单

项目编码	项目名称	项目特征	计量单位	工程量计算规则	工作内容
010510902	装配式混凝土叠合梁	1. 混凝土强度等级	m³	按设计图示尺寸以体积计算，不扣除构件内钢筋、预埋铁件所占体积	1. 构件购入与运输 2. 构件吊装、固定 3. 钢筋调直与焊接 4. 支撑安拆
010512902	装配式混凝土叠合板	1. 板类型（非预应力或非预应力板） 2. 混凝土强度等级	m³	按设计图示尺寸以体积计算，扣除空心板空心部分，不扣除构件内钢筋、预埋铁件所占体积	

2. 清单规则解读

(1) 预制叠合楼板由预制底板和现浇叠合层复合组成,预制底板在施工时作为模板承受施工荷载,在结构施工完成后与现浇叠合层一起形成整体,传递结构荷载。叠合板有钢筋混凝土叠合板、预应力混凝土叠合板、带肋叠合板、箱式叠合板等多种形式。叠合楼板的预制底板在施工期间承受施工荷载,应具有足够承载能力和刚度,其厚度不宜小于60mm。对于跨度大于3m的叠合板,宜采用桁架钢筋混凝土叠合板。

常见的叠合板有以下几种。

① 桁架钢筋混凝土叠合板。桁架钢筋混凝土叠合板包括预制层和现浇层,预制层中包括钢筋桁架及其底部混凝土层,钢筋桁架由下弦钢筋、上弦钢筋和连接两者的腹杆钢筋组成。桁架钢筋混凝土叠合板如图15.1所示。

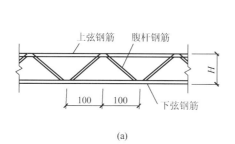

图 15.1 桁架钢筋混凝土叠合板

② PK 预应力混凝土叠合板。PK 是中文"拼装、快速"的首写字母,PK 预应力混凝土叠合板是一种新型装配整体式预应力混凝土楼板,简称 PK 板,如图15.2所示。它是以倒 T 形预应力混凝土预制带肋薄板为底板,肋上预留椭圆孔,孔内穿置横向非预应力受力钢筋,然后浇筑叠合层混凝土从而形成整体双向受力楼板。板肋的存在使新老混凝土的接触面积增大了,能保证叠合层混凝土与预制带肋底板形成整体,协调受力并共同承载,加强了叠合面的抗剪性能。板肋还使得底板在运输及施工过程中不易折断,可有效控制预应力反拱值,预留孔洞可方便布置楼板内的预埋管线。

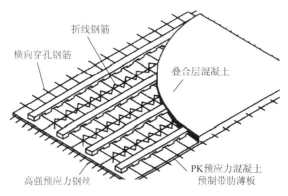

图 15.2 PK 预应力混凝土叠合板

叠合板安装工艺流程为，预制板支撑安装→预制板吊装就位→预制板位置校正→绑扎叠合板负弯矩钢筋，支设叠合板拼缝处等后浇区域模板。

(2) 叠合楼盖施工图主要包括预制底板平面布置图、现浇层配筋图、水平后浇带或圈梁布置图。叠合楼盖的制图规则适用于以剪力墙、梁为支座的叠合楼（屋）面板施工图。

① 叠合楼盖施工图的表示方法：所有叠合板块应逐一编号，相同编号的板块可择其一做集中标注，其他仅注写置于圆圈内的板编号。当板面标高不同时，在板编号的斜线下标注标高高差，下降为负（一）。叠合板编号由叠合板代号和序号组成。某施工图中叠合板编号为 DBD(S) ab-L(R) -××，表示叠合板单向受力板（双向受力板），预制底板厚度为 $a$cm，后浇叠合层厚度为 $b$cm，编号顺序为××，如图 15.3 所示。

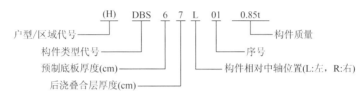

图 15.3 预制叠合板编号释义

② 叠合楼盖现浇层的标注：叠合楼盖现浇层注写方法与《混凝土结构施工图平面整体表示方法制图规则和构造详图（现浇混凝土框架、剪力墙、梁、板）》（22G101-1）的"有梁楼盖平法施工图的表示方法"相同，同时应标注叠合板编号。

③ 标准图集中叠合板底板编号：预制底板平面布置图中需要标注叠合板编号、预制底板编号、各块预制底板尺寸和定位。当选用标准图集中的预制底板时，可选类型详见《桁架钢筋混凝土叠合板（60mm 厚底板）》（15G366-1），可直接在板块上标注标准图集中的底板编号，见表 15-2。

表 15-2 叠合板底板编号

叠合板底板类型	编号	示例
单向受力板	DBD××-×××××-×	DBD67-3324-2：表示单向受力叠合板用底板，预制底板厚度为 60mm，后浇叠合层厚度为 70mm，预制底板的标志跨度为 3300mm，预制底板的标志宽度为 2400mm，底板跨度方向配筋为 φ8@150
双向受力板	DBS×-××-××××-××	DBS1-67-3924-22：表示双向受力叠合板用底板，拼装位置为边板，预制底板厚度为 60mm，后浇叠合层厚度为 70mm，预制底板的标志跨度为 3900mm，预制底板的标志宽度为 2400mm，底板跨度方向、宽度方向配筋均为 φ8@150

(3) 叠合板的现浇层按现浇混凝土板（010505）中"010505003 平板"列项；与叠合板相接触的结构梁，其一次浇筑部分按单梁考虑，可套用现浇混凝土梁（010503）中"010503002 矩形梁"，二次浇筑部分和现浇层合并，按现浇混凝土板（010505）中"010505003 平板"列项。如果预制叠合楼板平面布置图中叠合板和叠合板之间有缝，则该缝应并入现浇层的工程量内，即与叠合板的现浇层合并列项为"010505003 平板"。

（4）叠合梁是一种预制混凝土梁与现场后浇混凝土结合而形成的整体受弯构件，如图 15.4 所示。叠合梁是分两次浇捣混凝土的梁，第一次在预制场做成预制梁，第二次在施工现场进行。一般框架梁的横截面为矩形或 T 形，在装配整体式框架结构中，常将预制梁做成 T 形截面，在预制板安装就位后，再现浇部分混凝土，即形成所谓的叠合梁。为了给伸入支座的板钢筋提供锚固，装配整体式框架结构的梁，往往采用下部分预制、上部分现场浇筑的叠合梁形式，其中现浇部分和预制部分的叠合界面不高于楼板的下边缘。

图 15.4　装配式混凝土叠合梁

叠合梁施工时，先将叠合梁的预制部分吊装就位，再安装叠合板预制板，将预制板侧的钢筋伸入梁顶预留空间。如果叠合梁上已经安装上部纵向受力钢筋，梁纵向钢筋将阻碍预制板侧钢筋下行，使之无法就位。因此，叠合梁的上部纵向受力钢筋往往不先安装在预制梁上，等叠合板吊装就位后，再在工地现场进行安装、绑扎。

15.1.2　装配式预制内隔墙

1. 清单项目设置

目前，预制内隔墙没有完全适用的清单项目，根据项目经验，建议参照"010401008 填充墙"，其工程量清单项目设置、项目特征描述的内容、计量单位、工程量计算规则按表 15-3 执行。

表 15-3　砖砌体（编码：010401）

项目编码	项目名称	项目特征	计量单位	工程量计算规则	工作内容
010401008	填充墙	1. 砖品种、规格、强度等级 2. 墙体类型 3. 填充材料种类及厚度 4. 砂浆强度等级、配合比	m^3	按设计图示尺寸以填充墙外形体积计算	1. 砂浆制作、运输 2. 砌砖 3. 装填充料 4. 刮缝 5. 材料运输

2. 清单规则解读

预制内隔墙是指在预制厂或加工厂制成供建筑装配用的混凝土板型构件，可以提高工厂化、机械化施工程度，减少现场湿作业，节约现场用工，克服季节影响，缩短建筑施工周期。预制内隔墙在工程预制时可以预埋管线，避免现场二次开槽，减少现场工作量。推广采用绿色材料蒸压轻质加气混凝土隔墙板（ALC 板）（图 15.5）或蒸压陶粒混凝土板，其自重轻、相对密度小，板材长度可达 6m，加工方便，可适应较高空间的墙体，但不宜用于作为重物直接支撑或吊挂的部位。

有时也可使用轻质陶粒混凝土板（图 15.6），其相对密度大、强度高，一般长度在 2.4～3.2m，高度不足时可在下部增加混凝土反坎，也可用于卫生间等潮湿部位。

图 15.5　蒸压轻质加气混凝土隔墙板（ALC 板）

图 15.6　轻质陶粒混凝土板

建筑平面墙体中一般会有门、窗等开洞，在设计中确定门边、窗间、洞口之间等墙体尺寸时，应考虑填充墙成品板材的模数尺寸，尽可能采用板材宽度尺寸的倍数，避免安装过程中进行裁板，造成材料浪费和人工增加，一般成品板材宽度尺寸为 600mm，如图 15.7 所示。

图 15.7　板材模数化及板材安装效果示意

15.1.3　装配式预制楼梯

1. 清单项目设置

装配式混凝土楼梯工程量清单见表 15-4。

表 15-4　装配式混凝土楼梯工程量清单

项目编码	项目名称	项目特征	计量单位	工程量计算规则	工作内容
010513901	装配式混凝土楼梯	1. 混凝土强度等级	m³	按设计图示尺寸以体积计算，不扣除构件内钢筋、预埋铁件所占体积	1. 构件购入与运输 2. 构件吊装、固定 3. 支撑安拆

2. 清单规则解读

(1) 预制楼梯的组成和施工流程。预制楼梯是将楼梯分成休息平台板、楼梯梁、楼梯段三个部分，将构件在加工厂或施工现场预制，施工时将预制构件进行装配、焊接。预制楼梯根据构件尺度不同分为小型构件装配式楼梯、中型构件装配式楼梯和大型构件装配式楼梯三类。小型构件装配式楼梯的主要特点是构件小而轻，易制作，但施工繁而慢，湿作业多，耗费人力，适用于施工条件较差的地区；中型构件装配式楼梯一般以楼梯段和平台板各作为一个构件装配而成；大型构件装配式楼梯是将楼梯梁和平台板预制成一个构件，断面可做成板式或空心板式、双梁槽板式或单梁式，这种楼梯主要用于工业化程度高的大型装配式预制建筑中，或用于建筑平面设计和结构布置有特别需要的场所。装配式预制楼梯如图 15.8 所示。预制楼梯与支承构件之间宜采用一端为固定铰支座连接、一端为滑动铰支座连接的方式，如图 15.9、图 15.10 所示。

图 15.8　装配式预制楼梯

预制楼梯的施工流程为，定位放线→清理安装面→设置垫片→铺设砂浆→安装休息平台板→安装楼梯段→楼梯端支座固定（焊接、灌缝）。

(2) 预制钢筋混凝土板式楼梯的规格及编号表示如下。

ST(JT)-××-××
楼梯类型　层高　楼梯间净宽

ST-28-25 表示建筑层高 2.8m、楼梯间净宽 2.5m 所对应的预制混凝土板式双跑楼梯梯段板。

JT-28-25 表示建筑层高 2.8m、楼梯间净宽 2.5m 所对应的预制混凝土板式剪刀楼梯梯段板。

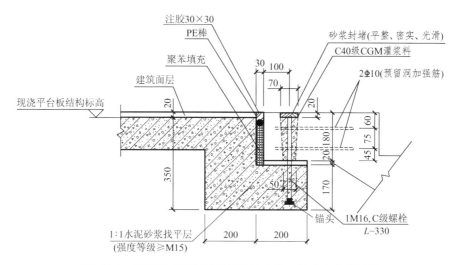

图 15.9　某装配式预制楼梯固定铰支座安装节点大样示意

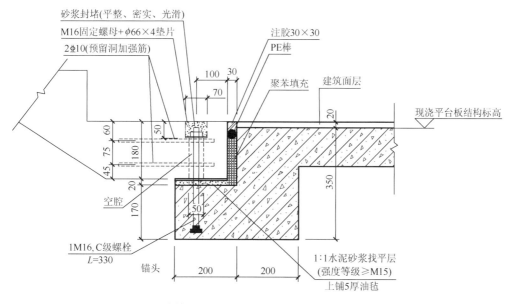

图 15.10　某装配式预制楼梯滑动铰支座安装节点大样示意

典型实例

1. 装配式叠合板工程量清单编制实例。

【背景资料】

某建筑采用装配式混凝土结构体系,二层Ⓐ～Ⓒ/①～③轴线装配式叠合板平面布置图如图 15.11 所示,DBS1 构件平面图、剖面图如图 15.12 所示,层高 3.6m。预制叠合板厚度 60mm,混凝土采用 C30 预拌非泵送混凝土。所有构件均利用现场塔式起重机吊装。

【问题】

根据以上背景资料及现行国家标准《建设工程工程量清单计价规范》《房屋建筑与装饰工程工程量计算规范》,并根据江苏省住房和城乡建设厅发布的苏建价〔2017〕83 号文

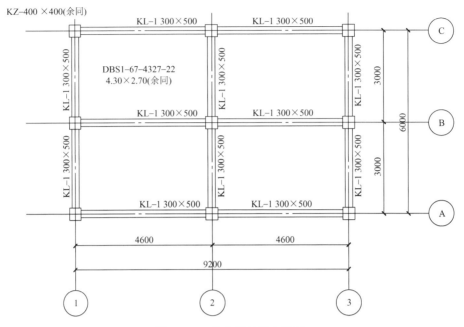

图 15.11 叠合板平面布置图

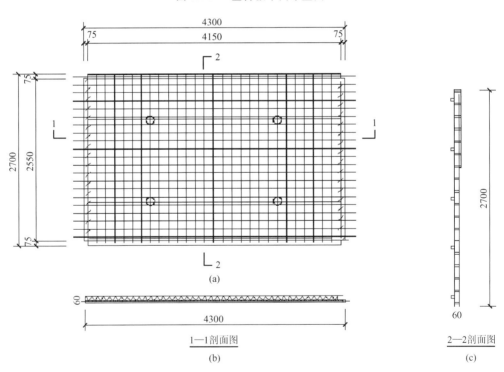

图 15.12 DBS1 构件平面图、剖面图示意

要求，执行《江苏省装配式混凝土建筑工程定额（试行）》，计算图示叠合板、框架梁工程量并编制其工程量清单。

解：（1）分析与解答。

① 装配式混凝土叠合板的体积。规则规定，按设计图示尺寸以体积计算，扣除空心

板空心部分,不扣除构件内钢筋、预埋铁件所占体积。DBS1-67-4327-22叠合板的外轮廓为4.3m、2.7m,共有4块同规格预制板,因此装配式混凝土叠合板的工程量为4.30×2.70×0.06×4≈2.79(m³)。

② 平板的混凝土体积。叠合板的现浇层和框架梁二次浇筑部分合并按"平板"列项,按设计图示尺寸以体积计算,不扣除单个面积≤0.3m²的柱、垛及孔洞所占体积。该平板的外轮廓为9.5m、6.3m,因此平板的混凝土工程量为9.5×6.3×0.07+0.06×0.3×(9.2×3+6×3)≈5.01(m³)。

③ 框架梁KL-1混凝土体积。框架梁的一次浇筑部分按现浇混凝土梁的"矩形梁"列项,按设计图示尺寸以体积计算。伸入墙内的梁头、梁垫并入梁体积内。①、②、③、Ⓐ、Ⓑ、Ⓒ轴线上框架梁截面尺寸相同,可以合并计算。计算时梁长算至柱侧面,梁高扣去二次浇筑的厚度。

①、②、③轴矩形梁混凝土工程量 $V_1=0.3\times(0.5-0.13)\times(6-0.4\times2)\times3\approx1.73(m^3)$

Ⓐ、Ⓑ、Ⓒ轴矩形梁混凝土工程量 $V_2=0.3\times(0.5-0.13)\times(9.2-0.4\times2)\times3\approx2.80(m^3)$

矩形梁清单工程量合计 $V_{矩形梁}=V_1+V_2=1.73+2.80=4.53(m^3)$

(2) 编制分部分项工程量清单。

分部分项工程量清单与计价表见表15-6。清单编制在表15-5已有正确列项的情况下,需按规范的相关规定,根据工程背景准确描述其项目特征。

表15-5 清单工程量计算表

序号	项目编码	项目名称	计算式	计量单位	工程量合计
1	010512902001	装配式混凝土叠合板	$V=4.30\times2.70\times0.06\times4\approx2.79$	m³	2.79
2	010505003001	平板	$V=9.5\times6.3\times0.07+0.06\times0.3\times(9.2\times3+6\times3)\approx5.01$	m³	5.01
3	010503002001	矩形梁	$V=0.3\times(0.5-0.13)\times(6-0.4\times2)\times3+0.3\times(0.5-0.13)\times(9.2-0.4\times2)\times3\approx4.53$	m³	4.53

表15-6 分部分项工程量清单与计价表

序号	项目编码	项目名称	项目特征描述	计量单位	工程量	金额/元 综合单价	金额/元 合价
1	010512902001	装配式混凝土叠合板	1. 板类型:非预应力板 2. 混凝土强度等级:C30	m³	2.79		

续表

序号	项目编码	项目名称	项目特征描述	计量单位	工程量	金额/元	
						综合单价	合价
2	010505003001	平板	1. 混凝土种类：预拌非泵送混凝土 2. 混凝土强度等级：C30	m³	5.01		
3	010503002001	矩形梁	1. 混凝土种类：预拌非泵送混凝土 2. 混凝土强度等级：C30	m³	4.53		

2. 装配式预制内隔墙工程量清单编制实例。

【背景资料】

某建筑采用装配式混凝土结构体系，其二层层高 3.5m，Ⓑ～Ⓒ/①～③轴线的二层墙体平面布置图和三层梁平面布置图如图 15.13 所示，墙厚均为 200mm，①、③和Ⓒ轴线上的外墙由现浇混凝土墙板组成，Ⓑ与②轴线上的内隔墙板由蒸压轻质加气混凝土隔墙板（ALC 板）组成，强度等级 A5.0，密度等级 B06。

【问题】

根据以上背景资料及现行国家标准《建设工程工程量清单计价规范》《房屋建筑与装饰工程工程量计算规范》，计算图示预制内隔墙工程量并编制其工程量清单。

解：(1) 分析与解答。

预制内隔墙以 m³ 计量，计算规则为按成品构件设计图示尺寸以体积计算。

②轴线上，墙体长度取净长：$6.2-0.3\times2=5.6(m)$；墙体上有框架梁，墙体高度算至梁底：$3.5-0.5=3(m)$。

Ⓑ轴线上，墙体长度取净长：$8-0.3-0.4-0.3=7(m)$；墙体上有框架梁，墙体高度算至梁底：$3.5-0.5=3(m)$；墙体上有 M1218，应扣除门洞的体积：$1.2\times1.8\times0.2\times2=0.864(m^3)$。

(2) 编制分部分项工程量清单。

分部分项工程量清单与计价表见表 15-8。清单编制在表 15-7 已有正确列项的情况下，需按规范的相关规定，根据工程背景准确描述其项目特征。

表 15-7 清单工程量计算表

序号	项目编码	项目名称	计算式	计量单位	工程量合计
1	010401008001	填充墙	②轴线上：$V=0.2\times(3.5-0.5)\times(6.2-0.3\times2)=3.36$ Ⓑ轴线上：$0.2\times(3.5-0.5)\times(8-0.3-0.4-0.3)-1.2\times1.8\times0.2\times2=3.336$ 小计：$3.36+3.336\approx6.70$	m³	6.70

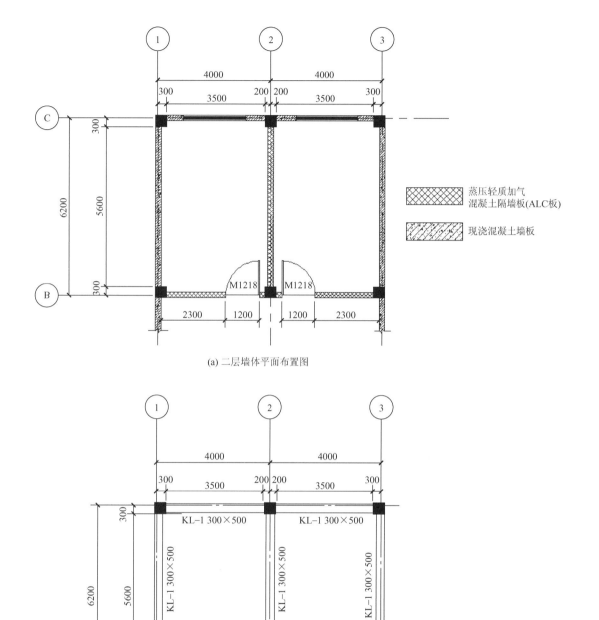

(a) 二层墙体平面布置图

(b) 三层梁平面布置图

图15.13 某装配式建筑的二层墙体平面布置图和三层梁平面布置图

表 15-8 分部分项工程量清单与计价表

序号	项目编码	项目名称	项目特征描述	计量单位	工程量	金额/元	
						综合单价	合价
1	010401008001	填充墙	1. 构件类型、规格：蒸压轻质加气混凝土隔墙板（ALC 板），墙体厚度200mm 2. 强度等级：A5.0 3. 密度等级：B06	m³	6.70		

3. 装配式预制楼梯工程量清单编制实例。

【背景资料】

预制楼梯平面布置图如图 15.14（a）所示，1—1 断面图如图 15.14（b）所示，楼梯上下部销键预留洞均为 φ50，上下固定铰端均由 C 级螺栓锚固，灌缝材质为水泥基浆料，装配式预制楼梯混凝土强度等级为C30，利用现场塔式起重机吊装就位。

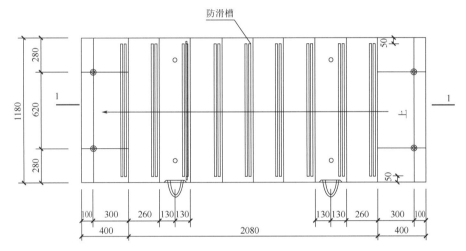

(a) 预制楼梯平面布置图

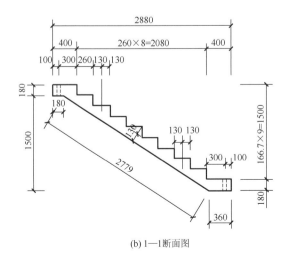

(b) 1—1 断面图

图 15.14 装配式预制楼梯示意

任务15 装配式混凝土工程计量与计价

【问题】

根据以上背景资料及现行国家标准《建设工程工程量清单计价规范》《房屋建筑与装饰工程工程量计算规范》，计算图示楼梯工程量并编制其工程量清单。

解：(1) 分析与解答。

楼梯以 m^3 计量，计算规则为按成品构件设计图示尺寸以体积计算，不扣除构件内钢筋、预埋铁件、配管、套管、线盒及单个面积≤$0.3m^2$ 的孔洞、线箱等所占体积，构件外露钢筋体积亦不再增加。可将楼梯 1—1 断面图添加辅助线，如图 15.15 所示。

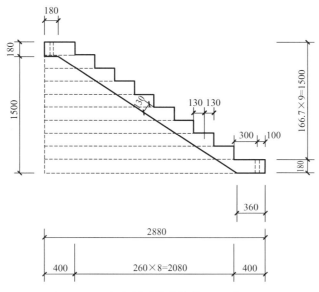

图 15.15 添加辅助线的楼梯 1—1 断面图

每一阶矩形面积（自下而上）：

$$S_1 = [(0.4+2.08+0.4) \times 0.18] \approx 0.52(m^2)$$
$$S_2 = [(0.4+2.08) \times 0.167] \approx 0.41(m^2)$$
$$S_3 = [(0.4+2.08-0.26) \times 0.167] \approx 0.37(m^2)$$
$$S_4 = [(0.4+2.08-0.26 \times 2) \times 0.167] \approx 0.33(m^2)$$
$$S_5 = [(0.4+2.08-0.26 \times 3) \times 0.167] \approx 0.28(m^2)$$
$$S_6 = [(0.4+2.08-0.26 \times 4) \times 0.167] \approx 0.24(m^2)$$
$$S_7 = [(0.4+2.08-0.26 \times 5) \times 0.167] \approx 0.20(m^2)$$
$$S_8 = [(0.4+2.08-0.26 \times 6) \times 0.167] \approx 0.15(m^2)$$
$$S_9 = [(0.4+2.08-0.26 \times 7) \times 0.167] \approx 0.11(m^2)$$
$$S_{10} = 0.4 \times 0.167 \approx 0.07(m^2)$$

每一阶矩形面积之和小计：

$S = 0.52+0.41+0.37+0.33+0.28+0.24+0.20+0.15+0.11+0.07 = 2.68(m^2)$

左下角梯形面积：$S = [(0.18+2.88-0.36) \times 1.5/2] \approx 2.03 (m^2)$

楼梯侧面面积：$S = 2.68-2.03 \approx 0.65 (m^2)$

预制楼梯工程量小计：$V = 0.65 \times 1.18 \approx 0.77 (m^3)$

(2) 编制分部分项工程量清单。

分部分项工程量清单与计价表见表 15-9。

表 15-9 分部分项工程量清单与计价表

序号	项目编码	项目名称	项目特征描述	计量单位	工程量	金额/元	
						综合单价	合价
1	010513901001	装配式混凝土楼梯	1. 混凝土强度等级：C30	m³	0.77		

✓ 典型训练

【工作任务】编制叠合板及其现浇层、预制梁的分部分项工程量清单。

【任务背景】

查阅教材附录一常州市××小学食堂、风雨操场建筑及结构施工图，着重识读"二层预制板平面布置图""二层预制梁平面布置图"。

【问题】

根据以上背景资料及现行国家标准《建设工程工程量清单计价规范》《房屋建筑与装饰工程工程量计算规范》，试编制该工程③～⑥轴线、⑥～⑪轴线范围内（位于轴线上的构件边界均考虑至其外侧边）叠合板及其现浇层、预制梁的分部分项工程量清单，并将编制成果填于表 15-10 中。

【训练提示】

(1) 识读工程图纸，明确清单列项。叠合板的预制底板按"010512902 装配式混凝土叠合板"列项，现浇层按现浇混凝土板（010505）中"010505003 平板"列项；叠合梁的预制部分按"010510902 装配式混凝土叠合梁"列项，其现浇部分和叠合板的现浇层合并，按现浇混凝土板（010505）中"010505003 平板"列项。

(2) 根据规范，计算工程量。

(3) 根据工程背景准确描述其项目特征，依据规范填写分部分项工程量清单与计价表。

【分析与解答】

表 15-10 分部分项工程量清单与计价表

序号	项目编码	项目名称	项目特征描述	计量单位	工程量	金额/元	
						综合单价	合价
1							
2							
3							

模块 15.2 装配式混凝土工程量清单计价

2017年2月，为了落实《国务院办公厅关于大力发展装配式建筑的指导意见》(国办发〔2016〕71号文），为装配式混凝土建筑工程提供计价依据，江苏省住房和城乡建设厅组织编制了《江苏省装配式混凝土建筑工程定额（试行）》，自2017年4月1日起执行。适用于2017年4月1日起发布招标文件的招投标工程和签订施工合同的非招投标工程。

《江苏省装配式混凝土建筑工程定额（试行）》包括装配式混凝土建筑工程费用定额和计价定额两部分，适用于江苏省行政区域内采用标准化方式设计、工业化方式生产、装配化方式施工的新建、扩建的，按《江苏省装配式建筑预制装配率计算细则（试行）》（苏建科〔2017〕39号）计算出的 $Z1$ 值不低于30%的装配式混凝土房屋建筑工程。如 $Z1$ 值小于30%，则施工措施项目不执行《江苏省装配式混凝土建筑工程定额（试行）》，仍按《江苏省计价定额》规定执行；同时取费仍按《江苏省费用定额》中建筑工程规定执行。

本模块结合《江苏省装配式混凝土建筑工程定额（试行）》（简称17计价定额）进行组价。

标准依据

15.2.1 装配式混凝土建筑工程费用定额概述

（1）为了配合《江苏省装配式混凝土建筑工程计价定额（试行）》的实施，省住房和城乡建设厅根据《建设工程工程量清单计价规范》及其9本计算规范和《建筑安装工程费用项目组成》（建标〔2013〕44号）等有关规定，结合江苏省装配式混凝土建筑工程计价的特点，制定了《江苏省装配式混凝土建筑工程费用定额》（以下简称本费用定额）。

（2）本费用定额与《江苏省费用定额》配套执行。

（3）装配式混凝土房屋建筑工程取费分类如下。

① 混凝土构件单独吊装工程，适用于单独发包的混凝土构件吊装工程。工程内容包括混凝土构件在施工现场进行的吊装就位、注浆及固定等工作。

② 装配式混凝土房屋建筑工程，适用于装配式混凝土房屋建筑工程的土建工程内容，但钢结构制作安装、桩基工程、基坑支护、大型土石方工程、配套工程、单独装饰工程（包括幕墙工程）仍执行《江苏省费用定额》。

（4）装配式混凝土房屋建筑工程管理费和利润取费标准。

装配式混凝土结构不区分工程类别。营改增后，装配式混凝土房屋建筑工程管理费和利润取费标准见表15-11。

表 15-11　企业管理费和利润取费标准（一般计税法）

序号	项目名称	计算基础	企业管理费率/%	利润率/%
1	混凝土构件单独吊装工程	人工费+除税施工机具使用费	16	8
2	装配式混凝土房屋建筑工程		29	12

15.2.2　装配式混凝土建筑工程计价定额概述

（1）装配计价定额包括成品构件安装、施工措施项目、成品构件运输和成品构件制作参考定额共四部分内容。

（2）装配计价定额的工作内容仅说明了主要的施工工序，但相应定额子目的施工过程中的施工准备、场内搬运、施工操作到完工清理等全部工序的消耗已包含在定额内。

（3）装配计价定额采用的预算工资单价、材料预算价格、机械台班价格，与《江苏省计价定额》保持一致。

（4）装配式混凝土房屋建筑工程中完全采用传统施工工艺的工程项目，除装配计价定额有明确规定外，应执行《江苏省计价定额》。

（5）与混凝土成品构件安装密切相关的部分工程内容，在执行《江苏省计价定额》时，规定如下。

① 预制构件之间连接形成整体的后浇混凝土部分执行《江苏省计价定额》时的规定见表 15-12。

表 15-12　预制构件之间连接形成整体的后浇混凝土部分执行《江苏省计价定额》时的规定

序号	部位	混凝土浇筑	钢筋制安	模板制安	
1	柱、墙之间	执行"后浇墙带"子目，人工、混凝土振捣器乘以系数1.20	执行相应"钢筋制安"子目，人工、焊接机械乘以系数1.30	执行"T、L、+形柱"子目，人工乘以系数1.20，材料乘以系数2.0	工程量按混凝土与模板接触面积计算
2	墙、墙之间				
3	叠合梁上部	执行"平板"子目，人工、混凝土振捣器乘以系数1.30		执行"平板"子目，人工、材料乘以系数1.30	
4	叠合板上部				
5	梁板之间板和板之间	执行"后浇板带"子目		执行"平板子目"，人工乘以系数1.20，材料乘以系数1.40	

② 建筑物超高增加费执行《江苏省计价定额》相应定额子目，人工消耗量乘以系数 0.75。

15.2.3 装配式混凝土建筑工程定额应注意的问题

1. 成品构件安装

（1）混凝土成品构件安装不分构件外形尺寸、截面类型，按构件种类套用相应定额。

（2）混凝土成品构件安装定额已包括构件固定所需临时支撑的搭设及拆除，在措施项目中不再单独列项；支撑种类、数量及搭设方式已综合考虑，实际施工方案不同的，不做调整。

（3）本项目定额中不包含吊装机械费用，吊装机械执行垂直运输定额。

（4）带门窗洞口的墙板，在执行墙板吊装定额时，按相应定额人工和机械乘以系数1.3。

（5）女儿墙安装执行外墙板安装定额。依附于女儿墙制作的压顶，并入女儿墙计算。

（6）凸（飘）窗安装定额适用于单独预制的凸（飘）窗安装。依附于外墙板制作的凸（飘）窗，并入外墙板内计算，相应定额人工和机械用量乘以系数1.2。

（7）外挂墙板安装定额综合考虑了不同的连接方式，按不同构件类型及厚度套用相应定额。

（8）楼梯休息平台安装按平台板结构类型不同，执行整体楼板或叠合楼板安装定额，定额人工乘以系数1.2。

（9）阳台板安装不分板式或梁式。依附于阳台板制作的栏板、翻沿、空调板，并入阳台板内计算工程量。非悬挑的阳台板安装，执行相应的楼板定额。

（10）小型构件安装适用于单独预制的空调板、花池、遮阳板、压顶及单位体积小于$0.1m^3$的构件。

（11）套筒注浆不分部位、方向，按锚入套筒内的钢筋直径执行相应定额。

2. 成品构件运输

（1）成品构件运输由成品构件生产企业负责的执行17计价定额第三章定额。如由专业运输企业负责成品构件运输的，运输费用应根据市场价确定。

（2）成品构件的运输费用是指成品构件从工厂出厂至工地仓库或指定堆放地点所发生的全部运杂费用。

（3）混凝土构件运输，不区分构件类型，按运输距离执行17计价定额第三章定额。

（4）定额运输距离以25km为基本运距，并设置25km以外每增加5km子目。运输距离应由构件工厂至施工现场的实际距离确定。构件运输超过100km，运输费用应根据市场价确定。

（5）定额综合考虑城镇、现场运输道路等级、上下坡等各种因素，不得因道路条件不同而调整定额。

（6）定额未考虑构件运输过程中遇有道路、桥梁限载而发生的加固、拓宽和公安交通管理部门的保安护送及沿途发生的过路、过桥等费用。如发生，费用另行计算。

3. 成品构件制作参考定额

（1）成品构件产品制造费用构成与现行建筑安装工程费用项目构成有差异，本定额仅为参考定额。

为与《江苏省计价定额》及17计价定额前三章定额综合单价相协调，本定额对成品构件制作费用作如下构成规定。

① 人工费：人工费组成包括两部分内容，一是与《江苏省费用定额》一致的人工费构成，包括计时或计件工资、奖金、津贴补贴、加班加点工资、特殊情况下支付的工资；二是企业为职工缴纳的社会保险费和住房公积金。

② 材料费：成品构件生产过程中耗费的主要原材料、辅助材料、零配件及成品构件吊装和支撑用的埋件等费用。

③ 制造费用：包括成品构件生产过程中的机械设备使用费和为生产产品和提供劳务而发生的其他各项间接费用。为生产产品和提供劳务而发生的其他各项间接费用中包括生产单位管理人员工资、职工福利费、劳动保护费、办公费、差旅费、固定资产折旧费（不包括主要机械设备）、修理费（不包括主要机械设备）、机物料消耗、低值易耗品、生产部门水电费、试验检验费、构件加工图设计费、安全生产费用、环保费用（含排污费）、保险费、生产厂内运输费、其他制造费用等。

④ 管理费用：成品构件生产企业为组织和管理企业生产经营、筹集生产经营所需资金及销售商品和材料而发生的各种费用，包括管理人员工资、职工福利费、劳动保护费、办公费、差旅交通费、固定资产折旧费、修理费、物料消耗、低值易耗品消耗、工会经费、职工教育经费、财产保险费、企业排污费、企业技术研发费、税金、财务费用、销售费用、其他管理费用等。

⑤ 利润：成品构件生产企业的盈利。

管理费和利润以人工费＋制造费用之和为取费基础。

（2）成品构件销售应按国家税法规定缴纳增值税。为与《江苏省计价定额》及17计价定额前三章定额综合单价（含税）相协调，并为提供成品构件"出厂价"参考，定额中附加了"应纳税额测算值"（用括号表示）。

（3）本定额包括混凝土成品构件的混凝土、钢筋、预埋套筒及未来用于吊装和支撑的预埋件等制作全部生产过程，作为成品构件出厂参考价。本定额不包括出厂后的运输费用，构件生产企业负责运输的，可执行成品构件运输定额。

（4）混凝土成品构件计价按预拌混凝土考虑。

（5）套筒连接件按含量纳入定额，实际数量不符时，可以调整。

（6）墙板设计波纹管注浆的，按每 ㎡ 构件增加波纹管 4.55m，材料单价 4.8元/m 计入，同时扣除套筒材料费。

（7）女儿墙构件制作执行墙板制作定额，如设计采用焊接连接的，扣除定额中的套筒含量，按设计增加铁件数量。

（8）带门窗框的墙板，执行墙板定额，制作人工乘以系数 1.20。

（9）设计保温材料品种、厚度与定额不同时，保温墙板定额中的混凝土、保温材料的含量和价格可以按设计进行调整。

（10）小型构件制作适用于单独预制的空调板、花池、遮阳板、压顶及单位体积小于 $0.1m^3$ 的构件。

（11）混凝土构件制作综合考虑了门窗框、水电线管、套管及线盒等的预埋人工增加，但其材料费未包括在内，由现场安装施工单位按照施工图设计另行计取。建设单位、现场施工单位与构件制作单位应就相关预埋项目的材料供应及结算等事宜协商一致。

15.2.4 装配式混凝土建筑工程定额工程量计算规则

1. 成品构件安装

（1）构件安装工程量按设计图示尺寸以 m³ 计算，依附于构件制作的各类保温层、饰面层的体积并入相应构件安装工程量内计算，应扣除门窗洞口，不扣除构件内钢筋、预埋铁件、配管、套管、线盒及墙、板中单个面积≤300mm×300mm 的孔洞所占的体积，扣除空心板孔洞体积，构件外露钢筋体积亦不再增加。

（2）套筒注浆按设计数量以个计算，波纹管按设计数量以根计算。

（3）外墙嵌缝、打胶按构件外墙接缝的设计图示长度以 m 计算。

2. 成品构件运输

构件运输工程量计算规则同构件制作。

3. 成品构件制作参考定额

（1）混凝土构件的工程量按施工图（构件加工图）图示尺寸以体积计算，应扣除门窗洞口、空心板孔洞体积，不扣除构件内钢筋、铁件、套筒、波纹管及墙、板中单个面积≤300mm×300mm 的孔洞所占的体积，构件外露钢筋体积亦不再增加。保温层体积计入保温墙板工程量中。

（2）墙板带门窗框的，工程量中扣除门窗框。

（3）依附于阳台板的栏板、翻沿、空调板，并入阳台工程量内计算；非悬挑的阳台分别按梁、板计算。依附于外墙板的凸（飘）窗的混凝土部分，并入外墙板工程量内计算。依附于女儿墙制作的压顶，并入女儿墙工程量内计算。依附于梁、板、墙上的混凝土装饰线条，并入所依附的构件工程量内计算。

✓ 典型实例

1. 装配式叠合板工程量清单计价实例。

【背景资料】

某建筑采用装配式混凝土结构体系，二层Ⓐ～Ⓒ/①～③轴线装配式预制柱、梁、板平面布置图如图 15.11 所示，PCB 构件平面图、剖面图如图 15.12 所示，层高 3.6m。预制叠合板厚度 60mm，混凝土强度等级为 C30。叠合板运输距离 30km，利用现场塔式起重机吊装。已编制的该叠合板分部分项工程量清单与计价表见表 15-13。

表 15-13 分部分项工程量清单与计价表

序号	项目编码	项目名称	项目特征描述	计量单位	工程量	综合单价/(元/m³)	合价/元
1	010512902001	装配式混凝土叠合板	1. 板类型：非预应力板 2. 混凝土强度等级：C30	m³	2.79		
2	010505003001	平板	1. 混凝土种类：预拌非泵送混凝土 2. 混凝土强度等级：C30	m³	5.01		

续表

序号	项目编码	项目名称	项目特征描述	计量单位	工程量	综合单价/(元/m³)	合价/元
3	010503002001	矩形梁	1. 混凝土种类：预拌非泵送混凝土 2. 混凝土强度等级：C30	m³	4.53		

【问题】

根据以上背景资料及现行国家标准《建设工程工程量清单计价规范》《房屋建筑与装饰工程工程量计算规范》，并根据江苏省住房和城乡建设厅发布的苏建价〔2017〕83号文要求，执行《江苏省装配式混凝土建筑工程定额（试行）》，计算该叠合板分部分项工程的清单综合单价与合价。

解：(1) 装配式混凝土叠合板。

① 工作内容分析。叠合板清单工程内容包括构件购入与运输，构件吊装、固定，钢筋调直与焊接，支撑安拆，所以应考虑成品构件制作、成品构件运输和安装3个定额项目（实际施工中可以将制作和运输合并，以独立费考虑）。

② 确定定额工程量。

a. 叠合板制作的定额工程量，按施工图（构件加工图）图示尺寸以体积计算，$V_{制作} = V_{清单} = 2.79 \text{m}^3$。

b. 叠合板运输的定额工程量，计算规则同构件制作，$V_{运输} = 2.79 \text{m}^3$。

c. 叠合板安装的定额工程量，按设计图示尺寸以体积计算，$V_{安装} = 2.79 \text{m}^3$。

③ 选择定额子目。

a. 叠合板制作，选择子目4-5，综合单价 = 2022.13 元/m³。

b. 叠合板运输，距离30km，选择子目3-1+3-2，综合单价 = 199.06 + 27.21 = 226.27（元/m³）。

c. 叠合板安装，选择子目1-5，综合单价 = 455.75 元/m³。

④ 计算分部分项工程费（合价）。

分部分项工程费 = $\sum$（定额工程量×定额综合单价）= 2.79×(2022.13 + 226.27 + 455.75) ≈ 7544.58（元）

⑤ 计算清单综合单价。

清单综合单价 = 合价/清单工程量 = 7544.58/2.79 ≈ 2704.15（元/m³）

(2) 平板。

现浇混凝土平板的定额工程量等于其清单工程量。分析清单的项目特征，按照预拌非泵送混凝土的类型确定其相应的定额子目为6-333，因为叠合板上现浇混凝土浇筑执行"平板"子目，人工、混凝土振捣器乘以系数1.30，综合单价 = (62.32×1.3 + 1.7×1.3)×(1 + 25% + 12%) + 375.34 ≈ 489.36（元/m²）。

分部分项工程费 = 定额工程量×定额综合单价 = 5.01×489.36 ≈ 2451.69（元）

清单综合单价 = 合价/清单工程量 = 2451.69/5.01 ≈ 489.36（元/m³）。

(3) 矩形梁。

现浇混凝土矩形梁的定额工程量等于其清单工程量。分析清单的项目特征，按照预拌非泵送混凝土的类型确定其相应的定额子目为 6-318，综合单价＝466.73 元/m³。

分部分项工程费＝定额工程量×定额综合单价＝4.53×466.73≈2114.29(元)

清单综合单价＝合价/清单工程量＝2114.29/4.53≈466.73(元/m³)

在表 15-14 中完善清单投标报价。

表 15-14 分部分项工程量清单与计价表

序号	项目编码	项目名称	项目特征描述	计量单位	工程量	综合单价/(元/m³)	合价/元
1	010512902001	装配式混凝土叠合板	1. 板类型：非预应力板 2. 混凝土强度等级：C30	m³	2.79	2704.15	7544.58
2	010505003001	平板	1. 混凝土种类：预拌非泵送混凝土 2. 混凝土强度等级：C30	m³	5.01	489.36	2451.69
3	010503002001	矩形梁	1. 混凝土种类：预拌非泵送混凝土 2. 混凝土强度等级：C30	m³	4.53	466.73	2114.29

2. 装配式预制内隔墙工程量清单计价实例。

【背景资料】

某建筑采用装配式混凝土结构体系，其二层层高 3.5m，Ⓑ～Ⓒ/①～③轴线的二层墙体平面布置图和三层梁平面布置图如图 15.13 所示，墙厚均为 200mm，①、③和Ⓒ轴线上的外墙由现浇混凝土墙板组成，Ⓑ与②轴线上的内隔墙板由蒸压轻质加气混凝土隔墙板（ALC 板）组成，强度等级 A5.0，密度等级 B06，运输距离 30km。已编制的该装配式预制内隔墙分部分项工程量清单与计价表见表 15-15。

表 15-15 分部分项工程清单与计价表

序号	项目编码	项目名称	项目特征描述	计量单位	工程量	综合单价/(元/m³)	合价/元
1	010401008001	填充墙	1. 构件类型、规格：蒸压轻质加气混凝土隔墙板（ALC 板），墙体厚度 200mm 2. 强度等级：A5.0 3. 密度等级：B06	m³	6.70		

【问题】

根据以上背景资料及现行标准《建设工程工程量清单计价规范》《房屋建筑与装饰工

程工程量计算规范》《江苏省计价定额》,并参照江苏南通市建设工程造价管理处发布的通建价〔2019〕36号文要求,执行《关于发布蒸压轻质加气砼隔墙板(ALC板)安装补充计价定额的通知》,计算该预制内隔墙分部分项工程的清单综合单价与合价。

解：(1) 工作内容分析。

蒸压轻质加气混凝土隔墙板(ALC板)清单工程内容包括构件运输与安装两项定额工作内容。

(2) 确定定额工程量。

① 运输。加气混凝土板(块)运输每立方米折合钢筋混凝土构件体积 $0.4m^3$,按Ⅱ类构件运输计算,制作、场外运输工程量 = 设计工程量 $\times 1.018 \times 0.4 = 6.70 \times 1.018 \times 0.4 \approx 2.73(m^3)$。

② 安装。安装工程量 = 设计工程量 $\times 1.01 = 33.50 \times 1.01 \approx 33.84(m^2)$。

(3) 选择定额子目。

① 构件运输,依据《江苏省计价定额》,Ⅱ类构件,运输距离30km,选择子目8-11+10×8-12,综合单价 = $246.61 + 10 \times 7.55 = 322.11$(元/$m^3$)。

② 构件安装,依据《关于发布蒸压轻质加气砼隔墙板(ALC板)安装补充计价定额的通知》,墙厚200mm,选择子目8-补3,综合单价 = 2536.21 元/$10m^2$。

因为蒸压轻质加气混凝土隔墙板(ALC板)开孔面积大于 $0.5m^2$ 时,其周边需用角钢(单边)加固,为便于工程计价,可按周边长度计算增加费用,每10m长增加人工0.50个工日、铁件74.57kg,所以周边需用角钢(单边)加固增加的综合单价 = $0.5 \times 85 \times (1+25\%+12\%) + 0.07457 \times 8500 = 692.07$(元/10m)。现Ⓑ轴线上ALC板有M1218,门洞面积 = $1.2 \times 1.8 = 2.16(m^2) > 0.5m^2$,其周边需用角钢(单边)加固,门洞周长 = $(1.2+1.8 \times 2) \times 2 = 9.6(m)$。

(4) 计算分部分项工程费(合价)。

分部分项工程费 = $\sum$(定额工程量 $\times$ 定额综合单价) = $2.73 \times 322.11 + 33.84/10 \times 2536.21 + 9.6/10 \times 692.07 \approx 10126.28$(元)

(5) 计算清单综合单价。

清单综合单价 = 合价/清单工程量 = $10126.28/6.70 \approx 1511.39$(元/$m^3$)

在表 15-16 中完善清单投标报价。

表 15-16 分部分项工程量清单与计价表

序号	项目编码	项目名称	项目特征描述	计量单位	工程量	综合单价/(元/m^3)	合价/元
1	010401008001	填充墙	1. 构件类型、规格：蒸压轻质加气混凝土隔墙板(ALC板),墙体厚度200mm 2. 强度等级：A5.0 3. 密度等级：B06	m^3	6.70	1511.39	10126.28

任务15 装配式混凝土工程计量与计价

3. 装配式预制楼梯工程量清单计价实例。

【背景资料】

预制楼梯平面布置图如图 15.14（a）所示，1—1 断面图如图 15.14（b）所示，楼梯上下部销键预留洞均为 $\phi 50$，上下固定铰端均由 C 级螺栓锚固，灌缝材质为水泥基浆料，装配式预制楼梯混凝土强度等级为 C30，运输距离 30km，利用现场塔式起重机吊装就位。已编制的该装配式预制楼梯分部分项工程量清单与计价表见表 15-17。

表 15-17　分部分项工程量清单与计价表

序号	项目编码	项目名称	项目特征描述	计量单位	工程量	综合单价/(元/m³)	合价/元
1	010513901001	装配式混凝土楼梯	1. 混凝土强度等级：C30	m³	0.77		

【问题】

根据以上背景资料及现行国家标准《建设工程工程量清单计价规范》《房屋建筑与装饰工程工程量计算规范》，并根据江苏省住房和城乡建设厅发布的苏建价〔2017〕83号文要求，执行《江苏省装配式混凝土建筑工程定额（试行）》，计算该楼梯分部分项工程的清单综合单价与合价。

解：（1）工作内容分析。

装配式混凝土楼梯清单工程内容包括构件购入与运输，构件吊装、固定，支撑安拆，所以应考虑成品构件制作、成品构件运输和安装3个定额项目（实际施工中可以将制作和运输合并，以独立费考虑）。

（2）确定定额工程量。

① 装配式混凝土楼梯制作的定额工程量，按施工图（构件加工图）图示尺寸以体积计算，$V_{制作} = V_{清单} = 0.77 m^3$。

② 装配式混凝土楼梯运输的定额工程量，计算规则同构件制作，$V_{运输} = 0.77 m^3$。

③ 装配式混凝土楼梯安装的定额工程量，按设计图示尺寸以体积计算，$V_{安装} = 0.77 m^3$。

（3）选择定额子目。

① 装配式混凝土楼梯制作，选择子目 4-8，综合单价 = 2148.29(元/m³)。

② 装配式混凝土楼梯运输，距离 30km，选择子目 3-1+3-2，综合单价 = 199.06 + 27.21 = 226.27(元/m³)。

③ 装配式混凝土楼梯安装，直行楼梯，简支，选择子目 1-15，综合单价 = 253.16(元/m³)。

（4）计算分部分项工程费（合价）。

分部分项工程费 = ∑（定额工程量 × 定额综合单价）= 0.77 × (2148.29 + 226.27 + 253.16) ≈ 2023.34(元)

(5) 计算清单综合单价。

清单综合单价=合价/清单工程量=2023.34/0.77≈2627.72(元/m³)

完善表 15-18 所示的分部分项工程量清单与计价表。

表 15-18 分部分项工程量清单与计价表

序号	项目编码	项目名称	项目特征描述	计量单位	工程量	综合单价/(元/m³)	合价/元
1	010513901001	装配式混凝土楼梯	1. 混凝土强度等级：C30	m³	0.77	2627.72	2023.34

典型训练

【工作任务】计算叠合板及其现浇层、预制梁的分部分项工程量清单综合单价和合价。

【任务背景】

查阅教材附录一常州市××小学食堂、风雨操场建筑及结构施工图，着重识读"二层预制板平面布置图""二层预制梁平面布置图"。

【问题】

根据以上背景资料及现行国家标准《建设工程工程量清单计价规范》《房屋建筑与装饰工程工程量计算规范》，并根据江苏省住房和城乡建设厅发布的苏建价〔2017〕83 号文要求，执行《江苏省装配式混凝土建筑工程定额（试行）》，计算清单综合单价和合价。将编制成果填于表 15-19 中。

【训练提示】

(1) 分部分项工程量清单编制过程，同模块 15.1 典型训练【工作任务】。

(2) 叠合板清单工程内容包括成品构件制作、成品构件运输和安装 3 个定额项目。

(3) 计算定额工程量。叠合板制作、运输、安装的定额工程量同其清单工程量；现浇混凝土平板、矩形梁的定额工程量等于其清单工程量。

(4) 选择定额子目，确定定额综合单价。装配式混凝土叠合板、叠合梁应执行 17 计价定额；平板是采用传统施工工艺的工程项目，应执行《江苏省计价定额》。

(5) 计算分部分项工程费（合价）。

分部分项工程费 = $\sum$(定额工程量×定额综合单价)

(6) 计算清单综合单价。

清单综合单价=合价/清单工程量

【分析与解答】

表 15-19 分部分项工程量清单与计价表

序号	项目编码	项目名称	项目特征描述	计量单位	工程量	综合单价/(元/m³)	合价/元
1							
2							
3							

任务小结

（1）装配式混凝土结构中的常见预制构件的施工图纸识读、施工工艺。

（2）装配式混凝土结构中的常见预制构件工程量清单的列项。

（3）装配式混凝土结构中的常见预制构件工程量清单的项目特征分析。

（4）装配式混凝土结构中的常见预制构件的工程量清单编制。

（5）装配式混凝土结构中的常见预制构件定额应用，包括叠合板、预制内隔墙、预制楼梯等项目的定额工程量计算规则、定额子目的套用及定额使用的注意事项。

（6）装配式混凝土结构中的常见预制构件工程量清单综合单价的分析。

任务16 措施项目计量与计价

教学目标

熟悉措施项目的构成；会依据图纸、规范、项目的具体特点、常规施工方案等对项目的措施项目进行正确清单列项；掌握单价措施项目的清单及定额工程量计算规则；能够依据项目特征对单价措施项目的工程量清单进行定额子目的正确套用，能够进行单价措施项目工程量清单综合单价的分析计算；能够进行单价措施项目、总价措施项目等相关工程费用的计算。

思维导图

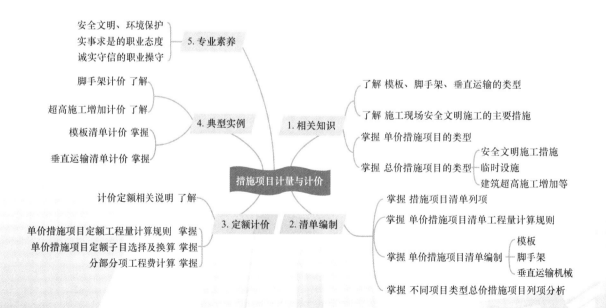

任务16 措施项目计量与计价

任务背景

措施项目是指为完成工程项目施工，发生于该工程施工准备和施工过程中的技术、生活、安全、环境保护等方面的项目。措施项目可以分为单价措施项目和总价措施项目两大类。单价措施项目是指清单中可以用"工程数量×综合单价"计价的项目，单价措施项目有明确的工程量计算规则，可以计算出相应的工程量，如模板、脚手架、垂直运输等项目。总价措施项目是指工程量清单中以总价（或"计算基础×费率"）计价的项目，此类项目在现行国家工程量计算规范中无工程量计算规则，不能计算工程量，如安全文明施工费、临时设施费等。与分部分项工程量清单相似，一个工程所涉及的措施项目也只是《房屋建筑与装饰工程工程量计算规范》所列措施项目清单内容的一部分，即措施项目清单应根据拟建工程的常规施工方案列项。

任务 16 模块 16.1 主要介绍措施项目清单编制；模块 16.2 主要介绍措施项目计价。

模块 16.1 措施项目清单编制

规范依据

16.1.1 脚手架工程

1. 清单项目设置

脚手架工程工程量清单项目设置、项目特征描述的内容、计量单位及工程量计算规则，应按表 16-1 的规定执行。

表 16-1 脚手架工程（编码：011701）

项目编码	项目名称	项目特征	计量单位	工程量计算规则	工作内容
011701001	综合脚手架	1. 建筑结构形式 2. 檐口高度	m²	按建筑面积计算	1. 场内、场外材料搬运 2. 搭、拆脚手架、斜道、上料平台 3. 安全网的铺设 4. 选择附墙点与主体连接 5. 测试电动装置、安全锁等 6. 拆除脚手架后材料的堆放
011701002	外脚手架	1. 搭设方式 2. 搭设高度 3. 脚手架材质	m²	按所服务对象的垂直投影面积计算	1. 场内、场外材料搬运 2. 搭、拆脚手架、斜道、上料平台 3. 安全网的铺设 4. 拆除脚手架后材料的堆放
011701003	里脚手架				

续表

项目编码	项目名称	项目特征	计量单位	工程量计算规则	工作内容
011701004	悬空脚手架	1. 搭设方式 2. 悬挑宽度 3. 脚手架材质	m²	按搭设的水平投影面积计算	1. 场内、场外材料搬运 2. 搭、拆脚手架、斜道、上料平台 3. 安全网的铺设 4. 拆除脚手架后材料的堆放
011701005	挑脚手架		m	按搭设长度乘以搭设层数以延长米计算	
011701006	满堂脚手架	1. 搭设方式 2. 搭设高度 3. 脚手架材质	m²	按搭设的水平投影面积计算	
011701007	整体提升架	1. 搭设方式及启动装置 2. 搭设高度	m²	按所服务对象的垂直投影面积计算	1. 场内、场外材料搬运 2. 选择附墙点与主体连接 3. 搭、拆脚手架、斜道、上料平台 4. 安全网的铺设 5. 测试电动装置、安全锁等 6. 拆除脚手架后材料的堆放
011701008	外装饰吊篮	1. 升降方式及启动装置 2. 搭设高度及吊篮型号	m²	按所服务对象的垂直投影面积计算	1. 场内、场外材料搬运 2. 吊篮的安装 3. 测试电动装置、安全锁、平衡控制器等 4. 吊篮的拆卸
011701009	电梯井脚手架	电梯井高度	座	按设计图示数量计算	1. 搭、拆脚手架、安全网 2. 铺、翻脚手板

2. 清单规则解读

(1) 脚手架分为单项脚手架和综合脚手架两大类。单项脚手架适用于单独地下室、装配式多(单)层工业厂房、仓库、独立的展览馆、体育馆、影剧院、礼堂、食堂、锅炉房、檐高未超过3.6m的单层建筑、超过3.6m的屋顶构架、构筑物和单独装饰工程等。除此之外的单位工程均执行综合脚手架项目。使用综合脚手架时，不再使用外脚手架、里脚手架等单项脚手架项目。住宅、公寓、办公楼、写字楼、教学楼、现浇多层标准厂房等都使用综合脚手架。

(2) 同一建筑物有不同檐高时，按建筑物竖向切面分别按不同檐高编列清单项目。

(3) 整体提升架已包括2m高的防护架体设施。

(4) 建筑面积计算按《建筑工程建筑面积计算规范》执行，参见本书任务2。

(5) 脚手架材质可以不描述，但应注明由投标人根据工程实际情况按照《建筑施工承插型盘扣式钢管脚手架安全技术标准》(JGJ/T 231—2021)、《建筑施工附着升降脚手架管理暂行规定》(建建〔2000〕230号)等规范自行确定。

(6) 计算各种单项脚手架时,均不扣除门窗洞口、空圈所占面积。

16.1.2 混凝土模板及支架(撑)

1. 清单项目设置

混凝土模板及支架(撑)工程量清单项目设置、项目特征描述的内容、计量单位、工程量计算规则及工作内容,应按表16-2的规定执行。

表16-2 混凝土模板及支架(撑)(编码:011702)

项目编码	项目名称	项目特征	计量单位	工程量计算规则	工作内容
011702001	基础	基础类型	m²	按模板与现浇混凝土构件的接触面积计算 (1) 现浇钢筋混凝土墙、板单孔面积≤0.3m²的孔洞不予扣除,洞侧壁模板亦不增加;单孔面积>0.3m²时应予扣除,洞侧壁模板面积并入墙、板工程量内计算 (2) 现浇框架分别按梁、板、柱有关规定计算;附墙柱、暗梁、暗柱并入墙内工程量内计算 (3) 柱、梁、墙、板相互连接的重叠部分,均不计算模板面积 (4) 构造柱按图示外露部分计算模板面积(锯齿形按锯齿形最宽面计算模板宽度)	1. 模板制作 2. 模板安装、拆除、整理堆放及场内外运输 3. 清理模板黏结物及模内杂物、刷隔离剂等
011702002	矩形柱				
011702003	构造柱				
011702004	异形柱	柱截面形状			
011702005	基础梁	梁截面形状			
011702006	矩形梁	支撑高度			
011702007	异形梁	1. 梁截面形状 2. 支撑高度			
011702008	圈梁				
011702009	过梁				
011702010	弧形、拱形梁	1. 梁截面形状 2. 支撑高度			
011702011	直形墙				
011702012	弧形墙				
011702013	短肢剪力墙、电梯井壁				
011702014	有梁板	支撑高度			
011702015	无梁板				
011702016	平板				
011702017	拱板				
011702018	薄壳板				
011702019	空心板				
011702020	其他板				
011702021	栏板				

续表

项目编码	项目名称	项目特征	计量单位	工程量计算规则	工作内容
011702022	天沟、檐沟	构件类型	m²	按模板与现浇混凝土构件的接触面积计算	1. 模板制作 2. 模板安装、拆除、整理堆放及场内外运输 3. 清理模板黏结物及模内杂物、刷隔离剂等
011702023	雨篷、悬挑板、阳台板	1. 构件类型 2. 板厚度		按图示外挑部分尺寸的水平投影面积计算,挑出墙外的悬臂梁及板边不另计算	
011702024	楼梯	类型		按楼梯(包括休息平台、平台梁、斜梁和楼层板的连接梁)的水平投影面积计算,不扣除宽度≤500mm的楼梯井所占面积,楼梯踏步、踏步板、平台梁等侧面模板不另计算,伸入墙内部分亦不增加	
011702025	其他现浇构件	构件类型		按模板与现浇混凝土构件的接触面积计算	
011702026	电缆沟、地沟	1. 沟类型 2. 沟截面		按模板与电缆沟、地沟接触的面积计算	
011702027	台阶	台阶踏步宽		按图示台阶水平投影面积计算,台阶端头两侧不另计算模板面积。架空式混凝土台阶,按现浇楼梯计算	
011702028	扶手	扶手断面尺寸		按模板与扶手的接触面积计算	
011702029	散水			按模板与散水的接触面积计算	

续表

项目编码	项目名称	项目特征	计量单位	工程量计算规则	工作内容
011702030	后浇带	后浇带部位	m²	按模板与后浇带的接触面积计算	1. 模板制作 2. 模板安装、拆除、整理堆放及场内外运输 3. 清理模板黏结物及模内杂物、刷隔离剂等
011702031	化粪池	1. 化粪池部位 2. 化粪池规格		按模板与混凝土接触面积计算	
011702032	检查井	1. 检查井部位 2. 检查井规格			

2. 清单规则解读

（1）原槽浇灌的混凝土基础、垫层，不计算模板工程量。

（2）混凝土模板及支撑（架）项目，只适用于以 m² 计量，按模板与混凝土构件的接触面积计算；以 m³ 计量的模板及支撑（支架）不再单列，按混凝土及钢筋混凝土实体项目执行，其综合单价中应包含模板及支撑（架）。

（3）采用清水模板时，应在特征中注明。传统的模板材质通常有木（胶合板）模板、钢模板、塑料模板等。在清水模板、对混凝土观感质量要求较高的项目中，铝合金模板以其施工周期短、轻便灵活、节能环保、综合使用成本低而得到广泛应用。

（4）若现浇混凝土梁、板支撑高度超过 3.6m 时，项目特征应描述支撑高度。

16.1.3 垂直运输

1. 清单项目设置

垂直运输工程量清单项目设置、项目特征描述的内容、计量单位、工程量计算规则应按表 16-3 的规定执行。

表 16-3　垂直运输（011703）

项目编码	项目名称	项目特征	计量单位	工程量计算规则	工作内容
011703001	垂直运输	1. 建筑物建筑类型及结构形式 2. 地下室建筑面积 3. 建筑物檐口高度、层数	1. m² 2. 天	1. 按建筑面积计算 2. 按施工工期日历天数计算	1. 垂直运输机械的固定装置、基础制作、安装 2. 行走式垂直运输机械轨道的铺设、拆除、摊销

2. 清单规则解读

（1）建筑物的檐口高度是指设计室外地坪至檐口滴水的高度（平屋顶是指屋面板底高度），凸出主体建筑物屋顶的电梯机房、楼梯出口间、水箱间、瞭望塔、排烟机房等不计入檐口高度。檐口高度 3.6m 以内的建筑物，不计算垂直运输。

（2）垂直运输指工程项目在合理工期内所需垂直运输机械。常见的垂直运输机械有卷扬机、塔式起重机、施工电梯、移动式起重机械（履带吊、汽车吊）、施工升降机、物料提升机等。

（3）同一建筑物有不同檐高时，按建筑物的不同檐高做纵向分割，分别计算建筑面积，以不同檐高分别编码列项。

（4）垂直运输工程量的施工工期日历天数按定额工期计算，即根据工程的结构形式，按照《建筑安装工程工期定额》（TY 01—89—2016）并结合江苏省住房和城乡建设厅《关于贯彻执行〈建筑安装工程工期定额〉的通知》（苏建价〔2016〕740 号）确定垂直运输清单工程量。

16.1.4 超高施工增加

1. 清单项目设置

超高施工增加工程量清单项目设置、项目特征描述的内容、计量单位、工程量计算规则应按表 16-4 的规定执行。

表 16-4 超高施工增加（011704）

项目编码	项目名称	项目特征	计量单位	工程量计算规则	工作内容
011704001	超高施工增加	1. 建筑物建筑类型及结构形式 2. 建筑物檐口高度、层数 3. 单层建筑物檐口高度超过 20m，多层建筑物超过 6 层部分的建筑面积	m²	按《建筑工程建筑面积计算规范》的规定计算建筑物超高部分的建筑面积	1. 建筑物超高引起的人工工效降低及由于人工工效降低引起的机械降效 2. 高层施工用水加压水泵的安装、拆除及工作台班 3. 通讯联络设备的使用及摊销

2. 清单规则解读

（1）单层建筑物檐口高度超过 20m，多层建筑物超过 6 层时，可按超高部分的建筑面积计算超高施工增加。工程量超过 20m 部分与超过 6 层部分建筑面积按其中的较大值计算。计算层数时，地下室不计入层数。

（2）同一建筑物有不同檐高时，可按不同高度的建筑面积分别计算建筑面积，以不同檐高分别编码列项。

16.1.5 大型机械设备进出场及安拆

1. 清单项目设置

大型机械设备进出场及安拆工程量清单项目设置、项目特征描述的内容、计量单位、工程量计算规则应按表 16-5 的规定执行。

2. 清单规则解读

大型机械设备常见的有履带式推土机、履带式挖掘机、打桩机械、静力压桩机械、灌注桩的施工机械和塔式起重机等。这些机械进出项目施工现场都要使用大型卡车等车辆进行装载运输。其中的一些机械如打桩机械、塔式起重机等在开展工作前要进行现场安装，工作结束时要将其进行拆卸再出场。

表 16-5　大型机械设备进出场及安拆（编码：011705）

项目编码	项目名称	项目特征	计量单位	工程量计算规则	工作内容
011705001	大型机械设备进出场及安拆	1. 机械设备的名称 2. 机械设备规格型号（项目特征可不描述，具体的机械名称及型号一般由投标人在投标文件中拟定）	项	按使用机械设备的数量计算	1. 安拆费包括施工机械、设备在现场进行安装拆卸所需人工、材料、机械和试运转及机械辅助设施的折旧、搭设、拆除等费用 2. 进出场费包括施工机械、设备整体或分体自停放地点运至施工现场或由一施工地点运至另一施工地点所发生的运输、拆卸、辅助材料等费用

16.1.6　施工排水、降水

1. 清单项目设置

施工排水、降水工程量清单项目设置、项目特征描述的内容、计量单位、工程量计算规则应按表 16-6 的规定执行。

表 16-6　施工排水、降水（编码：011706）

项目编码	项目名称	项目特征	计量单位	工程量计算规则	工作内容
011706001	成井	1. 成井方式 2. 地层情况 3. 成井直径 4. 井（滤）管类型、直径	m	按设计图示尺寸以钻孔深度确定	1. 准备钻孔机械、埋设护筒、钻机就位；泥浆制作、固壁；成孔、出渣、清孔等 2. 对接上、下井管（滤管），焊接、安放、下滤料，洗井，连接试抽等
011706002	排水、降水	1. 机械规格型号 2. 降、排水管规格	昼夜	按排、降水日历天数计算	1. 管道安装、拆除，场内搬运等 2. 抽水、值班、降水设备维修等

2. 清单规则解读

（1）施工排水、降水的相应专项设计不具备时，可按暂估量计算。

（2）施工排水是指为保证工程在正常条件下施工，所采取的排水措施所发生的费用。常见的施工排水如土方坑槽内潜水泵抽水排水。

（3）施工降水是指为保证工程在正常条件下施工，所采取的降低地下水位的措施所发生的费用。常见的施工降水如轻型井点降水(包括安装、拆除和使用)、深井管井降水等。

16.1.7 安全文明施工及其他措施项目

1. 清单项目设置

安全文明施工及其他措施项目工程量清单项目设置、计量单位、工作内容及包含范围应按表16-7的规定执行。该项目规范没有给出工程量计算规则,属于总价措施项目,总价措施项目费＝计算基础(分部分项工程费＋单价措施项目费＋除税工程设备费)×费率。费率按《江苏省费用定额》及营改增后调整内容执行。

表16-7 安全文明施工及其他措施项目(编码:011707)

项目编码	项目名称	工作内容及包含范围
011707001	安全文明施工(含环境保护、文明施工、安全施工、绿色施工)	1. 环境保护:现场施工机械设备降低噪声、防扰民措施费用;水泥和其他易飞扬细颗粒建筑材料密闭存放或采取覆盖措施等费用;工程防扬尘洒水费用;土石方、建渣外运车辆防护措施等费用;现场污染源的控制、生活垃圾清理外运、场地排水排污措施费用;其他环境保护措施费用 2. 文明施工:"五牌一图"费用;现场围挡的墙面美化(包括内外粉刷、刷白、标语等)、压顶装饰费用;现场厕所便槽刷白、贴面砖,水泥砂浆地面或地砖费用,建筑物内临时便溺设施费用;其他施工现场临时设施的装饰装修、美化措施费用;现场生活卫生设施费用;符合卫生要求的饮水设备、淋浴、消毒等设施费用;生活用洁净燃料费用;防煤气中毒、防蚊虫叮咬等措施费用;施工现场操作场地的硬化费用;现场绿化费用、治安综合治理费用;现场配备医药保健器材、物品费用和急救人员培训费用;现场工人的防暑降温费、电风扇、空调等设备及用电费用;其他文明施工措施费用 3. 安全施工:安全资料、特殊作业专项方案的编制费用,安全施工标志的购置及安全宣传费用;"三宝"(安全帽、安全带、安全网)、"四口"(楼梯口、电梯井口、通道口、预留洞口)、"五临边"(阳台围边、楼板围边、屋面围边、槽坑围边、卸料平台两侧),水平防护架、垂直防护架、外架封闭等防护费用;施工安全用电,包括配电箱三级配电、两级保护装置要求、外电防护措施费用;起重机等起重设备(含井架、门架)及外用电梯的安全防护措施(含警示标志)费用及卸料平台的临边防护、层间安全门、防护棚等设施费用;建筑工地起重机械的检验检测费用;施工机具防护棚及其围栏的安全保护设施费用;施工安全防护通道费用;工人的安全防护用品、用具购置费用;消防设施与消防器材的配置费用;电气保护、安全照明设施费;其他安全防护措施费用 4. 绿色施工:建筑垃圾分类收集及回收利用费用;夜间焊接作业及大型照明灯具的挡光措施费用;施工现场办公区、生活区使用节水器具及节能灯具增加费用;施工现场降水储存使用、雨水收集系统、冲洗设备用水回收利用设施增加费用;施工现场生活区厕所化粪池、厨房隔油池设置及清理费用;从事有毒、有害、有刺激性气味和强光、噪声施工人员的防护器具费用;现场危险设备、地段、有毒物品存放地安全标识和防护措施费用;厕所、卫生设施、排水沟、阴暗潮湿地带定期消毒费用;保障现场施工人员劳动强度和工作时间符合我国体力劳动强度分级的增加费用等

续表

项目编码	项目名称	工作内容及包含范围
011707002	夜间施工	1. 夜间固定照明灯具和临时可移动照明灯具的设置、拆除 2. 夜间施工时，施工现场交通标志、安全标牌、警示灯等的设置、移动、拆除 3. 包括夜间照明设备摊销及照明用电、施工人员夜班补助、夜间施工劳动效率降低等
011707003	非夜间施工照明	为保证工程施工正常进行，在地下室等特殊施工部位施工时所采用的照明设备的安拆、维护及照明用电等
011707004	二次搬运	由于施工场地条件限制而发生的材料、成品、半成品等一次运输不能到达堆放地点，必须进行的二次或多次搬运
011707005	冬雨季施工	1. 冬雨(风)季施工时增加的临时设施(防寒保温、防雨、防风设施)的搭设、拆除 2. 冬雨(风)季施工时，对砌体、混凝土等采用的特殊加温、保温和养护措施 3. 冬雨(风)季施工时，施工现场的防滑处理、对影响施工的雨雪的清除 4. 包括冬雨(风)季施工时增加的临时设施的摊销、施工人员的劳动保护用品、冬雨(风)季施工劳动效率降低等
011707006	地上、地下设施、建筑物的临时保护设施	在工程施工过程中，对已建成的地上、地下设施和建筑物进行的遮盖、封闭、隔离等必要保护措施
011707007	已完工程及设备保护	对已完工程及设备采取的覆盖、包裹、封闭、隔离等必要保护措施
011707008	临时设施	临时设施包括施工所必须搭设的生活和生产用的临时建筑物、构筑物和其他临时设施的费用等，包括施工现场临时宿舍、文化福利及公用事业房屋与构筑物，仓库、办公室、加工场、工地实验室及规定范围内的道路、水、电、管线等临时设施和小型临时设施等的搭设、维修、拆除、周转或摊销等费用 规定范围内是指建筑物沿边起50m以内，多幢建筑两幢间隔50m内
011707009	赶工措施	施工合同约定工期比本省现行工期定额提前，施工企业为缩短工期所发生的费用
011707010	工程按质论价	施工合同约定质量标准超过国家规定，施工企业完成工程质量达到经有权部门鉴定或评定为优质工程（包括优质结构工程）所必须增加的施工成本费
011707011	住宅分户验收	按《江苏省住宅工程质量分户验收规程》的要求对住宅工程进行专门验收（包括蓄水、门窗淋水等）发生的费用，不包括室内空气污染测试费用
011707012	建筑工人实名制费用	封闭式施工现场的进出场门禁系统和生物识别电子打卡设备，非封闭式施工现场的移动定位、电子围栏考勤管理设备，现场显示屏、实名制系统使用及管理费用等

2. 清单规则解读

安全文明施工费是指工程施工期间按照国家现行的环境保护、绿色施工、建筑施工安全、施工现场环境与卫生标准的有关规定，购置和更新施工安全防护用具及设施、改善安全生产条件和作业环境所需要的费用。

安全文明施工费包括基本费、标化工地增加费、扬尘污染防治增加费 3 部分费用。

安全文明施工费中的省级标化工地增加费按不同星级计列，共分一星、二星、三星共 3 个星级。

扬尘污染防治增加费是采取移动式降尘喷头、喷淋降尘系统、雾炮机、围墙绿植、环境监测智能化系统等环境保护措施所发生的费用。

典型实例

1. 现浇钢筋混凝土柱、梁、板的模板工程量清单编制实例。

【背景资料】

图 16.1 为某工程框架结构建筑物某层现浇钢筋混凝土柱、梁、板结构图，层高 3.0m，其中板厚为 120mm，梁、板顶标高为+6.000m，柱在楼层的标高区间为+3.000m～+6.000m。工程在招标文件中要求，模板单列，采用复合木模板，不计入混凝土实体项目综合单价。

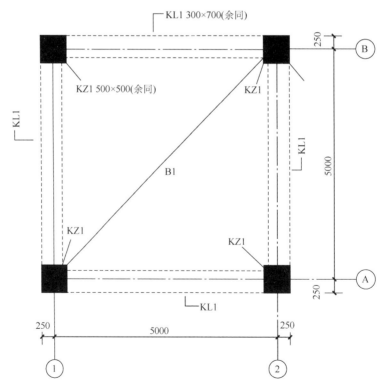

图 16.1　某工程框架结构建筑物某层现浇钢筋混凝土柱、梁、板结构图

任务16 措施项目计量与计价

【问题】

根据以上背景资料及现行国家标准《建设工程工程量清单计价规范》《房屋建筑与装饰工程工程量计算规范》，试编制该层现浇钢筋混凝土柱、梁、板的模板工程措施项目单价清单。

解：（1）分析与解答。

① 根据规范规定，现浇框架结构模板分别按柱、梁、板计算。

② 矩形柱模板，柱截面尺寸500mm×500mm，柱高3m。每根框架柱在柱顶有两个侧面与框架梁相连，梁的截面尺寸为300mm×700mm；板厚120mm，柱顶两个侧面与板相交的宽度为200mm。与框架梁相交一侧柱模板形状及尺寸如图16.2中阴影部分所示。

③ 矩形梁模板，如图16.1所示，4根梁均为边框架梁，梁模板如图16.3所示。梁模板长度算至柱侧面。

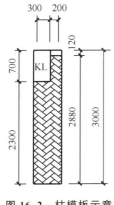

图 16.2 柱模板示意

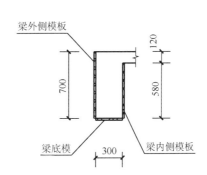

图 16.3 边框架梁模板示意

④ 板模板，板底模板长度算至梁侧面。两个方向模板长度均为5.5－0.3×2＝4.9(m)。矩形梁模板和板模板合并列项为有梁板模板。

⑤ 根据规范规定，若现浇钢筋混凝土梁、板支撑高度超过3.6m，项目特征要描述支撑高度，否则不描述。本工程层高3.0m，梁、板模板项目特征描述中无须描述模板支撑高度。

（2）编制单价措施项目清单。

单价措施项目清单与计价表见表16-9。清单编制在表16-8已有正确列项的情况下，需按表16-2的提示，根据工程背景准确描述其项目特征。

表16-8 清单工程量计算表

序号	项目编码	项目名称	计算式	计量单位	工程量合计
1	011702002001	矩形柱	$S=4\times(0.5\times4\times3-0.3\times0.7\times2-0.2\times0.12\times2)=22.128$	m²	22.13
2	011702014001	有梁板	$S=[(5-0.5)\times(0.7\times2+0.3)]\times4-4.5\times0.12\times4+(5.5-2\times0.3)\times(5.5-2\times0.3)-0.2\times0.2\times4=52.29$	m²	52.29

表 16-9 单价措施项目清单与计价表

序号	项目编码	项目名称	项目特征描述	计量单位	工程量	综合单价	合价
1	011702002001	矩形柱	1. 复合木模板 2. 柱周长：2m	m²	22.13		
2	011702014001	有梁板	1. 复合木模板 2. 支撑高度：3.6m 以内	m²	52.29		

2. 高层建筑物的垂直运输、超高施工增加的工程量清单编制实例。

【背景资料】

某高层建筑物如图 16.4 所示，框剪结构，室外地坪标高为 −0.450m，女儿墙高度为 1.8m，由某总承包公司承包，施工组织设计中，垂直运输采用自升式塔式起重机及单笼施工电梯。

【问题】

根据以上背景资料及现行国家标准《建设工程工程量清单计价规范》《房屋建筑与装饰工程工程量计算规范》，试编制该高层建筑物的垂直运输、超高施工增加的单价措施项目清单。

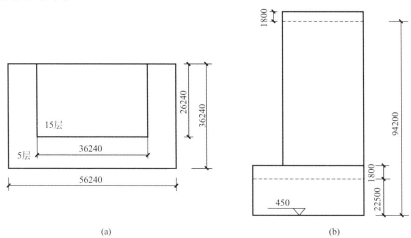

图 16.4 某高层建筑物示意

解：(1) 分析与解答。

① 建筑物的檐口高度是指设计室外地坪至檐口滴水的高度，如图 16.4 所示，本工程高层部分的檐口高度为 94.2m，多层部分的檐口高度为 22.5m。规范规定，同一建筑物有不同檐高时，按建筑物不同檐高做纵向分割，分别计算建筑面积，垂直运输以不同檐高分别编码列项。

② 多层建筑物超过 6 层时，可按超高部分的建筑面积计算超高施工增加。如图 16.4 所示工程中，超高部分的层数为 14 层。

(2) 编制单价措施项目清单。

单价措施项目清单与计价表见表 16-11。清单编制在表 16-10 已有正确列项的情况下，需按表16-3、表16-4的提示，根据工程背景准确描述其项目特征。

表16-10 清单工程量计算表

序号	项目编码	项目名称	计算式	计量单位	工程量合计
1	011703001001	垂直运输（檐高94.20m以内）	$S=26.24\times36.24\times5+36.24\times26.24\times15$	m²	19018.75
2	011703001002	垂直运输（檐高22.50m以内）	$S=(56.24\times36.24-36.24\times26.24)\times5$	m²	5436.00
3	011704001001	超高施工增加	$S=36.24\times26.24\times14$	m²	13313.13

表16-11 单价措施项目清单与计价表

序号	项目编码	项目名称	项目特征描述	计量单位	工程量	金额/元 综合单价	合价
1	011703001001	垂直运输（檐高94.20m以内）	1. 建筑物建筑类型及结构形式：现浇框剪结构 2. 建筑物檐口高度、层数：94.20m，20层	m²	19018.75		
2	011703001002	垂直运输（檐高22.50m以内）	1. 建筑物建筑类型及结构形式：现浇框剪结构 2. 建筑物檐口高度、层数：22.50m，5层	m²	5436.00		
3	011704001001	超高施工增加	1. 建筑物建筑类型及结构形式：现浇框剪结构 2. 建筑物檐口高度、层数：94.20m，20层	m²	13313.13		

典型训练

【工作任务1】编制脚手架的工程量清单。

【任务背景】

某教工宿舍楼三层平面图如图16.5所示，共5层，层高均为3m，室外地坪标高−0.300m。楼板厚100mm，其中Ⓛ轴线内墙体为120mm厚轻质砌块墙体，阳台不封闭，阳台框板高1100m，砖砌栏板厚120mm；其余墙体均为实砌多孔砖墙，外墙厚均为240mm，外墙轴线与墙中心线重合。

【问题】

根据以上背景资料及现行国家标准《建设工程工程量清单计价规范》《房屋建筑与装饰工程工程量计算规范》，试编制该工程脚手架的措施项目清单，并将编制结果填于表16-12中。卧室落地窗凸出外墙面的部分不计算建筑面积。

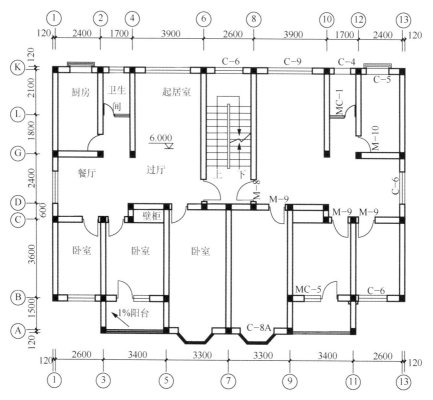

图 16.5 某教工宿舍楼三层平面图

【训练提示】

(1) 该项目脚手架列项名称为综合脚手架,其工程量按各层的建筑面积的总和确定。
(2) 在主体结构外的阳台,应按其结构底板水平投影面积计算 1/2 面积。

【分析与解答】

(1) 计算各层的建筑面积。
(2) 编制脚手架的工程量清单。

表 16-12 措施项目清单与计价表

序号	项目编码	项目名称	项目特征描述	计量单位	工程量	金额/元	
						综合单价	合价

【工作任务 2】 编制垂直运输的工程量清单。

【任务背景】

某高层建筑物地下室为两层,局部三层,尺寸如图 16.6 所示,墙体全部为钢筋混凝土墙。

【问题】

根据以上背景资料及现行国家标准《建设工程工程量清单计价规范》《房屋建筑与装饰工程工程量计算规范》,试编制该工程地下室部分垂直运输的单价措施项目清单,并将编制

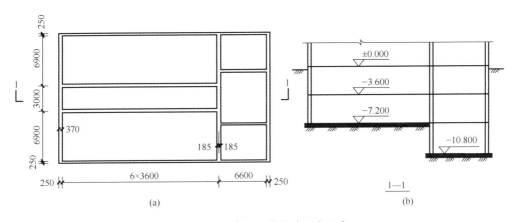

图 16.6　某高层建筑物地下室示意

结果填于表 16-13 中。垂直运输机械的工程量按施工工期以日历天计算。工程建设地点按江苏省常州市考虑。

【训练提示】

(1) 按照《建筑安装工程工期定额》(TY 01—89—2016) 确定施工工期。

(2) 工程所在地点为工期定额所述的Ⅰ类地区。

(3) 地下室部分的工期按项目的功能类别、工程所在地的类别（Ⅰ类地区）、地下室部分的层数和建筑面积查阅工期定额。

【分析与解答】

(1) 计算各层的建筑面积。

(2) 查阅工期定额，确定工期。

(3) 编制分部分项工程量清单。

表 16-13　单价措施项目清单与计价表

序号	项目编码	项目名称	项目特征描述	计量单位	工程量	金额/元	
						综合单价	合价

模块 16.2　措施项目计价

标准依据

16.2.1　建筑物超高增加费

1. 概况

建筑物超高增加费是建筑物设计室外标高至檐口高度超过 20m 或建筑物层数超过 6 层

时计算的增加费用。建筑工程建筑物超高增加费包括操作工人的工效降低的费用、由于人工降效引起的机械降效的费用、由于水压不足所需增加的加压水泵台班的费用及上下联络通信设备费用。

单独装饰工程超高增加费以降效系数形式表示，包括人工降效费。

计价定额中包括建筑物超高增加费和装饰工程超高人工降效系数两节，共36个定额子目。

2. 有关说明和使用中应注意的问题

（1）建筑工程建筑物超高增加费的定额工程量按建筑物超过20m或6层以上部分的建筑面积计算。建筑面积按照《建筑工程建筑面积计算规范》的规定计算。

在套用定额时，对于建筑物超过20m或6层以上部分的建筑面积，应区分不同情况套用定额。

① 建筑物楼面高度超过20m或6层以上部分楼层，直接套用相应定额。工程量为建筑物楼面高度超过20m或6层以上部分楼层的建筑面积。

② 建筑物在6层以内，楼面高度在20m以内，且该楼层顶板上表面高度超过20m，每超过1m（不足0.1m按0.1m计算），按相应定额的20%计算。工程量为该楼层超过20m部分的建筑面积。

③ 建筑物楼面高度超过20m或6层以上部分楼层，该楼层层高超过3.6m时，超过3.6m的部分，每超过1m（不足0.1m按0.1m计算），按相应定额的20%计算。工程量为该楼层超过3.6m部分的建筑面积。

（2）建筑物20m以上或6层以上楼层中，该层高超过3.6m时，计取超高增加费除按建筑面积计算超高增加费外，还应计取超过3.6m每增加1m的层高增加费。

（3）单独装饰工程中超高增加定额以人工降效系数的形式表示。因建筑物装饰装修标准差异较大，单位建筑面积的人工含量差异也大，不适合用建筑面积的形式来表示。工程量以超过20m或6层部分的工日分段计算。

16.2.2 脚手架工程

1. 概况

脚手架工程分为综合脚手架和单项脚手架两部分。

（1）综合脚手架综合了外墙砌筑脚手架（含外墙面的一面抹灰脚手架）、内墙砌筑脚手架和柱、梁、墙、天棚抹灰脚手架，工程量按建筑面积计算，套用定额时应区分檐高在12m以内和以上；层高不同时，建筑面积应分别计算。一般的多层、小高层、高层的住宅、综合楼（办公楼）、医院、商场等建筑工程项目均可使用综合脚手架。

（2）对于单位建筑面积脚手架含量个体差异大，不适宜以综合脚手架的形式表现的，采用单项脚手架。单项脚手架按搭设用途分为砌筑脚手架、外墙镶（挂）贴脚手架、斜道、满堂脚手架、抹灰脚手架、单层轻钢厂房脚手架、高压线防护架、烟囱脚手架、水塔脚手架、金属过道防护棚、电梯井字架。

2. 有关说明和使用中应注意的问题

（1）综合脚手架。综合脚手架工程量按建筑面积计算应注意以下问题。

① 檐高在3.60m内的单层建筑不执行综合脚手架定额。

② 综合脚手架项目仅包括脚手架本身的搭拆，不包括建筑物洞口临边、电器防护设施等费用，以上费用已在安全文明施工费中列支。

③ 单位工程在执行综合脚手架时，遇有下列情况应另列项目计算，以下项目不再计算超过 20m 单项脚手架材料增加费。

a. 各种基础自设计室外地面起深度超过 1.50m(砖基础至大方脚砖基底面、钢筋混凝土基础至垫层上表面)，同时混凝土带形基础底宽超过 3m、满堂基础或独立柱基(包括设备基础)混凝土底面积超过 16m^2，应计算砌墙、混凝土浇捣脚手架。砖基础以垂直面积按单项脚手架中里架子定额执行，混凝土浇捣按相应满堂脚手架定额执行。

b. 层高超过 3.60m 的钢筋混凝土框架柱、梁、墙混凝土浇捣脚手架按单项定额规定计算。

c. 独立柱、单梁、墙高度超过 3.60m 混凝土浇捣脚手架按单项定额规定计算。

d. 施工现场需搭设高压线防护架、金属过道防护棚脚手架按单项定额规定执行。

e. 屋面坡度大于 45°时，屋面基层、盖瓦的脚手架费用应另行计算。

f. 未计算到建筑面积的室外柱、梁等，其高度超过 3.60m 时，应另按单项脚手架相应定额执行。

g. 地下室的综合脚手架按檐高在 12m 以内的综合脚手架相应定额乘以系数 0.5 执行。

h. 檐高 20m 以下采用悬挑脚手架的可计取悬挑脚手架增加费用，20m 以上悬挑脚手架增加费已包括在脚手架超高材料增加费中。

(2) 单项脚手架。

① 脚手架工程量计算一般规则。

a. 凡砌筑高度超过 1.5m 的砌体均需计算脚手架。

b. 砌墙脚手架均按墙面(单面)垂直投影面积以 m^2 计算。

c. 计算脚手架时，不扣除门(窗)洞口、空圈、车辆通道、变形缝等所占面积。

d. 同一建筑物高度不同时，按建筑物的竖向不同高度分别计算。

② 砌筑脚手架工程量计算规则。

a. 外墙砌筑脚手架按外墙外边线长度(如外墙有挑阳台，则每只阳台计算一个侧面宽度，计入外墙面长度内，两户阳台连在一起的也只算一个侧面)乘以外墙高度以 m^2 计算。外墙高度指室外设计地坪至檐口(或女儿墙上表面)高度，坡屋面至屋面板下(或椽子顶面)墙中心高度，墙算至山尖 1/2 处的高度。

b. 内墙砌筑脚手架以内墙净长乘以内墙净高计算。有山尖时，高度算至山尖 1/2 处；有地下室时，高度自地下室室内地坪算至墙顶面。

c. 砌体高度在 3.60m 以内，套用里脚手架；高度超过 3.60m，套用外脚手架。

d. 山墙自设计室外地坪至山尖 1/2 处的高度超过 3.60m 时，该外山墙整体按相应外脚手架计算，内山墙按单排外架子计算。

e. 独立砖(石)柱高度在 3.60m 以内，脚手架以柱的结构外围周长乘以柱高计算，执行砌墙脚手架里架子；柱高超过 3.60m，以柱的结构外围周长加 3.60m 乘以柱高计算，执行砌墙脚手架外架子(单排)。

f. 砌石墙到顶的脚手架，工程量按砌墙相应脚手架乘以系数 1.50。

g. 外墙砌筑脚手架包括一面抹灰脚手架在内，墙另一面可计算抹灰脚手架。

h. 砖基础自设计室外地坪至垫层(或混凝土基础)上表面的深度超过 1.50m 时,按相应砌墙脚手架执行。

i. 凸出屋面部分的烟囱,高度超过 1.50m 时,其脚手架按外围周长加 3.60m 乘以实砌高度按 12m 内单排外脚手架计算。

③ 外墙镶(挂)贴脚手架工程量计算规则。

a. 外墙镶(挂)贴脚手架工程量计算规则同砌筑脚手架中的外墙砌筑脚手架。

b. 吊篮脚手架按装修墙面垂直投影面积以 m² 计算,安拆费按施工组织设计或实际数量确定。

④ 现浇钢筋混凝土脚手架工程量计算规则。

a. 钢筋混凝土基础自设计室外地坪至垫层上表面的深度超过 1.50m,同时带形基础底宽超过 3.0m,独立基础或满堂基础及大型设备基础的底面积超过 16m² 的混凝土浇捣脚手架应按槽、坑土方规定放工作面后的底面积计算,按满堂脚手架相应定额乘以系数 0.3 计算脚手架费用(使用泵送混凝土者,混凝土浇捣脚手架不得计算)。

b. 现浇钢筋混凝土独立柱、单梁、墙高度超过 3.60m 应计算浇捣脚手架。柱的浇捣脚手架以柱的结构周长加 3.60m 乘以柱高计算;梁的浇捣脚手架按梁的净长乘以地面(或楼面)至梁顶面的高度计算;墙的浇捣脚手架以墙的净长乘以墙高计算。套柱、梁、墙混凝土浇捣脚手架。

c. 层高超过 3.60m 的钢筋混凝土框架柱、墙(楼板、屋面板为现浇板)所增加的混凝土浇捣脚手架费用,以框架轴线水平投影面积计算,按满堂脚手架相应子目乘以系数 0.3 执行;层高超过 3.60m 的钢筋混凝土框架柱、梁、墙(楼板、屋面板为预制空心板)所增加的混凝土浇捣脚手架费用,以框架轴线水平投影面积计算,按满堂脚手架相应子目乘以系数 0.4 执行。

⑤ 抹灰脚手架工程量计算规则。

a. 钢筋混凝土单梁、柱、墙按以下规定计算脚手架:单梁以梁净长乘以地坪(或楼面)至梁顶面高度计算;柱以柱结构外围周长加 3.60m 乘以柱高计算;墙以墙净长乘以地坪(或楼面)至板底高度计算。

b. 墙面抹灰:以墙净长乘以净高计算。

c. 如有满堂脚手架可以利用时,不再计算墙、柱、梁面抹灰脚手架。

d. 天棚抹灰高度在 3.60m 以内,按天棚抹灰面(不扣除柱、梁所占的面积)以 m² 计算。

⑥ 满堂脚手架工程量计算规则。

a. 天棚抹灰高度超过 3.60m,按室内净面积计算满堂脚手架,不扣除柱、垛、附墙烟囱所占面积。

b. 高度在 8m 以内计算基本层。

c. 高度超过 8m,每增加 2m,计算一层增加层,计算式如下。

$$增加层数 = \frac{室内净高(m) - 8m}{2m}$$

增加层数计算结果保留整数,小数在 0.6 以内舍去,在 0.6 以上进位。

d. 满堂脚手架高度以室内地坪面(或楼面)至天棚面或屋面板的底面为准(斜的天棚或

屋面板按平均高度计算)。

3. 檐高超过 20m 脚手架材料增加费

脚手架材料增加费包括脚手架使用周期延长摊销费、脚手架加固费用。脚手架材料增加费包干使用，无论实际发生多少，均按《江苏省计价定额》执行，不调整。

(1) 综合脚手架。建筑物檐高超过 20m 可计算脚手架材料增加费，按建筑物超过 20m 部分建筑面积计算。

(2) 单项脚手架。建筑物檐高超过 20m 可计算脚手架材料增加费，工程量计算规则同外墙砌筑脚手架，从设计室外地面起算。

16.2.3 模板工程

1. 概况

模板工程由现浇构件模板、现场预制构件模板、加工厂预制构件模板和构筑物工程模板 4 个部分组成。模板工作内容包括清理、场内运输、安装、刷隔离剂、浇筑混凝土时模板维护、拆模、集中堆放、场外运输。木模板包括制作(预制构件包括刨光、现浇构件不包括刨光)，组合钢模板、复合木模板包括装箱。

定额中列出了不同的模板品种供选择，在编制预算时应结合实际情况或企业自身条件进行选择使用，对应套用定额。

在计算模板工程量时，有两种计算方法：一是按照混凝土构件的模板含量表计算模板用量；二是按设计图纸计算模板接触面积。按模板含量表计算简便，但由于模板含量表中的数据为典型工程测算的数据，与具体工程实际模板含量有差异，个别项目如工程结构构件尺寸特殊的，会出现模板含量表中数据与工程实际模板含量差异特别大的情况，因此应根据工程具体情况选择模板计算方法。《江苏省计价定额》规定两种方法在同一造价文件中仅能使用其中一种，相互不得混用。使用含模量的，在竣工结算时除工程变更外，模板用量不得调整。

2. 有关说明和使用中应注意的问题

(1) 在按照接触面积计算模板用量时，一般可按如下规则。

① 有梁板模板面积＝板底面积(含肋梁底面积)＋板侧面积＋梁侧面积－柱头所占面积。

其中，板底面积应扣除单孔面积在 $0.3m^2$ 以上的孔洞和楼梯水平投影面积，不扣除后浇板带面积。板侧面积＝板周长×板厚＋单孔面积在 $0.3m^2$ 以上的孔洞侧壁面积；梁侧面积＝梁长度(主梁算至柱边，次梁算至主梁边)×梁底面至板底高度－次梁梁头所占面积；次梁梁头所占面积＝次梁宽×次梁底至板底高度。

② 柱模板面积＝柱周长×柱高(算至板底)－梁头所占面积。梁头所占面积＝梁宽×梁底至板底高度；单面附墙柱凸出墙面部分并入墙面模板工程量内计算；双面附墙柱按柱计算，计算柱周长时应扣除墙厚所占尺寸。柱高当有板时算至板底，当无板时算至楼面。

③ 墙模板面积＝墙长度×墙高。墙长度算至柱边，无柱或暗柱时，外墙按中心线长度，内墙按净长，暗柱并入墙内工程量计算；墙高算至梁底，无梁或暗梁时算至板底，暗梁并入墙内工程量计算，无板无梁时算至楼面。计算墙模板面积时不扣除后浇

墙带。

④ 构造柱模板按图示外露部分计算面积，锯齿形部分按锯齿形最宽面计算模板宽度。构造柱由于先砌墙后浇混凝土，因此构造柱与墙接触面不计算模板面积。构造柱模板面积计算式如下。

构造柱模板面积＝构造柱外露面数量×锯齿形最宽面宽度×构造柱高度

构造柱高度计算同柱模板高度计算规则。

⑤ 整体直形楼梯包括楼梯段、中间休息平台、平台梁、斜梁及楼梯与楼板连接的梁，按水平投影面积计算，不扣除宽度小于500mm的楼梯井，伸入墙内部分不另增加。

⑥ 现浇混凝土雨篷、阳台、水平挑板，按图示挑出墙面部分以外板底尺寸的水平投影面积计算（附在阳台梁上的混凝土线条不计算水平投影面积）。挑出墙外的牛腿及板边模板已包括在内。复式雨篷挑口内侧净高超过250mm时，其超过部分套用挑檐定额（超过部分的含模量按天沟含模量计算）。

⑦ 栏杆按扶手长度计算，栏板竖向挑板按模板接触面积计算。扶手、栏板的斜长按水平投影长度乘以系数1.18计算。

⑧ 砖侧模分不同厚度，按砌筑面积计算。

(2) 现浇钢筋混凝土柱、梁、板支模高度。

① 对柱、梁、板：底层有地下室时，支模高度为楼板（室内地面）顶面至上层楼板底面；底层无地下室时，支模高度对底层为设计室外地面至上层楼板底面，对楼层为楼层板顶面至上层楼板底面。

② 对墙：支模高度对底层为整板基础板顶面（或反梁顶面）至上层板底面，对楼层为楼层板顶面至上层板底面。

(3) 现浇钢筋混凝土柱、梁、墙、板的支模高度超过3.6m时，其钢支撑、零星卡具及模板人工分别乘以表16-14所列系数计算。根据施工规范要求属于高大支模的，其费用另行计算。

表16-14 构件净高超过3.6m增加系数

增加内容	净高	
	5m以内	8m以内
独立柱、梁、板钢支撑及零星卡具	1.10	1.30
框架柱(墙)、梁、板钢支撑及零星卡具	1.07	1.15
模板人工(不分框架柱和独立柱梁板)	1.30	1.60

注：轴线未形成封闭框架的柱、梁、板称独立柱、梁、板。

(4) 设计T形、L形、十字形柱，两边之和在2000mm内按T形、L形、十字形柱相应子目执行，其余按直形墙相应定额执行。

(5) 模板项目中，仅列出周转木材而无钢支撑的定额，其支撑量已含在周转木材中，模板与支撑按7∶3拆分。

(6) 模板定额中已包含砂浆垫块在内，现浇构件和现场预制构件不用砂浆垫块而改用塑料卡，每10m² 模板另加塑料卡费用每只0.2元，计30只。

（7）砖墙基础上带形混凝土防潮层模板按圈梁定额执行。

（8）混凝土满堂基础底板面积在 1000m² 内，若使用含模量计算模板面积，基础有砖侧模时，砖侧模的费用应另外增加，同时扣除相应的模板面积（总量不得超过总含模量）；超过 1000m² 时，按混凝土接触面积计算。

（9）现浇有梁板、无梁板、平板、楼梯、雨篷及阳台，设计底面不抹灰者，增加模板缝贴胶带纸人工 0.27 工日/10m²。

（10）飘窗上下挑板、空调板按板式雨篷模板执行。

（11）混凝土线条按小型构件定额执行。

16.2.4 施工排水、降水

1. 概况

施工排水、降水定额共包括施工排水和施工降水两部分。雨季的排雨水费用在措施项目冬雨季施工增加费中考虑。计取了施工降水费用的工程，不得再计取施工排水费用。

2. 有关说明和使用中应注意的问题

（1）人工土方施工排水是在人工开挖湿土、淤泥、流砂等施工过程中发生的机械排放地下水费用。工程量按照人工开挖湿土、淤泥、流砂工程量以 m³ 计算。

（2）基坑排水是指地下常水位以下且基坑底面积超过 150m²（两个条件同时具备）的土方开挖以后，在基础或地下室施工期间所发生的排水包干费用（不包括±0.000 以上设计要求待框架、墙体完成以后再回填基坑土方期间的排水）。工程量按土方基坑的底面积以 m² 计算。

（3）井点降水适用于降水深度在 6m 以内的项目。井点降水使用时间按施工组织设计确定。井点降水材料使用摊销量中已包括井点拆除时的材料损耗量。井点间距根据地质和降水要求由施工组织设计确定，一般轻型井点管间距为 1.2m。

井点降水，定额中 50 根立管为 1 套，累计根数不足 1 套者按 1 套计算，定额单位为"套·天"，1 天按 24h 计算。定额每套配 1 台射流井点泵降水，如遇特殊情况，应根据施工方案或甲乙双方认可的现场签证调整其台班用量。井管的安装、拆除工程量以根计算，计量单位为"10 根"。

井点降水定额区分轻型井点降水与简易井点降水，降水过程中不需要使用粗砂过滤，用抽水设备接入钢管不通过过滤直接抽水的属于简易井点降水。

（4）深井井点具有排水量大、降水深（15～50m）、不受土质限制等特点，适用于地下水丰富、基坑深（>10m）、基坑占地面积大的工程地下降水。

深井管井降水安装、拆除按座计算，其深度以施工方案或甲乙双方认可的现场签证中实际滤水管埋设及拆除长度为准，使用按"座·天"计算，1 天按 24h 计算。

（5）井点降水 50 根为 1 套，累计根数不足 1 套者按 1 套计算，井点使用定额单位为"套·天"，1 天按 24h 计算。

（6）机械土方工作面中的排水费已包含在土方中，但不包括地下水位以下的施工排水费用。如发生地下水位以下的施工排水费用，需依据施工组织设计规定，排水人工、机械费用另行计算或者按现场签证计取。

16.2.5 建筑工程垂直运输

1. 概况

计价定额中建筑工程垂直运输项目包括建筑物、单独装饰工程、烟囱、水塔、筒仓垂直运输；塔式起重机基础；电梯基础；塔式起重机及电梯与建筑物连接件，共4节。

建筑工程垂直运输工程量按定额工期计算。定额工期执行《建筑安装工程工期定额》（TY 01—89—2016），同时按照江苏省住房和城乡建设厅《关于贯彻执行〈建筑安装工程工期定额〉的通知》（苏建价〔2016〕740号）的规定对国家工期定额进行部分调整。

2. 有关说明和使用中应注意的问题

（1）建筑物垂直运输机械台班用量，区分不同结构类型、檐口高度（层数）按工期定额套用单项工程工期以日历天数计算。

① 层数指地面以上建筑物的层数，地下室、地面以上部分净高小于2.1m的半地下室不计入层数。

② 建筑物垂直运输工程定额内容包括在江苏省调整后的国家工期定额内完成单位工程全部工程项目所需的垂直运输机械台班，不包括机械的场外运输、一次安装、拆卸、路基铺垫和轨道铺拆等费用。施工塔式起重机与电梯基础、施工塔式起重机和电梯与建筑物连接的费用单独计算。

③ 建筑物垂直运输项目划分是以建筑物檐口高度和层数两个指标界定的，只要其中一个指标达到定额规定，即可套用该定额子目。

④ 一个工程出现两个或两个以上檐口高度（层数），使用同一台垂直运输机械时，定额不做调整；使用不同垂直运输机械时，应依照国家工期定额分别计算。

⑤ 当建筑物垂直运输机械数量与定额不同时，可按比例调整定额含量。定额按卷扬机施工配2台卷扬机，塔式起重机施工配1台塔式起重机、1台卷扬机（施工电梯）考虑。如仅采用塔式起重机施工，不采用卷扬机时，塔式起重机台班含量按卷扬机含量取定，卷扬机扣除。

⑥ 垂直运输高度小于3.6m的单层建筑物、单独地下室和围墙，不计算垂直运输机械台班；预制屋架的单层厂房，无论柱为预制或现浇，均按预制排架定额计算。

⑦ 定额中现浇框架是指柱、梁、板全部为现浇的钢筋混凝土框架结构。如部分现浇、部分预制，按现浇框架乘以系数0.96计算。

⑧ 柱、梁、墙、板构件全部现浇的钢筋混凝土框筒结构、框剪结构按现浇框架执行，筒体结构按剪力墙（滑模施工）执行。

⑨ 混凝土构件，使用泵送混凝土浇筑，卷扬机施工定额台班乘以系数0.96计算，塔式起重机施工定额中的塔式起重机台班含量乘以系数0.92计算。

⑩ 单独地下室工程项目定额工期按不含打桩工期自基础挖土开始计算；在计算定额工期时，未承包施工的打桩、挖土等的工期不扣除。

（2）单独装饰工程垂直运输机械台班，区分不同施工机械、垂直运输高度、层数，按定额工日分别计算，其中定额工日为分部分项工程费和措施项目中的定额工日之和。

（3）烟囱、水塔、筒仓垂直运输机械台班，以"座"计算。超过定额规定高度时，按每增高1m定额项目计算。高度不足1m，按1m计算。

（4）施工塔式起重机、电梯基础，塔式起重机及电梯与建筑物连接件，按施工塔式起重机及电梯的不同型号以"台"计算。

16.2.6 场内二次搬运

1. 概况

场内二次搬运按运输工具划分为机动翻斗车二次搬运和单（双）轮车二次搬运两部分，适用于现场堆放材料有困难，材料不能直接运到单位工程周边而需再次中转，建设单位不能按正常合理的施工组织设计提供材料、构件堆放场地和临时设施用地的工程而发生的二次搬运费用。在编制预算时，应根据现场条件和施工组织设计考虑是否需要计取场内二次搬运费。场内二次搬运费常用于施工现场狭小，无法提供现场堆放材料地点的情况。

2. 有关说明和使用中应注意的问题

（1）执行定额时，应以工程所发生的第一次搬运为准。

（2）水平运距的计算，分别以取料中心点为起点，以材料堆放中心点为终点。超运距增加运距不足整数者，进位取整计算。

（3）定额已考虑运输道路15%以内的坡度，超过时另行处理。

（4）松散材料运输不包括做方，但要求堆放整齐。需做方者应另行处理。

（5）机动翻斗车最大运距为600m，单（双）轮车最大运距为120m，超过时应另行处理。

（6）在使用定额时还应注意材料的计量单位，松散材料要按堆积体积计算工程量，混凝土构件按实体积计算，玻璃以标准箱计算等。

✔ 典型实例

超高增加费计算

1. 某建筑物檐口高度36.4m，共10层，每层建筑面积1000m^2；第6层楼面至设计室外地面高度为19.2m，第7层楼面至设计室外地面高度为22.4m。按《江苏省计价定额》计算该建筑物超高增加费。

解：（1）第7～10层超高增加费。执行19-2子目，综合单价38.94元/m^2，工程量$4×1000=4000$（m^2），超高增加费$=38.94×4000=155760$（元）。

（2）第6层超高增加费。由于不满足6层以上、楼面高度超过20m的条件，不能直接执行19-2子目，6层超过20m以上部分的高度为$22.4-20=2.4$（m），每超过1m（不足0.1m按0.1m计算）按相应定额19-2的20%计算。即综合单价$38.94×0.2×2.4≈18.69$（元/m^2），工程量为1000m^2，则超高增加费$=1000×18.69=18690$（元）。

合计该建筑物超高增加费：$155760+18690=174450$（元）

应注意：在执行《江苏省计价定额》章节说明第3.（2）、3.（3）条时，"按相应子目的20%"中的相应子目是指按照建筑物檐高所对应的超高增加费子目，而不是该楼层所处高度所对应的子目。

2. 某办公楼单独装饰工程，第13、14层进行装修，装修项目合计人工工日数分别为800工日和1000工日，人工工资为90元/工日，管理费费率为42%，利润率为15%，请按照《江苏省计价定额》计算该项目第13、14层的超高人工降效费。

解：装饰工程超高人工降效系数按《江苏省计价定额》取定，超高人工降效费的计算基础为人工费。

超高人工降效费计算

查定额子目19-20，11~13层的人工降效系数为7.5%，则第13层超高人工降效费=800×90×1.57×7.5%=8478(元)。

查定额子目19-21，14~16层的人工降效系数为10%，第14层超高人工降效费=1000×90×1.57×10%=14130(元)。

该项目的超高人工降效费：8478+14130=22608(元)

超高人工降效费作为单价措施项目费计入计价成果。

3. 某写字楼工程，地上5层，层高3.2m，建筑物平面为矩形，外包尺寸为45m(长)×12m(宽)；地下1层为地下室，层高3m，建筑面积1000m²。请计算该工程脚手架项目的定额单价和合价(人工、材料、机械单价按定额执行不调整，管理费和利润的费率按营改增后的费率执行)。

解：根据表1-8，写字楼为民用建筑中的公共建筑，檐口高度=3.2×5+0.45=16.45m<30m，地上5层<10层，从表1-8的依据判别该工程为三类工程；同时根据类别划分说明第(11)条"有地下室的建筑物，工程类别不低于二类"，因此最终判断该建筑工程为二类工程。营改增后对应的企业管理费费率为29%，利润率为12%。本工程为写字楼，脚手架工程费用计算执行综合脚手架。

(1) 地上部分建筑面积为45×12×5=2700(m²)。

本工程檐口高度=16.45m>12m，地上楼层层高3.2m，综合脚手架定额选择子目20-5。

综合单价：(7.38+1.36)×(1+29%+12%)+9.43≈21.75(元/m²)

合价：2700×21.75=58725(元)

(2) 地下室建筑面积为1000m²。

按照《江苏省计价定额》中脚手架工程的说明，地下室的综合脚手架按檐高在12m以内的综合脚手架相应定额乘以系数0.5执行。选择子目20-1。

综合单价：[(6.56+1.36)×(1+29%+12%)+7.14]×0.5≈9.15(元/m²)

合价：1000×9.15=9150(元)

(3) 该项目脚手架费用合计：58725+9150=67875(元)。

4. 某一层办公楼，平面为矩形，外墙外边为45m(长)×12m(宽)，层高3.2m，檐口标高3.200mm，设计室外地坪标高−0.300mm。已知内墙面积520m²，内砖墙处的门窗洞口面积104m²，外砖墙处的门窗洞口面积112m²，室内粉混合砂浆及水泥砂浆共1300m²，请按《江苏省计价定额》计算该工程的外墙砌筑脚手架、内墙砌筑脚手架、内墙粉刷脚手架等项目的单价和合价。

解：该办公楼檐高为3.2+0.3=3.5(m)，按《江苏省计价定额》，檐高未超过3.6m的单层建筑物，应执行单项脚手架定额。

(1) 外墙砌筑脚手架工程量为(45+12)×2×(3.2+0.3)=399(m²)。

由于砌体高度为3.5m<3.6m，按计算规则的相关说明，应套用里架子，即子目20-9，综合单价为16.33元/10m²，则外墙砌筑脚手架项目合价=39.9×16.33≈651.57(元)。

(2) 内墙砌筑脚手架工程量为520+104=624(m²)。

由于层高未超过3.6m，应套用里架子，即子目20-9，综合单价为16.33元/10m²，则内墙砌筑脚手架项目合价=62.4×16.33≈1018.99(元)。

(3) 内墙粉刷脚手架工程量，外墙内侧：$1300-520\times2+112=372(m^2)$；内墙：$624\times2=1248(m^2)$；小计：$1620m^2$。

由于层高未超过 3.6m，应套用高在 3.6m 内的抹灰脚手架定额子目，即子目 20-23，综合单价为 $3.9元/10m^2$，则内墙粉刷脚手架项目合价 $=162\times3.9=631.80$（元）。

5. 某三类工程筏板基础，基础平面尺寸为 $14m\times36m$，C15 混凝土垫层厚度 100mm，垫层每边伸出基础 100mm，垫层需支模，垫层底面至设计室外地面深度为 2.2m。土壤类别为三类土，地下常水位标高位于设计室外地面以下 1.200m 处，采用人工挖土，未采用施工降水措施。请按《江苏省计价定额》计算该工程施工排水费用。

排水费用

解：(1) 按计价定额计算规则，人工土方施工排水工程量按挖湿土工程量以 m^3 计算。

湿土方(形体为四棱台)下底长：$36+0.1\times2+0.3\times2=36.8(m)$；宽：$14+0.1\times2+0.3\times2=14.8(m)$。

湿土方上底长：$36.8+0.33\times(2.2-1.2)\times2=37.46(m)$；宽：$14.8+0.33\times(2.2-1.2)\times2=15.46(m)$。

挖湿土体积：$V=[36.8\times14.8+(36.8+37.46)\times(14.8+15.46)+37.46\times15.46]\times1.0/6\approx561.813(m^3)$（注意湿土的开挖深度为 1.0m）。

挖湿土排水，选择定额子目 22-1，综合单价为 $12.97元/m^3$，挖湿土排水费：$12.97\times561.813\approx7286.71$（元）。

(2) 基坑排水工程量按土方基坑的底面积计算，面积：$36.8\times14.8=544.64(m^2)$。

基坑排水，选择定额子目 22-2，综合单价为 $298.07元/10m^2$，基坑排水费：$298.07\times54.46\approx16232.89$（元）。

(3) 施工排水费用合计：$7286.71+16232.89=23519.60$（元）。

6. A、B、C3 栋住宅 6 层带 1 层地下室，共用 1 台塔式起重机，各自配 1 台卷扬机，框架剪力墙结构；查工期定额，3 栋均为 286 天；已知 3 栋楼同时开工、竣工。工程类别为二类（管理费、利润执行营改增后的费率标准）。求 A 栋住宅垂直运输费。

建筑物垂直运输费

解：A 栋垂直运输的工程量为 286 天，层数为 6 层，框架剪力墙结构，套用定额子目 23-8（定额说明：柱、梁、墙、板构件全部现浇的钢筋混凝土框剪结构按现浇框架执行），其中起重机台班用量根据分摊的原则，调整为 $0.523/3\approx0.174$（台班）。

23-8 换：$(154.81+0.174\times511.46)\times(1+29\%+12\%)\approx343.76$（元/天）（按费用定额工程类别的相关说明，有地下室的建筑物工程类别不低于二类）

A 栋住宅垂直运输费＝工程量×综合单价＝$286\times343.76=98315.36$(元)

7. 江苏地区某办公楼工程，要求按照《建筑安装工程工期定额》安排进度，该工程为三类土，钢筋混凝土带形基础，现浇框架结构 5 层，每层建筑面积 $900m^2$，檐口高度 16.95m，使用泵送商品混凝土，配备 $400kN\cdot m$ 的自升式塔式起重机和卷扬机带塔 1 台，按《江苏省计价定额》计算该办公楼垂直运输费。

办公楼垂直运输费

解:(1) 基础部位工期。无地下室工程,带形基础,首层面积 900m² < 1000m²,查阅工期定额子目 1-2,江苏为Ⅰ类地区,查得基础部位工期为 36 天。

(2) ±0.000 以上部分工期。现浇框架 5 层办公楼,建筑面积为 5×900 = 4500(m²),查阅工期定额子目 1-221,Ⅰ类地区,查得上部工期为 155 天(根据工期定额,此工期含结构、装修、安装等全部工程内容)。该办公楼定额工期为 36+155 = 191(天)。

(3) 选择子目,确定定额综合单价(根据《江苏省计价定额》中建筑工程垂直运输的说明,混凝土构件,使用泵送混凝土浇筑者,塔式起重机台班用量乘以系数 0.92)。

23-8 换:578.56 - 267.49×(1-0.92)×(1+0.25+0.12)≈549.24(元/天)(注意根据定额规定,实际使用机型不同不调整)

(4) 计算垂直运输费:191×549.24 = 104904.84(元)。

典型训练

【工作任务 1】计算脚手架工程费用。

【任务背景】

某单层建筑物平面图如图 16.7 所示,室内外高差 0.3m,平屋面,预应力空心板板厚 0.12m,墙厚均为 240mm。墙面和天棚均做混合砂浆一般抹灰。

图 16.7 中 M1 的尺寸为 1500mm×2500mm;M2 的尺寸为 900mm×2100mm;C1 的尺寸为 1500mm×1800mm;C2 的尺寸为 1500mm×1500mm。

【问题】

试计算檐口高度为 3.3m 时的定额工程量和相关分项工程费用:(1) 外墙砌筑脚手架;(2) 内墙砌筑脚手架;(3) 天棚抹灰脚手架。

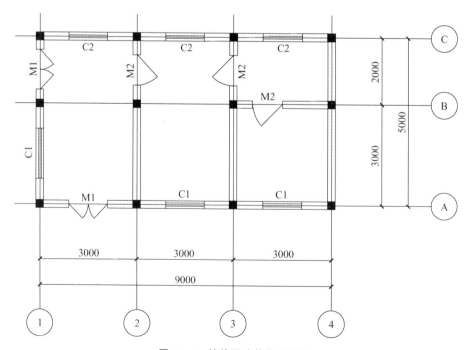

图 16.7 某单层建筑物平面图

任务16 措施项目计量与计价

【训练提示】

(1) 砌筑脚手架计量计价规则。

外墙砌筑脚手架按外墙外边线长度乘以外墙高度以 m^2 计算。外墙高度指室外设计地坪至檐口高度。内墙砌筑脚手架以内墙净长乘以内墙净高计算。砌体高度在3.60m以内，套用里脚手架；高度超过3.60m，套用外脚手架。

(2) 外墙砌筑脚手架包括一面抹灰脚手架在内，墙另一面可计算抹灰脚手架。

(3) 天棚抹灰高度在3.60m以内，天棚抹灰脚手架按天棚抹灰面（不扣除柱、梁所占的面积）以 m^2 计算。

【分析与解答】

(1) 计算外墙砌筑脚手架工程量、选择定额子目、确定分项工程费用。

(2) 计算内墙（②、③、Ⓑ轴）砌筑脚手架工程量、选择定额子目、确定分项工程费用。

(3) 计算天棚抹灰脚手架工程量、选择定额子目、确定分项工程费用。

【工作任务2】确定垂直运输费的定额综合单价。

【任务背景】

某办公楼现浇框架结构，檐口高度35m，层数8层，为二类工程，施工方案中垂直运输机械仅配置自升式塔式起重机1台。根据《江苏省计价定额》，管理费、利润的费率按营改增后的费率取值，人工费、施工机具使用费、材料费按定额取值不调整。

【问题】

按该施工方案，试确定该办公楼垂直运输费的定额综合单价。

【训练提示】

(1) 营改增后，二类工程的管理费、利润的费率分别为29%、12%。

(2) 计价定额子目塔式起重机施工配1台塔式起重机和1台卷扬机（施工电梯）考虑。垂直运输机械仅配置1台自升式塔式起重机时，根据计价定额的说明，塔式起重机台班含量按卷扬机含量取定，卷扬机扣除。

【分析与解答】

【工作任务3】计算脚手架费用。

【任务背景】

某住宅工程，3层框架结构，无地下室，檐高11.05m，建筑面积为 $2000m^2$，层高均在3.6m以内。

【问题】

按《江苏省计价定额》，求该工程的综合脚手架费用。

【训练提示】

按檐口高度和层数确定综合脚手架的定额子目。

【分析与解答】

【工作任务4】计算社会保险费。

【任务背景】

某建筑工程，无工程设备，分部分项工程费400万元，单价措施项目费32万元，总价措施项目费18万元，其他项目费中暂列金额10万元，专业工程暂估价20万元，总承包服务费2万元，计日工费用为0。

【问题】

求该工程的社会保险费。

【训练提示】

(1) 社会保险费属于规费的一种。

(2) 社会保险费＝计算基础×社会保险费费率。社会保险费费率根据现行《江苏省费用定额》确定。

(3) 社会保险费的计算基础＝分部分项工程费＋措施项目费＋其他项目费－除税工程设备费

【分析与解答】

任务小结

(1) 建筑工程项目的施工组织设计在措施项目计量与计价中的应用。

(2) 措施项目的工程量清单列项。

(3) 单价措施项目工程量清单的项目特征分析。

(4) 措施项目的工程量清单编制。

(5) 单价措施项目定额应用，包括模板、脚手架、垂直运输等项目的定额工程量计算规则、定额子目的套用及定额使用的注意事项。《江苏省费用定额》在总价措施项目费计算中的应用。

(6) 模板、脚手架、垂直运输机械等单价措施项目工程量清单综合单价的分析。

附　　　录

附录一：
常州市××小学食堂、风雨操场建筑施工图　　常州市××小学食堂、风雨操场结构施工图

附录二：
常州市××小学食堂、风雨操场项目招标工程量清单

附录三：
常州市××小学食堂、风雨操场项目招标控制价

参 考 文 献

规范编制组，2013.2013建设工程计价计量规范辅导[M]．2版．北京：中国计划出版社．

江苏省建设工程造价管理总站，2014.建筑与装饰工程技术与计价[M]．南京：江苏凤凰科学技术出版社．

江苏省住房和城乡建设厅，2014.江苏省建筑与装饰工程计价定额：上、下册[M]．南京：江苏凤凰科学技术出版社．

全国造价工程师执业资格考试培训教材编审委员会，2013.建设工程技术与计量：2013年版：土木建筑工程[M]．6版．北京：中国计划出版社．

任波远，张键，2012.建设工程工程量清单编制[M]．北京：高等教育出版社．

袁建新，2002.建筑工程定额与预算[M]．北京：高等教育出版社．

张强，易红霞，2014.建筑工程计量与计价：透过案例学造价[M]．2版．北京：北京大学出版社．